U0814634

国网上海市电力公司
电力专业实用基础知识系列教材

变电设备绝缘与过电压

国网上海市电力公司人力资源部　组编

中国电力出版社
CHINA ELECTRIC POWER PRESS

内 容 提 要

《国网上海市电力公司电力专业实用基础知识系列教材》以“理论够用、工作实用、上海特色”为宗旨，旨在开发一套理论知识与电力生产实际相融合的实用型教材，以期帮助电力企业各类生产岗位员工，特别是新进员工，提升电力专业知识水平，助力企业员工成长。

本册教材为《变电设备绝缘与过电压》，全书共六章，主要内容包括电气绝缘的基本概念、油浸式电力变压器的电气绝缘、开关类设备的电气绝缘、其他变电设备的电气绝缘、电力系统过电压、上海电网典型内部过电压。全书内容丰富，尤其注重基本理论、基本原则与生产实际相结合，辅以大量实例、图片作为支撑，论例结合紧密，特色鲜明。

本书可作为电力从业人员通识教育培训教材，也可作为高等院校相关专业师生的教学参考书，还可供从事电力工程领域工作的相关技术人员参考。

图书在版编目（CIP）数据

变电设备绝缘与过电压/国网上海市电力公司人力资源部组编．—北京：中国电力出版社，2022.12（2024.11重印）

国网上海市电力公司电力专业实用基础知识系列教材

ISBN 978-7-5198-7130-7

Ⅰ．①变…　Ⅱ．①国…　Ⅲ．①变电所-电气设备-绝缘技术-教材　②变电所-电气设备-过电压-教材　Ⅳ．①TM63

中国版本图书馆 CIP 数据核字（2022）第 186082 号

出版发行：中国电力出版社
地　　址：北京市东城区北京站西街 19 号（邮政编码 100005）
网　　址：http：//www.cepp.sgcc.com.cn
责任编辑：张　旻（010-63412536）
责任校对：黄　蓓　王海南
装帧设计：赵姗姗
责任印制：吴　迪

印　　刷：北京锦鸿盛世印刷科技有限公司
版　　次：2022 年 12 月第一版
印　　次：2024 年 11 月北京第二次印刷
开　　本：710 毫米×1000 毫米　16 开本
印　　张：24.25
字　　数：342 千字
定　　价：160.00 元

版 权 专 有　侵 权 必 究

本书如有印装质量问题，我社营销中心负责退换

《国网上海市电力公司电力专业实用基础知识系列教材》

编　委　会

主　任　梁　旭　汤　军

副主任　黄良宝　徐阿元　刘壮志　王振伟　陈春霖　潘　博　邹　伟
　　　　谢　伟　叶洪波　周　翔

成　员　邹家琛　唐跃中　陈家良　华洁铭　余钟民　何　明　孙阳盛

本书编写组

组　长　陈家良　华洁铭

副组长　傅晓飞　赵　洪　陈婷玮　黄小龙　赵　璐　尚芳屹

成　员　刘兆林　傅晨钊　马爱清　张　超　王素兰　王　明　张逸峰
　　　　何　梦　吴　猛　颜楠楠

前言

PREFACE

随着国家电网有限公司“建设具有中国特色国际领先的能源互联网企业”战略目标的实施，对公司员工专业素质的要求不断提高。为进一步提升公司员工，特别是新进员工，对电力专业的基础性认知和必备理论的掌握水平，国网上海市电力公司自2017年起，组织技术技能专家及培训教学专家，历时五年，编撰了“国网上海市电力公司电力专业实用基础知识系列教材”。

该套教材以“理论够用、工作实用、上海特色”为宗旨，在内容编排上，坚持理论与实践的辩证统一，以理论够用为度，特别注重工程实例的融合，以使理论基础更好地服务于电力生产；在写作方式上，深入浅出，阐述简明，可读易懂；在素材收集上，锁定上海特大城市电网的特色，地域特色鲜明。本套教材是技能实训教材的理论基础，是高校理论教材的实践应用，书中每章均以小结对主要内容加以归纳，典型例题指导读者实践基本方法，习题与思考题供读者练习并进一步领会重要理论和方法。

本书编写组负责全书编写、统稿。本书在编写与出版过程中，得到了国网上海市电力公司多位领导、专家的指导与帮助，在此表示衷心的感谢。

限于编者的水平，书中不足之处在所难免，恳请各位读者提出宝贵意见。

编　者

2022年10月

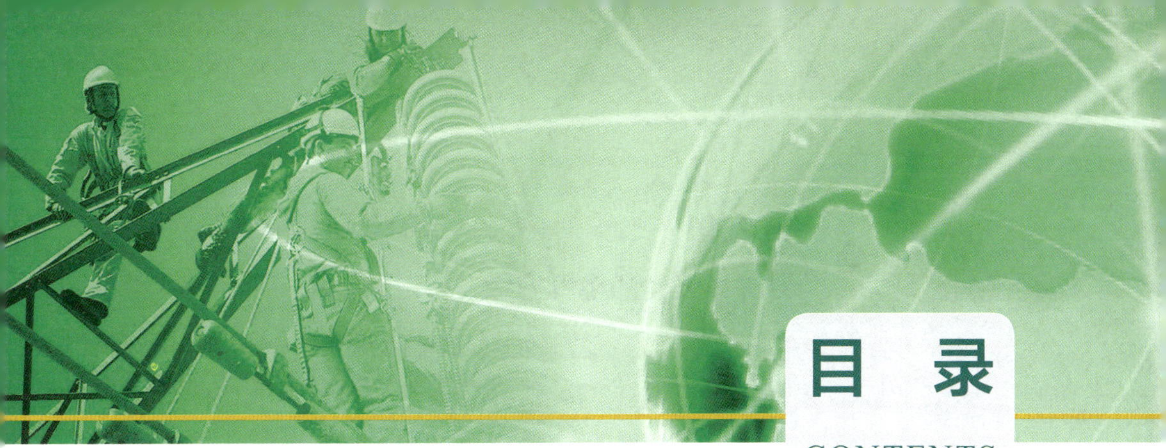

目 录

CONTENTS

绪　论

高电压技术的发展始于20世纪初，随着电网电压等级和安全稳定运行要求的不断提高，作为电气工程学科重要分支之一的高电压技术实现了飞速发展，其研究领域大致可以分为解决高电压与绝缘矛盾的高电压绝缘、电力系统过电压与绝缘配合、可定量表征绝缘性能的高电压试验技术。

随着电网电压等级的进一步提高，一方面，电网安全稳定运行对电气设备绝缘性能提出了更高的要求，需要采用各种新技术、新材料、新工艺来提高电气设备的绝缘水平，这也意味着电气设备的体积和重量更大、绝缘费用在设备总成本中所占比例更高；另一方面，对威胁电气设备绝缘主要因素之一的电力系统过电压，需要采用各种措施和装置将其限制在电气设备绝缘强度之内。因此，“绝缘”与“过电压”这一对矛盾统一体，也成为高电压技术永恒的主题。

电网的安全稳定运行与电网设备安全可靠运行息息相关。绝缘故障是导致电网设备故障的主要原因，电网设备的绝缘结构是设备安全可靠运行的薄弱环节。研究绝缘结构，不仅是经济问题，更是安全问题。既经济合理又安全可靠地解决设备绝缘问题，是设备设计、生产、采购、运行单位都需要考虑的问题。

变电设备在电网设备中占核心地位，为了保证变电设备能够安全可靠地长期运行，不仅需要了解绝缘结构、绝缘介质的电气特性、变电设备安全可靠运行对绝缘结构的设计要求，而且需要认识影响绝缘性能的因素，掌握分析绝缘故障原因的方法。

1. 变电设备的绝缘结构及绝缘介质

绝缘结构是变电设备中的重要组成部分，用来分隔具有不同电位的导体，使导体之间没有电气连接，从而保持不同的电位。变电设备的绝缘结构不仅需要具备长期处于工作电压作用之下的绝缘水平，而且当电力系统出现过电压时也需要具备过电压的耐受能力。这就要求一方面绝缘结构要有足够强大的绝缘性能，另一方面要降低或限制作用于设备的过电压。

不同的变电设备具有不同的绝缘结构，油浸式变压器的典型绝缘介质有矿物油、绝缘纸（板）、绝缘漆；开关类设备的典型绝缘结构有灭弧室、绝缘子、隔板、绝缘拉杆、套管、开关柜用绝缘件；电容器的常用绝缘介质包括电容器纸、塑料薄膜、浸渍液体介质等；互感器的绝缘形式包括环氧树脂浇注、油浸式、SF_6气体绝缘等。绝缘结构往往由一种或几种不同的绝缘介质组成，绝缘介质有气体、液体、固体三种类型。

按工作条件，电气绝缘可分为外绝缘和内绝缘。外绝缘是指设备外部以空气为绝缘介质的绝缘结构，变电设备的外绝缘主要包括变压器套管的外瓷套、敞开式断路器的灭弧室外瓷套和支柱瓷套、敞开式隔离开关的支柱绝缘子外绝缘和断口绝缘、GIS 的进出线套管、开关柜内的带电体相间与相对地绝缘距离、互感器的外瓷套等。内绝缘是指设备内部由固体、液体或气体绝缘介质组成，以及由其中两种或以上介质组合成的绝缘结构，变电设备的内绝缘主要包括变压器油、绝缘纸（板）、灭弧室、绝缘筒、拉杆、GIS 内部的绝缘子、隔板等。

设备绝缘的实现，一方面要科学设计设备绝缘结构并合理选用绝缘材料，在绝缘设计阶段就采取有效措施以改善其电场强度的分布状况；另一方面要综合考虑电气性能、机械性能、热性能及化学稳定性等要求，科学决定绝缘结构的尺寸，考虑将相应条件下的电气强度留有一定裕度。也就是说，虽然变电设备的绝缘结构因其功能而异，但绝缘的实现都需要重点关注绝缘结构中的电场分布情况，特别是那些场强集中部位或其他易损坏部位上可能分配到的场强方向、数值及波形。不仅需要分析工频电场，而且需要分析暂态电场过程对设备绝缘的影响，如变压器侵入波过程、断路器开断过程中的时变电场、倒置式油浸电流互感器上部等电位线的暂态电压分布等，以确保该设备长期运行的可靠性及使用寿命。

2. 绝缘性能及影响因素

良好的绝缘性能是变电设备能够安全可靠运行的关键，影响变电设备绝缘性能的因素除了电场的作用以外，还有机械力、热、环境条件等因素。工程实际中，绝缘故障发生的起因可能是单一的，但随着缺陷发展，其他因素也会参与作用，进而加快该过程的发展，最终导致故障发生。为便于分析，本书中讨论各类变电设备绝缘问题的前提是绝缘结构设计正确且通过了型式试验验证。

（1）电气性能。电气设备的绝缘水平是指设备耐受电压能力的大小，一般要求设备绝缘需要经受雷电冲击耐压、操作冲击耐压与工频耐压等考验。不同电压等级的设备绝缘所承受的长时电压或短时电压的能力是不同的，即要有不同的绝缘水平，因此，不同电压等级的设备需要选择合理的绝缘水平。

除了上述的绝缘水平要求外，随着对局部放电危害的认识越来越深入，局部放电量也逐渐成为绝缘性能的一个重要表征。经验表明，可以认为局部放电现象是电气设备长期运行中绝缘出现局部性故障的先兆，可能发展到全面的绝缘击穿。对设备进行局部放电试验与检查，将有助于早期发现缺陷以确保设备的安全可靠运行。

影响电气性能的因素主要有绝缘介质自身的问题、绝缘介质的放电或击穿，对开关类设备还有其特有的开断过程中的绝缘问题。例如：SF_6 气体、绝缘油等绝缘介质中含有水分、杂质等会降低绝缘强度，进而引发局部放电甚至绝缘击穿；存在悬浮电位、电场分布不均匀、间隙中有金属异物等因素影响产生放电、击穿；断路器开断后灭弧介质绝缘恢复性能欠佳或受到外部因素影响造成开断失败故障等。

（2）机械性能。变电设备因短路电流产生的电动力、运输冲撞、地震台风等恶劣天气、本体振动等作用下，作为设备一部分的绝缘结构产生相对位移，进而对绝缘性能产生影响，最终会导致设备故障。例如，短路电流使变压器绕组变形，进而导致轻、重瓦斯动作；断路器和隔离/接地开关的绝缘拉杆在分合闸时承受拉伸、压缩、弯曲、剪切和扭转等一种或几种机械力的综合作用，出现卡涩、断裂等情况，致使绝缘结构整体损坏，导致设备故障。

运行经验表明，机械性能不良是导致绝缘性能下降的主要原因之一，因此必须要充分保证绝缘结构的机械性能能够满足设备安全可靠运行的需要。

（3）热性能。每种绝缘介质都有一定的耐热能力。如果温度过高，会使绝缘介质丧失绝缘能力或缩短寿命，特别是有机绝缘材料，如变压器油、油纸绝缘、环氧树脂等在高温下更容易分解及氧化，引起绝缘性能劣化。温度对绝缘油性能的影响主要在油中水溶解度增加和油中出现气泡，两者共同作用将降低绝缘强度；温度的升高可以降低变压器绝缘纸板的击穿场强，最终引发击穿放电。因导体连接接触不良引起的过热在运行中也是常见的缺陷，同样会对连接部位附近的绝缘件有影响，若不及时发现处理会引起故障。

此外，由于绝缘材料与其覆盖的金属（导体）热膨胀系数有较大差异，过大的运行温度范围可能导致两者之间产生不可恢复变形，出现局部裂纹、空腔等异常现象，导致绝缘性能下降。因此应对不同耐热等级的绝缘材料分别规定一定的工作温度，以保证所要求的寿命。

（4）环境条件。变电设备的外绝缘往往受到温度、湿度、污秽侵蚀等因素影响，例如，温度对开关类设备最主要的两个影响表现在高温对承载运行电流不利，低温会降低气体的绝缘和开断电弧性能。电瓷和复合材料外绝缘上均存在污秽问题，外绝缘表面污秽层一旦被湿润，其闪络电压将显著下降，在运行电压下即可发生闪络放电，造成大面积的停电。

（5）过电压。按绝缘配合要求，变电设备在工作电压外还应承受电网中出现的各种过电压，而不同的过电压、系统中性点接地方式对不同电压等级的变电设备影响差异较大。在 220kV 及以下高压系统中，通常以雷电过电压为基准确定设备的绝缘水平，在该范围中变压器类设备受到的影响相对突出，对开关类设备也会造成威胁。例如断路器重合闸无电流间隔时间内或在重合闸过程中，断口上的雷电过电压与电源侧的工频电压叠加，一旦断口承受不住就会出现断口击穿或瓷套外绝缘闪络。在这些系统中还要注意中性点接地方式对过电压作用的影响。对超（特）高压系统，确定绝缘水平时操作过电压将起主导作用，断路器开合空载线路、电抗器，隔离开关开合母线产生的特快速暂态过电压等会引起绝缘问题，因此需要采取有效的措施去解决。

3. 本书的主要内容

（1）变电设备的电气绝缘。本书前四章为变电设备的电气绝缘部分，在电气绝缘的基本概念基础上，主要围绕具体的变电设备进行介绍，涉及的设备类型以油浸式变压器（含电抗）、开关类设备为主，电容器、避雷器、互感器、中性点设备为辅。每种设备绝缘的讲述逻辑基本上遵循绝缘结构、绝缘介质的电气性能、影响绝缘性能因素的顺序，并在影响绝缘性能的因素中，结合了变电设备在实际运行中由于设备绝缘损坏导致故障的案例，深度呈现了电气绝缘理论在实际工程中的应用，同时在阐述中还介绍了一些最新的研究成果和认识，让公司员工能更直观地了解绝缘技术在变电设备中的工程实践。

（2）电力系统过电压。本书后两章为电力系统过电压部分，在内容编排方式上同样凸显了理论与案例相结合的特点。首先，梳理并整合了过电压产生机理相关的常用理论分析工具，并介绍了中性点接地方式与电力系统过电压水平的相互影响。其次，结合上海电网及变电设备的特点，编写了上海电网典型内部过电压案例，并独立成章，使读者能够从实际电网的视角理解过电压概念，增强对过电压理论的认识。

除了结合上海电网及变电设备典型案例以外，在成书过程中，引用的相关技术标准体现了最新的标准和规范发展近况，挑选的案例也体现了应辅助说明理论内容的要求，使整本书更加贴近工程应用实际，进而更好地服务读者、服务生产。

经过 100 多年的发展，上海电网早已跨入世界先进电网行列，大量的新设备应用和丰富的运行经验积累，形成了具有上海特色的分析、处理变电设备绝缘问题的方法和措施，通过阅读本书，希望能给读者有一个新的体验和启发。

第 1 章 CHAPTER ONE

电气绝缘的基本概念 01

为获得经济合理、安全可靠的绝缘结构，必须掌握各类电介质在电场作用下的电气性能，尤其在强电场下的击穿特性及其规律。绝缘结构中电场强度的准确分析有助于改善绝缘结构，充分利用绝缘材料，提高设备经济性。本章主要阐述电介质极化、电导、损耗与击穿等基本电气性能，以及常见的几种典型的电场分布，作为后续章节设备绝缘结构分析的基础。

1.1

电介质的电气性能

1.1.1 电介质的基本概念

电介质，也称绝缘材料，用于隔离带电或不同电位的导体，使电流按一定方向流通。电介质的电阻率比较高，一般为 $10^6 \sim 10^{18}\Omega \cdot m$，导体的电阻率为 $10^{-8} \sim 10^{-5}\Omega \cdot m$，半导体的电阻率为 $10^{-5} \sim 10^6\Omega \cdot m$。

电介质材料品种很多，按其化学性质可分为无机电介质（如电瓷、云母等）和有机电介质（如聚乙烯，环氧树脂等），按其形态一般可分气体电介质、液体电介质和固体电介质。电气设备常用的气体电介质有空气、氮气（N_2）、六氟化硫（SF_6）、混合气体等；液体电介质有变压器油、电容器油、电缆油、硅油、氟油、电工用植物油等；固体电介质有绝缘漆（胶）、电瓷、环氧树脂、绝缘纸（板）、电工用薄膜、电工层压制品和电工塑料等。在实际应用中，常将不同形态的电介质组合使用，如电力变压器中最常见的油浸纸绝缘就是液体（变压器油）与固体电介质（绝缘纸）的组合应用。电气设备中，电介质主要用于绝缘作用，有的还用于散热、灭弧与支撑紧固。

电介质在电场中能够极化，内部建立电场，储存电场能量。电介质的绝缘不是“完全”的绝缘，直流电压作用下，总有一定的泄漏电流流过。由于电介质的极化作用与电导作用，外施电压下电介质消耗电能且使其自身发热。当作用电场强度不高时，电介质会发生极化、电导过程，伴随能量损耗；而当作用电场强度达到一定数值后时，则电介质就发生击穿，由绝缘状态转化为导电状态。

电介质材料均应在一定温度范围内应用，过高的温度不仅会降低击穿电压，而且导致材料寿命的加速损失，严重时可能导致材料局部分解、熔化、碳化等，形成不可恢复的绝缘损伤。大型电机（含发电机、变压器等）电介质材料按耐热等级来分类，一般分为 Y 级（90℃）、A 级（105℃）、E 级（120℃）、B 级（130℃）、F 级（155℃）、H 级（180℃）与 C 级（大于 180℃）。

1.1.2 电介质的极化、电导与损耗

1. 电介质的极化

（1）极化机理。极化是电介质在电场作用下发生的一种物理过程，表现为电介质在电场作用下沿电场方向的电介质两表面呈现电极性（或出现束缚电荷）。相同外部条件下，不同电介质材料极化的强弱程度用电介质的相对介电常数来表示，定义为金属极板间放入电介质后的电容量（或极板上的电荷量）与极板间为真空时的电容量（或极板上的电荷量）的比值。相对介电常数值由电介质的材料所决定。气体电介质分子间的间距很大，密度很小，因此各种气体电介质的相对介电常数均接近于 1。常用的液体、固体电介质的相对介电常数大多在 2~6 之间。

电介质极化最基本的形式有电子式、离子式和偶极子极化三种，另外还有夹层介质界面极化和空间电荷极化等。

1）电子式极化。电子式极化是指受到外电场的作用时，物质原子里的电子轨道将相对于原子核发生位移而形成的极化。电子式极化存在于一切气体、液体及固体电介质中。电子式极化形成极化所需的时间极短（因电子质量极小），约 10^{-15}s，故其相对介电常数不随频率变化。电子式极化具有弹性，即当外电场去掉后，正、负电荷依靠相互吸引力又自动恢复到原来的状态，故这种极化没有能量损耗。温度对电子式极化影响不大，温度升高时单位体积内分子数量减少，导致相对介电常数略有下降。

2）离子式极化。固体无机电介质多数属于离子式结构，如云母、陶瓷材料等。在外电场作用下，正、负离子发生偏移，电介质呈现极性。离子式极化也属弹性极化，几乎没有能量损耗，形成极化所需的时间也很短，约

10^{-13}s，在一般使用的频率范围内，可以认为其相对介电常数与频率无关。温度对离子式极化影响存在相反的两种作用：温度升高导致离子间结合力下降，促进极化程度增加；体积膨胀，离子密度降低，单位体积内极化离子数量减少，使极化程度降低。一般来说，前者作用较大，即温度增加，离子式极化程度提高。

3）偶极子极化。某些特殊的分子，其正、负电荷的中心不相重合，好像表现为分子的一端带正电荷，另一端带负电荷，因此内部存在一个永久性偶极矩。具有这种永久性偶极子的电介质称为极性电介质，例如蓖麻油、橡胶、酚醛树脂、油浸纸等。当没有外电场时，尽管电介质内部单个偶极子具有极性，但是各个偶极子均处在热运动之中，分布混乱，对外的作用互相抵消，整个电介质对外并不呈现极性。而在外部电场作用下，原来混乱分布的极性分子根据电场定向排列，整体显示出极性。偶极子极化是非弹性的，极化时消耗一定的能量；极化所需的时间也较长，10^{-10} ~ 10^{-2}s，因此极性电介质的相对介电常数与电源频率有较大的关系。温度对极性电介质的极化有很大的影响。温度升高时，对于气体电介质，分子热运动加剧，妨碍偶极子沿电场方向取向，减弱极化作用；对于液体、固体电介质，极性的液体、固体电介质的极化作用在低温下先随温度的升高而增加，以后又随温度上升而减小，这是因为一定范围内温度升高减少了分子间联系，提高了极化，但随着温度进一步升高，分子热运动强烈，极化作用又受到限制。

4）夹层介质界面极化。实际上电气设备的绝缘往往由几种不同电介质材料组成，或电介质是不均匀的，这种情况下会产生“夹层电介质界面极化”现象。这种极化的过程特别缓慢，且伴随有能量损耗。如对两层串联电介质组成的绝缘结构而言，在施加电压瞬间，两层之间的电压分配与各层的电容成反比，而到达稳态时，各层上分配的电压与电导成反比。期间两层电介质之间有一个电压重新分配的过程，相当于介质整体从电源“吸收”了一部分电荷，因为此吸收过程要经过介质电阻，所以吸收过程比较缓慢，只有电源在工频或低频时才有可能全部完成。

5）空间电荷极化。电介质内的正、负自由离子在电场作用下改变分布状况时，将在电极附近形成空间电荷，称为空间电荷极化。和夹层电介质界面极化现象一样，空间电荷极化是有损耗且缓慢进行的。

（2）讨论极化的意义。

1）根据电气设备的用途，选择适当相对介电常数的绝缘材料。如电容器绝缘材料选择相对介电常数高的材料，以获得高的比电容特性，减小单位容量的体积和重量；而电力电缆绝缘材料则选择相对介电常数低的材料，以减少电缆工作时的电容电流。

2）电气设备中常常是多种电介质组合使用，需要注意各种材料相对介电常数的配合，这是因为交流与暂态电压作用下串联绝缘结构中各介质内场强分布与相对介电常数成反比。

3）电介质损耗是影响绝缘老化、劣化和热击穿的一个重要因素，而电介质材料的介质损耗特性与极化类型密切相关。

4）夹层电介质界面极化现象所产生的极化电流吸收比、极化指数在电气试验中广泛用于判断绝缘是否存在受潮、劣化等异常情况，不同电气设备的吸收比、极化指数有着明确的要求。

2. 电介质的电导

（1）电导机理。电介质的绝缘不是“完全”的绝缘，在直流电压作用下，存在一定的电流流过，这是电介质中的离子或电子（正常工作的电介质中通常是以离子为主）的移动所形成的。电介质电导过程中所流过电导电流称为泄漏电流，泄漏电流所对应的电阻称为绝缘电阻。直流电压、泄漏电流、绝缘电阻三者符合欧姆定律。电介质绝缘性能与电导性能的表现刚好相反，导电性能越差则绝缘性能越好。

泄漏电流的大小与带电粒子的密度、速度、电荷量、外施电场等有关。温度越高，参与泄漏的离子（电介质本身的或杂质的）越多，则泄漏电流越大，因此电介质电导具有负的温度系数。电介质电导的数值还与电压有关，通常在电介质接近击穿时有显著的、快速增加的自由电子导电现象，即电导急剧增加。

气体电介质中构成电导的因素主要有气体内含有的微量离子和自由电子。液体电介质中构成电导的因素主要有两种：由液体本身的分子和杂质的分子解离离子，构成离子电导；液体中的胶体质点（如变压器油中悬浮的小水滴）吸附电荷，形成带电质点，构成电泳电导。固体电介质中形成电导的带电粒子有电介质中产生的离子、传导电子、空穴，以及从电极中逸出的电子等。如带电粒子是离子，则称离子电导；如带电粒子是电子及空穴，则称电子电导。常用电介质的工作范围以离子电导为主，而高电场电导区以电子电导为主。

相同外部条件下，表征不同电介质电导过程强弱程度的物理量是电导率（或电阻率）。气体电介质在正常情况下的电导过程是极其微弱的，常被忽略，而液体、固体电介质的电导过程是不能忽略的，同时受温度、频率、纯净度等因素影响较大。

（2）讨论电导的意义。

1）根据电气设备的用途特点，选择适当电导率的电介质材料，如在高压套管法兰附近涂上半导电釉，高压电机定子绕组出定子槽口部分涂半导电漆等，用于形成电压的过渡，以改善电压分布，消除电晕的不利影响。

2）电气设备中常常是几种电介质组合使用。由于串联的多层电介质在直流电压下的稳态电压分布和各层的电导成反比，因此设计用于直流的电气设备时要注意所用不同电介质的电导率的相互配合，尽量使材料得到合理使用。

3）当绝缘严重受潮或劣化时，设备绝缘电阻将显著下降，泄漏电流急剧上升。绝缘电阻和泄漏电流测试是电气试验基本测试项目，用于判断绝缘是否存在受潮、劣化等异常情况，不同电气设备的绝缘电阻有着明确的要求。

3. 电介质的损耗

（1）损耗机理。电介质在电场作用下发生极化过程和电导过程，伴随着能量损耗，即电介质损耗。介质损耗角正切（$\tan\delta$）是用于表征电介质在交流电压作用下损耗程度的物理量。因为气体电介质的极化、电导过程很微弱，所以气体电介质的介质损耗是极小的，在工程应用中可忽略不计。但当出现电晕放电、辉光放电等现象时，游离损耗就不能忽略了。相比气体电介质，液体、固体电介质在运行过程中的介质损耗就不能忽略。介质损耗引起电介质发热，导致电介质逐渐热老化，电介质的物理、化学性能及各种电气性能可能发生改变，最终影响到绝缘的电气强度和寿命，这是液体、固体电介质不同于气体电介质的特点。

电介质损耗分为电导损耗、极化损耗和电离损耗三种。

1）电导损耗。电导损耗是由电介质中的泄漏电流引起的，一切电介质都具有这种损耗形式。电导损耗与温度有关，随着温度上升，电导率增加，损耗随之一般呈指数规律上升。高温时电导损耗将成为介质损耗的主要形式。

2）极化损耗。极化损耗是由电介质的各种缓慢极化（如偶极子极化、夹层极化与空间电荷极化）引起的。非极性介质的极化损耗较小，极性介质的极化损耗较大，且极性介质的极化损耗随频率、温度变化而变化。

3）电离损耗。电离损耗是由气体电离时的放电过程引起的，当电介质中含有气隙时，且气隙上承担的电压高于其电离电压，则会在气隙中发生放电，引起能量损耗。

（2）损耗的特点。

1）气体电介质。当场强不足以产生碰撞电离时，气体中的损耗是由电导引起的，损耗极小。如常用气体（如空气、N_2、CO_2、SF_6 等）作为高压标准电容器的电介质。当外施电压超过电离电压时，将发生局部放电，介质损耗急剧增加。

2）液体电介质。中性或弱极性液体电介质的损耗主要来源于电导过程，损耗较小。例如变压器油在90℃时，介质损耗角正切（$\tan\delta$）$<0.5\%$。极性液体（如蓖麻油）、极性和中性液体的混合液具有电导和极化两种损耗形式，介质损耗较大，且和温度、频率都有一定关系。

3）固体电介质的损耗。电气设备中应用的固体电介质分为分子式结构电介质、离子式结构电介质和不均匀结构电介质。

分子式结构电介质分为中性和极性两种。中性电介质（如石蜡、聚乙烯、聚苯乙烯、聚四氟乙烯等）损耗主要由电导引起，这些电介质的电导极小，介质损耗也非常小，在高频下也可使用。例如冲击测量时用的电缆就是用聚乙烯绝缘的。而极性电介质包括纤维材料（如纸、纸板等）和含有极性基的有机材料（如聚氯乙烯、有机玻璃、酚醛树脂等），这类电介质的介质损耗较大，高频下更为严重。

离子式结构电介质的介质损耗与结构特性有关。结构紧密的离子晶体在不含有使晶格畸变的杂质时，主要是由电导引起的损耗，介质损耗很小，云母属于这一类。结构不紧密的离子结构中，存在离子松弛式极化现象，介质损耗较大，玻璃、电工陶瓷属于这一类。

不均匀结构的电介质在交流设备中经常遇到，例如电力变压器中广泛使用的油浸纸、胶纸绝缘等。它们的损耗特点取决于各成分的性能和数量间的比例。

（3）讨论损耗的意义。

1）绝缘材料选择时必须考虑电介质的介质损耗。过大的损耗会引起严重发热，使材料容易劣化，甚至可能导致热击穿。

2）当绝缘严重受潮或劣化时，介质损耗将急剧上升。介质损耗角正切（$\tan\delta$）及其变化量是电气试验基本测试项目，用于判断绝缘是否存在受潮、劣化等异常情况，不同设备的介质损耗角正切（$\tan\delta$）及其变化量有着明确的要求。

1.1.3 电介质的击穿

当作用于电介质上的电压（电介质中的电场强度）增大到某个临界值时，流过电介质的电流就会急剧增大，此时电介质已失去绝缘性能而成为导体。电介质由绝缘状态突变为良好导体状态的过程称为击穿，发生击穿时的临界电场强度称为击穿场强，发生击穿时的临界电压称为击穿电压。固体电介质一旦击穿，将永久性地丧失绝缘性能。而气体、液体电介质击穿后则只引起绝缘性能的暂时性失去，击穿后撤去电压，其绝缘性能能够自行恢复或相当程度恢复。如 SF_6 断路器灭弧室内 SF_6 气体，在断路器分闸引起的电弧熄灭后，能自行恢复原来的绝缘性能。

电介质工程应用的主要问题是如何选择适当的电介质材料、结构尺寸和提高间隙的击穿电压。实验研究表明，击穿电压和电场分布、电压种类以及电介质状态等诸多因素有关。由于电介质放电的理论尚不完备，工程上常借助于各种实验规律或真型试验来确定特定结构下电介质击穿电压。因此，各种典型电极、形式结构下的电介质击穿电压的试验数据，击穿电压和各种影响因素间的实验关系，对于电介质的工程应用均是十分重要的。

1. 气体电介质

（1）放电机理。电气设备中应用的气体电介质种类主要有空气（真空）、六氟化硫（SF_6）、氮气（N_2）及混合气体。根据适用范围的不同，描述气体绝缘的击穿机理包括汤逊放电理论与流注放电理论。

1）汤逊放电理论。受电场的影响达到一定程度后，气体中开始出现电离过程。起始电子主要是由于光电效应从阴极产生的，在电场作用下，电子在其奔向阳极的过程中得到加速，动能增加。电子在其运动过程中不断和气体分子碰撞，动能达到足够数值后，就有可能引起碰撞电离。分子电离后新产生的电子和原有电子一起从电场获得动能，重复与其他气体分子的碰撞，形成“电子增加，电离加剧，更多电子产生”的连锁反应，形成了所谓电子崩。同时，电离造成的正离子到达阴极后，将引起阴极发射二次电子，这些电子在空间同样又能造成正离子。以上电子碰撞电离与阴极二次发射的过程重复叠加，空间带电粒子数量激增，导致间隙内总电流迅速增大，绝缘性能丧失，即绝缘击穿。

实验表明，汤逊放电理论仅对 pd（气压 p 与距离 d 乘积）较小时的放电比较适用。通常认为空气中 $pd>200$（cm・133Pa）后，气体击穿过程与机理就将发生改变，不再适用于汤逊放电理论。

2）流注放电理论。工程上更关注于压力较高气体的击穿特性，如一定压

力下 SF_6 气体的击穿，这一般用流注放电理论来解释。与汤逊放电理论相仿，流注放电理论同样认可电子碰撞电离对放电发展过程的重要影响，其特点在于强调电子崩区域空间光电离与空间电荷畸变电场对放电发展的显著作用。

流注理论认为，由于电子的迁移速度比正离子的迁移速度要大两个数量级，因此在电子崩发展过程中，正离子几乎留在其原来的位置上，移动不多，和电子相比可看成是静止的。由于电子的扩散作用，电子崩在其发展过程中半径将逐渐增大。这样，电子崩头部最前面集中着大量电子，其后直到尾部则是正离子，其外形类似球头的锥体。当电子崩发展到足够程度后，空间电荷将使外电场明显畸变，极大加强崩头与崩尾的电场，而削弱崩头内正、负电荷区域之间的电场。当外施电场达到击穿场强时，电子崩头部开始形成流注。根据流注起始区域的不同，击穿过程区分为接近阳极的正流注过程与接近阴极的负流注过程。

总体来看，气体 pd 很小，即压力很小或间隙距离很短时，电子崩过程中散发出来的光子不易为气体吸收而容易到达阴极，引起表面电离。金属表面光电离比气体空间光电离来得容易。且气压低时带电质点容易扩散，电子崩头部电荷密度不易达到足够的数值，电场畸变程度有限。因此在流注出现之前，就已可由阴极上的过程导致自持放电。这就是汤逊理论所描述的放电形式。随着 pd 增加，电子崩散发出来的光子越来越多地为气体所吸收，而不能到达阴极，因此难以靠阴极上的过程维持自持放电。而随着场强进一步增加，空间光电离越来越强烈，电子崩头部电荷密度达到足够的数值，电场畸变严重，于是放电就转入流注形式，即放电由汤逊形式过渡为流注形式。

（2）影响气体电介质击穿电压的主要因素。

1）电压波形与作用时间。均匀电场中，同一气体介质间隙下工频、雷电波和操作波的击穿电压差不多相同。不均匀电场中，同一气体介质间隙下，雷电波击穿电压最高，操作波击穿电压次之，工频击穿电压最低。

2）气体状态。当气压降低或温度升高时，气体密度下降，电子在两次碰撞间所经过的平均自由行程增大，从电场中获得的动能增多，碰撞游离能力增强，气体间隙的直流、工频、冲击等放电电压降低。如在高海拔地区，由于空气密度低，放电电压也降低。实验表明，海拔每升高 1000m，放电电压降低 10% 左右。

3）气体种类。气体的击穿电压与气体的种类密切相关。如极性气体的偶极分子容易吸收自由电子，因此它们的击穿电压普遍较高。

4）电场均匀程度。电场均匀程度显著影响气体间隙击穿电压。一般来说，均匀电场中的气体间隙，其击穿电压高；不均匀电场中的气体间隙，其击穿电压低，且分散性大。

2. 液体电介质

（1）击穿机理。电气设备中常用的液体电介质包括变压器油、电容器油、植物油、电缆油、硅油、十二烷基苯等。根据液体绝缘纯净度的差异，描述液体绝缘的击穿机理包括电击穿理论、气泡击穿理论与“小桥”理论。其中电击穿理论、气泡击穿理论仅适用于纯净液体击穿。本节介绍以电气设备中应用广泛的“小桥”理论为主。

工程液体电介质的击穿一般均适用于“小桥”理论。电气设备制造过程中，液体电介质难免有杂质混入，在运行中也会因介质劣化而分解出气体、聚合物等杂质，因此工程用液体电介质总是不可避免、或多或少含有一些杂质。例如绝缘油中常因受潮而含有水分，还含有油纸或布脱落的纤维颗粒。由于水（相对介电常数约为 81）和纤维（相对介电常数为 6~7）的相对介电常数很大，容易极化而沿电场方向定向排列，如果定向排列的纤维贯穿于电极间形成连续小桥，则由于水分及纤维等的电导大而引起泄漏电流增大、发热增多，促使水分汽化、气泡扩大；如果纤维排列尚未贯穿整个电极间隙，则由于纤维的介电常数大而使纤维端部油中场强显著增高，高场强下油电离分解出气体形成气泡；气泡电离并因发热而扩大，电离的气泡排成气体小桥。以上两者均发展为在液体电介质内部形成气体通道，并最终在气体通道中发生击穿。

（2）影响液体电介质击穿电压的主要因素。

1）杂质。气体、水分等杂质如果溶解于液体电介质中，则对击穿电压影响不大；如呈悬浮状态，将易形成“小桥”而使击穿电压下降。当有吸潮能力强的纤维存在时，水分对击穿电压的影响特别明显。如实验表明，变压器油中颗粒度与微水共同作用导致耐压值的下降远超过单一因素的影响。电场越均匀，杂质对击穿电压的影响越大，击穿电压的分散性也越大。在不均匀电场中，杂质对击穿电压的影响较小，原因在于高场强处发生的局部放电使液体发生扰动，杂质已不易形成“小桥”。对于冲击击穿电压，杂质的影响也较小，原因在于冲击电压作用时间短，“小桥”尚未形成。

2）温度。液体电介质击穿电压与温度的关系较为复杂。如对变压器油而言，运行温度范围内受潮程度与击穿电压变化幅度密切相关。干燥的变压器油随温度变化很小，可视为不变。在0~60℃范围内，受潮严重的变压器油击穿电压，往往随温度升高而增加，这是因为于油中悬浮状态的水分随着温度升高转变为溶解状态的缘故，以致受潮的变压器油在温度较高时击穿电压可能出现最大值；温度更低时，部分水分转化为微小冰粒，从而提高击穿电压；温度更高时，油中所含的水分汽化与溶解气体析出增多，即油中杂质增多，更易形成“小桥”，致使击穿电压下降。根据以上分析可知，温度对液体电介质，特别是电气设备用到的绝缘液体击穿电压的影响，更多地来源于水分、溶解气体等杂质在不同温度下的状态差异。因此对杂质进行严格地管控，不仅能够提高击穿电压，而且可以减少击穿电压随温度的波动。

3）电压作用时间。因为施加电压后，杂质聚集到电极间，形成通道或电介质的发热等过程都需要一定的时间，所以绝缘间隙击穿电压会随加电压时间的增加而下降。当液体电介质的净度及温度提高时，电压作用时间对击穿电压的影响减小。经长时间工作后，液体电介质击穿电压会缓慢下降，这往往是液体降解、劣化、污染等的后果。

4）电场均匀程度。工频或直流电压作用下，液体电介质纯净程度较高时，改善电场的均匀程度能使击穿电压明显提高；但在品质较差的液体中，因杂质的聚集和排列已使电场畸变，电场均匀的好处并不明显。冲击电压作用下，无论是液体电介质的纯净程度如何，改善电场均匀程度均能够提高其击穿电压，这是因为冲击电压作用过程中杂质来不及形成“小桥”的缘故。

3. 固体电介质

（1）击穿机理。常用的固体电介质材料包括绝缘纸（板）、塑料薄膜、云母、环氧树脂、电瓷、玻璃、硅橡胶等。固体电介质相比于气体、液体绝缘材料主要有以下特点：击穿场强一般比气体、液体电介质要高，例如在均匀电场中，云母的工频击穿场强可达到 2000~3000kV/cm；发生击穿后其绝缘性能将被破坏，出现显著的烧蚀或熔化通道、裂缝等，即使去掉外施电压，也不能恢复绝缘性能，即不可恢复型绝缘材料；应用场合不同，除了绝缘作用外，在实际应用中往往还起到支撑固定的作用。

固体电介质材料的击穿常见的有电击穿、热击穿、电化学击穿三种形式，击穿场强与电压作用时间的关系以及不同击穿形式的分布如图 1-1 所示。

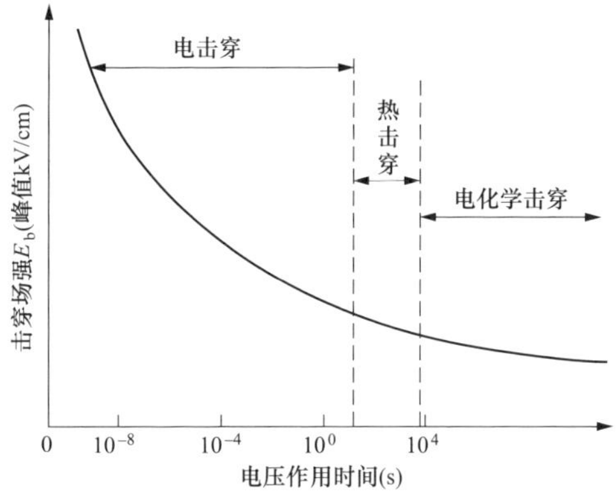

图 1-1　固体电介质击穿场强与电压作用时间的变化关系

1）电击穿。固体电介质的电击穿与气体相似，由碰撞游离形成电子崩，当电子崩足够强，破坏介质晶格结构导致击穿。电击穿的主要特征是：击穿电压高，击穿过程极快，击穿前发热不显著，击穿场强与电场均匀程度密切相关，而与周围环境温度基本无关。

2）热击穿。当固体电介质加上电压但未达到临界值时，损耗而发热，使其温度升高。而电介质的绝缘电阻具有负的温度系数，即温度升高绝缘电阻变小，这又使电流进一步增大，发热也随之增大。直到某个温度下，发热量等于散热量，达到热平衡，温度不再升高，这个温度称为转折温度。然而，当电压继续升高到某一临界值（临界击穿电压）时，发热量大于散热量，电介质温度也将持续上升，引起电介质局部分解、熔化、碳化等，导致电介质击穿。绝缘试验中的工频一分钟耐压试验也用于考验固体电介质的热击穿特性。热击穿的主要特点为热击穿发生时，固体介质温度尤其是击穿通道处的温度特别高，击穿电压与电压频率、电压作用时间、周围温度及散热条件有关。

3）电化学击穿。固体电介质在电、热、化学和机械力的长期作用下，因击穿场强不断下降而最终导致整体介质击穿称为电化学击穿。电化学击穿通常是在电压作用下长期逐步发展形成的，期间固体电介质性能变差所导致的击穿场强不断下降，其击穿电压低于电击穿和热击穿，具体数值与固体电介质本身的耐游离特性、制造工艺、工作条件都有密切的关系。在电介质上加工频电压进行电气强度试验时，长时间击穿电压往往不到短时击穿电压的几分之一。长时间击穿电压较低的主要原因往往是在电介质内部有局部放电。局部放电对固体绝缘的危害作用体现在：带电粒子对介质表面的撞击，切断分子构造；带电粒子撞击介质，引起介质局部的温度上升，使介质加速氧化。对于高分子材料而言，危害更为突出，氧化引起裂解以致平均分子量下降，材料的机械、电气性能全面下降，加速局部放电发展；同时，局部放电产生的活性气体 O_3、NO、NO_2 等对介质的氧化作用，也使介质进一步加速劣化。

实际工作中，局部放电量是电气设备绝缘劣化、绝缘缺陷的关键表征参量。通过对局部放电量的测量及分析，可在设备出厂试验、现场交接试验、运行过程检修等不同阶段对其绝缘状态进行有效评估，为设备绝缘状态的准确判断提供直接依据。

（2）影响固体电介质击穿电压的主要因素。

1）电压作用时间。若施加电压作用时间很短（如 1~10s 以下）固体电介质就被击穿，则这种击穿很可能是电击穿。如电压作用时间较长（几分钟到数十个小时）才引起击穿，则往往是热击穿。有时二者很难分清，例如在交流一分钟耐压试验中试品被击穿，则常常是电和热的双重作用。电压作用时间长达几十小时甚至几年才击穿时，则大多属于电化学击穿。

2）温度。环境温度越高，散热条件越差，固体电介质热击穿电压就越低。不同材料的转折温度是不同的。即使同样外部散热条件，同一材料，材料越厚，介质损耗也越大，自身散热越困难，转折温度也就越低，即更容易发生热击穿。

3）电场均匀程度。均匀致密的固体电介质如处于均匀电场中，其击穿电压往往较高，且与电介质厚度的增加近似成直线关系；如处于不均匀电场（如含有强垂直分量的沿面电场）中，击穿电压和电场分布的不均匀程度密切有关，击穿电压不随厚度的增加而线性上升，且随着电介质厚度的增加，电场可能更不均匀，这时单纯增加厚度的效果不明显，需要优先考虑电场调整的措施。

4）电压的种类。相同电极布置时，同一种电介质在交流、直流或冲击电压下的击穿电压有所差异。一般来说，电介质的冲击击穿电压常大于其工频击穿电压。固体电介质在直流下的击穿电压也常比工频（峰值）的要高得多，这是因为直流下固体电介质中损耗小，局部放电又弱的缘故。当加高频电压时，由于局部放电更强，介质损耗更大，引起发热严重，致使电介质更容易发生热击穿；或者由于局部放电引起的化学效应、严重发热等使绝缘老化加速，可能导致电化学击穿提前发生。

5）累积效应。雷电、操作冲击电压作用下，即使介质内部已发生较强烈的局部放电，但由于加压时间短，还未形成贯穿的击穿通道，仅在固体电介质中形成局部损伤或不完全击穿。然而，固体电介质的绝缘性能不可恢复，随着运行时间的增长、施加试验电压次数增多，固体电介质内局部损伤将持续发展，导致击穿电压下降，这就是累积效应的结果。

6）受潮。电介质材料受潮后击穿场强的下降程度与材料性能有关：对于不易吸潮的材料，如聚乙烯、聚四氟乙烯等中性电介质，吸潮后击穿电压下降一半左右；对于容易吸潮的极性电介质，如棉纱、纸等纤维材料，吸潮后的击穿电压最低时可能仅为干燥时的数百分之一。因此电气设备绝缘结构不仅在制造时要注意除去水分，而且运行中还要注意防潮，并定期进行检查。

7）机械负荷。固体电介质一般还承担支撑紧固等作用。部分绝缘结构由于长期受较高运行温度的作用，材料老化变脆、丧失弹性，机械强度下降，或在运行中可能受到较大的机械负荷冲击，固体绝缘件出现开裂或裂纹，进而空隙、杂质与电场畸变的多重作用导致其击穿电压显著下降。

1.2 典型电场分布与改善措施

绝缘结构的电气性能与绝缘内部、外部的电场分布密切相关。电场的分析与计算在绝缘设计中具有重要地位，在绝缘结构设计时需要控制作用电压下的电场强度，避免发生击穿、闪络等放电现象。根据电场是否均匀及其不均匀程度，电场分为均匀电场、稍不均匀电场与极不均匀电场。均匀电场中电场强度的大小、方向处处相同，如单一介质平板电容器电极中间部分的电场。稍不均匀电场包括同轴圆柱电极间电场与球距不大于球径的球间隙电场。极不均匀电场包括“棒-板”间隙与“棒-棒”间隙电场。对于同样距离的间隙，电场越不均匀，通常击穿电压越低。为了充分利用绝缘材料，提高绝缘结构的击穿电压，必须设法减小电场的不均匀程度。

尽管电气设备绝缘结构千差万别，但就其电场的基本形式而言，平行平板电极、同轴圆柱体电极、圆柱电极、存在强垂直分量的沿面电极等简单几何形状的电场仍是普遍应用的结构形式，大多数绝缘结构电场分析可以简化或近似应用以上结构形式。对于部分精度要求高、结构复杂的电场分析也可应用数值仿真方法。

1.2.1 平行平板电场

1. 单一介质

单一介质的平行平板电场分布的特点为忽略边缘部分外，极板中间电场为均匀电场。单一介质的电力电容器、电容式电压互感器的电容单元内部电场近似属于此类电场。单一介质平行平板电场分布如图 1-2 所示。

若极间电介质介电常数为 ε，极间距离为 d，电场均匀部分的极板面积为 A，则当外施电压为 U 时，电场均匀部分的电场强度 E 的计算公式为

$$E = U/d \tag{1-1}$$

极间电容量 C 的计算公式为

$$C = \varepsilon A/d \tag{1-2}$$

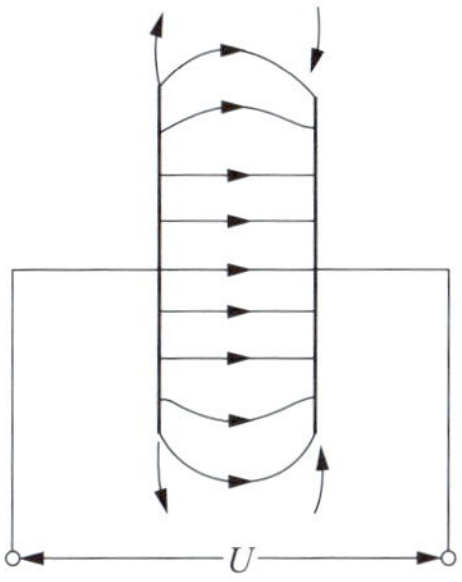

图 1-2 单一介质平行平板电场分布

U—外施电压

2. 多层介质组合

多层介质的平行平板电场分布的特点为：①忽略边缘部分，各层介质内部电场为均匀电场；②各层内场强之比与介电常数之比成反比。膜纸复合介质的电力电容器、电容式电压互感器的电容单元内部电场近似属于此类电场。双层介质平行平板电场分布与电压分布如图 1-3 所示。

若极间电介质介电常数为 ε_1、ε_2，极间距离为 d_1、d_2，电场均匀部分的极板面积为 A，则当外施电压为 U 时，各介质承担电压 U_1、U_2 的计算公式为

$$\begin{cases} U_1 = U\dfrac{d_1\varepsilon_2}{d_1\varepsilon_2 + d_2\varepsilon_1} \\ U_2 = U\dfrac{d_2\varepsilon_1}{d_1\varepsilon_2 + d_2\varepsilon_1} \end{cases} \tag{1-3}$$

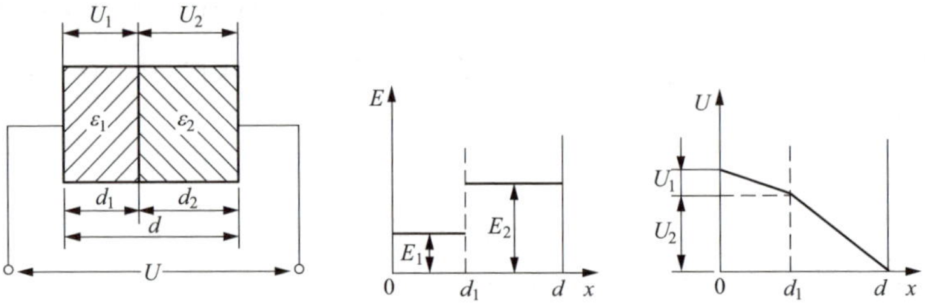

(a) 双层介质　　(b) 电场分布　　(c) 电压分布

图 1-3　双层介质平行平板电场分布

ε_1、ε_2—极间电介质介电常数；d_1、d_2—极间距离；

U_1、U_2—各介质承担电压；E_1、E_2—各介质内部电场强度

各介质内部电场强度 E_1、E_2 的计算公式为

$$\begin{cases} E_1 = U_1/d_1 = U\Big/\left[\varepsilon_1\left(\dfrac{d_1}{\varepsilon_1}+\dfrac{d_2}{\varepsilon_2}\right)\right] \\ E_2 = U_2/d_2 = U\Big/\left[\varepsilon_2\left(\dfrac{d_1}{\varepsilon_1}+\dfrac{d_2}{\varepsilon_2}\right)\right] \end{cases} \tag{1-4}$$

极间电容量 C 的计算公式为

$$C = A/(d_1/\varepsilon_1 + d_2/\varepsilon_2) \tag{1-5}$$

1.2.2　同轴圆柱电场

1. 单一介质

单一介质的同轴圆柱电场分布如图 1-4 所示，其电场为稍不均匀电场。全封闭组合母线（GIL）内部电场近似属于此类电场。单一介质同轴圆柱电场分布的特点为：①内电极表面电力线集中，场强最大；②距离内电极越远，场强越小；③外电极内表面场强最小。尽管该类电场分布不均匀，绝缘利用不充分，但结构简单，制造质量容易得到保证。

若极间电介质的介电常数为 ε，内径为 r，外径为 R，则当外施电压为 U 时，距离轴心 x 处的电场强度 E_x 计算公式为

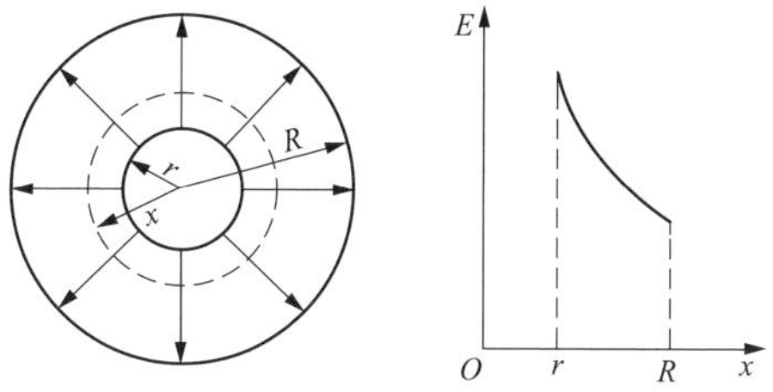

(a) 电极示意 (b) 场强分布

图 1-4 单一介质同轴圆柱电场分布

r—内径，R—外径

$$E_x = U\Big/\left(x\ln\frac{R}{r}\right) \tag{1-6}$$

最大场强 E_{max} 出现在内电极表面，其计算公式为

$$E_{max} = U\Big/\left(r\ln\frac{R}{r}\right) \tag{1-7}$$

长度为 l 时，极间电容量 C 的计算公式为

$$C = 2\pi\varepsilon l/\ln\frac{R}{r} \tag{1-8}$$

2. 多层介质组合

两层介质同轴圆柱电场分布如图 1-5 所示。多层介质同轴圆柱电场分布的特点为：①各层内介质电场连续变化；②层间场强变化不连续；③最大场强出现位置由介电常数与绝缘距离共同决定，如图 1-5 中（b）、（c）所示。以上特点常用于绝缘的分阶结构设计，以降低内电极附近的场强，从而均匀场强，确保各介质层均得到充分的利用，缩小绝缘的整体尺寸。充油纯瓷套管、电力电缆内部电场近似属于此类电场。

若内电极内径为 r_1，极间电介质介电常数分别为 ε_1、ε_2，外径分别为 r_2、r_3，则当外施电压为 U 时，各介质承担电压 U_1、U_2 的计算公式为

$$\begin{cases} U_1 = U\dfrac{1}{\varepsilon_1}\ln\dfrac{r_2}{r_1}\Big/\left(\dfrac{1}{\varepsilon_1}\ln\dfrac{r_2}{r_1}+\dfrac{1}{\varepsilon_2}\ln\dfrac{r_3}{r_2}\right) \\ U_2 = U\dfrac{1}{\varepsilon_2}\ln\dfrac{r_3}{r_2}\Big/\left(\dfrac{1}{\varepsilon_1}\ln\dfrac{r_2}{r_1}+\dfrac{1}{\varepsilon_2}\ln\dfrac{r_3}{r_2}\right) \end{cases} \tag{1-9}$$

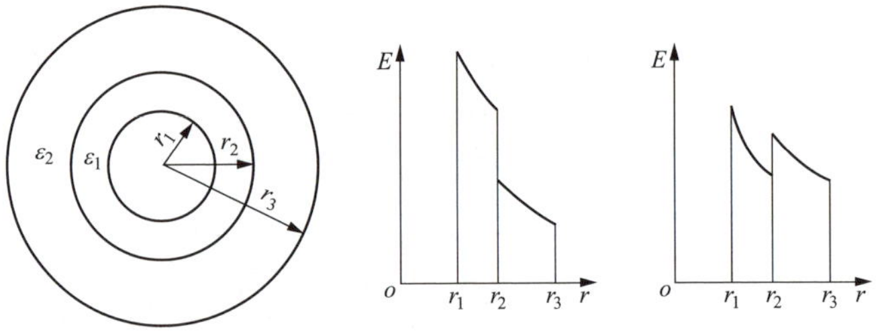

(a) 双层介质　(b) $\varepsilon_1<\varepsilon_2$　(c) $\varepsilon_1>\varepsilon_2$

图 1-5　双层介质同轴圆柱电场分布

r_1—内电极内径；r_2、r_3—极间电介质的外径；ε_1、ε_2—极间电介质介电常数

各介质内部电场强度最大 E_1、E_2 的计算公式为

$$\begin{cases} E_1 = U_1 \Big/ \left(r_1 \ln \dfrac{r_2}{r_1}\right) \\ E_2 = U_2 \Big/ \left(r_2 \ln \dfrac{r_3}{r_2}\right) \end{cases} \tag{1-10}$$

长度为 l 时，极间电容量 C 的计算公式为

$$C = 2\pi l \Big/ \left(\frac{1}{\varepsilon_1}\ln\frac{r_2}{r_1} + \frac{1}{\varepsilon_2}\ln\frac{r_3}{r_2}\right) \tag{1-11}$$

1.2.3　圆柱电场

圆柱电场常用于设备引出导线间电场的分析，如变压器内部不同相引线间电场。其电场最大场强出现在两个圆柱体相距最近处。平行圆柱与垂直圆柱典型布置如图 1-6 所示。

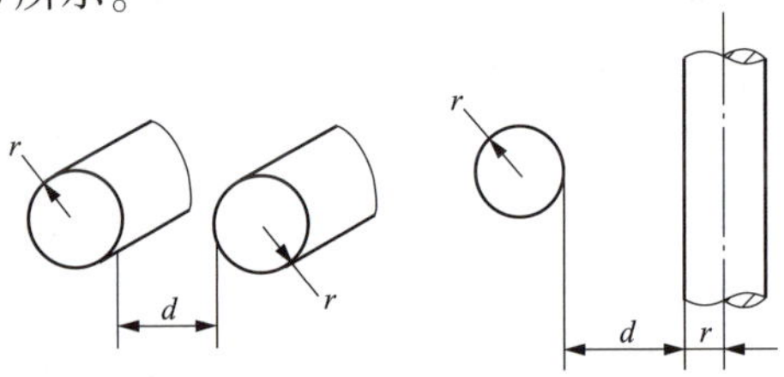

(a) 平行圆柱　(b) 垂直圆柱

图 1-6　平行圆柱与垂直圆柱电场分布

r—半径；d—两圆柱间距

若圆柱电场的半径为 r，两圆柱间距为 d，对于平行圆柱，最大场强计算公式为

$$E_{\max} = 0.9U\Big/\left(2r\ln\frac{r+0.5d}{r}\right) \tag{1-12}$$

对于垂直圆柱，最大场强计算公式为

$$E_{\max} = U\Big/\left(2r\ln\frac{r+0.5d}{r}\right) \tag{1-13}$$

1.2.4 存在强垂直分量的沿面电场

存在强垂直分量的沿面电场在电气设备中大量存在，如电容式套管内各电容屏过渡处、套管近法兰处、变压器绕组端部主绝缘等。其电场分布的特点为：①常发生于气体、液体与固体绝缘的交界面；②沿面闪络击穿电压低于气体、液体或固体绝缘单独存在时的击穿电压；③绝缘距离的增加不能显著提高闪络电压。典型电场分布如图 1-7 所示。

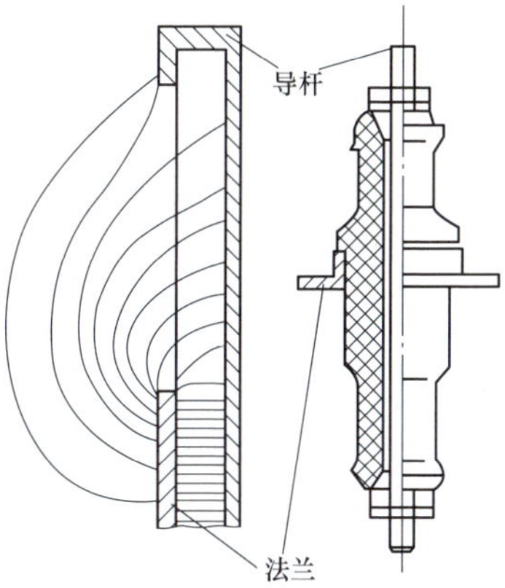

图 1-7 存在强垂直分量的沿面电场分布

以简单套管外绝缘“空气-瓷外套”间沿面放电过程为例进行说明，如图 1-8 所示。图 1-8（a）中，由于法兰处电力线集中，放电首先在此处以电晕的形式开始。随着电压的升高，电晕放电逐渐转化为细微的辉光放电形式，如图 1-8（b）所示。细线通道内因碰撞电离存在大量带电质点，在较强的电场垂直分量作用下，带电质点不断撞击电介质表面，使沿面局部温度升高。当温度达到引起气体热电离时，通道中带电质点剧增，导致通道迅速增长，放电转入滑闪放电阶段，如图 1-8（c）所示。

沿面放电主要受下列因素的影响：表面的电场分布，特别是作用于固体介质表面的电力线方向；固体和电极的接触状态；表面的污秽程度、吸潮程

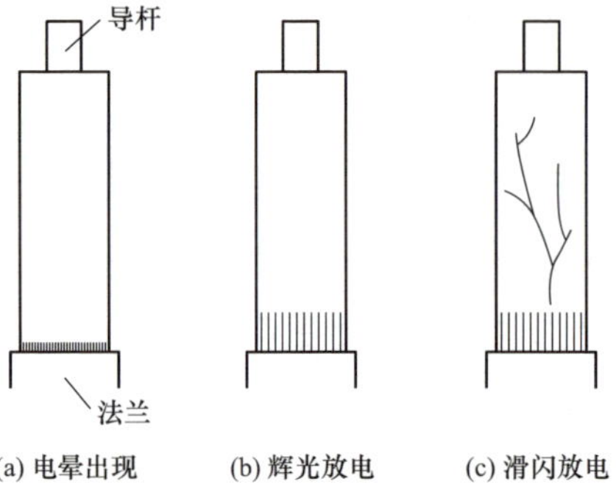

图 1-8　存在强垂直分量的沿面放电过程

度等环境因素。根据沿面放电的机理分析，基本上可认为在电场作用下被加速的电子碰撞液体或气体分子而发生电离，带电粒子受电场的法线分量作用而紧压于固体绝缘表面，进而在电场的切线分量作用下沿固体绝缘向前延伸，并最后发展成沿面放电。特别是在工频的情况下，即使较低的电压也容易引发沿面放电。这是由于在交流正半周时所产生的表面电荷，在电压负半周时将产生与外加电压相反方向的电场，由于表面电荷的中和将引起放电并随着波形的交变而反复进行，最终导致沿面放电的发生。

对于设备中大量应用的有机固体电介质而言，沿面放电是严重的威胁。这是因为，如发生沿面放电（如变压器围屏爬电、GIS 绝缘盆子表面爬电等），一是将导致局部固体绝缘的分解、碳化，形成不可恢复的放电痕迹，加剧局部电场畸变，导致放电向前发展；二是放电离子在电场力的作用下，持续向垂直方向运动，撞击固体绝缘表面，切断分子构造，导致放电向深发展；三是放电形成的杂质将破坏整体绝缘系统的纯净度，进一步降低击穿电压。以上因素的多重作用，将显著降低击穿电压。

由于绝缘结构的复杂性、绝缘材料的差异等因素，沿面电场的分析多选用数值仿真或实验实测的方法进行。

1.2.5　改善电场分布的措施

电气设备绝缘结构中，电场大多是不均匀的。若局部电场严重不均匀，则在不太高的外施电压下，就会出现局部放电，甚至导致直接击穿。因此，需要采取措施改善严重不均匀的电场分布，降低局部过高的场强，以提高绝缘结构的整体电气强度。改善电场分布的措施，可归纳为改善电极形状、改善电极间电容分布以及其他措施。

1. 改变电极形状

图 1-9 给出了一些改变电极形状以调整电场的方法。

（1）增大电极曲率半径。增大电极曲率半径以减小表面场强。如变压器套管端部加球形屏蔽罩，如图 1-9（a）所示；采用扩径导线（截面相同，半径增大），如图 1-9（b）所示。

（2）改善电极边缘。将边缘做成圆弧形，或尽量使其与局部电位等位面相近，如图 1-9（c）所示，以消除边缘效应。

（3）使电极具有最佳外形。如穿墙高压引线上加金属扁球，如图 1-9（d）所示，以改善其电场分布。

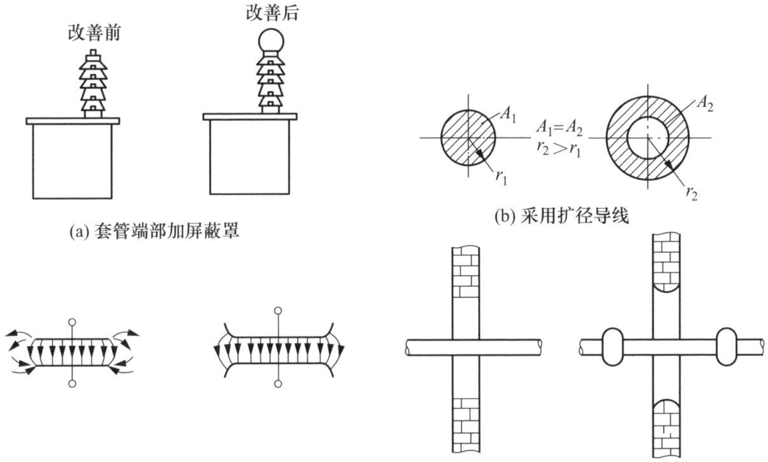

(a) 套管端部加屏蔽罩　(b) 采用扩径导线

(c) 改善电极边缘　(d) 使电极具有最佳外形

图 1-9　改变电极形状调整电场

2. 改善电极间电容分布

改善电极间的电容分布可以调整电场，图 1-10 是这类措施的相关实例。

（1）加屏蔽环。绝缘支柱、分压器等可在高压端加屏蔽环，增大高压电极对本体的电容，从而使对地电容电流得到补偿，以改善电压分布，如图 1-10（a）所示。

（2）增设中间电极。在电极间增设一定数量的中间电极，调节轴向及径向电场，如图 1-10（b）所示的电容锥式电缆终端或如图 1-10（c）所示的电容式套管。电容式套管绝缘结构设计时通常按各绝缘层等轴向电场、等电容量的原则计算中间电极极板长度，以获得一定安全裕度下尽可能紧凑的结构尺寸。

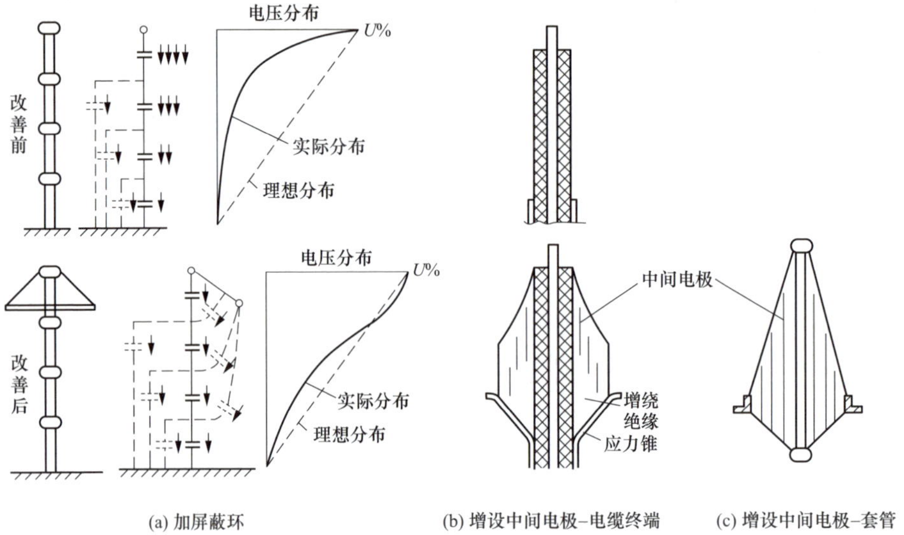

图 1-10　改善电极间电容分布以调整电场

3. 利用其他措施调整电场

除了改善电极形状与极间电容分布外，还有采用不同电介质组合使用、利用电阻压降与利用外施电压强制电压分布等调整电场方法，如图 1-11 所示。

（1）采用不同电介质组合使用。根据多层电介质串联时电通量不变的原理，在交流电气设备中可采用介电常数不同的电介质以调整电场分布。如在原强电场区域用介电常数较大的电介质，而在原弱电场区域用介电常数较小的电介质，如图 1-11（a）所示，可使电场分布改善。交流高压电力电缆的分阶绝缘结构即是应用这种方法的实例。

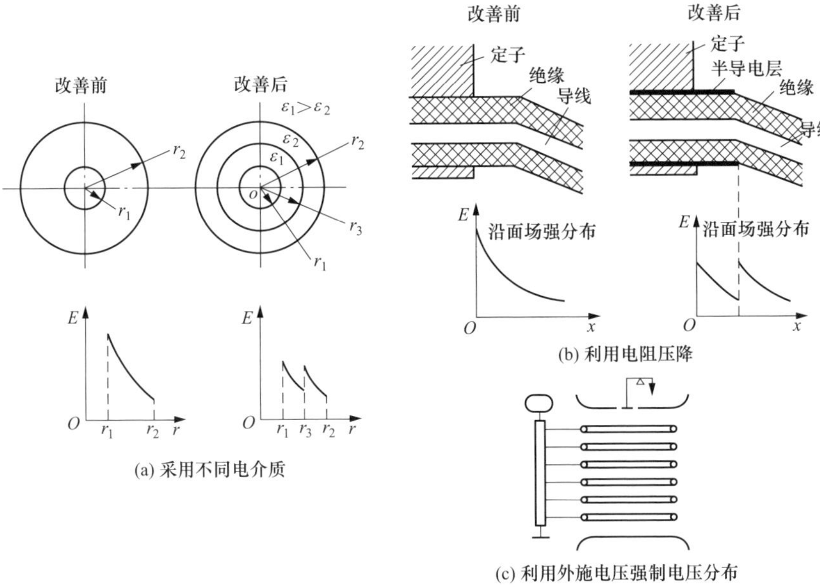

图 1-11　改善电场的其他方法

（2）利用电阻压降。利用与电极相连的半导电层伸入极间电场，达到调整局部电场的目的。如高压电机绕组槽口部分的电场处理即采用此法，如图 1-11（b）所示，形成“高阻区-中阻区-低阻区”的过渡，以降低电位变化的梯度，提高电晕起始电压。

（3）利用外施电压强制电压分布。部分静电电压表利用电阻分压器固定各均压环电位，从而使极间产生均匀电场，如图 1-11（c）所示。串级试验变压器的绝缘支柱、各中间法兰分别与各级变压器的出线端或器身相连，从而使支柱上电压分布均匀，这也属于此类措施。

小结

本章首先介绍了电介质极化、电导、损耗的基本概念，气体、液体与固体电介质极化、电导、损耗的特点，并从设备设计制造与运行维护角度讨论了极化、电导、损耗的工程意义；然后重点阐述了气体、液体与固体电介质不同的击穿机理及影响因素，包括气体适用的汤逊放电理论与流注放电理论、工程液体适用的“小桥”理论、固体适用的电击穿、热击穿、电化学击穿机理；最后介绍了平行平板电极、同轴圆柱体电极、圆柱电极、存在强垂直分量的沿面电极等简单几何形状的电场分布特点，及电场调整的常用措施。

习题与思考题

1-1　简述电介质讨论极化的意义。

1-2　简述讨论电导的意义。

1-3　简述讨论损耗的意义。

1-4　简述汤逊放电的过程。

1-5　简述流注放电理论的特点。

1-6　液体绝缘的击穿机理包括哪些理论?

1-7　固体电介质的击穿常见形式有哪些?

1-8　简述多层介质的平行平板电场分布的特点。

1-9　简述多层介质同轴圆柱电场分布的特点。

1-10　简述存在强垂直分量的沿面电场的特点。

第 2 章　CHAPTER TWO

02

油浸式电力变压器的电气绝缘

电力变压器是根据电磁感应，以相同的频率，在两个或更多的绕组之间，变换交流电压和电流而传输交流电能的一种静止电器。由于设备电气绝缘性能与设备运行环境、温升状态、抗短路能力等因素相互影响，涉及电磁场、热学、力学及过电压等多领域相关知识，因此，其电气绝缘的设计、实现与保持是一项重要而复杂的技术课题。运行经验表明，电力变压器的绝缘结构设计、绝缘材料选用、制造工艺、安装质量等因素将直接影响到电力变压器的运行可靠性。

考虑到目前电网中，特别是超（特）高压电网中，油浸式电力变压器仍占有绝对多数的突出地位，且其绝缘问题更为复杂、更具有代表性，因此本章的内容仍以油浸式电力变压器为主。本章主要阐述油浸式电力变压器绝缘结构的基础理论、设计原则、实现方式，以及影响绝缘系统的主要影响因素。

2.1 绝　缘　结　构

2.1.1　绝缘结构分类

变压器绝缘性能良好是保证变压器设备可靠运行的基本条件。任何局部绝缘的破坏，都有可能发展为整台变压器设备的绝缘损坏，影响到设备的可靠运行，严重时甚至危及整个电网的安全运行。因此，熟悉掌握变压器绝缘相关知识对于深入了解设备、提升运行维护能力等具有重要意义。

变压器绝缘分为内绝缘和外绝缘，其中内绝缘又区分为主绝缘和纵绝缘，如图 2-1 所示。

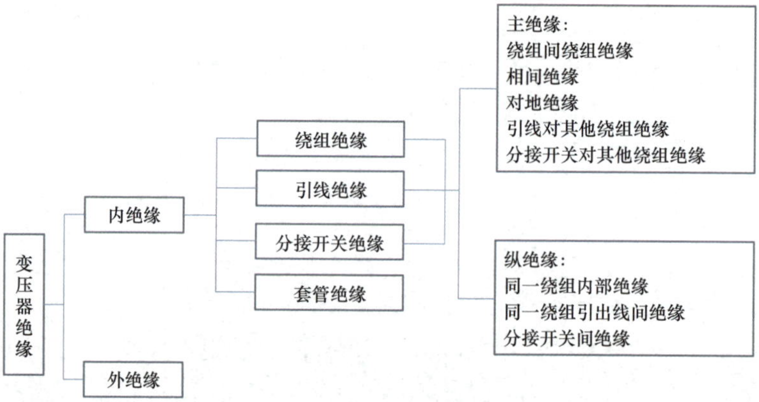

图 2-1　变压器绝缘分类

主绝缘一般位于变压器内部承受全部试验电压的各个部件间，绝缘水平要求一般由工频耐压、雷电冲击耐压、操作冲击耐压共同确定。绕组主绝缘包括同柱铁芯上各绕组间的绝缘、绕组距铁芯柱和铁轭间的绝缘、各相绕组间的绝缘、绕组与油箱间的绝缘等；引线主绝缘包括距接地部分绝缘、与其他绕组间绝缘等；分接开关主绝缘包括对地或其他部分的绝缘、异相触头间的绝缘等。

纵绝缘一般位于变压器内部承受部分试验电压的各个部件间，绝缘水平要求主要由雷电冲击耐压、操作冲击耐压确定。绕组纵绝缘包括筒式绕组的层间绝缘、饼式绕组的段间绝缘、导线匝间绝缘等；引线纵绝缘为同绕组的引线间绝缘；分接开关纵绝缘为同相触头间的绝缘。

油浸式变压器的内绝缘主要由液体绝缘（变压器油）、固体绝缘（绝缘纸、绝缘板）和两者的结合构成。外绝缘是指套管上部出线对地及其他设备外部构件的绝缘，一般包括气体绝缘（空气或六氟化硫 SF_6）与套管外部绝缘（电瓷或复合材料）。

由于油浸式并联电抗器的绝缘结构分类、绝缘材料选用、绝缘设计要求、电场特点、典型绝缘结构等均与油浸式变压器基本相同，本章所述的油浸式变压器的结构分类、典型绝缘结构与材料选用、电气与热性能要求等相关部分均适用于油浸式并联电抗器。

2.1.2 绝缘设计要求

1. 电气性能要求

变压器在运行过程中要经受三种典型过电压的作用，即工频电压升高、雷电过电压和内部过电压（操作过电压、谐振过电压等）。这三种电压类型对变压器内绝缘的影响较大，且受到这些电压作用的部位与影响的程度有所不同。因此，变压器的绝缘强度必须能够承受运行中各种过电压的作用。

对不同电压等级的变压器，相应的国家标准规定了各项耐压类试验的试验电压、试验方法和试验结果判定方法。实践证明，通过标准所规定的试验要求的变压器基本能满足长期可靠运行的需要。GB/T 1094. 3—2017《电力变压器　第3部分：绝缘水平、绝缘试验和外绝缘间隙》规定了电力变压器所采用的有关绝缘试验和最低绝缘试验水平，其中表2-1为标准中各电压等级变压器绕组试验电压水平（节选），表2-2为分级绝缘变压器中性点端的试验电压水平。油浸式并联电抗器的绝缘试验电压水平要求参照表2-1、表2-2执行。

表 2-1 绕组的试验电压水平 kV

系统标称电压（方均根值）	设备最高电压（方均根值）	雷电全波冲击（峰值）	雷电截波冲击（峰值）	操作冲击（峰值，相对地）	外施电压或线端交流耐压（方均根值）
35	40.5	200	220	—	85
66	72.5	325	360	—	140
110	126	480	530	395	200
220	252	850	950	650	360
		950	1050	750	395
330	363	1050	1175	850	460
		1175	1300	950	510
500	550	1425	1550	1050	630
		1550	1675	1175	680
750	800	1950	2100	1550	900
1000	1100	2250	2400	1800	1100

表 2-2 分级绝缘变压器中性点端的试验电压水平 kV

系统标称电压（方均根值）	中性点端的设备最高电压（方均根值）	中性点接地方式	雷电全波冲击（峰值）	外施耐压（方均根值）
110	52	不直接接地	250	95
	72.5		325	140
220	40.5	直接接地	185	85
	126	不直接接地	400	200
330	40.5	直接接地	185	85
	145	不直接接地	550	230
500	40.5	直接接地	185	85
	72.5	经电抗器接地	325	140
750	40.5	直接接地	185	85
1000	40.5	直接接地	185	85
	72.5		325	140

不同的电压类型对变压器绝缘的作用是不同的，一方面源于不同电压类型下电压分布的差异，另一方面源于不同电压类型下绝缘结构各部分耐受能力的差异。交流耐压作用下的电压按绕组的匝数来分布，绕组各部分电压按线性分布，电压梯度也为均匀分布的平均梯度。当变压器遭到雷击、操作等冲击时，由于冲击电压波形具有幅值非常高、波前时间非常短的特点，一方面冲击电压波能量初始大量集中聚集在绕组绝缘的端部；另一方面随着电压波在绕组内部的传播，当绕组中性点不接地时，电压波在绕组尾部可能发生全反射，能量相对聚集。因此，冲击过程中绕组端部或尾部绝缘处的电场高度集中，对变压器主绝缘和纵绝缘的考核作用显著。综上所述，交流耐压试验主要考核变压器主绝缘的电气强度，冲击耐压试验主要考核主、纵绝缘的电气强度。

根据系统绝缘水平配置限制因素、系统过电压特点、设备绝缘结构等方面差异，对于110kV及以下电压等级的产品，冲击耐压试验作为型式试验项目；220kV及以上电压等级的产品，冲击耐压试验作为例行试验项目；对于330kV及以上电压等级的产品例行试验项目中还要增加操作冲击试验项目。雷电冲击试验包括雷电全波冲击试验和雷电截波冲击试验；雷电全波冲击试验由波头时间、波尾时间（半峰值时间）、峰值电压来表示。波头时间代表电压上升的陡度，主要考核匝间、层间的纵绝缘性能。波头越陡，沿绕组的电压分布越不均匀；波尾时间越长，则绕组对地绝缘所受的作用越大；截波试验对纵绝缘的考验比全波试验更为严格。

考虑到超（特）高压变压器在电网运行中的枢纽作用，为确保其长期安全可靠运行，除要求变压器通过交流耐压试验和冲击试验外，还要求变压器在长期运行电压下内绝缘中的局部放电水平不能超过标准规定值，以避免由于局部放电对绝缘（特别是固体绝缘）的侵蚀，导致绝缘系统性能持续破坏。因此局部放电水平就成为衡量超（特）高压变压器绝缘性能一个非常重要的技术性能指标。早期电力变压器绝缘设计主要是从不击穿或不闪络的观点出发，即要求在试验电压下绝缘结构中各部位具有一定的裕度。而“无局部放电设计”的技术观点要求：绝缘结构中的最低起始局部放电电压值应大于局部放电试验时该处承受的电压值。因为局部放电试验要在工频耐压和冲击耐压试验后进行，所以在这些试验时绝缘结构中也不能出现不可恢复的局部放电，使固体绝缘受到损伤。因此，这就要求绝缘设计制造时要对各种电压条件下绝缘结构的电场分布、局部放电的起始电压和发展规律、绝缘材料选择与加工、设备制造和加工处理工艺等环节进行详细的校核验算和严格的质量管控。

目前“无局部放电设计”已成为超（特）高压变压器绝缘设计公认的基本要求。设计时，变压器内部各处场强先按局部放电试验电压下无局部放电发生条件来选取，然后核算各种过电压（包括短时工频耐压、全波与截波冲击耐压、操作冲击耐压等）下的绝缘安全裕度应大于一定值。由于局部放电起始放电电压取决于可能放电部位的局部场强与绝缘强度，故绝缘结构设计应以控制场强为出发点，即严格控制容易出现高场强的局部区域（包含高电位、高场强区域与低电位、高场强区域，后者如靠近地电位区域）的绝缘结构，如油隙、油楔、气泡、尖角、悬浮电位、颗粒物等，同时保证绝缘系统状态良好，性能符合设计要求。

2. 机械性能要求

当电流流经变压器绕组时，在绕组周围产生漏磁场。在电流、漏磁场共同作用下，绕组导体中将受到辐（径）向电动力和轴向电动力的共同作用。额定电流时，电动力相对较小，在绕组结构保持良好状态的条件下，该电动力对绝缘结构的影响可忽略不计。然而，变压器在运行中，不可避免地要承受电网故障所引起的过电流冲击，特别是外部发生近区短路故障时，变压器内部将产生很大的电动力，可能导致绕组、引线、绝缘或固定结构遭到机械损坏。变压器同心式绕组漏磁场分布与轴向、辐向受力如图 2-2 所示。

根据安培左手定律可知，辐向电动力主要由漏磁场的轴向分量 B_z 引起，内绕组（一般为低压绕组）、外绕组（一般为高压绕组）电流流向总是相反的，作用在绕组上的辐向电磁力 F_r 方向始终不变，企图将两个绕组反方向推开，具体表现为：内绕组受向内压缩作用力 F_r，使绕组直径缩小的作用效果；外绕组受向外扩张作用力 F_r，使外绕组直径扩张的效果。在短路电流变化过程中，绕组辐向受力 F_r 不断经历着增加和减小的振荡变化，绕组直径在扩张和缩小的重复过程中振动变形。变压器在制造设计时，通常会在内绕组装设多根撑条作为支撑，以提高绕组辐向稳定性和机械强度。

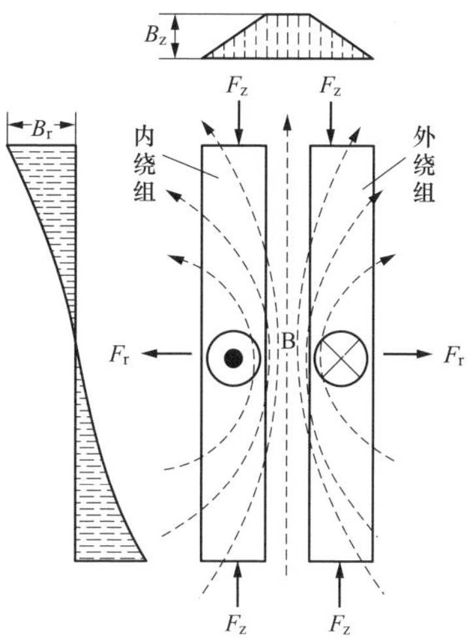

图 2-2　变压器同心式绕组漏磁场分布与轴向、辐向受力示意图

由于轴向电磁力主要由漏磁场的辐向分量 B_r 产生，绕组端部辐向漏磁场 B_r 最大，所以表现为端部的轴向电磁力 F_z 最大，从两端向中部递减。变压器在设计和制造时，一般绕组线圈由导线绕制成的线饼层叠而成，而线饼之间用绝缘垫块隔开。对于架于两个垫块之间的线饼，在轴向电磁力 F_z 的作用下产生轴向弯曲应力。变压器绕组设计时应尽量使绕组线圈上下对称，使两个绕组的磁场中心在同一水平高度，即做到安匝平衡。

变压器近区短路冲击电流值主要取决于系统阻抗、变压器短路阻抗、短路点到变压器的阻抗及变压器额定电流。最严酷的近区短路条件下，系统电源容量取无穷大（即系统阻抗为 0Ω），短路点到变压器的阻抗取为 0Ω，此时短路冲击电流值仅取决于变压器短路阻抗与变压器额定电流。目前，大型电力变压器短路阻抗约在 12%～18% 范围内，三相对称短路电流倍数相为 6～8 倍额定电流。由于电动力与电流平方成正比，则此时变压器绕组导线上所承受的机械力将数十倍于额定工况运行下的电动力。此外，考虑到变压器制造时均不可避免地存在安匝不平衡（高、低线圈的高度不等或装配时高度不等），短路过程中导线强度性能随着温度升高而有所下降，长期运行后层压板、垫块、撑条等结构件收缩不均匀可能导致绕组固定结构松动等不利因素，在实际运行时的短路冲击过程中，绕组、铁芯、引线及油箱等部分的结构所承受机械力作用与考验，较理论计算可能更为严格。统计表明，变压器抗短路能力不足是绝缘破坏而导致设备损坏的首要原因。

GB/T 1094.5—2008《电力变压器　第5部分：承受短路的能力》规定了电力变压器在由外部短路引起的过电流作用下应无损伤的要求，并叙述了表征电力变压器承受这种过电流的耐热能力的计算程序，承受相应的动稳定能力的特殊试验和理论评估方法。

校核评估时应满足：

（1）变压器在任何分接头位置时应能承受实际运行环境（包括最大运行方式下变压器所在地的短路容量、变电站多台主变并列运行、主变多侧电源联合供电、不同短路类型等情况）下的最大短路电流，各部位无损坏和明显变形，短路后绕组的温度不应超过改变电磁线（如自粘性换位导线）机械性能的最高温度。

（2）对三绕组变压器，应具备任何一侧绕组发生出口短路时具有相应的短路耐受能力。

（3）带有稳定（平衡）绕组的电力变压器，其稳定（平衡）绕组也应具有相应的短路耐受能力。

（4）变压器在任何分接位置时应能承受短路电流的重合闸冲击。

（5）结构件及引线连接应能够耐受由短路电动力引起的最严重工况考核。

3. 热性能要求

运行中变压器的损耗主要包括：绕组导线基本损耗和附加损耗；铁芯磁滞损耗和涡流损耗；以及漏磁通在导磁性结构件中的杂散损耗。这些损耗将共同引起变压器温度升高。目前，绝大多数油浸式电力变压器主要绝缘材料是变压器油和绝缘纸（板），属于A级绝缘材料。无论是长期的还是短期的，过高的运行温度都将加速绝缘材料老化，缩短使用寿命。根据实验所得的绝缘材料寿命与温度关系可知，当使用年限为20年时，A级绝缘最高允许温度为105℃左右。超过此温度，就会依据6度定律（6度定律是指A级绝缘运行温度增加6℃，使用寿命降低一半）降低其使用寿命。因此，绝缘结构设计时一定要充分考虑散热的要求，确保设备具有良好的散热条件，如绝缘结构应保证热量交换顺畅、避免出现油流不畅的高温区域、油道宽度不宜过小等。

GB/T 1094.2—2013《电力变压器 第2部分：液浸式变压器的温升》规定了变压器冷却方式的标志、变压器温升限值及温升试验方法。标准中规定了适用于A级绝缘的油浸式变压器各部分温升限值的一般要求，如表2-3所示。其中，ON为自然油循环方式，OF为强迫油循环方式，OD为强迫油导向循环方式。油浸式并联电抗器最高运行电压下的温升限值要求参照表2-3执行。

表2-3 温升限值

要求	温升限值（K）
顶层绝缘液体	55
绕组平均（用电阻法测量）： ON及OF冷却方式 OD冷却方式	 65 70
绕组热点	78

变压器设备在运行中承担超过额定负载，特别是短期急救负载时，绕组热点温度上升，在绕组和引线处等高场强区域内可能出现气泡，使得附近区域绝缘强度下降。同时，当金属结构件由于漏磁发热，在其表面处可能出现气泡，或者当油过饱和时也可能出现气泡。以上可能均会使运行条件中变压器绝缘故障风险增加。为此，GB/T 1094.7—2008《电力变压器 第7部分：油浸式电力变压器负载导则》中明确变压器在不同环境温度和负载条件下的运行对其寿命的影响，并对顶层油温、热点温度等限制因素进行了规定。标准中变压器超铭牌额定值负载时的电流和温度限值如表2-4所示。

表2-4 超铭牌额定值负载时的电流和温度限值

负载类型	配电变压器	中型变压器	大型变压器
正常周期性负载			
电流（p.u.）	1.5	1.5	1.3

续表

负载类型	配电变压器	中型变压器	大型变压器
绕组热点温度和与纤维绝缘材料接触的金属部件的温度（℃）	120	120	120
其他金属部件的热点温度（与油、芳族聚酰胺纸、玻璃纤维材料接触）（℃）	140	140	140
顶层油温（℃）	105	105	105
长期急救负载			
电流（p. u.）	1.8	1.5	1.3
绕组热点温度和与纤维绝缘材料接触的金属部件的温度（℃）	140	140	140
其他金属部件的热点温度（与油、芳族聚酰胺纸、玻璃纤维材料接触）（℃）	160	160	160
顶层油温（℃）	115	115	115
短期急救负载			
电流（p. u.）	2.0	1.8	1.5
绕组热点温度和与纤维绝缘材料接触的金属部件的温度（℃）	—	160	160
其他金属部件的热点温度（与油、芳族聚酰胺纸、玻璃纤维材料接触）（℃）	—	180	180
顶层油温（℃）	—	115	115

4. 其他性能要求

其他性能要求包括绝缘材料相容性、耐老化性能及杂质影响的敏感性等。设计时，必须考虑包括绝缘纸（板）、绝缘油、橡胶、木材和金属等变压器组成材料的长期相容性，同时考虑绝缘材料的老化和受潮、含有杂质等对绝缘耐电强度或机械强度的影响，避免服役期内绝缘耐电强度或机械强度明显下降，以确保变压器设备的长期稳定运行。统计表明，变压器绝缘故障的发生与水分、杂质的侵入关系较大。

长期相容性主要通过长期运行经验与相容性实验验证保证。绝缘材料的老化状态主要通过相应的温度场仿真与实验验证、热老化计算、糠醛含量测试、聚合度测试、一氧化碳和二氧化碳含量来综合评估。为避免受潮与杂质侵入，应在设计、制造、安装与运行全过程中对油箱结构、焊接工艺、密封结构与密封件选择、干燥工艺、油品处理、安装质量、运维手段与检修工艺等方面进行全面考虑。如针对油箱及冷却系统，应采取合理的结构，保证其机械强度；内部应该清洁，保证洁净度；具有良好的密封性能，无渗漏；相应的密封件具备与主设备相匹配的寿命，宜采用储油柜隔膜、胶囊和金属膨胀器等结构，选用高质量的管道阀门等措施，以保证变压器油系统的相对密封，避免杂质与水分侵入。

2.1.3 内部典型电场

变压器绝缘结构的设计离不开内部电场的分析。在一定电压作用下，由于电极形状、相互之间距离、填充介质与布置方式不同，电场分布将有显著的差别，相应的放电发展和击穿产生的情况也会有显著的差别。因此，只有全面分析变压器内部电场分布，准确掌握出现最大场强的部位，才能正确地进行绝缘结构设计。本章介绍中均以目前装用最多、技术最成熟的油浸、心式变压器为主，电网短暂应用的铝线圈变压器、壳式变压器；尚未规模应用的 SF_6 气体绝缘变压器、天然酯绝缘油变压器等设备知识可参考相关技术资料。

根据变压器功能的需要，其内部的电场基本上为稍不均匀电场和极不均匀电场。

稍不均匀电场主要包括：同一铁芯柱上的不同电压等级的绕组之间（除去绕组端部）的同轴圆柱电场；不同相的绕组之间（除去绕组端部）的圆柱电场；内绕组（除去绕组端部）对有电屏蔽的铁芯柱之间的同轴圆柱电场等。

极不均匀电场则出现在内绕组对没有电屏蔽的铁芯柱的棱角处、引线对夹件等结构件、引线对油箱升高座的边缘、引线的拐角对油箱壁、绕组端部对上下铁轭、绕组端部对绝缘压板的压钉等。

绕组的线饼间和线饼中线匝之间几何结构近似于平板型电极结构，但由于电极（导线）边缘的圆角半径很小，造成该处的电场集中；纠结式绕组接线电位复杂等原因，不再视为均匀电场，基本可作为稍不均匀电场。

1. 绕组间电场

变压器绕组间的绕组电场是主绝缘设计的基础，由于可近似认为是同心圆柱体，属于稍不均匀电场，可采用解析法近似计算。采取解析法计算绕组间电场强度时，由于电极形状及其间隙中油和固体介质组成的多样性，可把油纸绝缘结构折合为等值油隙，并以简单的几何形状来代替形状复杂的电极进行计算，而后进行修正的方式进行计算。但是当要求精确度较高时，应采用有限元、有限差分等数值计算方法按二维场进行计算。

2. 端部电场

绕组端部到铁轭等不规则电极之间的电场是极不均匀电场。电力线经过固体绝缘与液体介质绝缘，且斜入固体绝缘表面。端部绝缘结构容易发生沿面放电。实践证明：端部绝缘发生沿面放电在其路径长度到一定距离后即呈现饱和现象，即距离增大，沿面放电电压则提高不大。因此，解决沿面放电问题的关键是解决端部各处，特别是电场集中处的电场强度，使其低于油的局部放电场强值。这就要求更准确地获得电场的分布。由于端部绝缘结构复杂，介质多样，不能应用解析法进行电场计算，只能采用有限元、有限差分等数值计算方法进行仿真计算。通常可按二维场近似计算，其精确度基本可以满足要求，但当精确度要求更高时，则应按三维场进行计算。

3. 引线电场

绕组引出线与套管下方连线部位电场属于极不均匀电场，需要按三维场来进行电场计算。由于套管下方涉及多种介质结构的电场，存在沿面放电的可能，因此，计算时应重点关注沿面场强，以免不同介质交界面发生滑闪放电。引线与油箱间绝缘属于长油间隙绝缘，由于结构相对简单，近似可按解析法计算，当精确度要求较高时，可采用电荷模拟法或数值计算方法求解。

如引线对接地部分间的油隙中存在着干燥处理好的木质或纸质紧固件，可将沿紧固件表面的放电距离折合或等效油隙进行计算。

4. 饼间和匝间电场

变压器在正常运行中可能承受各种过电压的作用。实践表明，在导致变压器，特别是220kV及以下电压等级变压器绝缘损坏的事故中，雷击所占的比例较大。这与“330kV及以上电气设备绝缘水平取决于操作过电压水平，220kV及以下电气设备绝缘水平取决于雷电过电压”相一致。当雷电冲击波沿输电线路侵入变电站后，尽管有避雷器、保护间隙等的保护，变压器绕组上仍将遭受到一定程度冲击波过电压的作用。由于这种雷电冲击过电压波具有陡度大、时间短等特点，变压器绕组内部将产生复杂的电磁暂态过程，这个过程通常简称为波过程。在波过程中，电压波将要在绕组的匝间、段间、饼间以及绕组对地部件之间引起振荡过电压，从而使局部场强显著升高，并极易导致绝缘击穿。因此，变压器设计阶段应根据波过程计算的结果或冲击波的实测或仿真，准确求出各部位的电位分布，掌握可能出现的过电压的幅值与发生部位，寻找合理的内部保护措施，设计出更加可靠、且经济合理的绕组绝缘结构，以确保变压器的长期安全运行。

5. 电容式套管内部电场

变压器套管内部电力线与其绝缘介质表面呈一定的角度，辐向场强分量和轴向场强分量同时存在，且辐向分量远大于轴向分量，这种结构使得套管内绝缘存在发生滑闪放电的可能。由辐向电场分析来看，电容式套管中心部分可等同一个同心圆柱电极结构，导杆相当于内电极。接地屏相当于外电极，电场分布属于稍不均匀电场。

2.1.4 典型绝缘结构

变压器的主绝缘包括高压与低压绕组之间、不同相之间以及对地绝缘和引线等对地或对其他绕组的绝缘，典型绝缘结构如图2-3所示，电力线分布如图2-4所示。主绝缘设计主要目的在于正确选择各部位的绝缘尺寸和材料，以确保这些部位的绝缘在工频 1min 试验电压和冲击试验电压下不发生击穿与危害后续运行的局部放电。

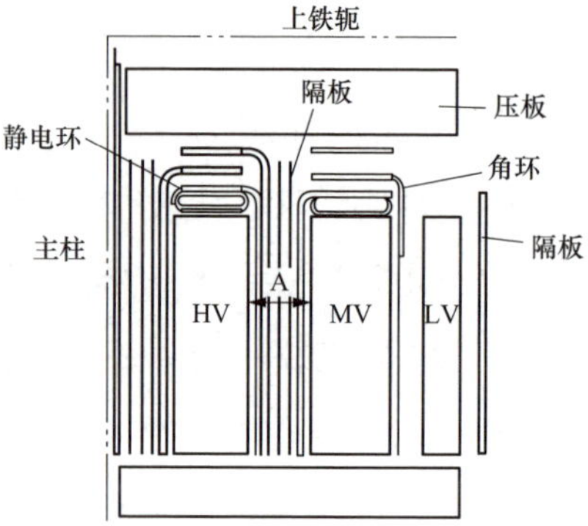

图 2-3　变压器典型绝缘结构

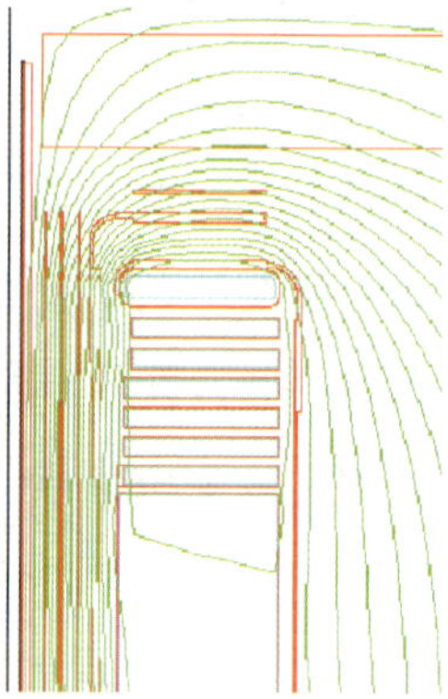

图 2-4　典型区域电力线分布

1. 绕组间绝缘

油浸式电力变压器中，高压与低压绕组之间和各相之间以及绕组对铁芯、绕组对油箱基本上属于比较均匀的电场，这些主绝缘均采用“油-隔板”绝缘结构，其中包括绕组间的绝缘筒、绕组端部的角环和相间隔板等。电压等级在 35kV 及以下时一般采用油和胶纸筒组成的厚纸筒大油道结构；电压等级在 110kV 及以上时多采用薄绝缘纸筒和油组成的“油-隔板”的绝缘结构。电压等级越高，所需用的纸筒数目越多，油隙分得越细，其电气强度也越高。

（1）“厚纸筒大油道”结构。35kV 及以下电压等级的油浸式变压器一般采用油和厚纸筒所构成的“油-隔板”绝缘，称为“厚纸筒大油道”的结构。这种结构的绝缘筒或绝缘板厚度可达 5~6mm，油道宽度大于 20mm。这种绝缘结构设计的考虑是在工频与冲击试验电压作用下，即使油间隙全部放电击穿，绝缘筒也能承受全部试验电压而不致击穿，待试验电压去除后，油间隙又可恢复绝缘作用。正常工作电压下，因为绝缘筒的相对介电常数比油高，油道尺寸又比较大，所以绝缘筒仅承受较少的电压。然而，这种结构不能保证在试验电压与电网异常电压下固体绝缘不受损伤，可能给长期运行留下一定的隐患，故不能用于更高可靠性要求的高电压等级变压器。

（2）“薄纸筒小油道”结构。20 世纪 50 年代，有研究学者提出了变压器油击穿的体积理论。该理论指出，在基本均匀的电场中，当将大油隙分割为小油隙后，油间隙的耐压强度将要提高。试验结果表明，在均匀电场和不均匀电场中，变压器油的耐压强度随着油间隙的体积的减小而提高，即当油间隙的距离一定时，随着隔板数目的增多及油间隙的减小，则油的耐压强度将要提高。在实际变压器的绝缘结构中，往往采用浸于油中的绝缘纸板筒和撑条或瓦楞纸板来将绕组间的油间隙分隔成若干个小油间隙（相应为小的油体积），隔板厚度一般小于 4mm，而绕组的端部则采用角环来分割油间隙。这样就构成了超（特）高压变压器绕组间主绝缘结构的基本形式，即“薄纸筒小油道”的结构。110kV 与 220kV 典型设备绕组间“薄纸筒小油道”结构布置如图 2-5 所示。

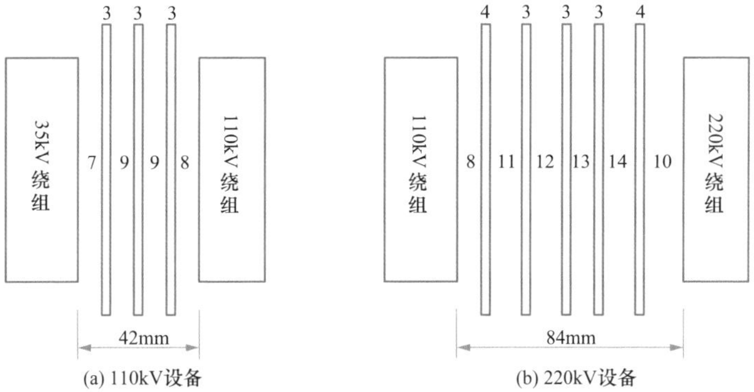

图 2-5　110kV 与 220kV 典型设备绕组间“薄纸筒小油道”结构布置示意图

“薄纸筒小油道”结构中，由于变压器油的介电常数为 2.2，纸板的介电常数为 4.4，故油的电场强度大于纸板的电场强度。一般认为主绝缘的击穿起始主要是油隙击穿，而油隙一旦击穿，纸板也就丧失绝缘能力。在电场比较均匀的情况下，根据变压器的体积效应，油隙耐电强度随油隙的减小而增大。因此，同一主绝缘距离，同样纸筒的数量情况下，油隙分隔的尺寸越小，耐电强度越高，而此时纸筒只起分隔油隙的作用。但考虑机械强度，纸筒也不宜太薄。纸筒厚度不同时，厚度小的绝缘纸筒承受的场强高。因此，在产品绝缘结构中应尽量采用厚度较小的绝缘纸板，这也就是所谓“薄纸筒小油道”的原理。

目前，大型变压器绝缘设计中，对于绕组间采用“薄纸筒小油道”结构的最小击穿电压 $U_{\min}$，计算可以采用式（2-1）。

$$U_{\min}=E_{\min}\left(\sum d_{油}+\frac{\varepsilon_{油}}{\varepsilon_{纸}}\sum d_{纸}\right) \tag{2-1}$$

式中：$U_{\min}$ 为最小击穿电压，kV；$E_{\min}$ 为油隙最小击穿场强，kV/mm；$\sum d_{油}$ 为油间隙的总和，mm；$\sum d_{纸}$ 为所有纸筒厚度的总和，mm；$\varepsilon_{油}$ 与 $\varepsilon_{纸}$ 分别为油和纸筒的介电常数。

国际上常用的“魏德曼油间隙曲线”给出了低局部放电发生概率的场强与油隙长度的关系，如式（2-2）所示

$$E_{pd}=E_1\times d^{-a} \tag{2-2}$$

式中：E_{pd} 为局部放电起始场强，kV/mm；E_1 为油隙长度为 1mm 的局部放电起始场强，不同电极与绝缘油状态取不同值；d 为电力线方向油隙长度，mm；a 为系数，不同电极与绝缘油状态取不同值。

油隙长度越小，局部放电起始场强越高，这是油浸式变压器绝缘设计的基本思想。只要散热条件允许，总是将油隙设计得更小些。这种“薄纸筒小油道”结构在布置纸筒时应注意：将出现最低击穿场强的较大油隙放在中间，靠近绕组油隙尽量采用小油隙，这样可以降低由于绕组制造过程中出现的不可避免的表面缺陷造成电场分布不均匀带来的风险，同时使得可能发生的绝缘缺陷尽可能远离绕组，这样后续的检修处理只需更换附近的绝缘筒即可，而无需过多地涉及绕组绝缘。

2. 端部绝缘

随着电压的升高，绕组端部对地的绝缘结构也越来越复杂。由于铁轭等不规则电极的存在，绕组端部的电场极不均匀且不对称。此处的电力线多是斜入固体绝缘的，固体绝缘表面存在着强切线分量电场，是典型的滑闪型结

构。这种结构一旦出现局部放电，在电场的作用下很容易导致沿面放电。大量模型试验与设备运行经验表明，造成绕组端部的油-隔板结构破坏的主要原因是：电极附近的最大场强达到或超过了油间隙的局放起始场强。刚开始时，出现局部放电，由此引发电场畸变，进而形成沿面放电，最终导致击穿。因此，控制端部最大场强，避免局部放电的发生成为端部绝缘结构设计的重点。

等位线的分布直接影响到在高电场区域里充分使用绝缘材料来满足试验电压的要求和得到长期可靠电气强度的需求能否实现。大型变压器绝缘结构大多采用固体隔板合理分割油隙，使各油隙的电气强度相等或接近。隔板数量及其布置直接影响到油隙的电气绝缘强度。图 2-6 为某大型变压器的端部区域典型电场分布。图中所示的端部空间可分出三个不同区域。垂直 A 区的电场强度可以认为是均匀的，因为绕组的平均直径远远大于绕组之间的距离，所以隔板数量取决于油隙所能承受的电压。水平 B 区由于电场不均匀，距离往往较大，有效距离取决于隔板数量和对电场均匀有影响的静电板（环）和屏蔽板等屏蔽元件的布置方式。最危险的区域是承受辐向电压的转角 C 区，这也是设计需要高度重视的区域，其绝缘设计主要特点为采用静电板（环）等来改善绕组端部的电场分布；选用适当尺寸、数目的角环把此处油隙分得细些，以提高该处油隙的局放发生（击穿）场强。

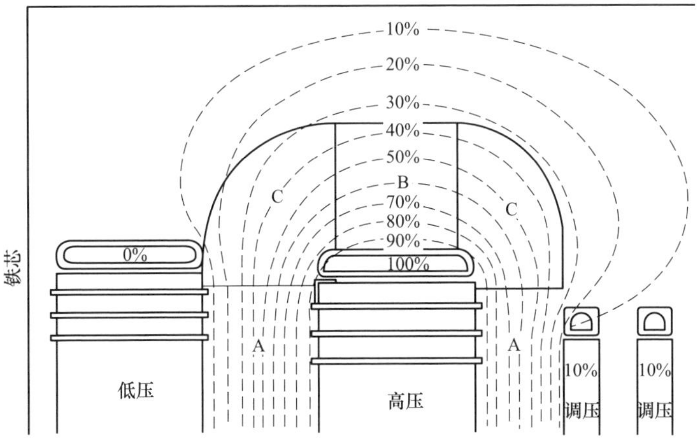

图 2-6　大型变压器端部典型电场分布

（1）静电板（环）的应用。高压绕组端部的静电板（环）的作用，一是为改善与其相邻线段的雷电、操作等冲击电压分布；二是为使绕组端部电场均匀，故静电板（环）的形状合理设计是很重要的。对于油-隔板端部绝缘结构中，采用角环和反角环将端部分隔成较小油隙时，其中电压负担最重的油隙中耐电强度将决定整个结构的耐电强度。因为最大场强往往出现于静电板（环）绝缘层表面的油隙中，因此，端部绝缘的耐电强度通常由静电板（环）与其靠近的第一个角环之间的第一油隙决定。

实际中，在选用油隙距离尺寸时，必须注意到静电板（环）对临近绕组线段的屏蔽作用，若尺寸过大，则静电板（环）对线段的电容减小，从而减小了对线段的雷电、操作等冲击保护作用。为此，在超（特）高压电力变压器的静电板（环）上部绝缘层，应用适形绝缘纸衬垫以增加绝缘厚度，这样下部绝缘层厚度就自然减小，改善了起始分布，同时满足端部电场均匀的要求。

（2）角环的应用。角环的布置原则是在尽可能符合等电位面的条件下。根据变压器油体积效应，当用成型角环分隔油隙时，以薄纸筒、小油隙来布置角环。实验表明，在绕组端部的不均匀电场中采用小油隙结构，随着油隙距离的减小，油隙击穿场强明显提高。目前比较大的生产厂家均采用有限元对端部区域进行详细的计算，得到端部的电场分布图。然后根据电场分布，选择适当的静电板（环）曲率半径和外包绝缘厚度，确定角环的数量、形状和布置方式及角环分割油隙的大小等参数，同时尽量使角环的形状和布置与电场分布的等电位面相一致，最大程度避免滑闪结构的出现。随着角环数目增多，放电路径随之增长，放电电压在一定范围内得以提高。

对于高压绕组端部绝缘结构中的局部放电，主要决定于油中所含气泡的大小、多少和绝缘垫块、角环与静电板（环）之间，不可避免地形成结构上的“油楔”。端部绝缘结构设计时，应采取措施消除出现高场强的“油楔”，同时尽可能采用成型角环。这就可基本保证弯折处与等电位而与电场分布相一致。角环的厚度无严格要求，在试验电压下不局部放电即可，通常可按机械强度要求确定其厚度。

3. 引线绝缘

变压器绕组的引线一般是指各相绕组之间的连线，绕组出头与套管之间的连接线及绕组分接头与分接开关之间的连线等。引线绝缘是变压器绝缘结构设计的组成部分。引线材料一般采用圆导线，母线及电缆线。引线一般为裸导线包扎以绝缘或外套以绝缘管。引线通常是采用木或绝缘的支架固于铁芯的夹件上。

为了使引线绝缘表面的电场均匀，可将引线导体直径适当放大，同时为了降低油中场强而包扎绝缘层。此种结构是由包以绝缘层的引线半径和引线对地间油隙距离决定的。引线的夹持部分，特别是超高压变压器采用成型件引线情况下，其中必然存在支持部分，则此支持部分可能成为引线绝缘弱点，应进行电场分布计算与绝缘设计。引线绝缘距离与电极形状、电极上的绝缘厚度等绝缘结构有关。引线绝缘设计，一般根据以下两个因素决定：引线连接绕组的电压等级；工频试验和冲击试验时，引线之间和引线对地或引线对绕组之间作用的试验电压。当选择的结构与现有的典型结构不同，如电极形状不同，绝缘厚度不同，采用的辅助隔板或其他特殊布置等，则应重新确定绝缘距离。

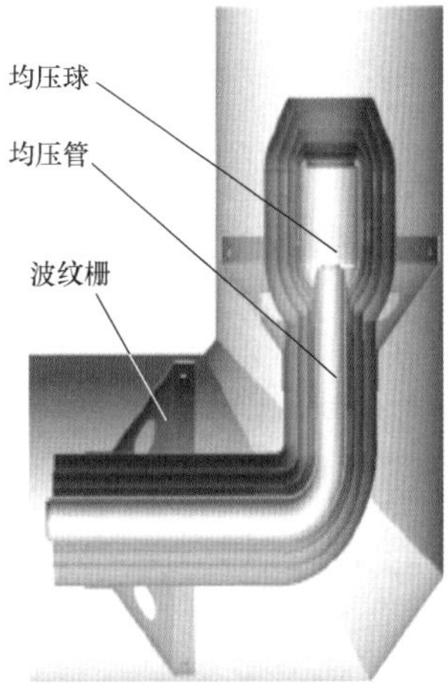

图 2-7　出线装置结构示意图

对于超（特）高压变压器而言，其高压绕组到套管的连接引线采用纸包绝缘。为了改善电场分布，除在引线包扎绝缘、采用均匀电场措施之外，往往为提高油间隙的耐电强度，而采用成型绝缘件的绝缘结构型式。500kV 及以上变压器一般采用专用的出线装置，结构示意图如图 2-7 所示。出线装置主要由均压管、均压球和波纹栅构成。均压管采用铜管外敷高质量绝缘纸浆结构，在敷了绝缘纸浆的铜管外布置多层绝缘筒来分割油隙，提高每个油隙的许用场强值。均压球采用铜板制成的酒杯状均压球，铜制均压球外敷高绝缘性能的纸浆，同样布置多层绝缘纸筒来分割油隙，提高许用电场值。

4. 饼间和匝间绝缘

变压器绕组饼间和匝间绝缘属于纵绝缘。变压器运行过程中，不可避免地受到异常电压的影响，尤其是高频、高幅值电压波，其将在变压器内部引起复杂电磁过程。其中雷电过电压、操作过电压等作用变压器绕组时，电压呈现不均匀分布，经常引起振荡过程，主要破坏绕组纵绝缘。因此，超（特）高压变压器的设计，必须充分了解绕组纵绝缘上的各种过电压分布，掌握在各种冲击波作用下绕组关键部位的电位梯度。

冲击过电压持续时间短暂，作用于绕组时，按绕组饼间和对地电容进行电压分布。因绕组对地（或对低压绕组）电容的存在，绕组首端流过较大的暂态冲击电流，形成较高的冲击电压分布。为了取得绕组首端饼间较高的绝缘强度，可加大该区域的几何间距。但几何间距的加大，导致线饼间电容量的下降，反而使对地（或对低压）电容电流的影响扩大，增加了电压分布的不均匀性。由此看来，增加饼间电容量是减少电压分布不均匀性的关键措施。纠结式绕组［见图 2-8（a）］或内屏连续式绕组［见图 2-8（b）］就是不改变饼间的几何距离，通过特殊的绕制方式，增加饼间等值电容，取得减少电压分布不均匀的效果。纠结式绕组的基本原理为：改变连续式绕组中导线相对的位置，使绕组的串联电容值增大，改善在冲击电压作用时冲击电压沿绕组的电位分布。此种结构不需要显著增加材料成本，仅改变了绕制的方法，其缺点是需要的匝绝缘比较厚，焊接头比较多。内屏连续式绕组的原理为：将电容线匝［见图 2-8（b）中阴影部分］插入到连续式绕组中，进而使线段的纵向电容增大，从而来改善冲击电压的分布增加电容的线匝在额定工况运行时不通过电流。目前，这两类绕组已广泛应用于超（特）高压变压器绕组设计制造中，应用效果良好。

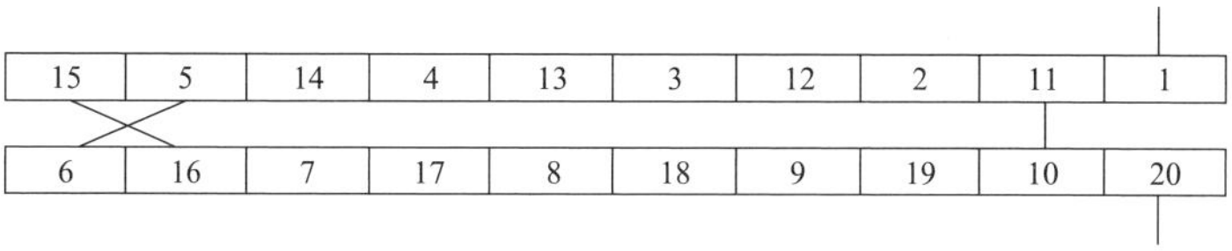

(a) 纠结式绕组

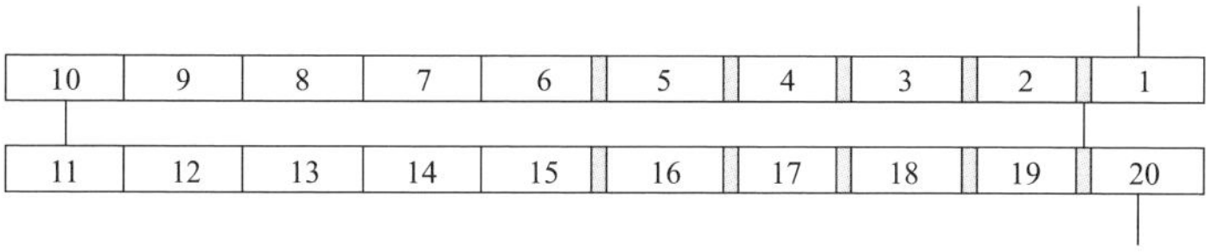

(b) 内屏连续式绕组

图 2-8　绕组形式示意图

5. 电容式套管内绝缘

电容式套管是超（特）高压电力变压器的关键附件，用作变压器导电部分的支撑和对地绝缘。电容式套管由法兰、瓷套、电容芯子（胶纸或油纸）、铜（铝）质导杆等部分组成。电容式套管主要靠电容芯子来改善电场分布。电容芯子是在导杆上包以多层绝缘而构成，而在层间按设计要求的位置上加有铝箔，以组成一串同轴圆柱形电容器。根据其所用不同的绝缘层材料，可分为胶纸套管和油纸套管两大类。胶纸电容套管的电容芯子一般用涂环氧树脂的单面胶纸上卷烘制而成。胶纸套管由于没有充油，在极板边缘和层间的气隙都不能被完全消除，可能导致局部放电的起始电压较低。油纸套管是芯子结构上与胶纸套管相似，芯子是将电缆纸浸于矿物油中为绝缘，芯子制成后经干燥、浸油处理，局部放电起始电压高，更适合于制作高压及超高压套管。

电容式套管内绝缘设计主要是确定电容芯子的最佳尺寸，包括正确选定许用工作场强；计算出各均压极板的辐向和轴向尺寸，尽可能使其电场分布得比较均匀；还需考虑芯子与外瓷套之间的合理配合，使沿瓷套外部的放电电压也能提高。其中减小工作场强分布的不均匀程度是提高套管局放水平的根本途径。实际套管设计时，为约束套管长度与充分利用绝缘，通常取套管轴向场强基本一致，即各绝缘层的电容相等且各极板间的长度差相等，而极

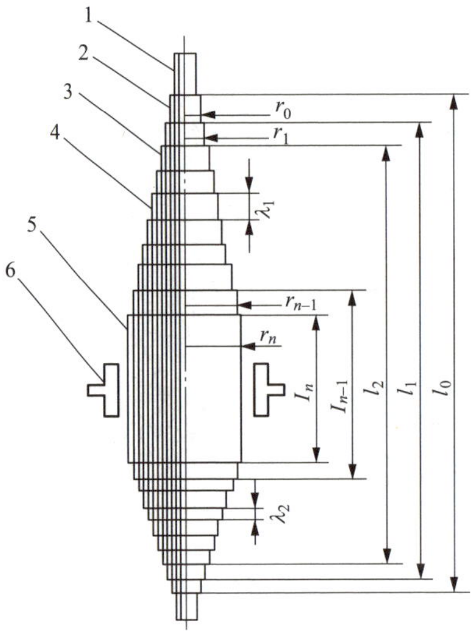

图 2-9　套管绝缘结构示意图

板间的绝缘厚度不等。由于各层电容相等，则各层所承受的电压相等，同时极板间长度差相等，可保证轴向场强分量基本相等。此时辐向场强分量为不均匀分布，与所处极板长度和与导杆的距离两者乘积成反比。一般靠近导杆附近与靠近接地屏附近的辐向场强最大，由于各层极板间电容相等的设计，附近的绝缘厚度也相对较薄，往往成为套管绝缘的薄弱环节。图 2-9 为套管绝缘结构示意图，图中 1 为导杆；2~5 为各层极板，长度为 $l_0 \sim l_n$，半径为 $r_0 \sim r_n$；6 为法兰；λ_1 为上部极板长度差；λ_2 为下部极板长度差。

2.2 油纸系统绝缘性能

2.2.1　变压器油

1. 概述

变压器油的主要成分是环烷烃、烷烃和芳香烃，以及其他一些成分，是油浸式变压器的最基本的绝缘材料，充满整个变压器油箱，起着绝缘和散热作用。变压器油的耐电强度、传热性比空气好得多，热容量也比空气大得多，因此，目前的大容量电力变压器绝大部分采用油浸式。环烷烃具有较好的化学稳定性和介电稳定性，黏度随温度变化小。芳香烃化学稳定性和介电稳定性亦较好，在电场作用下不析出气体，且能吸收气体。芳香烃含量高，则油的吸气性强，反之则吸气性差，但芳香烃在电弧作用下生成碳粒较多，会降低油的电气性能。芳香烃易燃，且随其含量而增加，油的比重和黏度增大，凝固点升高。环烷烃中的石蜡烃具有较好的化学稳定性，易使油凝固，在电场作用下易发生电离，析出气体，并形成树枝状的 X 蜡，影响油的导热性。变压器油中各种组分的含量取决于油源与加工工艺。

由于不可避免、或多或少有杂质存在，工程上认为变压器油是由于产生局部放电而发展到击穿的，即认为击穿是因油中含有空气、水分和纤维杂质引起的电场分布的畸变，而导致局部电场强度升高的结果。在电场的作用下，这些杂质沿电场方向排列，并在电极间形成所谓“小桥”，开始时为漏电通道，最后发展成为气泡击穿通道，即“小桥”击穿理论。

2. 绝缘特性

（1）距离效应。在均匀电场的作用下，某典型电极条件下油隙耐压与距离的关系曲线如图 2-10 所示。由图可见，油隙距离越小，击穿场强越高，因此增大油隙距离对提高击穿电压的作用越来越不显著。利用这个特性，可以在变压器主绝缘制造小油隙效应，即油中加隔板，使得在同一油隙距离的情况下，加隔板后整体耐压水平升高，可用于提高绝缘水平、缩小绝缘间距，有利于提高变压器设备的可靠性与经济性。

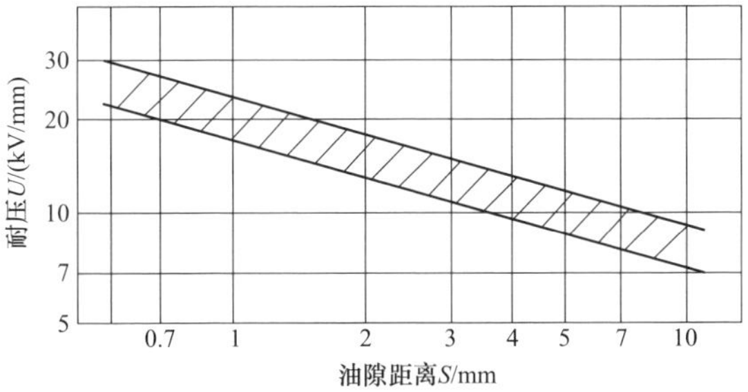

图 2-10　油隙耐压与距离的关系曲线

（2）体积效应。变压器油具有“体积效应”，即体积越小，击穿场强越高。这是源于大体积的油中存在杂质的可能性更大，更容易构成小桥，进而发展为击穿。因此，减小油的体积能提高击穿场强，且击穿电压不是成比例变化。某典型电极条件下，90℃时油隙耐压与油体积关系曲线如图 2-11 所示。

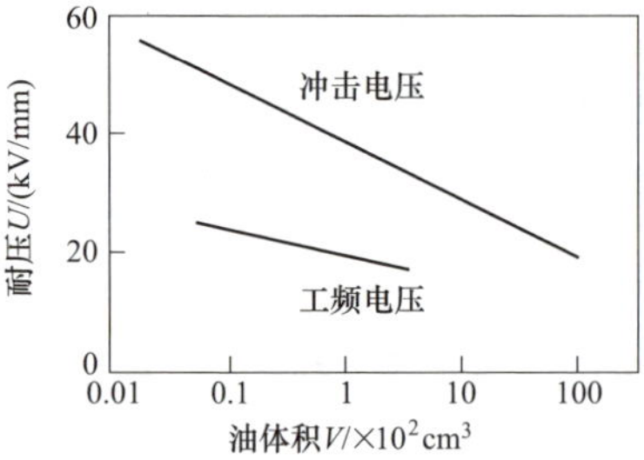

图 2-11　90℃时油隙耐压与油体积关系曲线

2.2.2　绝缘纸（板）

1. 概述

绝缘纸（板）是由未漂白的硫酸盐木浆经抄纸而成，其原料是木材，主要成分是纤维素或称 a 纤维素。变压器用绝缘纸主要包括各种绝缘皱纹纸、电缆纸、变压器匝间绝缘纸、层间绝缘纸以及代尼松纸、铝箔屏蔽纸、铝箔皱纹纸等。从变压器的绕组绝缘至引线包扎，乃至部分金属件的绝缘，使用非常广泛。绝缘板主要用于分隔油隙、加强绝缘、结构紧固等用途，在变压器绝缘结构中大量采用，主要品种包括绝缘纸板、电工层压木板、酚醛板、环氧板、成型绝缘件等。

纤维素有良好的吸湿性。纤维素置于潮湿的空气中，水分子便会渗透到纤维素的大分子之间，使纤维素结构中毛细管润胀，故绝缘纸具有一定的浸渍性。从高分子化合物的本质来讲，纸的机械强度首先取决于纤维素分子量的大小。分子量越大，强度越大。同样的纸浆，打浆度越高，纤维疏散得越细，分布得越均匀，结构越致密，抗拉强度也就越大。聚合度是表征绝缘纸强度与韧性的重要指标，是指一个纤维素分子中所包含的 D-葡萄糖单体的数量，称作该纤维素分子的聚合度。实验室测出的绝缘纸（板）平均黏度聚合度，代表该样品纤维素分子聚合度的平均水平。目前运行的大型变压器所使用的新绝缘纸（板）的平均聚合度一般在 1000 以上，这时的绝缘纸有很好的韧性和强度。绝缘纸的纤维素分子在温度、氧和水分等长期作用下发生降解，大分子断链成为较小的分子，使聚合度降低、材料的韧性和强度下降。DL/T 984—2018《油浸式变压器绝缘老化判断导则》中给出了聚合度检测结果的判据，“聚合度降到250时，抗张强度出现突降，说明纸深度老化；聚合度约为150时，绝缘纸完全丧失机械强度。建议当变压器中采集的纸或纸板样品的聚合度降低到250时，应对该变压器的纸绝缘老化引起注意：如果从气体分析中已发现存在局部过热的可能，则部分绝缘有可能已炭化，机械强度会受到影响，此时糠醛含量也应较高，则不宜再继续运行；或鉴于对设备的可靠性要求较高，且有条件更换时，也可考虑退出运行。当纸或纸板样品的聚合度降低到近150时，应当考虑该变压器退出运行”。

绝缘纸（板）的击穿形式包括电击穿、热击穿与局部放电引起的电化学击穿。其中电击穿：施加电场高、作用时间短（如1~10s以下）；热击穿：施加电场稍低、作用时间稍长（几分钟到数十个小时）；局放引起的电化学击穿：施加电场低、作用时间长（一般为数十个小时以上）。

2. 绝缘特性

（1）水分效应。油纸组合有水分动态平衡关系，油纸水分平衡曲线如图2-12所示。对110kV及以下，要使油中含水量达（10~20）$\times 10^{-6}\mu L/L$，纸中含水量需在2%（质量比，下同）以下；对220kV及以上，纸中含水量需在1%以下。油浸纸含水量增大时绝缘强度降低。含水量为3%，绝缘强度约下降10%。某典型电极条件下，油浸纸含水量与绝缘强度的关系如图2-13所示。因此，运行中发现油中水分过大时，除变压器油需脱水外，对变压器整体固体绝缘也应进行真空加热、气相干燥等处理，以确保水分有效消除。

（2）厚度效应。增加绝缘层厚度初期，绝缘层厚度对提高击穿电压很明显。随着厚度达到一定，再加厚绝缘层对击穿电压提高的作用逐渐减小，即“厚度效应”。某典型引线外包绝缘层厚度与击穿电压的关系曲线如图2-14所示，引线加包3mm，击穿电压可提高100%；加包10mm，可提高200%。基于此原理，对线饼的加强绝缘处、引线等可通过加包绝缘层来适当提高击穿电压，且其绝缘层也不宜太厚。

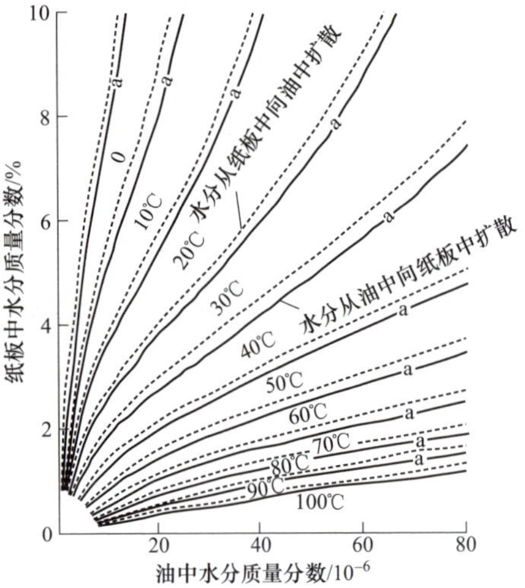

图 2-12　油纸水分平衡曲线

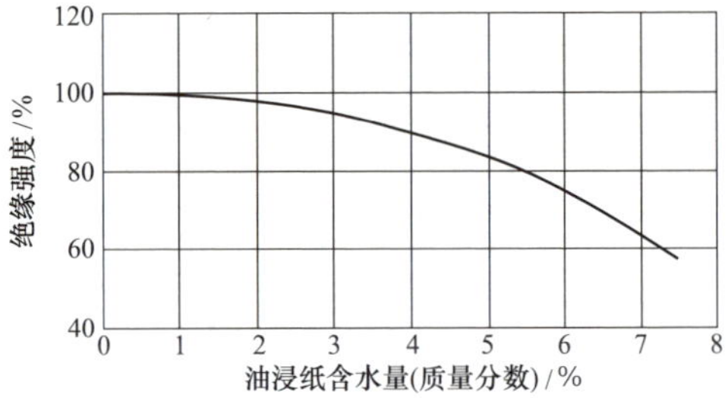

图 2-13　油浸纸含水量与绝缘强度的关系

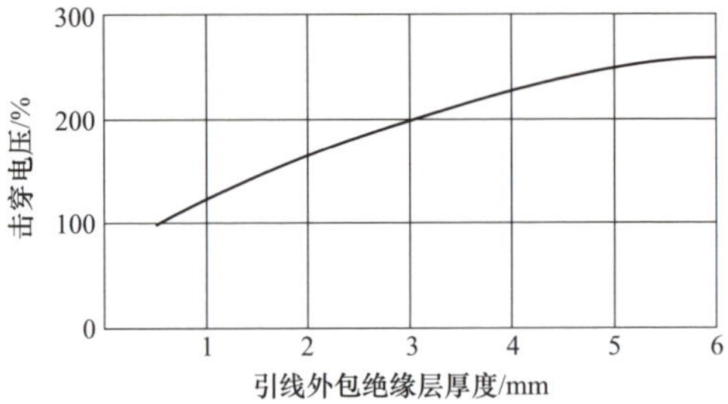

图 2-14　引线外包绝缘层厚度与击穿电压的关系

3. 固体绝缘的应用方式

（1）覆盖。覆盖是指使用固体绝缘材料（如电缆纸、皱纹纸等）紧贴于电极表面，从而有效阻碍导电杂质或极性杂质在电极表后形成“小桥”，显著提高工频击穿电压，引入覆盖不会改变油中的电场分布及电场强度。

（2）绝缘层。与覆盖相比较，绝缘层的厚度较厚（可达几十毫米），其作用不仅能够阻碍杂质“小桥”的形成，而且还能承担一定比例的电压。因绝缘层改变了油纸间隙的电场分布，所以对工频和冲击击穿强度的提高均有显著的效果。变压器内部使用绝缘层的场合较多，例如，引线、静电板（环）等的外绝缘通常包以几毫米厚的电缆纸或皱纹。

纸作为绝缘层，如绝缘层为6mm，油间隙为10mm，击穿电压比裸电极提高200%。绝缘层对于均匀电场与极不均匀电场的作用是不同的，在极不均匀电场中，在对应电场集中的电极加以绝缘层，则油中的电场强度降低，从而提高了油间隙的击穿电压。而对均匀电场则相反，因电场强度与介电常数成反比，绝缘层使油间隙的电场强度提高，从而降低了油间隙的击穿电压。

（3）隔板。隔板在变压器中使用得也比较多，一般是使用3~6mm的绝缘纸板放置于两个电极之间的油间隙中，提高不均匀电场的击穿电压。变压器绕组之间的纸筒、绕组外的围屏、绕组端部的角环等都属于这种结构。隔板的作用使原来较大的油间隙分为若干个较小的油间隙，因而提高了油间隙电场均匀程度。在变压器中常采用这种多重隔板结构。在极不均匀电场中，隔板的作用效果与隔板放置的位置有关。

在均匀电场与稍不均匀电场中，隔板的作用主要是阻碍“小桥”的形成。隔板放置最有效的距离为距曲率半径较小的电极25%的地方，可使平均击穿电压提高不超过25%，但对最低击穿电压提高达到了35%~50%。在冲击电压下，隔板对均匀场强的作用不显著，对极不均匀电场，隔板位于曲率半径较小的电极处时作用较好。

变压器的绝缘结构中，为了提高击穿电压，往往是覆盖、绝缘层和隔板几种形式同时采用。为了充分发挥它们的作用，防止“小桥”的形成，必须清楚地了解它们各自的特点和应用场合。综上所述可知，覆盖的基本作用是阻碍油中杂质的不利作用，因而可以提高平均击穿电压和减小分散程度，对工频和比较均匀的电场更为有效。隔板除阻碍“小桥”效应外，主要利用冲击电压下局部放电产生的自由离子来改善电场，对冲击电压下的极不均匀电场效果更好。绝缘层的厚度较厚，不仅能够阻碍杂质“小桥”的形成，而且还能承担一定比例的电压，对工频和冲击击穿强度的提高均有显著的效果。

2.2.3 油纸绝缘

1. 概述

大型油浸式变压器绝缘结构中所用的主要绝缘材料是变压器油和绝缘纸（板），即油纸绝缘结构。变压器油与绝缘纸（板）相结合具有很高的耐电强度。纸（板）的作用是把油分成无数个小油隙。一般，变压器油的绝缘强度多低于绝缘纸，同时油的介电常数低于绝缘纸，故变压器油承受较大的电场强度。在浸油状态良好条件下，消除杂质的程度决定了实际油纸绝缘可能达到的电气强度，实际生产过程的洁净控制具有重要意义。油纸绝缘的缺点是两者均易被污染，少量的杂质影响就很严重，因此，在工艺过程中，尽可能地获得较纯净的油和纸，并据此选择适当的工作场强，以保证变压器绝缘结构的长期可靠性。

2. 击穿机理分析

除了绝缘油和绝缘纸（板）各自的绝缘特性外，不同介质组合的油纸绝缘系统存在特有的沿面放电情况。当介质界面与电位等位面基本重合时，击穿机理与各介质单独作用机理一致。当介质界面与电位等位面斜向交叉时，放电过程发展有所不同。这就是固体绝缘材料与液体、气体介质组合绝缘特有的沿面放电现象。在油浸式变压器中，沿固体绝缘件（如角环、围屏等）表面的沿面放电也称为“滑闪放电”。沿面放电是变压器设备在设计与运行时必须考虑的一种重要放电现象，其对设备的安全可靠运行有着极为重要的影响。

在油浸式变压器的绝缘结构中，由于同时采用液体和固体绝缘材料，尤其是在端部绝缘结构中，绕组端部支撑于铁轭上，不仅存在着自由油间隙，而且还存在沿固体绝缘材料的表面滑闪放电路径。因此，沿面放电是变压器绕组与铁轭区域端部绝缘结构设计中的突出问题之一。同时因为油浸式变压器的端部绝缘结构中的电场分布极不均匀，所以单纯增加沿面放电距离，是难于保证不发生沿面放电的。实践表明，端部绝缘发生沿面放电在其路径长度增加到一定距离后即呈现饱和现象，即使距离增大，其沿面放电电压提高不多。这主要是因为在绕组端部的某处的电场强度一旦超过变压器油的局部放电起始放电场强时，随着局部放电的产生将导致电场畸变，进而引起滑闪放电直到绝缘击穿。因此，解决沿面放电问题的关键是要改善端部电场集中部位的电场强度，保证其始终低于油隙的起始局部放电场强值，并保有一定的安全裕度。

2.3 绝缘性能的影响因素

2.3.1 油中杂质的影响

1. 机理分析

在变压器“油-隔板”绝缘结构中，绝缘性能在很大程度上取决于油的耐电强度。纯净绝缘油的耐电强度在理论上是很高的，实际上净化后的工程变压器油为 200～250kV/cm，而变压器内绝缘油的击穿电压一般仅为 40kV/2.5mm 以上。存在较大的差异主要原因是变压器油中不可避免含有水分、颗粒等杂质。

图 2-15 中给出了典型电极条件下绝缘油的耐电强度与其所含水分关系的实验结果。由此可见，变压器油中含有水分将大大降低其耐电强度，特别是油中呈悬浮状态的水分，影响程度较大。变压器中还含有来源不同的悬浮颗粒，如绝缘纸、布带等纤维颗粒、金属颗粒、碳颗粒等，尤其是金属颗粒，其大小和种类对油的击穿电压将有直接影响。变压器油中含有气体，如以气泡形式存在时，则气泡在高场强处易产生局部放电，导致油分解，因而随之可能引起击穿。油中如果同时存在水分和纤维时，对油的耐电强度降低的影响较之水分和纤维单独存在时严重得多，主要原因是弱极性的纤维杂质吸收

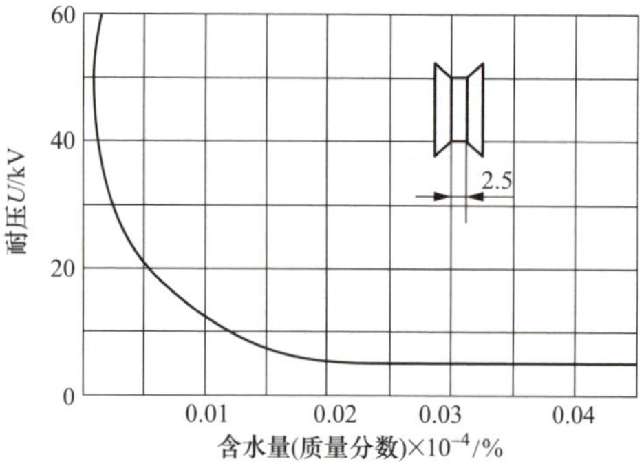

图 2-15　典型电极条件下绝缘油的耐电强度与其所含水分关系曲线

强极性的水分后，转化为强极性，更容易受到电场的影响，形成“小桥”，引起的电场分布的畸变，局部电场强度升高，使击穿电压明显下降。电场越均匀，杂质对击穿电压的影响越大，击穿电压的分散性也越大。对于冲击击穿电压，杂质的影响也较小，因为在冲击电压的短时作用下，还来不及形成“小桥”。

因此，为保证变压器绝缘性能，在变压器中所采用的油必须经过滤及真空干燥处理，清除其中所含的杂质和水分。变压器制造、现场安装与检修过程中，为了消除变压器内部存有的空气，防止注油过程中混入空气等杂质，均应在真空状态下注油。投入运行前设备与运行中设备的变压器油性能要求应满足 GB/T 7595—2017《运行中变压器油质量》要求。运行中矿物变压器油质量标准见表 2-5。

表 2-5　　运行中矿物变压器油质量标准（节选）

序号	检验项目	设备电压等级（kV）	质量标准	
			投入运行前的油	运行油
1	外观	各电压等级	透明、无沉淀物和悬浮物	
2	色度（号）	各电压等级	≤2.0	
3	水溶性酸（pH 值）	各电压等级	>5.4	≥4.2
4	酸值（以 KOH 计）（mg/g）	各电压等级	≤0.03	≤0.10
5	闪点（闭口）（℃）	各电压等级	≥135	
6	水分（mg/L）	330~1000	≤10	≤15
		220	≤15	≤25
		≤110	≤20	≤35
7	界面张力（25℃）（mN/m）	各电压等级	≥35	≥25

续表

序号	检验项目	设备电压等级（kV）	质量标准	
			投入运行前的油	运行油
8	介质损耗因数（90℃）	500~1000	≤0.005	≤0.020
		≤330	≤0.010	≤0.040
9	击穿电压（kV）	750~1000	≥70	≥65
		500	≥65	≥55
		330	≥55	≥50
		66~220	≥45	≥40
		≤35	≥40	≥35
10	体积电阻率（90℃）（Ω·m）	500~1000	$\geqslant 6\times10^{10}$	$\geqslant 1\times10^{10}$
		≤330		$\geqslant 5\times10^{9}$
11	油中含气量（体积分数）（%）	750~1000	≤1	≤2
		330~500		≤3
		电抗器		≤5
12	油泥与沉淀物（质量分数）（%）	各电压等级	—	≤0.02（以下可忽略不计）
13	析气性	≥500	报告	
14	带电倾向（pC/mL）	各电压等级	—	报告
15	腐蚀性硫	各电压等级	非腐蚀性	
16	颗粒污染度（粒）	1000	≤1000	≤3000
		750	≤2000	≤3000
		500	≤3000	—
17	抗氧化添加剂含量（质量分数）（%）含抗氧化添加剂油	各电压等级	—	大于新油原始值的 60%
18	糠醛含量（质量分数）（mg/kg）	各电压等级	报告	—
19	二苄基二硫醚（DBDS）含量（质量分数）（mg/kg）	各电压等级	检测不出	—

2. 典型案例

（1）故障概述。某厂原 5 号主变压器为三相双绕组有载调压变压器，1998 年 2 月出厂，1999 年 11 月投运。2007 年 5 月 30 日，该主变压器在空载运行状态下，因突发对地故障而损坏，差动与瓦斯保护动作。现场检查，5 号主变压器压力释放装置动作喷油，主变压器绝缘油变黑，且伴有碳粒和烧损的绝缘材料粉末；变压器本体油箱 B 相对应位置的高、低压侧均有轻微变形，如图 2-16 所示。

图 2-16　B 相高压侧油箱变形

主变压器高压侧三相与中性点电流录波图如图 2-17 所示，由图中电流波形可观察到：B 相高压故障电流有一个发展过程，电流从 7.58kA 过渡到 19.72kA，再发展为 20.25kA，这表明故障发生一个周波以后，绕组的主绝缘才对地完全击穿。

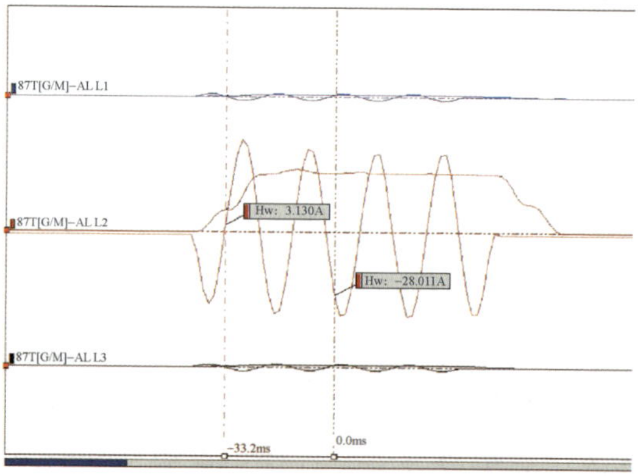

图 2-17　主变压器高压侧三相与中性点电流录波图

（2）解体结果。

1）变压器绝缘油发黑，油箱底部有许多烧损的绝缘材料；有载开关基本正常；铁芯基本正常。

2）故障区域主要集中在 B 相区域。B 相高、低压绕组之间最外层围屏表面有若干破洞，其中最大一处面积约为35cm×15cm，烧穿了两层围屏，形成了变压器B相故障时的接地通道，如图2-18所示。

3）B相高压绕组中部有两处区域存在明显烧损、碳化现象，均在中部层压板附近；下半部分并联绕组的第1饼绕组有两处严重变形（见图2-19），一处向内收缩，嵌入高低压之间的围屏，一处向外突出；两处变形位置与两处围屏烧损位置基本一致；中部层压板向外突出，表面有明显烧损、碳化现象；部分撑条断裂，断口比较整齐。

图2-18　围屏损坏

(a) 绕组部分内陷

(b) 绕组部分突出

图2-19　第1饼绕组严重变形

4）低压绕组外观基本正常，无变形、垫块脱落、断线等现象。

5）油箱底部有若干金属颗粒，其中部分圆豆状铁粒应为吊罩前切割箱体生成，部分圆豆状铜粒为导线熔化的产物，部分不锈钢切屑为油箱内部残存杂质，大概率来自设备制造过程中的金属加工过程，如图2-20所示。

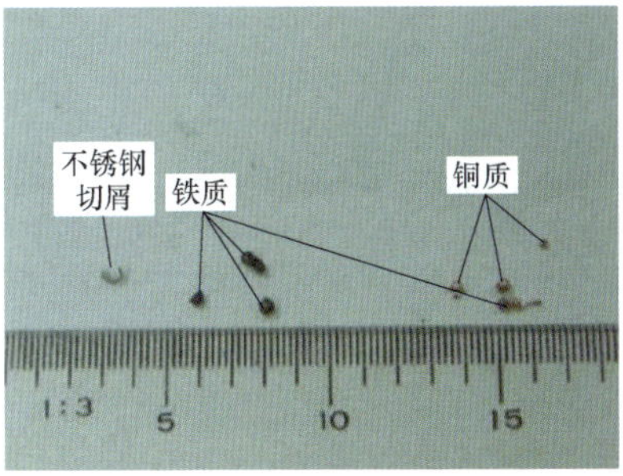

图2-20　油箱内部金属杂质

（3）事故过程分析。根据故障录波图、保护动作过程与解体情况，推测事故过程如下：事故主要发生、发展在B

相绕组中，开始于并联绕组下半部分的第1饼中绝缘薄弱处的导线匝间短路；短路产生的短路电流接近辐向方向，在漏磁场的作用下，使得导线受到切线方向的拉力，导致部分导线嵌入围屏，部分导线突出，伴随产生的绝缘包扎与围屏损坏促使匝间短路的导线范围扩大；匝间短路发生一段时间后，部分受损导线熔化，产生铜粒滴落，被短路的绕组逐渐增多，最终发展为B相高压绕组对地击穿，短路电流为20.25kA；对地短路击穿产生的绝缘油气化，使得箱体变形与下层压板断裂外移，整体绕组倾斜，压力释放装置1动作，随后主变差动保护、主变压力释放装置、重瓦斯保护、水喷雾灭火装置顺序动作；事故发展过程中，C相受到B、C相间引线等机构件的影响，调压绕组失稳。

（4）事故可能原因分析。解体检查发现，箱体内部存在一些金属杂质，如图2-20所示。参照同站同期、同厂建设的其他设备事故分析与解体检查的经验，可认为这些金属杂质中的部分不锈钢切屑来自设备安装时，制造厂没有对冷却器进行严格的清扫和检查。这些金属性的杂质在箱体内随着强油循环而流动，很容易进入到绕组区域，极有可能导致局部电场集中畸变而发生放电，引起绝缘故障甚至事故。此外，该主变压器高压绕组采用“全纠结-半纠结-连续式”的混合型结构，其中全纠结部分绕制工艺、绝缘包扎复杂，可能存在绝缘处理不到位或薄弱环节，也可能为故障的诱因之一。

2.3.2 机械力的影响

1. 机理分析

本节所提“机械力的影响”是指机械力（运输冲撞、地震、本体振动等）作用下绝缘结构尺寸产生相对变化，而对绝缘系统产生的影响。其中，变压器外部短路电流产生的电动力对绝缘结构的破坏是变压器设备损坏的主要原因之一。

变压器在运行中不可避免地要遭受各种短路故障的考验，此时的过电流幅度要比额定电流大许多倍，它将在绕组上产生强大的电动力。若变压器本身结构中有不合理的地方或机械强度不够，绕组动稳定性较差，可能不能承受短路电流最大峰值所产生的电动力作用，进而导致变压器故障。此外，绕组变形具有累积效应，如果在短路电流作用下，变压器绕组发生了轻微变形，将可能导致安平不平衡程度加剧，进而绝缘性能和机械性能的下降，如果不能及时检修而继续运行，在下次短路过电流作用下，变压器绕组变形程度可能再次增加，使其机械性能也随之再次下降，出现恶性循环。最终使得后续运行中变压器在不太大的短路电流或过电压作用下，甚至在正常运行条件下出现损坏。

应对措施主要包括：

（1）加强变压器选型、订货、验收及投运的全过程管理。

（2）选择具有良好运行业绩和成熟制造经验生产厂家的产品。

（3）在变压器设计阶段，运行单位应取得所订购变压器的抗短路能力计算报告及抗短路能力计算所需详细参数，并自行进行校核工作。

（4）着重提高内绕组的辐向动稳定。提高内绕组的动稳定性，除了常规的方法（安匝平衡、压紧、支撑等）以外，主要依靠导线的自支撑强度，内绕组均应使用半硬铜导线（对于换位导线还应该是自黏性的）绕制，并适当降低工作电流密度，以增大导线的截面积。

（5）低压侧母线加强相间绝缘；对于电缆出线，改用分相屏蔽的交联电缆或停用重合闸；低压侧加限流电抗器；提高继电保护动作可靠性。

（6）开展绕组变形检测工作，减轻绕组塑性变形的积累效应影响，对预防变压器短路事故有重要的辅助作用。

2. 典型案例

某站 2 号 220kV 主变压器损坏案例。由于台风的影响，其 110kV 出线 1.3km 处 A 相连续发生 7 次单相接地故障（故障电流均在 8kA 左右），导致该变压器轻、重瓦斯动作，主变压器三侧开关跳闸。经查，主变瓦斯继电器有可燃性气体。对变压器本体进行油色谱分析，并与故障前数据进行对比，见表 2-6，分析发现各种特征气体严重超过注意值。现场电气试验发现直流电阻试验异常，结果见表 2-7。综合分析，A 相绕组存在严重缺陷，不能继续投入运行。

表 2-6　　油色谱分析结果　　ppm

项目	氢气	甲烷	乙烷	乙烯	乙炔	总烃	一氧化碳	二氧化碳
故障前	31	9.8	1.4	7.4	0	18.7	469	1099
故障后	955	192	10.5	143	173	519	1038	2160

本体色谱分析三比值编码为 102，存在高能量放电，怀疑为绕组、线饼、线匝之间或绕组对地之间的电弧放电。

表 2-7　　直流电阻测量结果　　Ω

项目	A 相	B 相	C 相	偏差（%）
高压	0.5808	0.4830	0.4860	19
中压	0.3256	0.2247	0.2272	39
低压	0.03854	0.03845	0.03867	0.57

返厂解体情况如下。

（1）A 相低压：35kV 引出线逆时针 2~4 挡的第 25~40 饼、2~4 挡的对面第 19~68 饼绕组发生严重变形。

（2）A 相中压：中性点开始逆时针 1~8 挡的第 10~17 饼绕组变形绝缘纸烧坏，其中 3~4 挡变形最严重，12~15 挡也向铁芯方向严重变形，由于中压绕组损坏严重，并向高压绕组方向变形，致使 A 相高、中压绕组无法分开。

（3）B、C 相高压绕组有轻微变形，中压绕组多处分别向内、外变形，低压绕组整体变形。

解体部分缺陷图片如图 2-21 所示。

2.3.3　油流带电的影响

1. 机理分析

油流带电是指大型电力变压器，特别是采用强迫导向油循环冷却方式

(OD) 的大型变压器，由于变压器油的流动而产生的一种绝缘介质带电现象。当绝缘油经潜油泵注入变压器内时，由于流速、温度、油内水分含量、交直流电场和绝缘结构表面状态等原因，会引起固体绝缘与液体界面上的电荷分离，即接触表面静电荷的产生和静电荷极性的改变，使得电荷重新排列、集聚，从而形成电位差，使液体带电，严重时产生绝缘放电，危及设备健康状态。具体油流放电发展过程如图 2-22 所示。

(a) A相中压绕组中性点引出线侧严重烧损

(b) A相低压绕组严重变形

图 2-21　某站 2 号 220kV 主变压器解体照片

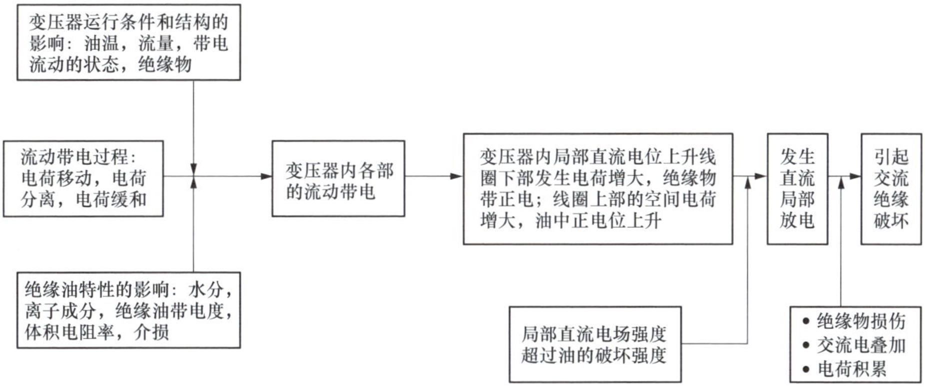

图 2-22　油流放电的发展过程示意图

研究表明：

(1) 流速是影响油流带电的最主要因素。油流的速度越大，油流带电倾向越为严重。以油流通过层压纸管进行的模拟试验表明，在纸管的入油口油流极不稳定，属于紊流状态时，产生的静电电流最大。运行中，当油泵突然启动时，由于油流的扰动，加之油泵本身油的流速很高，固体绝缘和油界面上的双电层很快被油流分离，使油中电荷密度迅速提高，且频繁地启动油泵会加剧这种现象。因此，油泵的启停应逐步进行，以避免油流速的陡升陡降。

（2）温度对于油流带电的影响是肯定的。它对油流带电的最终影响还要取决于其对各参数影响的综合结果。由于温度变化中，静电荷的产生和缓和两种相反作用的比较，最终导致了油流带电的温度特性曲线中峰值的出现。为控制油流带电现象，其运行油温应尽量避免在30~60℃之间。

（3）固体绝缘材料表面状态的影响。变压器内固体绝缘材料表面吸附电荷的能力与其表面粗糙程度有关。不同绝缘材料由于其表面粗糙度的不同，导致其与油的接触面积和吸附电荷的能力有所不同。表面粗糙度越大，其吸附电荷的能力越强。而当绝缘表面发生放电时，将引起材料表面变得粗糙，产生毛刺，更容易积聚电荷，增加油流带电量。

（4）含水量的影响。油中微水含量的减少，将导致电荷密度的增加，而水分含量增加则电荷密度减小。

应对措施主要包括：

（1）变压器设计制造时，一般通过改善油道的设计及加工工艺，扩大进口油道尺寸，加大导油面积且保持油道光滑，从而使油流保持平稳。采用导向冷却后，在结构上进行了改进（如加挡油纸板、纸筒），使油按一定的路径有序流动，避免紊流产生，同时减少固体材料表面的粗糙程度。

（2）运行中，合理控制油泵流速与冷却器开启组数，避免油流速度过快、进出口油温过高或过低等措施来综合有效改善油流带电情况。加强油色谱检测分析，开展油循环下的静电电流测量，及油的带电度检测，以掌握油流带电程度。必要时添加电导率调节剂或电荷抑制剂。实际运行经验表明，在绝缘油中添加电导率调节剂或电荷抑制剂，如添加苯丙三（BTA）或烷基苯（AB）等，可有效降低油流带电倾向。

2. 典型案例

某站原1号500kV主变压器为日产壳式三相变压器组，1990年12月投运。2001年6月起，相继发现各相绝缘油色谱异常现象，且临近夏季色谱增长较快。故障设备色谱跟踪情况见表2-8。

表2-8 故障设备色谱跟踪情况 ppm

日期	相别	氢气	甲烷	乙烷	乙烯	乙炔	总烃	一氧化碳	二氧化碳
2000.12.16	A	23	22.9	62.2	1.4	0	86.7	110	440
	B	40	28.4	76.5	1.6	0.1	106.4	103	605
	C	12	6.7	18.2	0.4	0	25.3	28	115
2001.3.19	A	55	18.7	53.1	1.3	0.1	73.2	71	430
	B	26	27.9	78	1.6	0.1	107.5	93	474
	C	14	25.3	75.3	1.6	0.1	102.2	126	312
2001.6.26	A	20	13.4	34.6	1.4	1.1	50.4	175	330
	B	17	16.3	45	1.3	1.1	63.6	159	335
	C	24	25.7	76	3.8	5.6	111.1	90	491
2001.7.3	A	29	34.4	110.9	4.4	3.5	153.2	53	345
	B	32	35.6	115.4	4.3	4.7	159.9	49	936
	C	41	33.2	110.6	6.3	9.8	159.9	51	932

经分析认为变压器内部存在高能量放电。返厂解体发现三相情况基本相同：其油箱部分、绕组部分、铁芯部分、内部引线情况良好，没有发现异常情况；损坏部分集中在绕组与铁芯之间的绝缘件上（见图2-23），包括主要由带小油隙、多层绝缘纸板和成型角环。除损坏的程度和放电点的数量差异外，放电的特征表现出基本一致，表现如下。

（1）绝缘件上出现了大面积的黑色和白色“虫孔”状的树枝放电痕迹［见图2-23（a）］，放电方向由线饼外侧向外铁芯方向（即高场强区域向低场强区域）发展，通过绝缘纸板和成型绝缘角环形成了放电通道。部分绝缘纸板或角环有分层起泡现象［见图2-23（b）］。

（2）在两个并联的串联绕组（高压绕组）上三相均发现大量的对称放电点。A、B、C相公共绕组的下部上发现靠近铁芯两侧有对称的放电点，如C

相第41线饼，B相低压绕组上发现对称的贯穿性放电点［见图2-23（c）］。线饼上放电区域多达10余处，最多一处的放电点达10多个。

（3）高压绕组外侧的接地静电屏上发现有放电痕迹，最大一处为100~150mm独立的树枝状放电痕迹［见图2-23（d）］。

（4）放电痕迹多发生于靠近箱体底部的绝缘件上，在箱体长度方向同一切面上，左右绝缘件上的放电痕迹程度基本相当，这与油流分布、电场分布基本一致。

(a)“虫孔”状的树枝放电

(b) 绝缘纸板油分层起泡现象

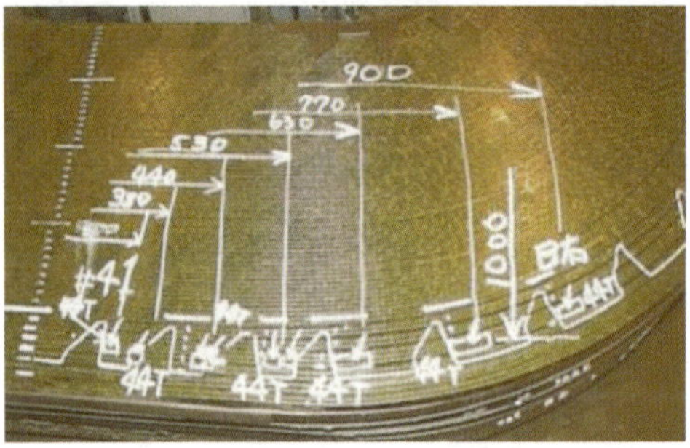

(c) 同一线饼上多处放电点

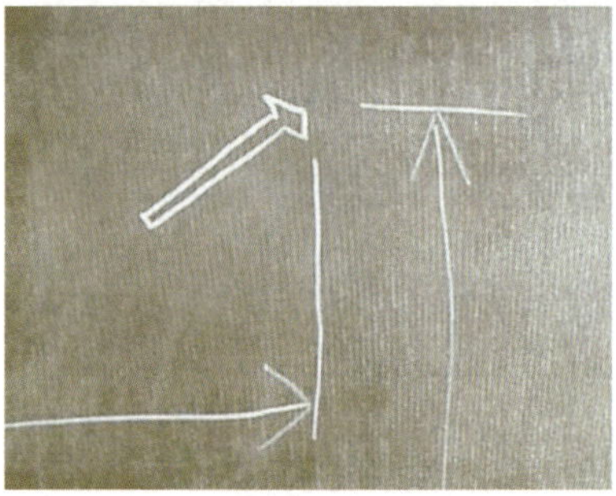

(d) 接地静电屏表面放电

图2-23　解体照片

根据分析，故障发生原因主要如下。

（1）油流速度的影响。根据制造厂介绍，为了控制油流带电，一般要求围屏处的油流速≤0.5m/s，设计值控制0.35m/s；绕组表面处的油流速≤0.25m/s，设计值控制0.15m/s。为了减少油流带电的影响，1995年制造厂修改了变压器典型设计，对油道进行改进，即靠近铁芯两侧的绝缘油隙内的油路堵塞，该处的绝缘油仅起到绝缘作用，没有冷却作用，使油流带电对绝缘间的影响减少达最低程度。而该组缺陷变压器应用的是传统设计，存在油速过高和油路设计不合理造成油流带电的极大可能。同时，油入口靠近箱体底部，此处油的流速较高，且油流状态复杂，存在较大的紊流区域，更容易发生静电电荷的分离，产生油流带电，这与“放电痕迹多发生于靠近箱体底部的绝缘件上，在箱体长度方向同一切面上，左右绝缘件上的放电痕迹程度基本相当”的特征相符。

（2）绝缘件表面粗糙度的影响。壳式变压器的成型角环多而复杂，圆角半径小，通常用纸板或绿色皱纹纸在专用模具上压制而成，表面状态相对粗糙。从解体中发现的部分角环分层现象，可证明绝缘件表面比较粗糙。而绝缘件的表面粗糙度增加了对油流的摩擦，加速了油和绝缘材料的界面上产生静电电荷的分离，更易产生油流带电。

（3）局部高电场对油流带电的影响。发生放电的位置，多在高压绕组两侧近铁芯尖角的地方，该处电场相对集中，电场强度相对较高。当发生油流静电时，油和绝缘纸板之间形成静电电荷的分离。当某处电荷积累比较密集时，在其产生的场强也随之增大，这个场强在交流电场作用下超过一定程度时，就会在油中或固体绝缘表面上产生静电放电或爬电放电，严重时，将使固体绝缘受到损伤。因此，变压器的油流带电均发生在高压绕组近铁芯尖角的进油口处。

（4）油温对油流带电的影响。由于平时该组变压器负荷相对较低，油温也较低，而到了夏季随着负荷和环境温度的上升，油温也上升至 40℃以上。根据有关对油流带电的研究，油温在 40～50℃左右，油流带电倾向性较大。因此，每当夏季来临或夏季后，变压器油中的乙炔有较大的变化。

2.3.4 温度的影响

1. 对绝缘油的影响

温度对绝缘油绝缘性能的影响主要在于其对水分与气泡析出两方面。典型电极条件下，干燥的油、受潮的油的油温与油耐压的关系如图 2-24 所示。

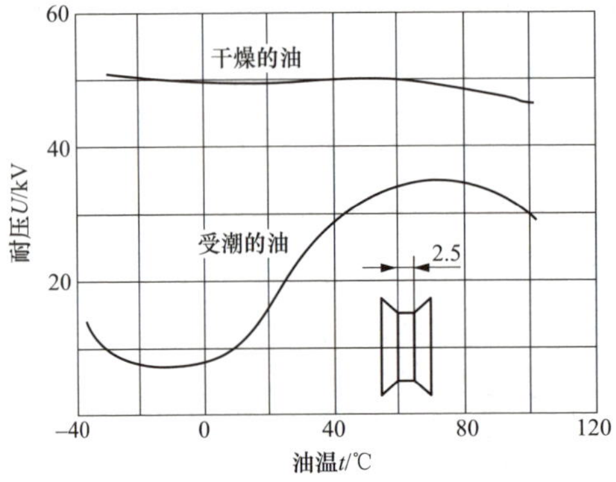

图 2-24　油温与油耐压的关系曲线

未受潮时，油的击穿电压受温度影响很小（见图 2-24 中干燥绝缘油数据），仅在温度较高时，由于气泡析出而导致耐压水平部分下降。含有一定水分后（见图 2-24 中受潮绝缘油数据），油间隙的耐电强度与温度的关系是复杂的。在 0~60℃范围内，油受潮后的击穿电压，往往随温度升高而明显上升。其原因是油中悬浮状态的水，随温度上升而转化为溶解状态的缘故。在 60~80℃范围内，受潮变压器油的击穿电压可能出现最大值。这是因为温度超过 70~80℃时，一方面油中水分溶解度增加，悬浮水存在的可能性较小，水分基本上呈溶解状态，有利于耐压的提高；另一方面油中开始出现气泡，绝缘强度降低；两者共同作用导致超过 70~80℃后绝缘油耐压水平下降。

2. 对绝缘纸（板）的影响

相同含水量下的绝缘纸板的击穿场强随温度的升高而明显地降低，说明温度的升高可以降低绝缘纸板的击穿场强。一般认为温度的升高使得浸油纸板中载流子更为活跃，单位时间内的浓度增大，介质损耗增加，使得纸（板）中的弱束缚的离子脱离束缚状态，变成载流子，进而使得体电阻率减小与出线更多的载流子，最终引发击穿放电。典型实验条件下，不同含水量的纸样在不同温度下的击穿场强变化如图 2-25 所示。

3. 典型案例

（1）高温影响。实际运行中，当变压器承受急救负载时，绕组热点温度会达到 120~140℃，此时热点附近的固体绝缘中可能开始出现气泡，且吸附在固体绝缘表面。由于气泡绝缘强度较低，且介质因数较低，所承担的电压

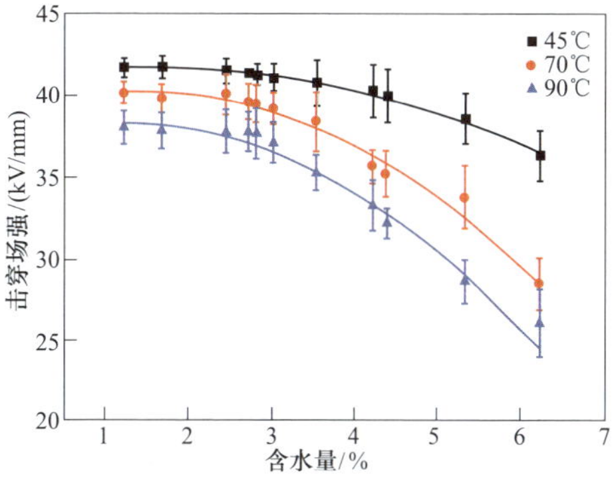

图 2-25　不同含水量的纸样在不同温度下的击穿场强

较高，导致更易发生放电，并在固体绝缘表面留下放电痕迹，加剧了痕迹处的电场集中程度，导致后续放电的持续发展，进而产生无法恢复的损伤。因此，GB/T 1094.7—2008《电力变压器　第 7 部分：油浸式电力变压器负载导则》中要求急救负载时热点温度限制为 140~160℃。

（2）低温影响。某主变压器检修过程中，受到现场低温环境的影响，绕组连同套管的介损 tanδ 试验现场测试数据经温度换算后仍与出厂数据偏差较大。随后在变压器本体进行绝缘油热油循环（每台变压器经过 36h 热油循环处理达到本体 65℃油温要求，对本体做保温措施前提下，静置 7 天）处理后，绝缘油自然降温过程中，跟踪测试本体介损 tanδ 及电容量，本体油温到达 27~34℃范围内，介损 tanδ 测试数值满足规程要求。这一事例表明，低温运行环境下，含水量偏高的变压器绝缘性能有所下降，低温启动过程中该问题相对突出。严重时，需要采取外部辅助加热、零起升流等措施以保证设备绝缘性能与运行安全。

2.3.5　过电压影响

1. 机理分析

电力变压器过电压的传统保护方式有：避雷器、空气间隙、空气间隙与避雷器并联装置。然而由于防护手段配置、参数配合、防护手段的运行状态等原因，部分变压器设备仍会在系统出现雷电、操作、工频等过电压现象时发生过电压引发的绝缘故障。其中雷电过电压的影响相对突出，尤其是针对110kV及以下变压器设备。

雷电冲击过电压持续时间短暂，它是一种高频、高幅值电压波，其作用于绕组时，按绕组饼间和对地电容进行电压分布。因绕组对地（或对低压绕组）电容的存在，绕组首端流过较大的雷电冲击电流，形成较高的雷电冲击电压分布。这种雷电冲击电压分布的严重不均匀性，对绕组匝间、层间绝缘的考核作用明显。

依据GB/T 50064—2014《交流电气装置的过电压保护和绝缘配合设计规范》规定，中国110kV及以上交流电力系统通常采取中性点有效接地方式。实际系统运行条件下，为了限制短路电流，220kV变电站中通常采取一台主变压器中性点接地，其他变压器不接地的方式。在系统发生单相接地短路故障或操作、雷电波侵入时，不接地变压器中性点会出现幅值较高的过电压。由于110kV变压器中性点通常采用分级绝缘，绝缘水平较低，因此，必须对不接地变压器中性点绝缘采取有效的过电压保护措施，以保证变压器的安全运行。然而，由于配置的避雷器或保护间隙不可避免地存在放电分散性较大，存在一定的绝缘配合难度，难以分别在局部失地暂时过电压、雷电过电压、操作过电压等不同工况下准确动作，直接影响到变压器设备的健康运行。

2. 典型案例

（1）雷电过电压影响。某站中性点不接地35kV变压器在雷雨天气中损坏，中性点套管发生喷油现象，中性点保护间隙未动作。停电试验结果，变压器中性点对地绝缘电阻大幅下降，表明相关区域绝缘严重受损；进线避雷器状态与母线避雷器状态良好，当日无动作记录。

对于接成星型接线的35kV某站主变压器，其一相、两相和三相进波时的情况分别叙述如下：假设当雷电波U从A相侵入时（见图2-26），因线路波阻抗远小于变压器绕组的冲击阻抗，故B、C两相的出线端相当于接地。这样，A 点对地之间，可看成是一个 BO 绕组和 CO 绕组并联后再与 AO 绕组串联的绕组，长度增加了一倍。稳态电压按绕组的电阻分布，故中性点 O 稳态电位为 1/3U，因而在振荡过程中中性点 O 的最大对地电位可达 2/3U。如果两相、三相同时进波，可用叠加法来估算中性点对地电位。在振荡过程中中性点 O 的最大对地电位分别可达 4/3U 和 2U。

根据母线避雷器配置，可知侵入母线的雷电波幅值不会大于 90kV，考虑到母线避雷器距离主变压器有一定距离，侵入变压器的雷电波应小于 150kV，即按极限情况考虑，已有工况（二相进波）满足中性点对 A 相引线放电的条件，即雷电冲击电压大于 200kV；三相进波的工况下，中性点自身电位已经到了相当高的水平（约为 300kV），将直接导致变压器中性点区域绝缘击穿。由于该站处于雷击多发区，从确保设备安全与电网运行的角度考虑，改造中在变压器中性点加装避雷器，以便抑制雷电侵入波导致的中性点电位升高，避免此类事故的重复发生。后续运行中，该避雷器有多次动作记录，充分表明了改造措施的有效性，保障了变压器设备的健康状态。

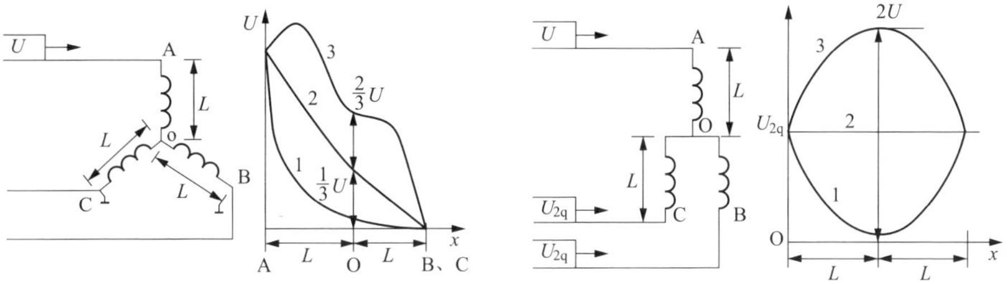

(i) 接线示意图　(ii) 电压位图

(a) 单相进波

(i) 接线示意图　(ii) 电压位图

(b) 三相进波

图 2-26　星形接线变压器的绕组电位分布（中性点不接地）

1—初始分布；2—稳态分布；3—最大电位包络线

（2）操作过电压影响。某站 35kV 油浸式并联电抗器合闸过程中，电抗器发出巨大声响，相关的录波动作，开关事故分闸。现场检查发现电抗器顶部漏油，压力释放和重瓦斯动作，有 3 只套管损坏，首端有 2 个瓷瓶破裂，末端有 1 个瓷瓶破裂，有漏油现象，如图 2-27 所示。

图 2-27　故障设备照片

故障前历次预防性试验均合格，油中色谱分析无异常。吊芯检查情况：三相首端的套管导杆中上部发现有明显的烧损痕迹；首端套管均已炸裂破损；B 相套管放电间隙端部严重烧损，已断裂（见图 2-27）；器身表面没有发现任何放电痕迹，绕组无异常。解体后对电抗器做直流电阻和绝缘电阻试验正常。

根据解体情况、试验报告和故障录波图，分析认为故障原因如下：电抗器瓷套外侧放电间隙间距为 310mm，实际上降低了套管的干弧距离；由于合闸时天气浓雾，空气潮湿，合闸开关有操作过电压产生，造成 B 相套管外绝缘闪络与开裂，外部杂质沿开裂进入设备后发展为三相短路接地故障，导致首端三相瓷套爆裂，油箱整体密封系统破坏，绝缘油由设备喷出，油枕油位下降，引发重瓦斯动作，开关分闸动作。

2.3.6　组附件影响

1. 故障统计分析

组附件，特别是套管与分接开关是电力变压器的重要组成部分，其质量直接影响到变压器设备的健康运行。某区域电网 110kV 及以上变压器 2004—2009 年事故与严重故障统计见表 2-9。统计表明，短路损坏为设备损坏的首要原因；主要组附件故障所占比例已超过油纸绝缘故障，位于故障原因的第二位。事故与严重故障统计如图 2-28 所示。

表 2-9　　某区域电网 110kV 及以上变压器事故与严重故障统计

年份	设备台数	短路损坏	绝缘故障	组附件故障	雷电过电压
2004	9	2	3	4	0
2005	4	3	1	0	0
2006	2	2	0	0	0
2007	4	3	0	0	1
2008	8	7	1	0	0
2009	7	2	0	4	1
合计	34	19	5	8	2
比例（%）	100	55. 9	14. 7	23. 5	5. 9

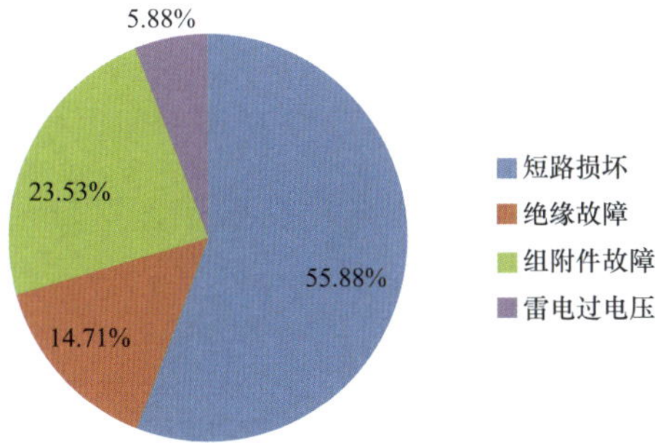

图 2-28　事故与严重故障统计

2. 典型案例

某站 3 号 220kV 主变压器检修试验时，发现 220kV 高压套管 C 相电容量异常，测试值为 233. 4pF，铭牌值为 227pF，变化率为 2. 82%。随后对其进行多次复测，并与 A 相高压套管（铭牌值 224pF）、B 相高压套管（铭牌值 224pF）进行测试对比，确认 C 相高压套管电容量异常，初步判断 C 相套管电容屏有击穿，需返厂进一步试验与分析。

返厂试验确认主绝缘电容量变化率（与铭牌值相比）偏大 3. 5% 左右，且局放试验超标，判断主电容屏可能存在击穿点。

解体发现，套管末屏与相邻第 1 屏间的环氧树脂中能清晰看到黑色放电点（见图 2-29），形成小的放电通道。放电未向其他电容屏发展。击穿点形成原因可能如下。

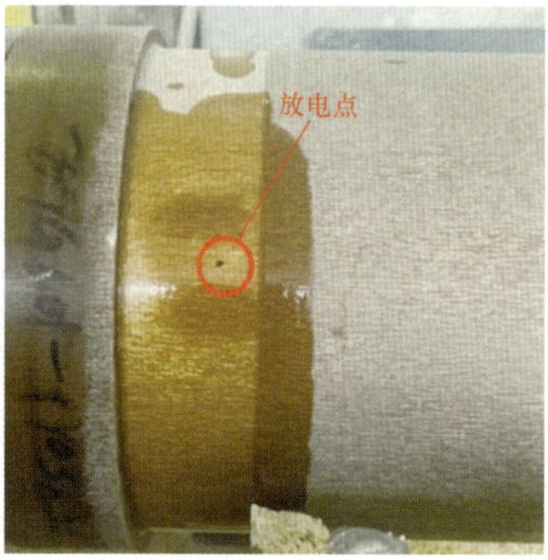

图 2-29　套管末屏与相邻屏间的放电点

（1）击穿点正好在末屏引出点下方，且从末屏焊接片处开始已经可以看到放电点，可能是焊接末屏引出线时存在缺陷，导致运行过程中发生屏间击穿。

（2）套管真空浸渍时，该处残留气泡，长期运行产生局部放电，使绝缘劣化，造成层间绝缘击穿。根据套管电场分析，该处电场属于高场强区域，如存在绝缘薄弱，易发生放电现象。

小结

变压器（电抗器）绝缘性能良好是保证设备可靠运行的基本条件。本章从结构分类、设计要求、内部典型电场与绝缘结构实现等方面介绍了油浸式变压器（电抗器）的绝缘结构，对绝缘系统的击穿机理、性能特点进行了描述，并结合案例对油纸绝缘系统的主要影响因素进行了分析讨论。希望有助于读者熟悉掌握变压器绝缘相关知识，深入了解设备，更好地开展设备运行维护等相关工作。

习题与思考题

2-1 变压器主绝缘水平与纵绝缘水平分别由什么耐压试验确定?

2-2 油浸式变压器绝缘设计的主要技术要求包括哪些方面?

2-3 变压器在运行过程中要经受哪几种典型过电压的作用?

2-4 变压器“无局部放电设计”如何实现?

2-5 变压器内部稍不均匀电场主要包括哪些区域?

2-6 变压器内部极不均匀电场主要包括哪些区域?

2-7 “厚纸筒大油道”绝缘结构为什么不适用于高电压等级变压器?

2-8 油浸式变压器端部绝缘结构的主要特点是什么?

2-9 简述变压器油击穿的小桥理论。

2-10 简述变压器抗短路能力的主要措施。

第 3 章　CHAPTER THREE

开关类设备的电气绝缘

03

开关设备是电力系统中的一个重要元件，其主要功能是在正常运行条件下承载、开断电路中的负载电流，故障时能可靠地切除短路电流。本章从开关设备的绝缘结构、绝缘系统的性能以及影响绝缘性能的因素三个方面阐述了开关设备的绝缘问题，内容涉及材料、结构设计等；归纳起来，影响绝缘性能的因素可从电学、力学和热学这几个基本物理概念去分析，此外还要考虑运行环境的作用。与传统的阐述开关设备技术方法不同，本章通过对电气绝缘性能分析介绍开关设备特性，为便于理解和认识，分析结合了多个实际案例，同时还介绍了一些新的观念。

标准定义的开关设备，是指主要用于与发电、输电、配电和电能转换有关的开关装置以及其同控制、测量、保护及调节设备的组合，包括由这些装置和设备以及相关联的内部连接、辅件、外壳和支撑件组成的总装。随着电力系统的发展和开关设备技术的进步，开关设备的种类逐步扩大到目前的范畴，统称为开关类设备。

为实现在一个电路或系统中控制电流的功能，开关类设备除了其特有的开断性能要求外，还必须满足在该电路或系统中承载运行电压和过电压的绝缘要求。相比其他变电设备，开关类设备的电气绝缘有自己的特点。本章将主要从开关类设备绝缘结构、绝缘系统的性能和影响绝缘性能的因素及案例等三方面来讨论开关类设备的电气绝缘。虽然目前半导体开关装置已取得很大的进展，但真正要投入商业运行还有些问题待解决，本章内容仍以传统的机械开关装置为主。

开关类设备按功能和作用不同，可以分成断路器、隔离开关和接地开关、负荷开关、负荷开关-熔断器组合电器、熔断器、重合器和分段器，以及上述这些元件组成的成套电气设备，包括气体绝缘金属封闭开关设备（gas insulated switchgear，GIS）、交流金属封闭开关设备（简称开关柜）、高压/低压预装式变电站和刚性气体绝缘输电线路（gas insulated metal-enclosed transmission lines，GIL）等。最后的两种设备实际上已拓展了设备分类的范畴，前者是一个完整的成套电气设备（内含变压器），后者则是GIS母线元件的应用。所有的高压开关设备和控制设备均应符合GB/T 11022—2020《高压开关设备和控制设备标准的共用技术要求》。

本章将主要介绍断路器、隔离开关和接地开关、GIS和开关柜四类设备。

1. 断路器

断路器是能够在正常运行条件下关合、持续承载和开断额定电流的开关装置，也能在故障条件下关合额定峰值短路电流、并在规定时间内承载和开断不超过其额定短路电流值及以下的所有电流。它是电力系统中最重要的控制和保护设备之一，正常运行中断路器根据系统要求进行关合或开断动作，起到的是控制作用，故障时断路器则呈现出保护作用。当故障电流超过保护预先设定值，与断路器组合的保护继电器或触发单元组合将给断路器发出分闸指令，在规定的时间内切断故障电流。特别要强调的是无论何时、何种情况，只要断路器接收到动作指令，它都应该能可靠地动作。

断路器可以按多种方式进行分类，如电压等级、绝缘与灭弧介质、操动机构类型、使用环境等。按电压等级可以分为低压断路器（额定电压1000V以下）和高压断路器（额定电压1000V及以上）；按绝缘与灭弧介质可分为压缩空气断路器、油断路器、真空断路器、SF_6或混合气体断路器；按操动机构类型可分为电磁机构、气动机构、弹簧机构和液压机构；按使用环境可分为户内和户外式。

断路器的结构复杂、形式多样，按组成部分的功能可以分为灭弧室及其附件、绝缘部分、操动机构及机械传动部分。其中，灭弧室主要是利用电流开断过程中电弧的能量或者外能在密闭空间中产生高压气流将电弧快速吹灭、切断电流，灭弧室附件主要有均压电容和合闸电阻，用以辅助断路器开合；绝缘部分包括灭弧室内部的绝缘件、绝缘子、绝缘拉杆以及绝缘介质和外部的绝缘支撑、套管等，以实现对地、断口间和极间的电气绝缘；操动机构及传动部分则是实现断路器分合机械动作的装置。

2. 隔离开关和接地开关

隔离开关顾名思义主要是用于隔离系统中的带电部分和不带电部分，一般安装于断路器的两侧，也可用于其他设备与电源之间的连接。隔离开关在合闸位置应能长期承载额定电流，同时还应能在规定时间内承载额定短时和额定峰值耐受电流；在分闸位置起隔离作用，触头之间应符合规定要求的绝缘距离，原则上触头间距离应该是可见的，这个距离也是不带电区域工作人员安全性的保障。隔离开关没有灭弧装置，不能带电开断或关合负荷电流，仅具有分、合小电流的能力。

隔离开关也可按多种方式进行分类，例如动触头分合方式、操作方式、结构形式、断口数、安装地点等。按动触头分合方式可分为水平分合、垂直分合、折叠式分合；按操作方式可分为手动、电动；按结构形式可分为单柱式、双柱式、三柱式等；按断口数可分为单断口、双断口；按安装地点可分为户内、户外。

隔离开关基本结构包括导电回路、绝缘部分、底座、操动机构和机械传动部分，其中绝缘部分包括支持绝缘子和操作绝缘子或绝缘拉杆，实现导电回路对地的电气绝缘，操动机构和机械传动部分用以实现隔离开关的分合。

接地开关用于将导电回路接地，其主要作用是保证设备检修时的人身安全，合闸位置的接地开关在正常的工况下不要求承载额定电流，但应具有在规定时间内承载直至额定峰值短路和额定短时耐受电流的能力。此外为满足开合感应电流要求，某些空气绝缘的接地开关会装有一个灭弧装置和相应的绝缘部件，GIS 中则采用了快速接地开关。

通常接地开关与隔离开关组合在一起使用，这种结构没有单独的绝缘部分（上述带开合感应电流功能的除外），独立的接地开关则有支持绝缘子作为绝缘部分，例如母线接地开关。

3. GIS

GIS 是采用 SF_6 气体作为绝缘和灭弧介质，由多个元件组成的集合，封闭在接地的金属外壳内，通常用于 66kV 及以上电压等级的电网中，近年来 35kV 系统也开始得到应用。

GIS 包含的元件一般有断路器、隔离开关和接地开关、电流和电压互感器、避雷器、出线套管、母线等。GIS 主要由本体及其附件组成，本体包括外壳、导体、绝缘件和各个功能元件，附件包括构架、接地装置、密度继电器和汇控柜等部件。按照其内部结构型式可分为分相型和共箱型，共箱型里又分为主母线共箱和所有元件共箱。

（1）分相型。分相型 GIS 各元件的每一极高压带电部分均安装在独立的圆筒形金属外壳里，由绝缘件支撑固定在外壳上，内充 SF_6 气体，其绝缘水平仅需承受相电压。

（2）三相共箱型。三相共箱型 GIS 主要分为主母线共箱型和完全共箱型两种。主母线共箱型是将三相主母线安装在一个共用的圆筒形金属外壳里，利用隔板（盆式绝缘子）支撑三相母线，内充 SF_6 气体，但间隔中的分支母线和各功能元件连接仍为分相布置结构；完全共箱型是将三相各功能元件和主母线都集中于一个公用的圆筒形金属外壳里，借助绝缘件支撑和内充 SF_6 气体。三相共箱型 GIS 的绝缘水平需同时满足相间和对地绝缘的要求。

从目前的制造水平和经济性上分析，三相共箱型 GIS 主要用于 126kV 及以下电压等级的设备，252kV 产品仅在主母线上使用三相共箱，其他元件及该电压等级以上设备还是采用分相型结构。需要指出的是无论哪种结构或电压等级，各功能元件均要求自成一个隔室，考虑到安装和检修的可行性，对每个隔室的体积也有一定的限制。

此外在应用中还有一种形式是不包含母线的复合式气体绝缘开关设备（简称 HGIS）。与 GIS 相比，主要区别为 HGIS 通过出线套管与敞开式母线相连，其他结构基本相同。

4. 开关柜

开关柜是指除外部连接之外，全部装配完成并封闭在接地的金属外壳内的 3.6~40.5kV 开关设备和控制设备，作为接受和分配电能之用，同时也对电路和设备起保护、控制和监测作用。

开关柜由柜体和装于柜内的断路器、隔离开关（或隔离插头）、接地开关、互感器、避雷器、母线等一次元件以及控制、保护、测量装置等二次元件组成。从绝缘结构的形式上可将开关柜分为三大类：空气绝缘开关柜（简称 AIS）、气体绝缘开关柜（简称 C-GIS）、固体绝缘开关柜（简称 SIS）。无论哪一种开关柜，其绝缘水平均应满足各自电压等级的相间和对地绝缘要求。

（1）AIS。AIS 是以自然空气为主绝缘介质。为保证安全运行，空气绝缘开关柜带电部分之间的空气距离有一个下限要求，实际应用中为了减小空间尺寸、降低带电部位对周围环境空气质量的敏感性，很多产品采用了主回路带电导体包覆固体绝缘材料层的复合绝缘结构，既起防护作用，也承担部分主绝缘的能力。

（2）C-GIS。C-GIS 是以压缩空气、氮气、SF_6 气体、压缩空气或氮气与 SF_6 混合的气体为绝缘介质。除一次进出线和隔室单元的连接件外，开关柜的主、分支母线和各功能元件均处于 0.3MPa（相对压力，如隔室内设计压力超过 0.3MPa，则属于 GIS 的范畴）及以下压力的气室中。

（3）SIS。SIS 是完全由固体绝缘材料作为相间和相对地绝缘介质。固体绝缘开关柜特点是主回路导体和部分功能元件均浇注在环氧树脂内或包覆了合成橡胶材料，其外表面还有半导体或接地层。

3.1 绝缘结构

绝缘是指将电位不同的带电体分隔开，使带电导体间没有电气连接以保持不同的电位。具有绝缘作用的材料称为绝缘材料或电介质，开关类设备的绝缘性能是由各种绝缘材料的性能和绝缘结构的设计共同决定的。开关类设备的绝缘介质可分为固体绝缘、液体绝缘和气体绝缘（具体内容在 3.2 节中介绍），绝缘结构按工作条件可分为外绝缘和内绝缘。

3.1.1 开关类设备外绝缘和内绝缘

1. 外绝缘

外绝缘是指设备外部以空气为绝缘介质的绝缘结构，开关类设备的外绝缘主要包括敞开式断路器的灭弧室外瓷套和支柱瓷套、敞开式隔离开关的支柱绝缘子和断口绝缘（如隔离开关分闸位置的空气距离，接地开关分闸时距带电部位的最近距离等）、GIS 的进出线套管、开关柜内的带电体相间与相对地绝缘等。

外绝缘的电气强度除了要耐受正常的工作电压，还取决于空气间隙的击穿强度或空气中沿固体介质表面的闪络强度，即开关类设备的额定工频、雷电和操作冲击耐受电压决定其外绝缘水平，此外大气环境条件对外绝缘也会有直接的影响：

（1）海拔和气温升高时，空气密度下降，外绝缘强度降低；

（2）大气污染导致绝缘介质沿面闪络电压下降；

（3）空气湿度增加（雨后、梅雨季节）也会使外绝缘强度降低。

对于外绝缘，间隙长度在3m以内，击穿电压随间隙长度呈近似线性增加，超过3m则呈饱和趋势。电极外表面的尖端会使局部电场强度增大而导致耐受电压能力下降，同时局部放电量增大。随着设备电压等级的提高，设备自身的绝缘结构也要随着额定工作电压增高而加强，当电压等级提高到一定程度时控制设备外绝缘水平的电压作用表现也会发生改变。例如，在超高压及以上电网将由操作过电压来控制设备的外绝缘水平，而高压电网中则主要以雷电过电压来控制设备的外绝缘水平。

2. 内绝缘

内绝缘是指设备内部由固体、液体或气体绝缘介质组成，以及由其中两种或以上介质组合成的绝缘结构。开关类设备的内绝缘主要包括断路器灭弧室、绝缘筒、绝缘拉杆、GIS内部的绝缘子、隔板等。内绝缘不受大气环境条件影响，但内绝缘的电气强度是由绝缘介质特性（如介质的体积击穿强度、固体绝缘介质表面闪络强度等）、运行中出现的过电压和灭弧室开断后不同恢复电压作用决定的。

不同的绝缘介质，因其本身特性不同，影响绝缘强度的因素也各不相同。如SF_6气体的绝缘强度会受到气体的压力、温度、气体中导电微粒和水分的含量、电极表面的粗糙度等因素的影响；绝缘油的绝缘强度会受到油中的水分、碳粒子和纤维的含量、温度等因素影响；真空中会受到真空度、金属蒸汽的含量、电极材料、电极表面粗糙度和清洁度、导电微粒等因素影响。

运行中出现的过电压对决定内绝缘水平配置至关重要。雷电侵入波及其反射波叠加，作用在相间或对地绝缘上，如此时遇到断口另一侧的工频电压与本侧反相，则断口间会承受更高的电压；操作过电压包括特快速暂态过电压（very fast transient overvoltage，VFTO）的作用，这些都会引起内绝缘中某些电场强度高的地方放电甚至绝缘击穿，这种现象在GIS中更易出现，对设备安全运行构成威胁。

断路器开断对内绝缘的影响也是一个非常重要的因素，开断电流后即使灭弧介质具有良好的恢复特性，但灭弧室本身的绝缘结构仍要承受不同性质的恢复电压作用，如在切除近区故障、开合滤波器组负载时，会出现陡度大、幅值高的暂态恢复电压，断路器一旦无法承受则将导致开断失败，甚至因瞬间能量聚集而引起灭弧室爆炸。

3.1.2 开关类设备绝缘的设计要求

1. 绝缘强度的要求

开关类设备其内、外绝缘均需能够长期耐受额定电压、雷电过电压、内部过电压以及开断过程的断口间瞬态恢复电压的作用，同时热、机械力作用以及环境条件对绝缘结构的影响也要考虑，且大多数情况下绝缘结构要承受的还是这些影响因素的综合作用。这就要求开关类设备的电气绝缘从结构设计、材料选用和运行维护、故障分析时全面考虑问题，给出客观的结论。

长期运行中的开关类设备的绝缘应符合以下要求。

（1）在未超过应耐受的外部或内部过电压作用下不得出现击穿或闪络放电现象；

（2）固体绝缘材料在电弧作用下不得出现影响绝缘性能的烧蚀或变形；

（3）额定电压下的局部放电和电老化作用，不应造成绝缘材料表面出现电腐蚀和树枝状爬电现象，固体绝缘材料、复合介质内以及处于高场强区域附近带电体的局部放电量不得超过标准规定值；

（4）耐受额定电压下长期大负荷的热老化作用，不得因此降低其绝缘性能；

（5）耐受机械负荷的作用，如操作产生的振动、冲击力，不应引起机械损伤、连接松动、开裂等；

（6）复合介质的界面须避免因热胀冷缩、机械应力作用造成开裂或松动，以及在交/直流电压作用下出现的电化学反应（电解现象）；

（7）外绝缘应满足大气环境条件和工业污秽作用下的安全运行。

此外还要考虑有可能存在的制造中的缺陷、材料缺陷以及非正常的外力因素（如地震、台风、沙尘暴、水灾等）影响。

考虑到各种影响因素，国际电工委员会 IEC 组织了制造商、用户、高等院校和试验研究单位协商制定出统一的标准，用额定绝缘水平来规定某个电压等级开关类设备的绝缘配置要求，并规定额定绝缘水平统一用相对地额定雷电冲击耐受电压来表示。需要指出的是开关类设备的额定电压是电网在某一电压等级上的最高电压，因为无论系统电压如何在允许的范围内波动，开关类设备均应可靠运行。在此基础上我国又根据国情和运行经验、系统运行工况提出了适合中国的标准，表 3-1 和表 3-2 给出了具体的参数。这些参数是确定开关类设备绝缘强度的依据。

表 3-1　　额定电压范围 Ⅰ 的额定绝缘水平

额定电压 U_r（kV）（有效值）	额定工频短时耐受电压 U_d（kV）（有效值）		额定雷电冲击耐受电压 U_p（kV）（峰值）	
	通用值	隔离断口	通用值	隔离断口
（1）	（2）	（3）	（4）	（5）
3.6	25/18	27/20	40/20	46/23
7.2	30/23	34/27	60/40	70/46
12	42/30	48/36	75/60	85/70
24	65/50	79/64	125/95	145/115
40.5	95/80	118/103	185/170	215/200
72.5	160	200	350	410
126	230	230（+70）	550	550（+100）

续表

额定电压 U_r（kV）（有效值）	额定工频短时耐受电压 U_d（kV）（有效值）		额定雷电冲击耐受电压 U_p（kV）（峰值）	
	通用值	隔离断口	通用值	隔离断口
（1）	（2）	（3）	（4）	（5）
252	460	460（+145）	1050	1050（+200）

注 1. 根据我国电力系统的实际，本表中的额定绝缘水平与 IEC 62271-1 表 1a 的额定绝缘水平不完全相同。

2. 本表中项（2）和项（4）的数值取自 GB 311.1，斜线下的数值为中性点接地系统使用的数值，项（2）和项（3）斜线下的数值亦为湿试时的数值。

3. 126kV 和 252kV 项（3）中括号内的数值为 $1.0U_r/\sqrt{3}$，是加在对侧端子上的工频电压有效值，项（5）中括号内的数值为 $1.0U_r\sqrt{2}/\sqrt{3}$，是加在对侧端子上的工频电压峰值。

4. 隔离断口是指隔离开关、负荷-隔离开关的断口以及起联络作用或作为热备用的负荷开关和断路器的断口。

表 3-2　　额定电压范围Ⅱ的额定绝缘水平

额定电压 U_r（kV）（有效值）	额定短时工频耐受电压 U_d（kV）（有效值）		额定操作冲击耐受电压 U_s（kV）（峰值）			额定雷电冲击耐受电压 U_p（kV）（峰值）	
	相对地及相间	开关断口及隔离断口	相对地	相间	开关断口及隔离断口	相对地及相间	开关断口及隔离断口
（1）	（2）	（3）	（4）	（5）	（6）	（7）	（8）
363	510	510（+210）	950	1425	850（+295）	1175	1175（+295）
550	740	740（+315）	1300	1950	1175（+450）	1675	1675（+450）
800	960	960（+460）	1550	2480	1425（+650）	2100	2100（+650）
1100	1100	1100（+635）	1800	2700	1675（+900）	2400	2400（+900）

注 1. 根据我国电力系统的实际，本表中的额定绝缘水平与 IEC 62271-1 表 2a 的额定绝缘水平不完全相同。

2. 本表中项（2）、项（4）、项（5）、项（6）和项（7）根据 GB 311.1 的数值提出。

3. 本表中项（3）中括号内的数值为 $1.0U_r/\sqrt{3}$，是加在对侧端子上的工频电压有效值，项（6）和项（8）中括号内的数值为 $1.0U_r\sqrt{2}/\sqrt{3}$，是加在对侧端子上的工频电压峰值。

4. 本表中 1100kV 的数值是根据我国电力系统的需要而选定的数值。

运行经验和大量的试验室数据表明，额定短时工频耐受电压 U_d、额定操作冲击耐受电压 U_s 和额定雷电冲击耐受电压 U_p 这三者之间是有关系的，由此 IEC 提出了三种电压之间关系的近似等式，如式（3-1）、式（3-2）所示：

$$U_d/U_p = 0.45 \tag{3-1}$$

$$U_s/U_p = 0.75 \tag{3-2}$$

有了这种关系，可方便地估算出不同电压等级开关类设备的绝缘强度。

热和机械性能也是影响绝缘强度必须要考虑的因素。开关类设备要承载额定电流长期运行，正常运行中电流温升的影响在产品使用寿命设计时已考虑，且经过型式试验的检验考核。运行中经常出问题的是因电接触不良引起的过热，产生的热应力不可避免会施加在绝缘件上，同时热应力对有机材料制成的绝缘件还有热老化作用，电接触不良引起的过热还具有局部或某些点过热的特征。例如触头合闸不到位使接触面积减小或由线接触变成点接触，导体连接中螺栓松动会引起接触好的部位（接触电阻小）电流增大。这种过热会加剧热老化的效应，最终发展成绝缘材料热击穿。

开关类设备与其他变电设备最大的区别在于设备中含有运动部件，处在地电位的操动机构通过绝缘部件与处在高电位的导电杆或触头连接，驱使其完成关合或开断电路的动作，这些绝缘元件将受到机械力的作用。例如绝缘拉杆或连杆除了承受断路器操作高速度产生的冲击和振动，还要承受拉伸、压缩、弯曲和扭转等力，或几种力的综合作用。另外，静止的支撑绝缘子还需考虑导体热胀冷缩产生的蠕动力作用等。总之，开关类设备中存在的机械力作用，长期运行中会对绝缘材料产生疲劳积累效应，如振动诱发微裂纹产生、蠕动引起连接区域中的位移、松动等现象，从而会破坏绝缘结构的性能。

2. 电场强度控制与优化

绝缘结构的绝缘强度除了与绝缘介质本身的性能有关外，还与绝缘结构的电场特性密切相关。电场特性主要包括电位分布、场强幅值、电场畸变与集中度等，由此优化绝缘结构，使电场分布尽可能均匀，以满足电气要求的性能参数，这是绝缘设计的主要任务。对 SF_6 绝缘结构而言，更是要强调电场分布均匀性和最高工作场强（允许场强）的控制。

绝缘缺陷一般是在长期电压作用下逐步发展起来的，在整个缺陷发展过程中一般都先经过局部放电阶段，而可能出现局部放电部位附近的场强与局部放电的起始放电电压密切相关。当场强高、绝缘强度又无法耐受局放起始放电电压，则出现局部放电。以固体绝缘件为例，有气泡缺陷的环氧绝缘件因气泡介电常数比环氧介电常数小，降低了局放起始放电电压，引起局部放电。

虽然开关类设备的绝缘设计并没有像变压器绝缘设计那样要求“无局放设计”，但也需注重绝缘设计中的场强控制，特别是对容易发生电场畸变或场强集中的区域场强的控制。例如罐式断路器和 GIS 中带电体与壳体的间隙、电极屏蔽罩的几何尺寸、灭弧室绝缘喷口、触头的间距、隔板的设计以及在导体、隔板和绝缘介质（气体或液体）共存的三交区域电场的控制，同样在真空灭弧室中导体、绝缘介质（真空）和瓷外壳之间的三交区域电场控制问题等。绝缘设计中通常是利用处于悬浮电位的屏蔽罩结构设计来改善电场分布。对这些电场畸变或场强集中区域的分析，往往从二维平面上还不能很好地解释，需用三维空间概念去处理，如合成场强的切向和法向分量，这样就容易理解问题并可提出改进的措施。大量的试验数据和长期的运行经验表明，控制好这些电场畸变或场强集中部位的场强，即绝缘结构中各敏感处的最大允许场强不超标，开关类设备就能够安全运行，这意味着在开关类设备绝缘结构设计中用场强校核安全裕度将是一个重要的手段。控制场强或场强校核还是以雷电冲击电压值作为基准，随着电压等级的升高，如在特高压领域，导体、绝缘件（包括其上的金属屏蔽）和壳体表面场强是必须要校验的，而绝缘件内部金属嵌件则用其额定工频相电压检验。

关于电场场强还有两个概念，一是通常所称的场强泛指合成场强，在三维空间中可进一步分解成法向和切向分量，而真正影响绝缘的是后者，综合场强的实际意义并不大；二是场强集中的区域与该区域所处的电位关系不大，随着特高压开关设备的应用，地电位高场强引发的问题已有出现，如与 GIS 外壳相连接的绝缘筒法兰槽内残留有金属异物，虽然此处电位不高，但因屏蔽不好、该区域的场强较高，当系统操作出现电压波动时引起放电。

优化绝缘结构是控制场强的有效措施，可采用的方法包括：在导体或电极端部、边缘增大曲率半径并作圆滑处理；增加屏蔽区域；提高绝缘材料性能；绝缘件几何尺寸改进；加大间隙甚至直接提高充气气压等，最终选用何种方法还要根据实际情况综合考虑。例如在电极尺寸不变的条件下，间隙距离增大，电场不均匀度也要加大，结果使得击穿电压提高并呈饱和趋势，此时只有再增加电极尺寸或采取加大屏蔽的措施才有效，但此举会带来空间尺寸的增加，实际中往往很难做到。SF_6 充气气压提高会改变壳体表面的允许场强 E，两者之间的关系为

$$E_a = E\left(\frac{P_a}{P_0}\right)^{0.7} \tag{3-3}$$

式中：E_a 为提高气压后的场强，kV/mm；P_a 为提高的充气气压，MPa；P_0 为起始充气气压，MPa。显然，提高气压对减小击穿概率是有利的。至于采取何种优化绝缘结构的方案处理，除了论证技术上的可行性外，通常还需经技术经济方案比较。

此外，局部放电量的强弱能够一定程度反映设备内部的绝缘状态，因此利用传感器检测开关类设备内部的局部放电量去判断绝缘状态已成为一种可用的手段。

3.1.3 典型的绝缘结构

开关类设备包含的种类较多，因其功能各异，绝缘结构上也有很大的差别，这里仅介绍几种典型的结构。

1. 灭弧室

灭弧室是断路器的核心部件，因为通流导体处于高电位，其绝缘结构首先要满足对地绝缘要求，瓷柱式断路器靠灭弧室中的绝缘介质和支柱绝缘子撑起实现，外壳接地的罐式断路器或 GIS 则要靠绝缘气体和绝缘筒实现。开合电流过程中的绝缘以及触头断口的绝缘主要靠灭弧介质（如油、SF_6、压缩空气、真空）和绝缘材料制成的灭弧元件（如灭弧片或喷口）等实现。需要

指出的是灭弧室内的绝缘件还要耐受得住电弧烧蚀、电弧分解物腐蚀等作用。

典型少油断路器灭弧室结构如图 3-1 所示。叠放在绝缘筒内的灭弧片采用三聚氰胺玻璃纤维热压成型，每片上面有不同形状的槽便于开断电流时绝缘介质形成纵/横吹气流，吹灭电弧。

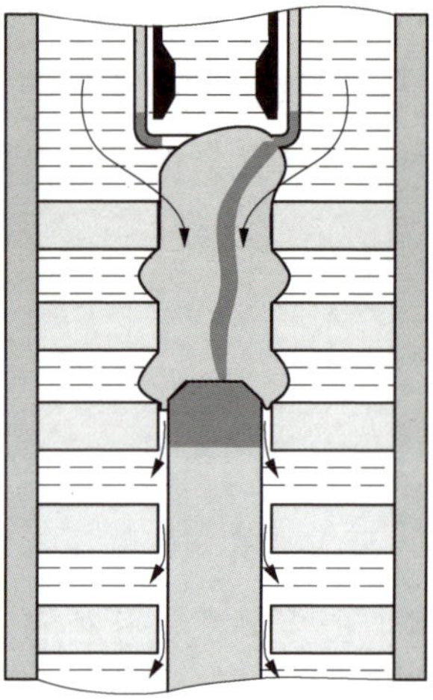

(a) 纵吹灭弧室原理图

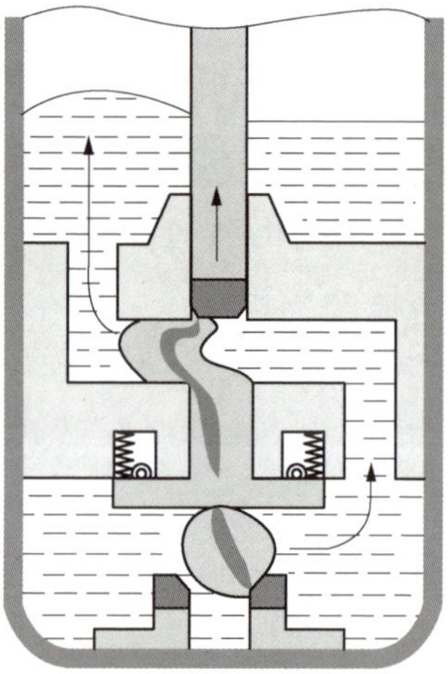

(b) 横吹灭弧室原理图

图 3-1　典型少油断路器灭弧室结构

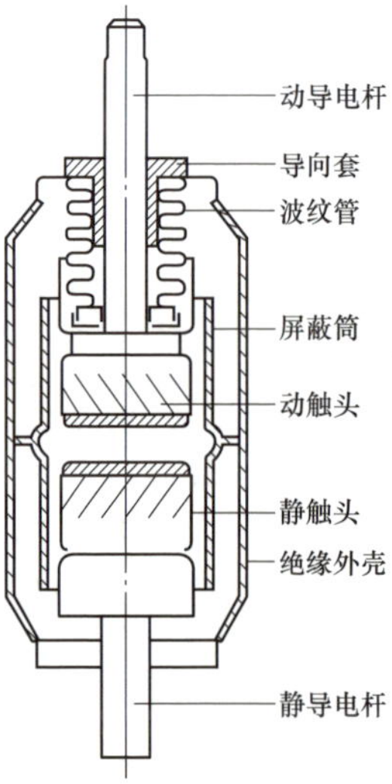

图 3-2　真空灭弧室典型结构

真空断路器灭弧室结构比较简单，其典型结构如图 3-2 所示，绝缘外壳（陶瓷或玻璃）承受断口电压，开断过程中的熄弧和绝缘均靠真空介质。

压缩空气断路器灭弧室是靠高压力的压缩空气作为绝缘和灭弧介质，在电弧产生的同时，借助绝缘或导电的喷口喷出高压气流以达到灭弧的目的，如图 3-3 所示为压缩空气灭弧室两种典型的喷口型式。

SF_6 断路器灭弧室中普遍采用了绝缘喷口，其对地和断口绝缘靠绝缘件和 SF_6 气体，开断时则依赖 SF_6 气体。大部分的灭弧室在喷口外还有一个绝缘筒，以增加开断时的气吹效果，如图3-4所示为一种典型的SF_6灭断路器灭弧室结构。

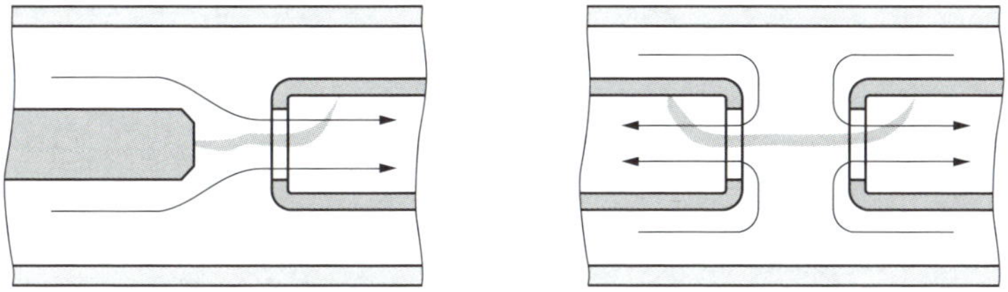

(a) 单向喷口　　(b) 双向喷口

图3-3　压缩空气灭弧室两种典型的喷口型式

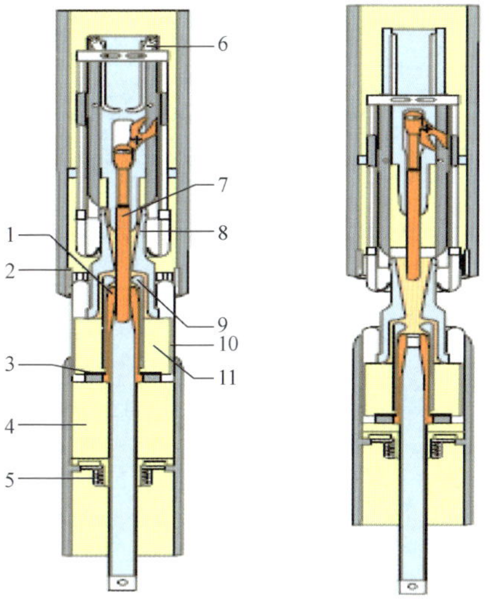

图3-4　典型的SF_6灭断路器灭弧室结构

1—动弧触头；2—静主触头；3、5—压气活塞；4、11—压气室；6—双动机构；7—静弧触头；8—绝缘喷口；9—储气室；10—动主触头

2. 绝缘子

绝缘子是一种安装在不同电位导体间或导体与地之间的能够耐受电和机械应力作用的绝缘部件。绝缘子的种类很多，用在开关类设备中的主要有支柱绝缘子和空心绝缘子（空心瓷/硅橡胶套管），且可按形状、材质和应用场所进行分类。

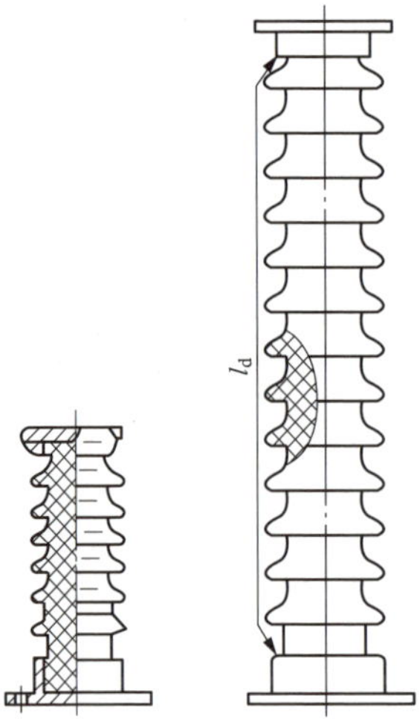

图 3-5 棒型支柱绝缘子

（1）空气绝缘支柱绝缘子。此种支柱绝缘子主要用于隔离开关和接地开关，也用于支撑母线或其他电气设备。早期在 252kV 及以下的产品上还采用过针式绝缘子，现在则仅有棒型支柱绝缘子一种，如图 3-5 所示。绝大部分支柱绝缘子都是实心瓷质的，为数不多的产品上采用了合成绝缘子（硅橡胶外套加玻璃纤维增强环氧树脂芯棒或实心的瓷棒）。为满足空气绝缘距离要求，绝缘子的高度要比处在绝缘介质中的大得多，这种绝缘子被视为不可击穿型绝缘子，因而对两端端部的金属法兰胶装部位未有特殊的均匀电场处理要求。此外还有环氧树脂加填料和固化剂浇注的绝缘子，这种产品一般用于户内中压开关设备以及支撑母线，户外使用量不多。虽然环氧树脂绝缘子额定工作电压并不高，但如果安装在开关柜内场强比较集中的区域，还是要处理好环氧体两端的金属嵌件。

支柱绝缘子在运行中将承受支撑物质量的压力、端部连接体的拉力（相对绝缘子下部表现为弯矩）和旋转操作产生扭力作用，这些机械力对绝缘子的绝缘性能会产生间接的影响，也是不可忽视的一个重要指标。

为适应外绝缘需要，户外型支柱绝缘子采用了带伞裙的结构，户内型支柱绝缘子采用带棱的结构，目的是增加表面爬电距离，这将大大改善支柱绝缘子耐受雨雪、表面积污的能力。另外，支柱绝缘子的干弧距离也是影响其外绝缘性能的重要参数，40.5kV 及以上电压等级绝缘子有效干弧距离见表 3-3。

表 3-3　　40.5kV 及以上电压等级绝缘子有效干弧距离

电压等级（kV）	有效干弧距离（mm）
40.5	≥350
72.5	≥650

续表

电压等级（kV）	有效干弧距离（mm）
126	≥900（1050）
252	≥1900（2000）
363	≥2900
550	≥3800（4000）
800	≥5400
1100	≥7500

注 1. 表中干弧距离用于高海拔地区还需经过修正；
2. 表中数据也适用于空心绝缘子和套管；
3. 表中括号里的数据为经验值。

（2）GIS/GIL用支柱绝缘子。主要作为绝缘支撑件使用，如支撑导体、合闸电阻等处于高电位的部件，材质均为环氧树脂绝缘子，两端有金属嵌件供电连接使用。严格地讲隔板也属于本范畴，但因其特殊性将在下文专门进行介绍。用在GIS中的支柱绝缘子除了棒型（单支柱）外，还有异型结构如二支柱、三支柱绝缘子等，主要用于母线和GIL支撑，具体结构如图3-6所示。由于此类绝缘子置于绝缘介质中，一般不再采用带伞裙结构。

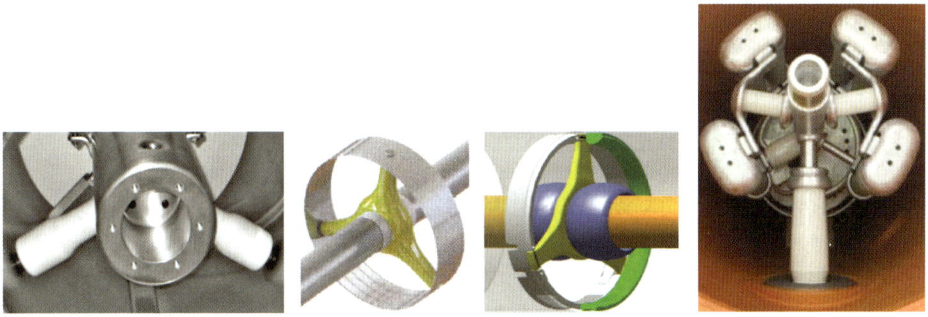

(a) 二支柱 (b) 三支柱 (c) 单支柱

图3-6 用于GIS/GIL的支柱绝缘子

上述绝缘子同样在运行中将承受机械力的作用，单支柱绝缘子作为支撑GIS功能元件使用时，主要承受其质量的压力和短路电流动热稳定阶段的电动力；二/三支柱绝缘子作为支撑 GIS 母线或 GIL 导体时，除了承受母线或导体质量的压力和短路电流动热稳定阶段的电动力外，还有导体受电流变化、环境温度、基础沉降等因素影响出现位移所施加的弯矩作用。另外，单支柱绝缘子还有水平安装的工况，此时沿导体轴向和径向也有弯矩作用。从力学的角度分析看，二支柱绝缘子的受力比较合理。

处于绝缘介质中的绝缘子由于几何尺寸很小，布置紧凑，对各部位的许用场强非常敏感，必须经过电场数值计算以确定其结构满足各控制值的要求。如绝缘子的形状、端部金属嵌件结构、金属件与环氧体的接触界面以及接触区域附近的绝缘介质场强等。目前利用计算机软件已完全能做到这点，计算表明三支柱绝缘子的电场分布并不是最优的。

（3）空心绝缘子。主要用于空气绝缘柱式断路器灭弧室瓷套或复合套，灭弧室支持瓷套或复合套；绝缘筒（管）主要用于罐式或 GIS 断路器灭弧室的支撑绝缘筒，GIS 隔离开关中也有类似的应用；断路器附件如合闸电阻、均压电容外层的绝缘，在空气绝缘中采用瓷套，GIS 中则是护管。空心绝缘子所用的材料主要有两种，瓷或环氧树脂玻璃纤维筒外覆硅橡胶；绝缘筒有强度要求，一般采用环氧树脂浇注件；护管通常用玻璃或聚酯纤维布卷制再浸渍环氧树脂成型。为便于与其他元件连接，空心绝缘子端部胶装有法兰，绝缘筒端部采用金属嵌件，护管端部则用连接金具。用于空气中的空心绝缘子，内部充有绝缘介质（油或 SF_6 气体）；用于罐式断路器或 GIS 内的空心绝缘子/绝缘筒（管）置于绝缘介质（压缩空气或 SF_6 气体）中。从绝缘强度上看外绝缘由干弧距离和伞形结构决定，内绝缘则由结构尺寸和绝缘介质保证，对端部电场集中区域的处理往往靠其外部安装的屏蔽罩来改善，内部不同材料的接触界面也做一些曲率半径的修正。空心绝缘子/绝缘筒（管）的机械强度按照各自的技术条件要求确定，并应通过试验验证。

3. 隔板

从结构分类上讲，隔板也属于绝缘子，由于其特殊性和使用场合的重要性单独进行分析。隔板又称为盆式绝缘子，是 GIS/GIL 中的主要绝缘部件，它具有支撑高电压、大电流一相或多相导体的作用，既承受导体与地电位外壳之间的绝缘，还起到不同气（隔）室之间的隔离作用。

隔板主要由中心的金属嵌件、环氧浇注体、金属法兰三部分组成，如图 3-7 所示。当环氧浇注体上有开孔，则该隔板仅作为支柱绝缘子用。中心嵌件在环氧浇注前固定在隔板模具内，在上面安装电连接件后实现两个气室之间的电气导通。环氧浇注体由环氧树脂、填料及固化剂在一定温度且处于真空状态下浇注、固化而成。早期的产品受产品结构及制造工艺限制并没有金属法兰。21 世纪开始随着技术进步，一般的隔板都采用了金属法兰结构。此外，环氧浇注体中还有加设接地屏蔽电极（环）的结构设计，目的是降低接地端的场强，改善电场分布，起到抑制隔板局部放电量的作用。

隔板除了有绝缘的要求还要具备较高的机械性能，隔板需承受导体重量、运动部件传递的力、设备短路情况下的电动力以及相邻气室间的气压差形成的压力等。设备检修时隔板可能要承受极端的压力差的情况，往往是处在一侧真空而另一侧充额定压力的情况，此时仍应保证安全运行，GIS 最高充气压力可达 0. 8MPa，这意味着加在隔板上的最大压差为 0. 9MPa。

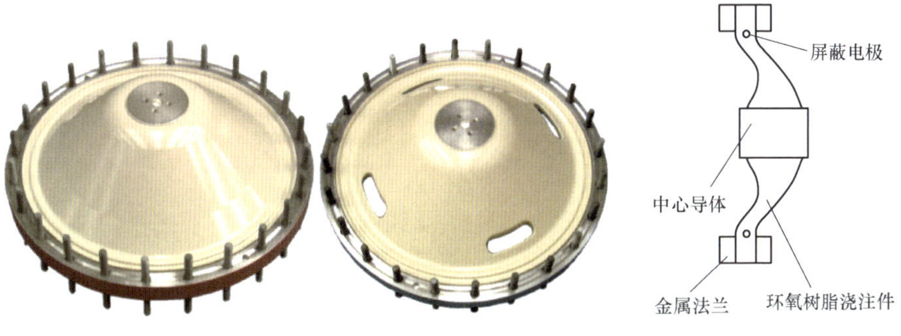

图 3-7 隔板（盆式绝缘子）

隔板的电气性能除了对材料本身有要求，其各部位的允许场强设计必须要符合绝缘水平要求，即前面所说的场强控制和优化。如图 3-8 所示，结合典型的隔板结构介绍了隔板在 GIS 中需关注的场强。

图 3-8 中 E_1 是导体端部场强，E_{1a} 是导体表面允许场强，E_2 是绝缘件内

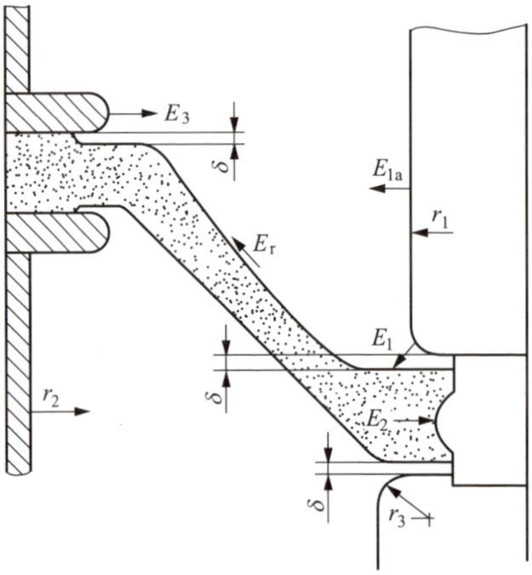

图 3-8 隔板结构与场强控制要求

部嵌件表面场强，E_3 是接地壳体法兰处的允许场强，E_r 隔板表面切向允许场强，δ 为气体间隙。

r_1 是导体半径，r_2 是壳体内径，r_3 是导体端部半径。

除了上述几处场强需要注意外，隔板上还有一个敏感区即金属嵌件附近的三交区域。该处是 SF_6 气体、金属导体和环氧树脂绝缘体三种介质的交界区域，场强集中，易诱发局放并发展成故障。SF_6 电气设备中主要使用的是稍不均匀电场，当间隙内最大场强达到某一击穿场强时，间隙即被击穿，因此在结构设计和制造工艺上采取了多种措施去均匀场强。

4. 拉杆

拉杆是开关类设备中用于传输操作力的绝缘部件，处于地电位的操动机构通过绝缘拉杆驱使在高电位的触头完成开合动作，拉杆需承受操动过程中产生的巨大机械力及冲击振动，因此多在断路器、隔离开关和接地开关等具有开合电流功能的开关类设备上使用。对断路器而言，由于额定电流和开合短路电流值与操作功成正比、绝缘水平与电压等级正相关，所以高电压、大容量断路器的拉杆是要求最高的。高压开关设备中拉杆多采用环氧树脂纤维增强复合材料，一般有玻璃纤维增强、聚酯或芳纶纤维增强，按使用要求真空浸渍环氧后加工成空心管或实心板，实心棒的制作工艺还有所不同，会采用引拔工艺制成。芳纶纤维增强绝缘拉杆重量轻，机械性能好，但工艺要求和机械加工要求高，制作难度比较大。还有采用传统的环氧树脂加填料和固化剂浇注材料，其中对配方的掌握很关键。早期的中压开关设备上还有采用瓷质材料的拉杆。如图 3-9 所示为一种比较常用的断路器用拉杆，拉杆两端配装了金属连接件，不同制造厂在绝缘部件与端部连接件的固定工艺有较大的差别，而固定方式将直接影响拉杆的机械强度和绝缘性能。对敞开式断路器，拉杆要满足灭弧室对地的绝缘水平，所用的拉杆会很长，有些产品还采用了两节拉杆连接起来的方式。GIS中这种情况要好得多，拉杆不需要很长，但相对的电应力却要增加不少。

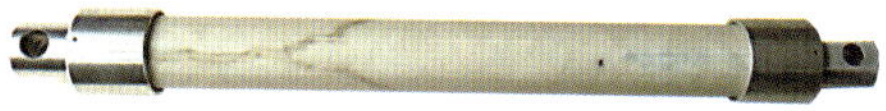

图3-9　一种断路器用拉杆

与隔板一样，绝缘结构上端部金属连接件与复合绝缘材料接触的边缘是场强集中的区域，具体的结构还要看产品形式，如图3-10所示为一种绝缘拉杆结构，其端部金属连接件可分为内外护套。

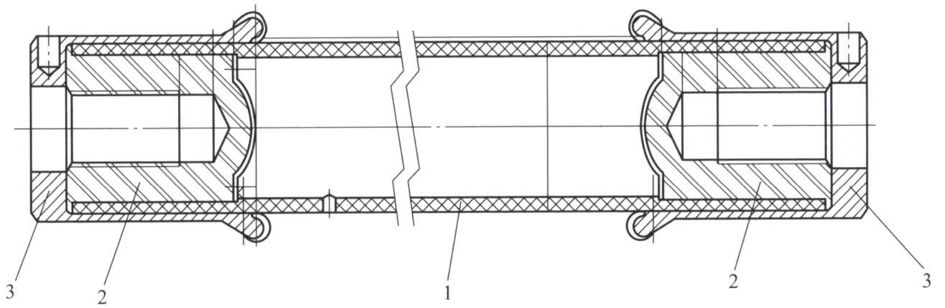

图3-10　绝缘拉杆结构

1—绝缘管；2—金属连接内护套；3—金属连接外护套

5. 套管

套管是一种将电流引入或引出电气设备或穿过隔层（如建筑物墙壁等），可以承载一极或多极导体并与其绝缘的元件，这里仅讨论用于开关类设备的套管。按照套管材料可将其分成两类：纯瓷/复合材料套管和环氧树脂套管。

纯瓷/复合材料套管相当于空心绝缘子，前者为瓷套，后者采用环氧树脂玻璃纤维筒外覆硅橡胶。套管的外绝缘靠表面伞裙和干弧距离保证，目前制造工艺可满足各个电压等级上的使用。套管的内绝缘又可分为两种：一种是充绝缘介质式，低电压等级设备的绝缘介质仅是空气，高电压等级设备的绝缘介质有油、压缩空气和SF_6气体，目前绝大多数开关类设备采用的是SF_6气体；还有一种是电容芯式（有胶纸电容和油浸纸电容之分），其结构与变压器类设备上使用的一样，由于其结构复杂、制造成本高且影响运行因素较多，如有机绝缘材料老化、局部放电、长期负荷电流下的发热等，在开关类设备上不推荐作为进出线套管使用，这里将不做介绍。

环氧树脂套管主要用于中压设备，将导电杆置于模具中浇注环氧树脂固化成型，根据材料的性能也有适合户外运行的产品，其外绝缘的要求同瓷套管一样，内绝缘则靠材料本身性能。

由于 GIS/GIL 还可以与变压器或电缆直接相连，该连接元件也可归至套管范畴，将在内绝缘设计要求中介绍。

（1）外绝缘设计要求。套管外绝缘设计应满足各种电压作用和环境条件的影响，前者取决于空气绝缘性能，后者与套管伞形有密切的关系。套管上的伞是为增加爬电距离以提高其耐受污秽的能力，伞伸出和伞间距是重要的参数。伞伸出长、间距小在一定的套管高度上对提高爬距有益，但这种密集分布的伞形又会对防雨闪不利。大雨中密集的伞裙会出现伞端部雨水连成水线，如表面积污严重，污水直接就会引起闪络。为此提出增加隔雨伞的概念，典型的开放伞形如图 3-11 所示。相对直径较细的棒型绝缘子，直径较粗的套管耐污秽放电电压要更低，因此对干弧距离的控制非常重要，表 3-3 的数据也适用于套管。以往曾发生过只关注爬电比距，虽然出厂试验满足招标技术要求，运行中却发生了雨闪故障的教训。事后作为一种预防措施采取了用硅橡胶材料制作的增爬距又隔雨的裙套，加装在伞裙端部外部，也起到了很好的作用。此外还有伞下表面带棱的伞形，如图 3-12（a）所示在伞端部加了一个滴水檐，图 3-12（b）中下表面加了三个棱槽。从防污闪的概念上看，两者都不是理想的选择。图 3-12（a）的下表面积污垢在雨雾作用下会积聚到滴水檐处下淌，这种情况极易引起闪络。图 3-12（b）的棱槽在污秽条件下很快就会积满污秽物，如不定期清扫，在雨雾天气就会引起闪络。运行经验表明如图 3-11 所示的伞形最理想，因为这是一种开放的伞形。用空气动力学分析，该伞形在风的作用下有良好的自洁能力，因此我国电气设备用的绝缘子伞形均采用这种结构。

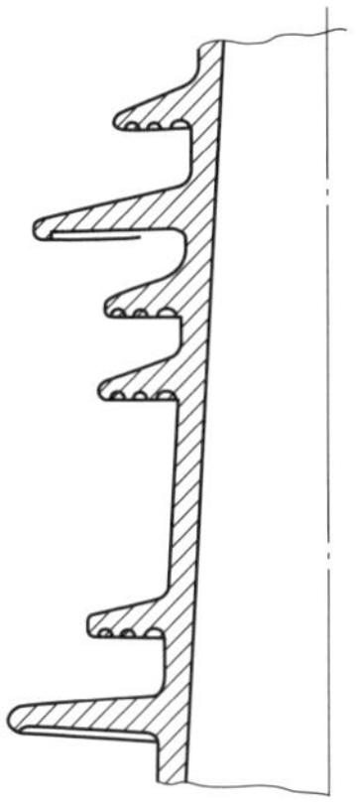

图 3-11　典型的开放伞形

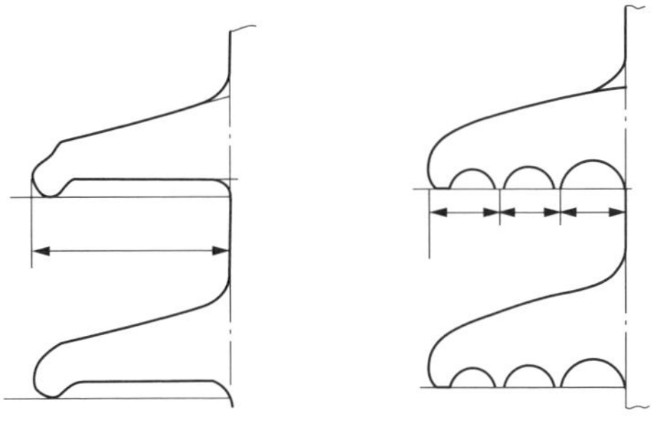

图 3-12　不同的伞形

21 世纪以来，我国在开关类设备特别是 GIS 上，采用复合材料套管的比例逐年在增加。其由于具有良好的防污秽性能且重量轻而被采纳。我国自 20 世纪 80 年代初开始研究应用复合材料，至今已有四十多年的经验积累。从最初用于线路绝缘子，到 20 世纪末开始在变电设备上使用，材料配方经过多次筛选趋于稳定，而且依据 DL/T 376—2010《复合绝缘子用硅橡胶绝缘材料通用技术条件》和 JB/T 10945—2010《复合绝缘子用硅橡胶材料》等标准，可有效规范制造厂生产，让该产品得到广泛应用。从绝缘结构上看，套管上端部有屏蔽环均压，套管下法兰附近有内屏蔽结构均匀场强，处理好环氧树脂玻璃纤维筒与外覆硅橡胶之间的界面问题就能可靠运行。迄今已很少见到高温硫化硅橡胶与环氧树脂玻璃纤维筒的界面有故障问题的报道。

（2）内绝缘设计要求。套管内绝缘设计采用的是同轴圆柱形电场原理，这是一种对电场分布和场强控制均比较容易实现的绝缘结构。套管的内绝缘主要靠绝缘介质，对导体来说，除了满足载流要求（电流密度和温升），还需控制导体的表面场强。同轴圆柱形电场中，导体直径与套管的内直径之间有一对应关系，电压等级不高时套管内绝缘符合该关系。但随着电压等级的提高，导体在套管下部接地法兰处会出现电场畸变，套管内绝缘中的电场分布如图 3-13 所示，此时需要增加辅助措施去解决场强集中的问题。运行经验表明如果此问题处理不好，在距下法兰 50~100mm 处的套管外表面会出现电晕，导致复合材料套管上有电晕侵蚀的斑点、粉化等现象或瓷套管内壁产生放电，这将影响整个套管的绝缘性能。引入接地内屏蔽结构可很好地避免上述问题，它可将电场集中区域往中部迁移，均匀套管外部法兰区的场强。内屏蔽结构几何尺寸需经电场计算，再通过试验验证才能确定，其中内屏蔽的高度尤为重要，它将直接关系到套管外部法兰区的场强优化。

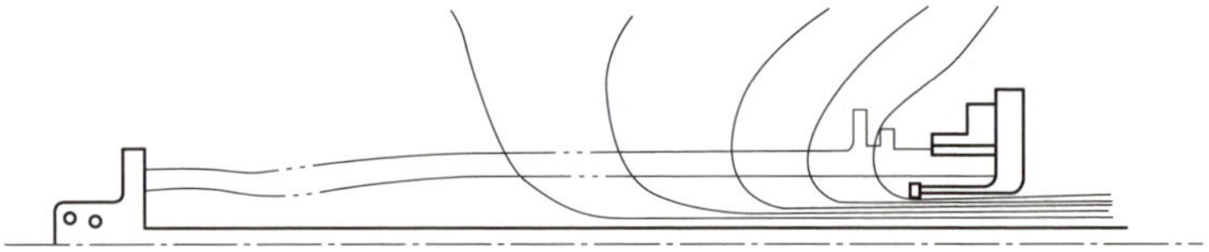

图 3-13　套管内绝缘中的电场分布

增加内屏蔽有效改善了电场集中的影响，从而有利于减小套管下部直径和降低制造工艺复杂性。早期对超高压套管还采取了双屏蔽结构，当时认为接地屏蔽加中间电位屏蔽效果更好，其原理相当于多层同轴圆柱形电场的屏蔽。近年来随着计算机辅助计算能力的提高，无论是结构设计还是加工制造，已突破了以往的认识，采用单屏蔽结构也可达到同样的效果，套管内屏蔽结构示意如图 3-14 所示。今后套管采用单屏蔽结构将成为主流趋势。

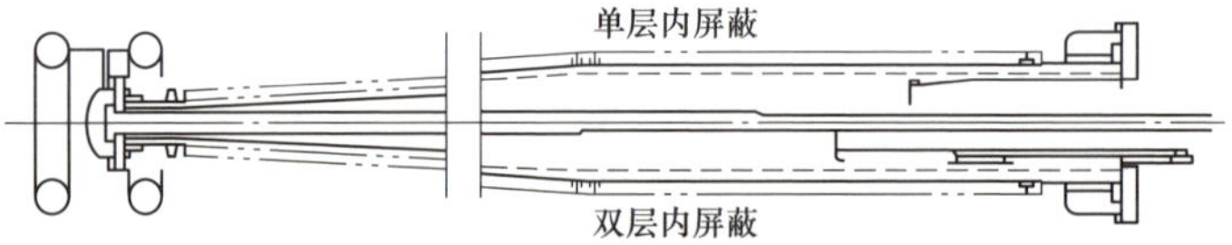

图 3-14　套管内屏蔽结构示意

GB/T 22382—2017《额定电压 72. 5kV 及以上气体绝缘金属封闭开关设备与电力变压器之间的直接连接》和 GB/T 22381—2017《额定电压 72. 5kV 及以上气体绝缘金属封闭开关设备与充流体及挤包绝缘电力电缆的连接充流体及干式电缆终端》给出了 GIS/GIL 出线与变压器或电缆直接相连的技术要求，其直接相连结构如图 3-15 所示。可以认为与电缆相连是一个将专门加工的电缆终端置于外壳接地、内充 SF_6 气体气室内的连接元件，与变压器相连是一个将变压器电容式套管置于外壳接地、内充 SF_6 气体气室内的连接元件。这两个元件的内绝缘由电缆终端接头或变压器电容式套管与 SF_6 气体组成，电缆终端制作和变压器电容式套管制作均按常规工艺要求，仅在各自端部与 GIS/GIL 相连处加了屏蔽措施以改善电场分布。直接相连方式简化了各自通过空气绝缘的出线套管再连接的烦琐，无论是节约空间与占地、提高运行可靠性，还是降低制造成本都有很大的优势，得到了用户的青睐。但在连接结构设计与施工中需注意电缆与变压器的特殊要求，如电缆终端接头的接地（包括护层/屏蔽层接地）、变压器油气套管的密封（SF_6 气体压力往往比变压器充油压力高）、变压器振动对 GIS 的影响等。

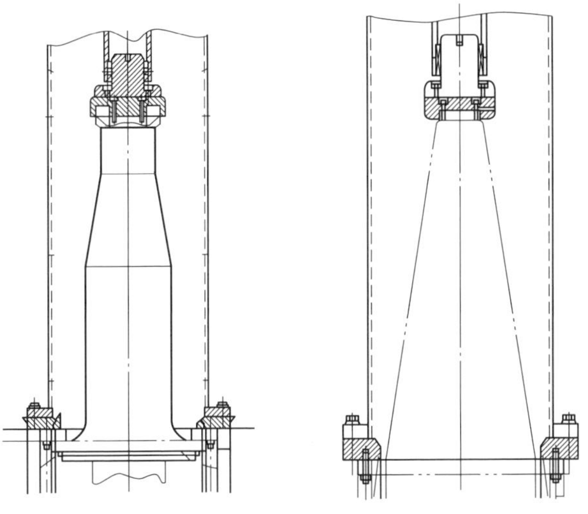

(a) 与电缆相连　　(b) 与变压器相连

图 3-15　GIS/GIL 出线与变压器或电缆直接相连结构

6. 开关柜用绝缘件

虽然开关柜仅用于中压系统，但因其绝缘件都是异形结构，应对绝缘件材料和制造工艺的要求进行关注。如图 3-16 所示给出了几种典型的开关柜结构。可以看到对于空气绝缘柜，手车触头盒、母线套管、活门隔板等是重要的绝缘部件，随着电压等级的提高，手车触头盒和母线套管上某些区域场强集中问题也会突显，尤其是 40.5kV 开关柜，必须要采取均衡措施，改善这些区域的电场分布。例如增加屏蔽层或半导体涂层，改变绝缘结构的几何尺寸等。此外运行环境的影响也非常重要，湿度一直是开关柜运行中比较关注的问题，如何应对环氧绝缘件表面凝露的课题已开展了广泛的研究。国内现在采用充气柜的用量逐年在增加，相对空气绝缘，由于断路器、三工位隔离开关、主母线甚至电缆插座都在充气箱内，降低了这些部件的绝缘要求，使充气柜的运行可靠性更高，至少那些常见的受环境条件影响的绝缘问题明显减少。纯固体绝缘开关柜需要关注的是环氧浇注的工艺控制和结构的合理性，对于工艺控制问题目前已提出通过局部放电进行检验，对于结构合理性问题目前也开始参照高压绝缘设计的理念，模拟电场计算、优化结构尺寸，使之能符合运行要求。

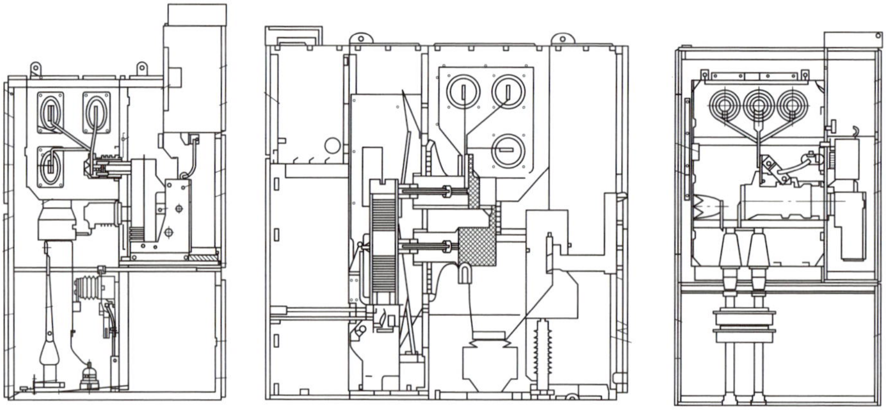

(a) 12kV空气绝缘柜　(b) 40.5kV空气绝缘柜　(c) 40.5kV充气柜

图 3-16　典型的开关柜结构

3.2 绝缘系统的性能

运行中的开关类设备要承受长时间的运行工作电压和各种短时过电压的作用，绝缘系统须具备良好的绝缘性能才可胜任。正常运行条件下，设备绝缘需承受工作电压的持续作用，其绝缘性能主要指设备内绝缘的工频电压（包括局部放电）特性和外绝缘的污秽闪络特性；运行中出现短时过电压情况时，绝缘性能指设备的雷电冲击和操作冲击的耐受特性，如雷电过电压、操作过电压、暂态过电压等。开关类设备的绝缘性能实际上是指一个系统的性能，并且是由多个部分联合组成的。首先开关类设备所有的绝缘系统设计需要考虑系统在运行中受暂态和冲击过电压作用程度、电力系统中性点接地方式和过电压限制装置的类型、安装使用地点的气候和环境条件等因素；其次通过所选用的绝缘材料及其材料配方、绝缘件的设计（结构形状、几何尺寸及其场强控制）、加工制造工艺等去实现符合标准要求的绝缘水平；再次这个绝缘系统的性能还要解决在预期的寿命周期内绝缘老化和外绝缘污秽影响的问题。上述所有绝缘系统的设计都是在绝缘介质本身特性的基础上进行的，可以说绝缘介质的发展和应用是推动开关类设备进步的主要原动力，所以了解开关类设备的各种绝缘介质的绝缘特性是有必要的。

开关类设备中断路器、隔离开关和接地开关的绝缘介质同时还须满足开断电流时熄灭电弧的要求，这也是与其他变电设备不同的特殊要求。早期主要使用油或压缩空气作为绝缘和灭弧介质，它们在20世纪前、中期占据主流地位，少量的设备还沿用至今，20世纪60年代后期，随着新型绝缘介质真空和SF_6的出现，它们逐渐被真空断路器和SF_6断路器所取代，后两者在当今中压领域和高压领域中已占有绝对主导地位。图3-17表明了开关类设备中使用绝缘和灭弧介质的发展历程。

本节主要介绍各种绝缘介质的特性，鉴于SF_6气体是目前应用最广泛的绝缘介质，将着重讨论SF_6绝缘系统的性能。

3.2.1 气体绝缘特性

开关类设备中应用到的气体种类较多，主要有空气、SF_6以及混合气体，这些气体特性各异，在了解设备特点和使用中应给予关注。为便于阐述，本书将真空一并纳入气体绝缘。

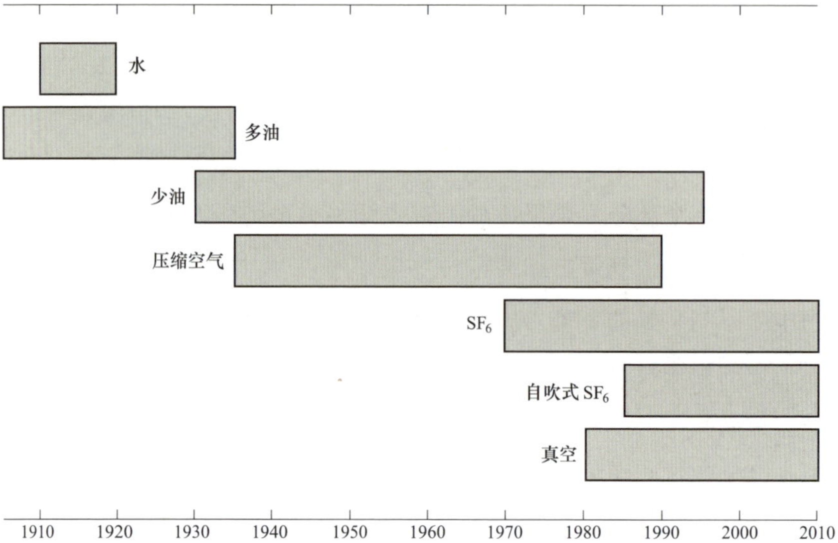

图 3-17　开关类设备中使用绝缘和灭弧介质年代图表

空气、SF_6、混合气体、真空等绝缘和灭弧介质，主要作用就是在其本身物理特性的基础上、结合相应的结构设计来实现开关类设备绝缘和断路器开断过程中可靠熄灭电弧功能。

当断路器分闸时，断路器触头可在电流正弦波的任何时刻分离，无论使用何种灭弧介质，电流都将通过触头间的电弧流过，电弧中心由完全电离且相当热的气体组成，温度可超过 15000K。为使断路器成功开断，必须等待电流到自然过零点，该时刻电弧截面积减小，导电通道可缩至成很细的一束电离气体，弧柱温度随之下降。如图 3-18 所示为气体电导率和温度的关系，电弧温度从 5000K 降至 1500K，同时弧电阻快速增长，电弧电导率可迅速下降 12 个数量级以上，这意味着电弧蒸气可从良导体变成绝缘体。

电弧特别是电弧熄灭后的残余高温气体需要强有力的冷却，而灭弧介质的绝缘特性在电流开断热过程结束后起决定性的作用。冷却可以通过诸如辐射、热传导、对流以及冷气体与电弧等离子体的湍流混合等不同形式实现。不同的灭弧介质在这方面具有明显不同的特点。如图 3-19 所示为高压断路器

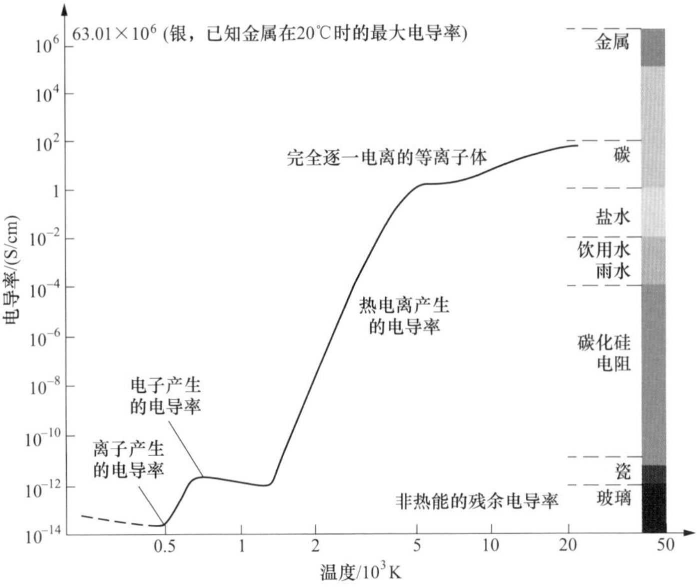

图 3-18　气体电导率和温度的关系

常用灭弧介质（真空断路器的灭弧机理完全不同，未放入此处讨论）的热导率与温度的关系。其中，氮气（N_2），压缩空气断路器所用的空气的主要成分；氢气（H_2），油断路器中电弧在气泡中燃烧的主要成分；六氟化硫（SF_6），SF_6 断路器中使用的气体。

从电弧冷却效果的角度出发，在电流过零区段，采用高热导率的气体介质明显有利于灭弧。如图 3-19 所示，N_2 具有很高的热导率，但是要达到很高的温度时才有效，这也是压缩空气断路器开断近区故障能力较差的原因之一。H_2 的热导率恰好在所需要的温度范围内非常高，这就解释了油断路器具有很好的近区故障开断能力。SF_6 的热导率曲线在导电率应陡降的温度范围内有两个明显的高峰，可以说明 SF_6 断路器具有优良的近区故障开断性能。

气体介质的绝缘特性在电流开断的热过程结束后将起决定性作用。如图 3-20 所示为空气、SF_6 和矿物油的击穿电压和压力的关系。矿物油的击穿电压与压力无关，可以作为一个参考值。由图 3-20 中可知，冷态的 SF_6 击穿电压是空气的 2 倍以上，与频率无关，在 0. 3MPa 时就与矿物油相当。因 SF_6 分子可以吸附自由电子，从而阻止它们产生雪崩击穿，SF_6 的绝缘性能十分优越。因此，SF_6 气体是一种高压断路器理想的绝缘和灭弧介质。

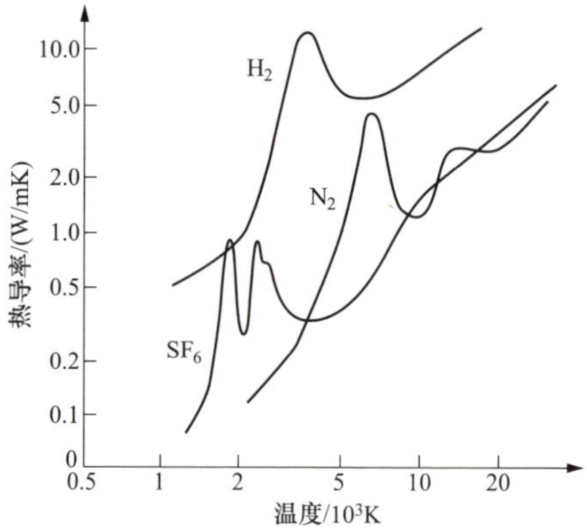

图 3-19 H_2、N_2、SF_6 的热导率和温度的关系

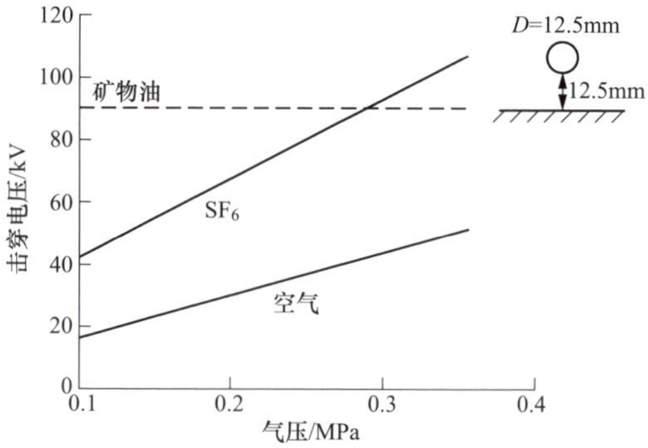

图 3-20 空气、SF_6 和矿物油的击穿电压和压力的关系

1. 空气

空气在高压开关设备中以压缩空气的形式应用。物理学认为“处于正常状态并隔绝各种外电离因素作用的空气是不导电的，但在电场作用下，气体中存在的离子沿电场方向运动会形成电导电流”，以上是从微观的认识对空气的描述。实际上干燥空气的绝缘性能还是不错的，干燥空气由 78.08% 的氮气、20.95% 的氧气、0.93% 的氩气、0.038% 的二氧化碳以及微量的其他气体组成。空气中也会含水蒸气，平均为 1.0%。图 3-21 给出了空气在均匀电场

中击穿电场强度及击穿电压 U_b 与电极间距离 d 的关系。在均匀电场中，标准状态的空气击穿场强约为 30kV/cm（$d>1cm$）。标准的空气条件是气压为 $P_0=101.3kPa$，温度为 $t_0=20℃$ 或 $T_0=273K$，绝对湿度 $h_0=11g/m^3$。

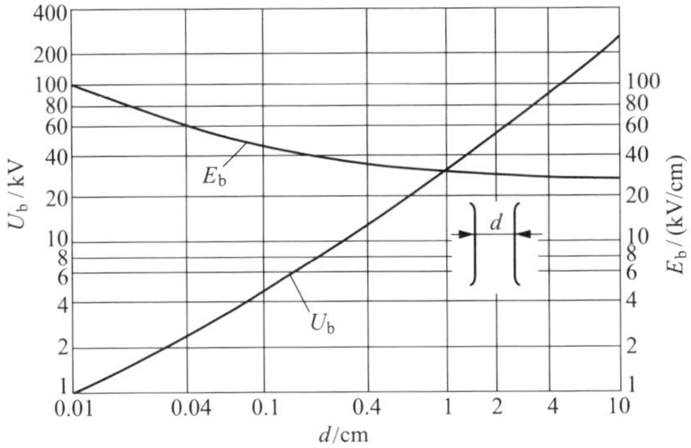

图 3-21 空气在均匀电场中击穿电场强度及击穿电压 U_b 与电极间距离 d 的关系

由气体放电理论可知，击穿电场强度与温度和压力有关。当温度不变，气压高意味着空气密度增加，气体中的离子运动平均自由行程缩短，则产生的动能减小使得形成游离放电困难，进而需增加场强，即击穿电压升高，才能实现放电。巴申定律很好地描述了这种关系：$U=f(pd)$，即在一定温度下，气体的击穿电压，取决于气压 P 与电极距离 d 的乘积，显然一定的气体在特定的 pd 乘积时，击穿电压会有最小值。但这仅限于某一范围，若超出后（$>10^6$Pa）击穿电压会饱和，如图 3-22 所示，当气体压力升高一定程度时，击穿电压变化不再明显。

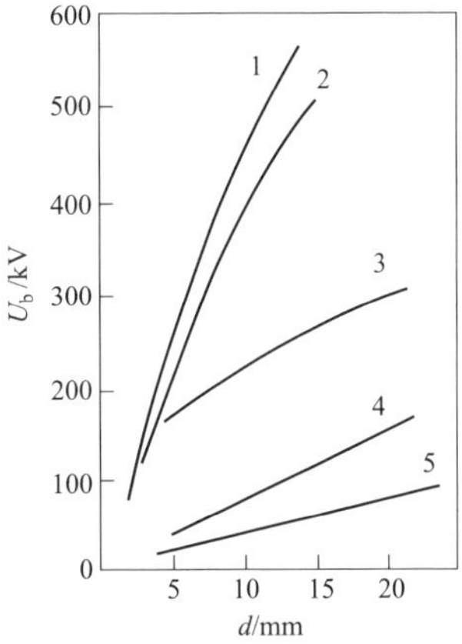

图 3-22 均匀电场中不同气压的 $U-d$

1—2.8MPa；5—0.1MPa；
2~4—压力介于 1 和 5 之间

压缩空气同时也可被用来灭弧，断路器分闸时打开气动阀，压缩空气通过灭弧室中的喷口吹向电弧，强气流给弧柱提供了有效的冷却作用，加快熄弧过程，显然压缩空气的工作压力和喷口结构是关键。气吹路径根据气流的方向分为三种基本类型：轴向气吹型（纵吹），气吹方向沿着电弧路径，采用单向气流喷口即可，通常用于高电压领域；横向气吹型（横吹），气吹方向垂直于电弧路径，仅在中压领域应用；径向气吹型，气吹方向呈放射状，需采用双向气流喷口，灭弧性能好但耗气量大。此外为提高开断短路电流能力，还发展了多断口灭弧室结构。

压缩空气灭弧技术自20世纪30年代开始使用，在SF_6技术出现之前，气吹断路器在超高压领域一直是首先的选择。

2. 真空

真空的情况截然相反，物理学中以封闭容器内的气压来表述真空状态，达到3000Pa为低真空，达到10^{-1}Pa为中真空，$10^{-2}\sim10^{-7}$Pa为高真空，再往下还有超高真空、极高真空和绝对真空0Pa。开关类设备用真空作为绝缘和灭弧介质，关注的是高真空状态，即$10^{-2}\sim10^{-7}$Pa。高真空状态意味着空气密度非常低，气体中的离子数量也非常稀少，上述的气体放电理论已不适用。即气体中的离子运动、碰撞不再是绝缘击穿的条件，因而在同样的间隙上，真空的绝缘击穿的强度可高于其他已知可用的介质。

（1）真空灭弧特性。真空的绝缘强度U与真空度p的关系如图3-23所示。研究表明不同电极材料的曲线基本上遵从该趋势，高真空条件下绝缘强度的饱和趋势明显。如图3-24所示，真空击穿电压与不同触头材料之间的差

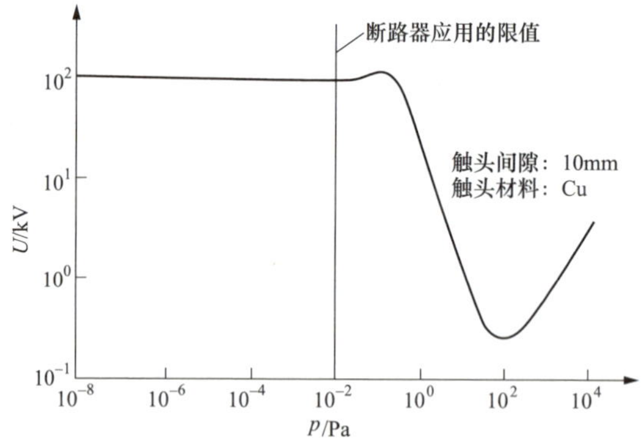

图3-23 真空的绝缘强度U与真空度p的关系

别还是很大的，所以电极材料的选用是真空灭弧室比较关注的。图 3-25 给出了不同介质中的击穿电压与触头间隙的关系曲线，其中真空的情况很特殊，击穿电压大于 150kV 后出现了显著的饱和趋势。该表现限制了单个真空灭弧室的绝缘耐受水平，这也是单个灭弧室真空断路器无法向高压发展的原因之一。当然也可以靠串联灭弧室提高额定电压、并联灭弧室增加额定电流来提高真空断路器的性能。

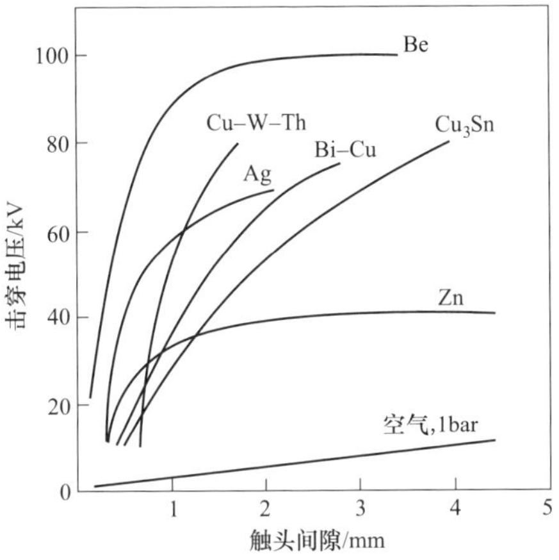

图 3-24　不同触头材料的比较

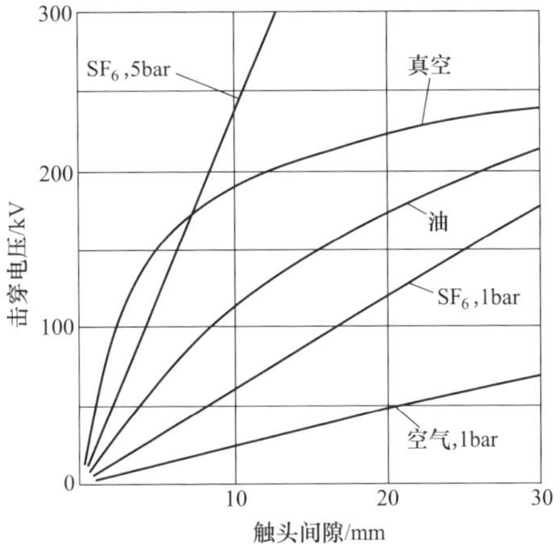

图 3-25　不同介质中的击穿电压与触头间隙的关系

真空绝缘中的击穿与局部等离子体生成有关，而已知的等离子体生成由电极材料、表面状况所决定，这与其他情况（如有气体、液体、固体介质时的参与作用）不一样。真空中的电弧实际上是在触头分开时产生的，施加在触头间的电场使电极发射出物质形成并维持电弧等离子体。严格地讲，该电弧是燃弧过程中触头产生金属蒸气中的电弧，持续到电流过零，金属蒸气密度骤减，高真空环境促使电极发射物质和金属蒸气迅速向四周扩散，可很快地将触头间隙间的载流子及中性粒子清除掉。因此真空中弧后的介质强度恢复时间极短，使真空绝缘特性得以恢复。如图 3-26 所示，其恢复速度要大大超过大气压下的氢气、氮气和 SF_6。

从某种意义上说，真空不能算是一种气体灭弧介质，可将其理解为断路器开断电流时的环境。为了加强灭弧效果，真空灭弧室从结构上还进行了完善，借助磁场与电弧的相互作用去影响真空电弧冷却。目前有利用触头结构和增加线圈的方式，产生横向或纵向磁场控制真空电弧。需要指出的是当触头间的电流不够大，真空扩散效应会提前在电流未过零时就将电弧熄灭，即出现了所谓的截流现象。截流现象在开关类设备中客观存在，但这种扩散效应加剧了截流作用的影响。

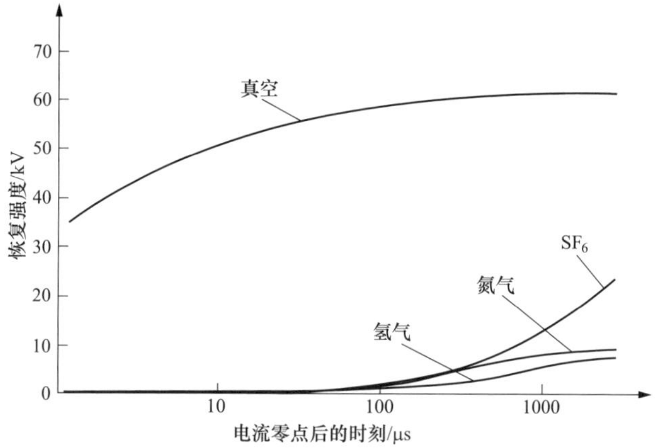

图 3-26　真空介质恢复速度与氢气、氮气和 SF_6 对比

（I_d=1600A、P=0.1MPa、d=6.25mm）

真空开断的条件与其他介质开断不一样，主要与触头材料特性和触头表面状态有关。因此真空灭弧室的耐压水平统计分散性要比气体灭弧室大，且在低于耐压值的电压上有可能会出现延时击穿，同时还存在非保持破坏性放电，即 NSDD 现象。其物理意义是开断后在 5ms 之外，触头间又发生了电压击穿，但流经的是高频电流，若该电流与工频相关则说明触头间发生了重燃。对真空灭弧室中出现的 NSDD 现象，研究认为仍与触头材料特性和触头表面状态有关。从微观上看，合闸预击穿电流将使触头表面出现熔化，合闸后动静触头的熔点形成熔焊，一旦分闸，这些熔焊点如未被电流烧掉则会结成“疤痕”，即成为一个场致增强点，在电场的作用下诱发放电。

（2）真空断路器应用特点。为提高触头间隙击穿电压，通常要求对灭弧室施加交流电压，并保持一定的加压时间，即俗称的老练试验，以改善性能。老练电压的水平以加压老练后灭弧室能通过其额定雷电冲击耐受电压为准。之所以选用雷电冲击电压是由真空击穿的物理过程决定的，在雷电冲击电压波作用下场致放电会更敏感，这也是型式试验中，真空断路器短路开断后，要求用雷电冲击电压检查设备状态的原因，而对气体绝缘断路器仅加工频电压即可。

此外，在高电压等级的真空断路器应用中，为增强封闭在瓷套或金属外壳中的真空灭弧室的绝缘水平，往往还会在灭弧室与外壳之间充入一些绝缘气体，如干燥空气、氮气、SF_6 等气体，这些气体具有一定的压力。需要指出的是，作为绝缘气体即使是零表压设备也能安全运行，但从保证开断后的断路器绝缘性能来说，充入的绝缘气体的压力必须符合制造厂要求，因为型式试验是在充入额定气压条件下进行的，除此之外均认为无法保证设备性能（如制造厂有型式试验报告，产品是在低于额定充气压力下完成短路开断的情况例外）。由此对充入的绝缘气体压力也有报警、闭锁的要求，出现报警信号即要安排补气，充入的是混合气体则要求用混合比一致的气体补气，充 SF_6 气体同样需检测气体湿度，超过运行标准要进行处理。

3. SF_6

SF_6 是一种合成气体，于20世纪40年代后期开始使用，60年代中期应用到高压开关设备当中。SF_6 同时具有多种独特的物理特性：绝缘强度高，大约是大气压下空气的3倍；热开断能力强，约是空气的10倍；热传导性能好，约是空气的2倍。因此，SF_6 被大量应用于电力系统输变电设备上，包括开关类设备和气体绝缘变压器、互感器等。

（1）SF_6 的物理特性。纯净的 SF_6 是一种无色、无味、无毒、不易燃、不易爆炸、化学和生物学性能不活泼且热性能稳定的气体。图3-27给出了 SF_6 在不同密度下压力和温度的关系，SF_6 作为气体绝缘介质通常使用范围为-40℃≤温度≤80℃，压力＜0.8MPa，在寒冷地区，需考虑 SF_6 气体液化问题，必要时需加装加热装置。表 3-4 是 SF_6 气体的技术要求，用于电气设备时人们关心的新气指标有气体纯度、水分含量、气体成分（主要是氢氟酸 HF）和毒性。

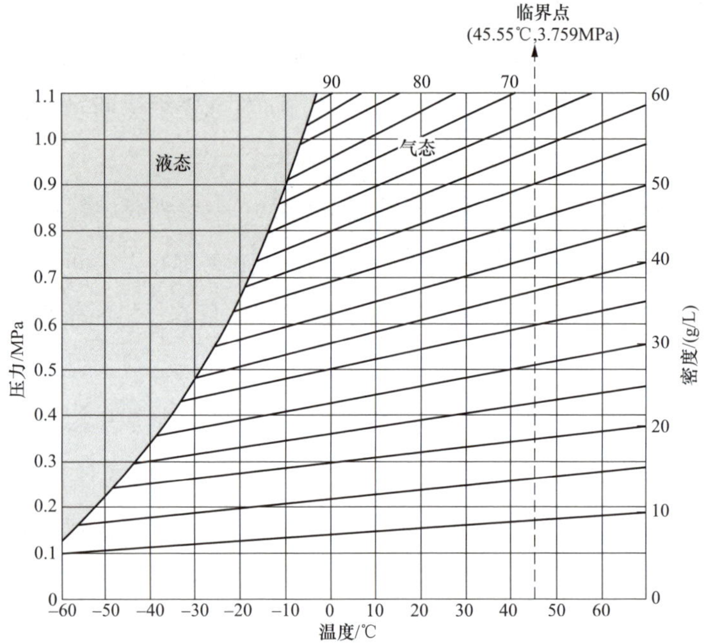

图 3-27　SF_6 的压力、温度和密度之间的关系

表 3-4　　SF_6 气体的技术要求（新气）

项　目		单　位	标　准　值
六氟化硫（SF_6）		%（质量比）	≥99.9
空气		%（质量比）	≤0.03
四氟化碳（CF_4）		%（质量比）	≤0.01
六氟乙烷（C_2F_6）		%（质量比）	≤0.02
八氟丙烷（C_3F_8）		%（质量比）	≤0.005
湿度（20℃）	水分含量	%（质量比）	≤0.0005
	露点（0.1MPa）	℃	≤-49.7
酸度（以 HF 计）		%（质量比）	≤0.00002

续表

项　目	单　位	标 准 值
可水解氟化物（以HF计）	%（质量比）	≤0.0001
矿物油	%（质量比）	≤0.0004
毒性	生物试验无毒	

虽然 SF_6 是一种性能稳定的气体，但在电弧高温作用下会出现分解并生成含硫的低氟化物白色粉末，一旦气体中含有水分，低氟化物会发生水解生成有毒且腐蚀性很强的酸性物质（如HF），这些产物对绝缘材料和金属材料均有腐蚀作用。因此要严格控制 SF_6 气体中水分的含量。在处理发生放电的气室时要注意通风和防止毒害。另外，虽然 SF_6 是一种无毒气体，但由于 SF_6 气体质量比空气重，会聚集在地面，进入室内 SF_6 设备区域要采取排风、检测空气含氧量和 SF_6 气体浓度的预防措施防止窒息伤害。

（2）SF_6 的绝缘和灭弧特性。SF_6 是一种高介电强度气体介质，其分子结构决定了它有很好的热和化学稳定性。由于氟的电负性强，容易吸附电子形成负离子，阻挡放电形成和发展，而 SF_6 气体中电子的自由行程较短，电离电位高，前者使得积累能量困难，后者则减少了电子碰撞机会，从而提高其介电强度。在均匀电场中，SF_6 气体间隙的击穿场强是同等空气间隙的2.5~3倍，0.3MPa下 SF_6 的耐压强度相当于矿物油的耐压强度。

SF_6 气体分解温度低而分解能高，这对熄弧来说是一种很好的特性。与氮气相比，SF_6 的分解温度范围低得多并且范围很窄，这就使得 SF_6 气体在电流过零点附近电弧半径减小并能有效冷却。图3-28给出了电流过零点附近 SF_6 电弧和氮气电弧温度沿电弧半径的分布情况。SF_6 电弧半径要比氮气电弧小，显然在任意最低导电温度，若通过在电流过零点快速冷却降低 SF_6 和氮气电弧芯的高温以熄灭电弧，SF_6 电弧将更容易熄灭。这就使得作为灭弧性能重要指标的热时间常数，SF_6 的参数要大大低于其他气体，约为空气的1/100，意味着 SF_6 的灭弧能力是空气的100倍。

SF_6 气体具有很强的电负性，即吸附电子的能力。SF_6 及其分解产物

（SF_4、SF_2 等）通过谐振、离解俘获等机理吸附迁移率较高的自由电子，形成迁移率较低的负离子，从而减少了弧柱中的载流子。SF_6 气体的电子俘获能力也是其在电流过零点后介质恢复能力强、击穿强度高的关键因素，正因如此才能够实现电弧由电的良导体（等离子体），向电的绝缘体快速转变，并承受断口恢复电压，故 SF_6 是一种优异的灭弧介质。图 3-29 表明了电流过零后 SF_6 气体介质恢复速度与空气的对比。

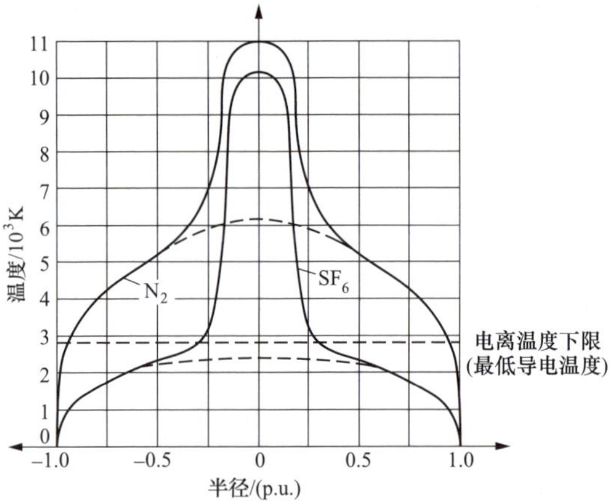

图 3-28　SF_6 电弧和氮气电弧温度沿电弧半径的分布情况

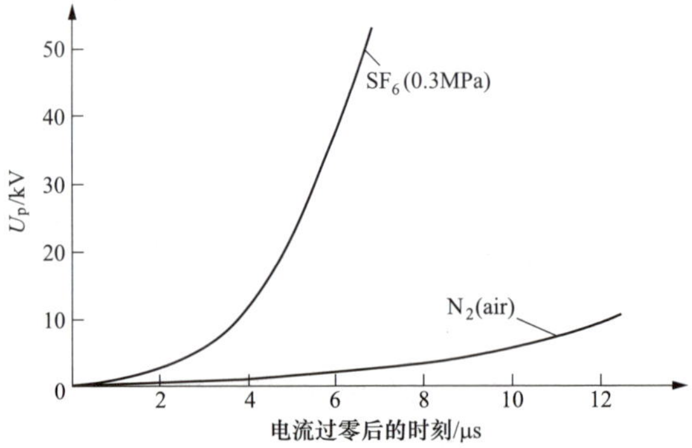

图 3-29　电流过零后 SF_6 气体介质恢复速度与空气的对比

归纳起来，SF_6 气体特性具有高绝缘强度、高热导率、快速的介质恢复能力。这些特性使 SF_6 作为绝缘和灭弧介质，在过去几十年的高压开关应用技术中占据了绝对的主导地位，目前 SF_6 断路器在高压领域已不可或缺，并且其性能明显优于其他的气体断路器。

4. 混合气体

SF_6 气体作为绝缘和灭弧介质使用，具有优异的性能并得到了广泛的应用，但是也存在一些潜在的问题。首先是低温液化问题，图 3-27 中可查得压力为 0.6MPa，−26℃时 SF_6 开始出现液化，此时其绝缘和灭弧性能都会有变化，特别是开断过程中灭弧性能会降低。其次 SF_6 是一种合成气体，散发到大气当中会引起温室效应且在大气中极难降解。20 世纪 90 年代中期，全球变暖趋势被人们所了解和认识后，在 1997 年的《京都议定书》和 2005 年生效的《联合国气候变化框架公约》中，均将 SF_6 列入为要求减排的六种温室气体之一。再次 SF_6 气体造价相对昂贵，还有受到使用地点环境温度（易液化）的限制。因此，为了在电力领域减少或者不使用 SF_6 气体，多年前人们已在研究使用其他气体或者混合气体来代替 SF_6。比较常见的混合气体有 SF_6 与氮气（N_2）、空气、二氧化碳（CO_2）混合。图 3-30 给出了这几种混合气体中，不同 SF_6 气体含量时击穿电压的关系。可以看到即使 SF_6 气体的含量下降到 50%，击穿电压的下降数值并不是很大。此外，研究人员对很多含卤族元素的气体也开展了试验研究，如近年来推崇的八氟丙烷（C_3F_8）、全氟异丁腈（C_4F_7N）和全氟戊酮（$C_5F_{10}O$）、全氟乙酰氟（$C_6F_{12}O$）等，表 3-5 给出了一些可替代气体的基本物理性能。

表 3-5　可替代气体的基本物理性能

气体	相对于 SF_6 的绝缘强度	液化温度（℃）	大气寿命（年）	温室效应指数（GWP）
SF_6	1	−63.9	32000	23900
空气	0.30	−183	∞	0
N_2	0.36	−196	0	0
CO_2	0.30	−78.5	∞	1
CF_4	0.39	−186.8	6300	50000
C_2F_6	0.78-0.79	−78	10000	9200

续表

气体	相对于 SF_6 的绝缘强度	液化温度（℃）	大气寿命（年）	温室效应指数（GWP）
C_3F_8	0.96-0.97	−37	2600	7000
C_4F_7N	2.74	−4	0	2700
$C_5F_{10}O$	2.3	27	0	1
$C_6F_{12}O$	2.8	49	0	1

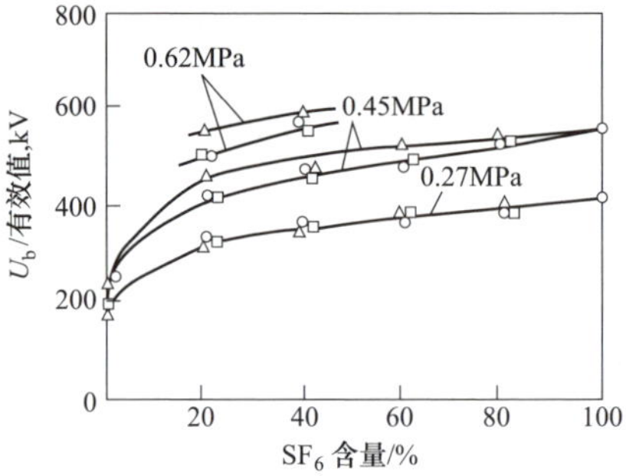

(a) 工频

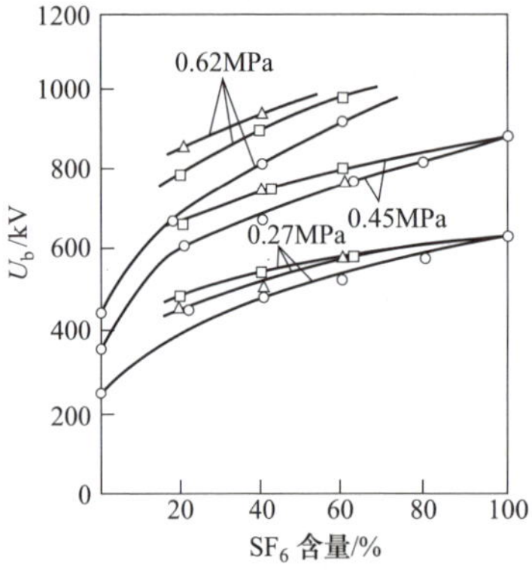

(b) 操作冲击(−250/3000μs)

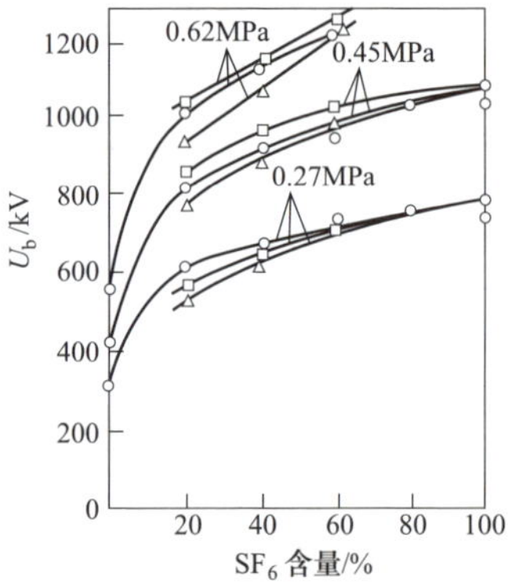

(c) 雷电冲击(−1.2/50μs)

图 3-30 稍不均匀电场中，混合气体的击穿电压与 SF_6 含量的关系

○—N_2/SF_6；□—空气/SF_6；△—CO_2/SF_6

研究结果表明，自然界确实存在介电强度优于 SF_6 的气体，但由于各种原因，如对环境的影响、毒性或易燃性、制作成本问题等，至今尚未有一种绝缘性能好同时又能满足开断灭弧性能的气体，可以完全替代 SF_6。令人欣慰的是近期研究有些新的突破，利用某一气体特性与相关气体的混合，而非一种纯的气体，可以获得较好地开断与绝缘性能，目前已有制成产品在国外145kV电网中试运行。这是一种由C_4、O_2与CO_2混合的气体，作为开关设备的技术参数可满足大部分用户的应用场合，或许将成为今后应用的一个方向。经过论证，上海电网将率先在国内开展试点工作。

SF_6/N_2和SF_6/He混合气体的表现给商业应用带来希望，试验结果显示20%～30%的SF_6与70%～80%的N_2混合，可以承受与纯SF_6气体一样的绝缘水平，但在灭弧特性方面并不理想。SF_6/He混合气体的性能表现要优于SF_6/N_2，研究认为He气在电弧冷却方面可以对SF_6起到补充作用，使得弧后暂态恢复电压特性高于纯SF_6，图3-31给出了0.6MPa下暂态恢复电压与这两种混合气体比例的关系。SF_6/N_2气体的电击穿特性在非均匀电场中并不那么敏感，降低了电极表面粗糙度和凸起的影响，而其更低的液化温度最早是在高寒气候条件得以应用。20世纪80年代中期，我国东北电网在引进的西门子断路器上就采用了该技术，2000年后国外在420kV GIL也进行了应用。近些年国家电网有限公司为实现节能环保和可持续发展目标，在126kV和252kV的GIS母线上安排了试运行，几年下来表现良好。证明这是一种优良的绝缘气体，被认为是可以替代SF_6气体绝缘的有效解决方案，目前正在开展用于隔离开关和其他非开断灭弧气室的试验验证工作。

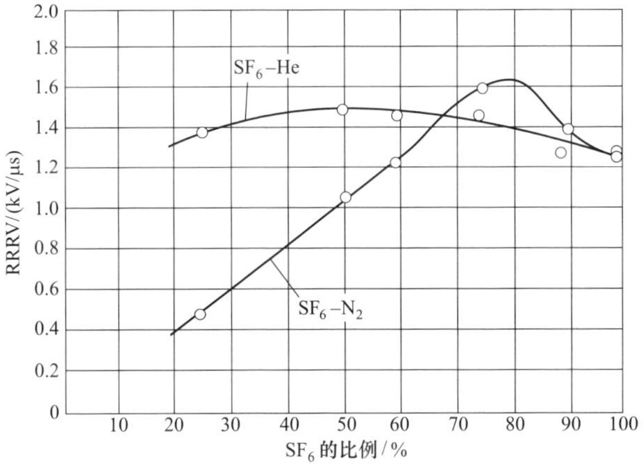

图3-31　0.6MPa下暂态恢复电压与两种混合气体比例的关系

与实验室理论研究不同，工程应用还要考虑更多因素：如上述的 C_3、C_4、C_5 气体在开断电弧后显示的毒性过大，因安全性差而无法推广；这几种气体的液化温度也是另一个限制；SF_6/He 混合气体也因制备困难的限制而未得到认可；同时对用户而言，还要考虑气体容易获得（且成本不高）又可满足现场补气的要求。经过多年的研究攻关，我国现已开发出现场 SF_6/N_2 混合气体制备装置和补气技术，并制订出了相关标准指导该项工作开展。随着各种技术的进步，混合气体在电力系统中将能得到更好的应用。

3.2.2 液体绝缘特性

开关类设备中使用的液体绝缘主要是矿物油，矿物油的优点在于它良好的绝缘性能（见图 3-20）和优异的热导率（见图 3-19 中氢气曲线），表 3-6 给出了开关类设备用矿物油的技术要求。19 世纪 90 年代，人们就提出了油可作为灭弧介质的概念，开关触头间出现电弧后，电弧导致油被汽化、分解并持续释放出大量氢气（氢气在所有气体中具有较高的热导率和最低的黏度），高气压和高热导率产生的油湍流将使电弧快速冷却和去电离，而氢气的绝缘强度比空气高 5~10 倍，这些特点使油成为具有良好绝缘和灭弧特性的电介质。另外，虽然油具有可燃性，但在灭弧过程中并没有氧气，电弧不能将油点燃。从灭弧性质上说，油断路器实际是一种氢气断路器。早期应用的油断路器完全靠上述方法灭弧，油的用量非常大，且触头运动的速度要求也很高，后来发展的少油断路器则将开断和绝缘功能分开了，利用油进行开断，固体绝缘材料制作的灭弧室实现绝缘。

表 3-6 开关类设备用的矿物油技术要求

项目			质量指标	试验方法
最低冷态投运温度（LCSET）			-40℃	
功能特性[a]	倾点（℃）	不高于	-60	GB/T 3535
	运动黏度（mm^2/s）	不大于		
	40℃		3.5	GB/T 265
	-40℃		400[b]	NB/SH/T 0837

续表

项目			质量指标	试验方法
最低冷态投运温度（LCSET）			-40℃	
功能特性[a]	水含量[c]（mg/kg）	不大于	30/40	GB/T 7600
	击穿电压（需满足下列要求之一）（kV） 未处理油 经处理油[d]	不小于	 30 70	GB/T 507
	密度[e]（20℃）（kg/m³）	不大于	895	GB/T 1884/1885
	介质损耗因数[f]（90℃）	不大于	0.005	GB/T 5654
精制/稳定特性[g]	外观		清澈透明、无沉淀物和悬浮物	目测[h]
	酸值（以 KOH 计）（mg/g）	不大于	0.01	NB/SH/T 0836
	水溶性酸或碱		无	GB/T 259
	界面张力（mN/m）	不小于	40	GB/T 6541
	总硫含量[i]（质量分数）（%）		无通用要求	SH/T 0689
	腐蚀性硫[j]		非腐蚀性	SH/T 0804
	抗氧化添加剂含量[k]（质量分数）（%） 含抗氧化添加剂油[i]		0.08~0.40	SH/T 0802
	2-糠醛含量（mg/kg）	不大于	0.1	NB/SH/T 0812
运行特性[l]	氧化安定性（120℃） 试验时间：[i]含抗氧化添加剂油：500h 总酸值（以 KOH 计）（mg/g）	不大于	1.2	NB/SH/T 0811
	氧化安定性（120℃）试验时间：[i]含抗氧化添加剂油：500h 油泥（质量分数）（%）	不大于	0.8	NB/SH/T 0811
	氧化安定性（120℃）试验时间：[i]含抗氧化添加剂油：500h 介质损耗因数[f]（90℃）	不大于	0.500	GB/T 5654
	析气性（mm³/min）		无通用要求	NB/SH/T 0810

续表

项目		质量指标	试验方法
最低冷态投运温度（LCSET）		-40℃	
健康安全和环保特性（HSE）[m]	闪点（闭口）（℃）不低于	100	GB/T 261
	稠环芳烃（PCA）含量（质量分数）（%）不大于	3	NB/SH/T 0838
	多氯联苯（PCB）含量（质量分数）（mg/kg）	检测不出[n]	SH/T 0803

注 1. “无通用要求”指由供需双方协商确定该项目是否检测，且测定限值由供需双方协商确定。

2. 凡技术要求中的“无通用要求”和“由供需双方协商确定是否采用该方法进行检测”的项目为非强制性的。

a 对绝缘和冷却有影响的性能。

b 运动黏度（-40℃）以第一个黏度值为测定结果。

c 当环境湿度不大于50%时，水含量不大于30mg/kg适用于散装交货；水含量不大于40mg/kg适用于桶装或复合中型集装容器（IBC）交货。当环境湿度大于50%时，水含量不大于35mg/kg适用于散装交货；水含量不大于45mg/kg适用于桶装或复合中型集装容器（IBC）交货。

d 经处理油脂试验样品在60℃下通过真空（压力低于2.5kPa）过滤流过一个孔隙度为4的烧结玻璃过滤器的油。

e 测定方法也包括用SH/T 0604。结果有争议时，以GB/T 1884和GB/T 1885为仲裁方法。

f 测定方法也包括用GB/T 21216。结果有争议时，以GB/T 5654为仲裁方法。

g 受精制深度和类型及添加剂影响的性能。

h 将样品注入100mL量筒中，在20℃±5℃下目测。结果有争议时，按GB/T 511测定机械杂质含量为无。

i 测定方法也包括用GB/T 11140、GB/T 17040、SH/T 0253、ISO 14596。

j SH/T 0804为必做试验。是否还需要采用GB/T 25961方法进行检测由供需双方协商确定。

k 测定方法也包括用SH/T 0792。结果有争议时，以SH/T 0802为仲裁方法。

l 在使用中和/或在高电场强度和温度影响下与油品长期运行有关的性能。

m 与安全和环保有关的性能。

n 检测不出指PCB含量小于2mg/kg，且其单峰检出限为0.1mg/kg。

由液体介质的电气性能得知，影响油的绝缘强度主要有这几个因素：杂质、温度、电压作用时间（电老化）和电场均匀程度。开关类设备中液体绝缘的缺点和需要关注的问题如下。

（1）由于电弧作用油会分解，特别是开断故障电流后，油会碳化；油接触了空气会吸收氧气、水分；长期运行中油老化会出现杂质。油的绝缘特性很大程度上取决于油分解所产生的游离碳和从空气中吸收水分的含量，注意这种含量是以悬浮状态存在，若气体和水分溶解在油中则影响不大。

（2）温度升高将使溶于油中的水分汽化，而油在高温下会氧化，酸值增大，这些都会影响其击穿电压。

（3）长期电压作用将使油中的杂质出现聚集或引起介质损耗增加，这些变化会改变液体绝缘特性。

（4）从绝缘结构的角度讲，场强分布不均匀易引起局部放电，这对液体绝缘不利，局部放电会诱发油中碳氢化合物释放可燃性气体，从而影响其绝缘耐受性能。

由于以上原因，油断路器在运行中需特别注意油的纯度和质量，并需要按规程进行维护。

油断路器曾广泛应用于输电和配电网络，但由于运行维护不方便，目前我国已很少使用了，但在美国和欧洲市场仍有部分在运行。随着真空断路器技术和 SF_6 断路器技术的应用，最终油断路器将被淘汰。

3.2.3 固体绝缘特性

固体绝缘材料相比于气体、液体绝缘材料主要有以下几点不同：一是击穿场强一般比气体、液体绝缘介质要高，例如在均匀电场中，云母的工频击穿场强可达到2000~3000kV/cm；二是发生击穿后其绝缘性能将被破坏，出现显著的烧蚀或熔化通道、裂缝等，即使去掉外施电压，也不能自己恢复绝缘性能，即不可恢复型绝缘材料；三是固体绝缘材料的应用场合不同，在实际应用中主要起到绝缘和支撑的作用，并不参与开断灭弧功能，这就使得固体绝缘材料应用不像气体、液体绝缘材料那么复杂。

固体绝缘材料的击穿机理在第1章中已有介绍，此处不再赘述。

在开关类设备中，常用的固体绝缘材料包括陶瓷、环氧树脂和环氧树脂纤维增强复合材料（如玻璃纤维，聚酯或芳纶纤维等）、硅橡胶等。

1. 陶瓷

传统的陶瓷绝缘材料指硅酸盐陶瓷，于20世纪初开始在电力系统中应用。它一般是以黏土、石英、长石等天然的硅酸盐矿物为原料，经过粉碎加工、成型后，放在低于其熔点的高温下熔、焙烧成多晶无机材料。陶瓷表面还覆盖着一层很薄的玻璃态质的釉，可增加机械强度并提高瓷表面的自洁能力，以减少不同环境污染的影响。通常所说的电瓷是指用于输电线路和变配电装置中的绝缘子和绝缘部件使用的瓷质材料和产品。中低电压等级上采用的普通瓷，由上述传统材料成分构成，高电压等级上采用的高强瓷，具有耐高温、耐热冲击的特点。这是因为随着电网输电电压的提高，电瓷产品既要满足电气要求，也要符合机械强度的规定，而普通瓷只能通过加大尺寸做到，这就使得产品高大笨重，还不易烧成。20世纪60年代末，欧洲国家和日本分别研究开发出了添加氧化铝的电瓷配方，表3-7给出了其与普通瓷主要技术参数上的对比。通过添加氧化铝使得材料的性能得到很大的提升。需要说明的是添加氧化铝原料，国外采用加工好的纯 Al_2O_3 粉，国内则用铝矾土，两者还是存在一些性能上的差异。

表3-7　电瓷的主要特性参数

序号	项目	单位	普通瓷	氧化铝瓷
1	密度	kg/cm^2	2.2~2.6	3.3~3.6
2	拉伸强度	kgf/cm^2	250~450	1000~1800
3	压缩强度	kgf/cm^2	4500~5500	10000~19000
4	弯曲强度	kgf/cm^2	400~800	2000~3000
5	弹性系数	$\times 10^6 kgf/cm^2$	0.55~1.0	2.2~2.8
6	莫氏硬度	—	7.0~8.0	8.0~9.0
7	线膨胀系数 20~1000℃	10^{-6}/℃	4.0~6.5	7.0~8.0
8	比热容 20~100℃	kcal/(kg·℃)	0.19~0.2	0.2~0.25

续表

序号	项目	单位	普通瓷	氧化铝瓷
9	绝缘强度	kV/cm	300~400	180~250
10	介电常数（相对）	—	≈6.0	8.0~9.0
11	介损 tanδ 20℃ $10^6 \sim 10^7$Hz	10^{-3}	6.0~12	≤1.0
12	体积电阻率 600℃	Ω · cm	$10^4 \sim 10^5$	$10^7 \sim 10^9$
13	1000℃		—	$10^4 \sim 10^5$
14	表面电阻率 相对湿度 80%	Ω	$10^8 \sim 10^9$	

试验条件说明：直流电压下，电极间距离 10mm，电极长 100mm。

高强瓷的绝缘强度和机械强度良好，又不易老化，图 3-32 中分别给出了几种电瓷材料的介电常数、体积电阻率与温度的关系。此外，电瓷还具有热、化学和抗氧辐射等方面的优良性能，因此得以广泛应用。

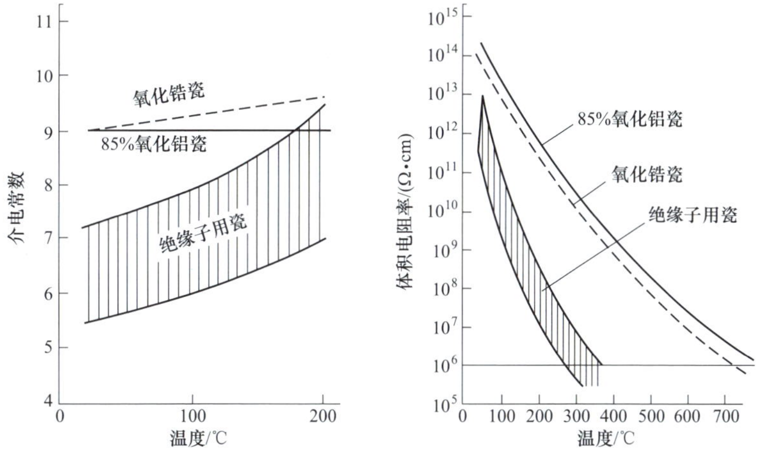

(a) 介电常数–温度　　(b) 体积电阻率–温度(1MHz)

图 3-32　几种电瓷材料的介电常数、体积电阻率与温度的关系

用于开关类设备的电瓷产品主要在外绝缘上，包括空气绝缘断路器的灭弧室瓷套和支撑瓷套、隔离开关和接地开关的支柱绝缘子和操作绝缘子，GIS/HGIS 的出线套管等。

2. 环氧树脂与环氧树脂纤维增强复合材料

于20世纪30年代被发现的环氧树脂是一种高分子聚合物，通常是指分子中含有两个以上环氧基团一类聚合物的总称。因其具有优良的物理机械特性和电绝缘性能，与各种材料的黏接性能良好，并具有很好的热固化性能和稳定的耐化学腐蚀性，20世纪50年代开始应用于电气设备制造中。环氧树脂可通过自动压凝胶（the automatic pressure gelation，APG）成型技术，真空浇注制成各种固体绝缘部件，因而环氧树脂绝缘件在电力行业，特别是在开关类设备上得到了广泛的应用。如在中压开关类设备上用环氧树脂制造的母线套管、支撑绝缘子、触头盒、绝缘筒和极柱等，在高压GIS中制作隔板和支撑绝缘子等，如图3-33所示。

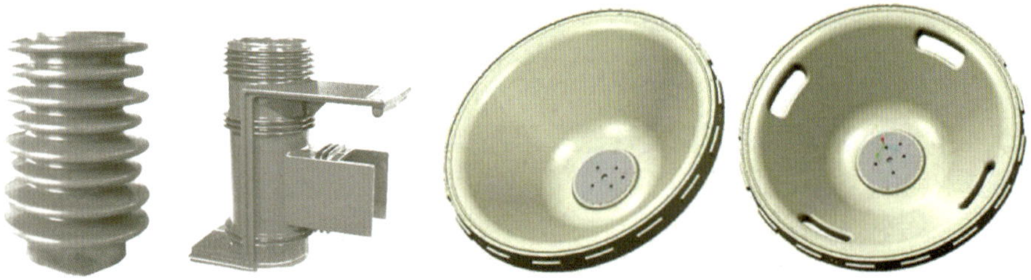

(a) 支撑绝缘子　(b) 极柱　(c) GIS用隔板

图 3-33　环氧树脂绝缘件

环氧树脂需与添加物同时使用才能获得应用价值，添加物可按不同用途加以选择，而各制造厂商的配方又有较大的差别。常用添加物有以下几类：固化剂、填料、色浆、颜料、稀释剂及其他微量改性材料。

其中固化剂是必不可少的添加物，否则环氧树脂不能固化。需关注的是填料的性能与绝缘件所处的环境有一定的关系，一般在空气绝缘中填料选用SiO_2，SF_6气体中则选用Al_2O_3，这是为了避免填料与SF_6电弧分解物发生化学反应形成填料析出物。SF_6电弧分解物中的SF_4与SiO_2反应会生成SiF_4，与水反应又生成HF，SiO_2与HF作用会腐蚀环氧树脂，还会析出水分，因此要求SF_6气体中环氧树脂填料用Al_2O_3，这也是空气绝缘与SF_6气体绝缘选用环氧树脂填料的区别。此外填料还有石英粉、碳酸钙、滑石粉、云母粉、刚玉粉等不同的成分。设计合理的填料粒径分布和表面处理，可提高环氧树脂绝缘材料的机械性能和加工成型工艺性。改性材料根据不同的用途、性能和要求进行添加，如加疏水性的添加剂可提高环氧绝缘材料的疏水特性，增加材料耐水性。加有机元素磷，嵌入环氧树脂固化的分子链后，既保证材料电气、机械性能，又赋予了材料的阻燃性能。表 3-8 给出了环氧树脂材料性能，表 3-9 是环氧树脂复合固化物（即已固化成型的环氧树脂绝缘件）的综合性能指标。对用户而言，将最终的绝缘件材料进行取样检验，是保证绝缘件质量的重要手段，这些参数将衡量材料是否满足使用要求。由于各制造商的配方不同，某些指标满足其规定的技术条件即可。

表 3-8 环氧树脂材料性能

序号	检测项目	技术要求
1	环氧当量	≤400
2	环氧值	≥0.25
3	黏度	≤490
4	软化点	≤90
5	闪点	符合丙类储存物品要求
6	可水解氯含量	≤500
7	无机氯含量	≤10
8	总氯含量	≤1500
9	密度	1.16~1.23

注 丙类储存物品包括可燃固体物质和闪点≥60℃的可燃液体，但可燃固体将火源拿走仍能继续燃烧，液体因闪点高不易挥发。

表 3-9 环氧树脂复合固化物综合性能指标

序号	项 目	技术要求
1	玻璃化转变温度（℃）	≥100
2	弯曲强度（MPa）	≥110
3	弯曲弹性模量（GPa）	≥10

续表

序号	项　目	技术要求
4	拉伸强度（MPa）	≥60
5	拉伸弹性模量（GPa）	≥10
6	吸水率（%）	＜0.2
7	体积电阻率（Ω·cm）	≥1E+15
8	表面电阻率（Ω）	≥1E+14
9	介质损耗因数（%，50Hz）	≤2.0
10	相对介电常数	≤6.5
11	介电强度（kV/mm）	≥25
12	耐电弧性（s）	≥180
13	线收缩率（%）	由制造商规定
14	线膨胀系数（0 至 T_g−20℃，10^{-6}/℃）	30~35

注　表中的数据是在环氧树脂、固化剂、α-氧化铝填料组分基础上提出的，可供二氧化硅填料组分的绝缘件参考。

环氧树脂材料作为绝缘部件的应用在发展中同样也遇到了类似电瓷的问题，即应用场合随着电压等级增加，要求机械强度提高，仅以环氧树脂加填料的工艺无法满足部件体积与重量的要求，而且在浇注中因为厚度也无法保证内部产生气泡、热固化收缩不均引起局部内应力集中等问题。研究表明环氧树脂与各种材料的黏接性能良好，可通过添加纤维增强来解决机械强度问题。从 20 世纪 60 年代起沿这条路线开展了各种研究并取得了显著的成果，目前得到成熟应用的主要有玻璃纤维、聚酯纤维、芳纶纤维等。表 3-10 是这三种纤维材料的主要技术性能指标。

表 3-10　　不同纤维增强绝缘材料的主要技术性能指标

序号	项目	玻璃纤维	聚酯纤维	芳纶纤维
1	密度（g/cm^3）	2.1	1.3	1.3
2	吸水率（%）	≤0.3	≤0.22	≤0.3
3	纤维分解温度（℃）	—	400	500~570

续表

序号	项目	玻璃纤维	聚酯纤维	芳纶纤维
4	拉伸强度（MPa）	270	85	1050
5	拉伸弹性模量（MPa）	28000	40000	52000
6	电气强度（kV/mm）	4~6	10~12	8~10
7	相对介电常数	4.8~5.2	3.0~4.0	4.5~5.5
8	介质损耗（%）	0.3~0.5		

（1）玻璃纤维。20世纪30年代由美国欧文斯玻璃公司和康宁玻璃公司联合研制开发出的玻璃纤维（fiberglass）。这是一种性能优异的无机材料，具有绝缘性能好、耐热性、抗腐蚀性强、机械强度高的优点。缺点是纤维易脆断，耐磨性较差。玻璃纤维的主要成分为二氧化硅、氧化铝、氧化钙、氧化硼、氧化镁、氧化钠等，根据玻璃中碱含量可分为无碱玻璃纤维（氧化钠0%~2%）、中碱玻璃纤维（氧化钠8%~12%）和高碱玻璃纤维（氧化钠13%以上）。将这些原料混合后经高温熔烧、拉丝制成，还可进一步采用络纱、织布等工艺进行加工。其单丝的直径为几个微米到二十几个微米，相当于一根头发丝的1/20~1/5。每束纤维原丝都由数百根甚至上千根单丝组成。玻璃纤维丝浸渍环氧树脂后，通过引拔机将其从模具中拉出，经固化制成绝缘杆，这种产品具有很强的机械性能，通常用作复合绝缘子的芯棒。目前的制造工艺已可做出直径100mm或更大的芯棒，使其应用领域从线路悬式绝缘子扩展到横担绝缘子和变电用的支柱绝缘子，开关类设备中也有用于拉杆。由于环氧树脂基体对玻璃纤维的浸润性好，工艺易于掌握，所以国内制作厂大多采用玻璃纤维作为增强材料。玻璃纤维作为增强材料，表征性能的指标主要有拉伸强度、弹性系数、冲击吸收能量、吸水性、透明度和阻燃性能等。

（2）聚酯纤维。聚酯纤维是由对苯二甲酸二甲酯（DMT）和乙二醇（EG）合成的聚对苯二甲酸乙二酯（PET）。这种聚合物可以通过熔体纺丝得到合成纤维，属于高分子化合物，在中国也被称为涤纶，具有良好的绝缘、力学性能和化学稳定性，且吸湿性极小，能耐酸。1941 年由英国人发明，1953 年美国将其转为商业化应用，是当前合成纤维的第一大品种。开关类设备中作为环氧树脂纤维增强材料制成的部件有拉杆和绝缘筒。此外在工艺上还可以通过化学改性和物理变形的方法去提高聚酯纤维的性能。

（3）芳纶纤维。芳纶纤维全称为“芳香族聚酰胺纤维”，由美国杜邦公司于 1965 年开发并商业化。在我国被称为芳纶，具有良好的绝缘性、阻燃性和力学性能，且耐高低温、耐酸碱、耐辐射。20 世纪 70 年代首先开始在干式变压器中应用，随后在电气绝缘领域的应用不断扩展，在开关类设备上主要用于绝缘拉杆。芳纶纤维相较于玻璃纤维具有更高的电气性能和机械强度，但与环氧树脂基体的界面结合性差，常需要与聚酯纤维同时使用，通常有芳纶布与聚酯薄膜、芳纶纤维与聚酯纤维，而后者的制作工艺难度更大。可以认为芳纶纤维增强绝缘材料因抗拉强度高、重量轻，而工艺和机械加工要求高，是目前电工用绝缘材料领先水平的代表。我国芳纶纤维绝缘技术近几年虽然有了较大的进步，但与国外相比还有些差距。表 3-11 给出了三种环氧树脂增强纤维材料制成拉杆试样的技术要求，由于各制造厂的制造工艺和材料配方会有较大的出入，表中的数据仅供了解其基本性能用。

表 3-11　三种环氧树脂增强纤维材料制成拉杆试样的技术要求

序号	检验项目	芳纶纤维	聚酯纤维	玻璃纤维
1	密度（g/cm^3）	1.25~1.35	*	*
2	吸水率重量（%）	<0.2	≤0.1	≤0.1
3	玻璃化温度（℃）	>105	>105	>105
4	拉伸强度（MPa）	≥430	≥100	≥100
5	压缩强度（MPa）	≥100	≥100	≥200
6	冲击电气强度（kV/mm）	>15	*	*

续表

序号	检验项目	芳纶纤维	聚酯纤维	玻璃纤维
7	工频电气强度（kV/mm）	轴向＞10 径向＞13	轴向＞10 径向＞13	轴向＞8.0 径向＞12
8	体积电阻率（Ω·m）	$>1.0\times10^{15}$	$>1.0\times10^{15}$	$>1.0\times10^{15}$
9	介质损耗 $\tan\delta$（%）	≤0.7	≤0.7	≤0.7
10	介电常数 E_r	3~5	3~5	3~5

* 按制造厂技术条件要求

3. 硅橡胶

硅橡胶是指主链由硅和氧原子交替构成。硅原子上通常连有两个有机基团的橡胶，一般的硅橡胶由含甲基和乙烯基的硅氧链构成，而硅氧链中引入不同的基团将改变硅橡胶的性能，如引入苯基、三氟丙基及氰基等以适应耐高低温或耐油等性能。硅橡胶具有耐高低温、耐受气候变化、表面憎水性好、压缩变形率小等优点。20世纪40年代硅橡胶材料被发现并很快发展成商业化产品，20世纪60年代用于电工产品。最先是为解决输电线路电压等级提高后减轻绝缘子重量对铁塔的影响问题，经过对多种材料的比较和实际运行考验，如二/三元乙丙橡胶、聚四氟乙烯、环氧树脂等，最终确定采用硅橡胶。硅橡胶在工艺成型中可分为高温硫化型（HTV）和室温硫化型（RTV）。国内生产的硅橡胶绝缘子和套管均采用HTV工艺，即在填充有氢氧化铝的甲基、乙烯基硅橡胶中混入补强填料和硫化剂，施加一定压力并加热至150~170℃硫化成型。

硅橡胶复合绝缘子在北美和欧洲应用较多，特别是在美国，因其能耐枪击得到广泛应用。我国从20世纪80年代初开始研究并投入使用，迄今也积累了不少经验。硅橡胶的优势在于具有良好的防污性能（以憎水性指标衡量），可有效运用于架空输电线路和变电站设备的外绝缘。20世纪90年代国内开展的防治污闪工作对推广应用该材料的产品起到了很大的促进作用。早期的硅橡胶配方并不完美，材料老化、耐漏电起痕和电蚀等问题阻碍了其在变电设备上大量使用。随着经验积累、配方改进，2000 年以后使用的硅橡胶产品性能得到了很大的提高，在变电设备上的应用也被用户接受，并且在我国 1000kV 的变电设备上也有 10 年的应用。表 3-12 给出了在工程中选用硅橡胶绝缘材料的性能要求。早期还对甲基、乙烯基硅橡胶材料的硅橡胶含量和颜色专门要求，这是因为硅橡胶含量直接与使用寿命有关，虽然各家制造厂的配方有差异，但使用经验表明硅橡胶含量至少大于 45% 才是比较理想的。强调硅橡胶颜色是为了保障材料的老化性能，复合绝缘子由硅橡胶添加若干改性填料混炼而成，如混炼胶工艺控制得好，硫化后的硅橡胶应该是浅灰色或天蓝色。此外，硅橡胶复合材料的厚度也要符合有关规定。

表 3-12　硅橡胶主要性能要求

序号	项　目	技术性能
1	密度（g/cm^3）	1.52~1.58
2	拉伸强度（MPa）	≥5
3	拉断伸长率（%）	<240~300
4	撕裂强度（kN/m）	>10
5	邵氏硬度	65~70
6	可燃性等级	FV-0
7	体积电阻率（Ω·m）	$\geq 1\times10^{14}$
8	介电强度（kV/mm）	≥20
9	介电常数 E_r	3.5~3.8
10	介质损耗 $\tan\delta$（%）	0.002~0.004
11	耐漏电起痕与耐电蚀损	4.5
12	颜色	灰
13	硅橡胶含量（%）	>45

采用 RTV 工艺的硅橡胶以前仅在某些互感器和避雷器上使用，目前已覆盖到所有变电设备的瓷绝缘子上，主要作为电瓷外绝缘的防污闪涂料，以解决污染环境中设备安全运行问题，如涂覆在空气绝缘开关类设备绝缘子以及 GIS 出线套管上。表 3-13 给出了 RTV 涂料的主要性能要求。

表 3-13　　RTV 涂料主要性能要求

序号	项目	技术性能	说明
1	密度（g/cm^3）	≤1.28	
2	拉断伸长率（%）	≥200	
3	抗撕裂强度（kN/m）	≥7.0	
4	机械扯断强度（MPa）	≥3.0	
5	可燃性等级	≥FV-1	
6	体积电阻率（Ω·m）	$\geq 1.0\times10^{12}$	
7	介电强度（kV/mm）	≥18	试样厚度 1±0.1mm
8	漏电起痕与耐电蚀损等级	TMA 2.5	
9	介质损耗 $\tan\delta$（%）	0.002~0.004	
10	使用寿命（年）	≥15	
11	憎水性	HC1~HC2 HC3~HC4 HC2~HC3 HC2~HC3	初始分级特性 减弱特性 恢复特性 迁移特性

此外还应有对耐腐蚀、耐化学试剂、耐油性能以及涂后表面形成固体的时间等要求。需要说明的是各家制造厂的配方有差异，HTV 和 RTV 的技术性能的具体参数是不统一的。

3.3

影响绝缘性能的因素及案例

开关类设备在运行中发生绝缘故障的原因是由电、力、热等多因素联合作用导致的，此外还应考虑设备运行环境的影响。大量案例表明，故障起因可能会是单一的，但随着缺陷发展，其他因素也会参与作用，加快该过程发展，最终导致故障发生。因此在考虑影响绝缘性能因素的时候，应全面考虑各种因素的综合作用。

导致绝缘破坏的原因主要有下列方面。

（1）电力系统的外部或内部过电压下的绝缘击穿或闪络。

（2）长期工作电压下的局部放电，绝缘的电晕腐蚀、老化和电化学作用。

（3）长期工作电压和负荷下的热老化，发展成热击穿。

（4）机械负荷或电磁力的作用，离心力、振动或冲击力作用所导致的绝缘部件机械损伤、腐蚀或开裂；绝缘材料与其他材料间热胀冷缩不同而造成位移、蠕动或开裂。

（5）环境因素作用下的影响，如温湿度、温差、海拔、日照、风、雨、冰雪，沙尘，地震等。外绝缘受大气污染影响，包括工业污秽（导电性化学物）、海水或盐雾，造成表面爬电并最终发展成污秽闪络。

（6）其他，如制造缺陷、材料性能不良等；此外还有非正常运行条件，外力破坏等。

3.3.1 电气性能的影响

影响开关类设备电气性能的因素主要有绝缘介质自身的问题、绝缘介质放电或击穿，以及开关类设备特有的开断过程中的绝缘问题。此外，出现这些异常情况或故障还与设备制造选用的材料、工艺、产品装配、现场安装以及运行维护等有关，同时系统运行条件也会影响开关类设备的绝缘性能。本小节将逐一对这些现象进行分析。

1. 绝缘介质的类型

在分析绝缘介质问题时，要考虑不同介质的特点。气体绝缘和真空介质需要关注气体密度（通常用压力表示）、真空度、湿度、气体纯度、气体中含有的分解物等因素；液体绝缘则需要关注油中游离碳、电气强度和水分等因素；固体绝缘需要关注的是材料特性和成型绝缘件（包括制成的绝缘件上取试样）的性能指标。

（1）气体绝缘介质与真空。在开关类设备中，气体绝缘介质的主流应用为高压采用 SF_6 气体，中压采用真空。

1）SF_6 气体绝缘介质。如果仅从绝缘性能上要求，气体绝缘开关设备中充入的 SF_6 气体压力并不需要很高就能满足运行条件。以 550kV GIS 母线为例，其最低功能压力 0.29MPa 即可。由于开关类设备的特殊性，既要保证开断，也要求开断后绝缘性能有一定的安全裕度，为方便统一充气管理，一般将非开断电弧气室的 SF_6 气压定在 0.4～0.5MPa，有电弧开断的气室为 0.6MPa。气体泄漏是开关类设备运行中充气压力下降的主要原因，通常会发生在两个部件连接的密封面、机械运动部件的滑动密封件，以及金属浇铸壳体的砂眼上。进出线瓷套管靠近法兰处的瓷件上出现裂纹也会导致漏气现象。运行中开关类设备靠 SF_6 气体密度继电器来监视压力。

图 3-34 给出了 SF_6 气体压力监视的配合关系。根据设计要求，制造厂家首先选择额定充入压力，并由此确定设计压力，该压力为额定充入压力下，考虑温升所引起 SF_6 压力上升的最大值。其次设定报警压力，该值为由于 SF_6 气体泄漏引起压力降低的最小值。在报警压力和最低功能压力之间应该存在一个压力降低的允许范围，由于电气设备不同的使用功能，应注意有无电弧

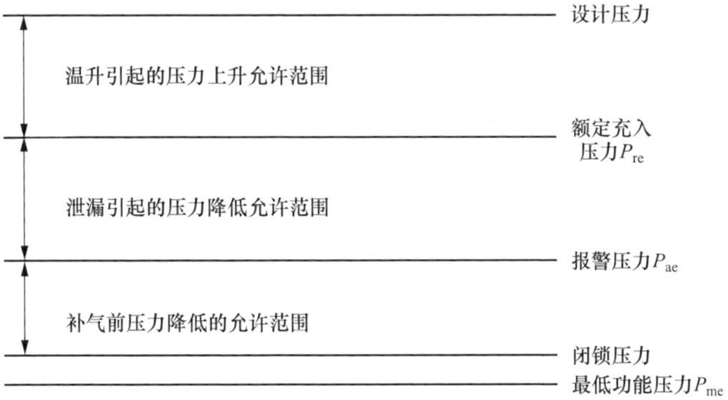

图 3-34 充入 SF_6 气体的压力配合关系

开断要求气室的区别，有电弧开断气室的允许范围最小值即是闭锁压力。无电弧开断气室则没有闭锁压力要求。最低功能压力指可维持开关设备基本功能的充气压力。需要指出的是，对有开断电弧要求的气室，运行中应避免出现压力闭锁情况（因为在该状态下开关设备将不能进行操作），当出现报警压力信号后必须及时对设备进行带电补气。根据现场实际运行经验，即使是密封面或铸件砂眼漏气，在产品设计中已考虑到气体年泄漏率为 0.5%/年的要求，因此可以认为在 24h 之内完成补气是安全的。

SF_6 气体湿度会影响 SF_6 设备的绝缘性能，气体中的水分以水蒸气形式存在，当有一定的含水量且温度骤减时，水蒸气会凝露，如附着在绝缘部件表面易诱发放电。此外开断过程中电弧的高温会促使水与 SF_6 气体产生水解，其分解物具有毒性。对充入设备的 SF_6 气体可用露点仪测量湿度，该项目已用 SF_6 气体作为绝缘介质的开关类设备日常运行维护工作内容中。对设备安装完充入 SF_6 气体取样检测的气体质量指标要求应符合表 3-14 的规定。运行中由于漏气、绝缘件制造加工中存在的微量水分析出等原因，开关类设备中充入的 SF_6 气体湿度会出现变化。SF_6 气体湿度值要求在规定的范围内，否则需进行处理。通常该项工作要求设备在停电状态下进行，近年来已有专门的装置可在设备不停电状况完成气体处理。

SF_6 气体纯度也是影响 SF_6 气体绝缘的重要因素，通常 SF_6 新气的纯度要求 99.9%~99.99%，充入设备后也要求保持在该水平，但运行中允许有下降。这是因为可能受到开断电弧生成的分解物或湿度增加等因素的影响，电力行业标准要求控制纯度≥97%，国外经验还有更低的，认为不小于 95% 即可。对纯度进一步分析，需要关注 SF_6 气体分解物，对新气须严格按标准执行，对运行中的气体也要求进行检测，经验表明可以通过 SF_6 气体分解物含量的数据变化反映气室内的绝缘状况，那些多氟产物基本上都是由放电造成，即使放电能量不大也会有变化，可以作为一种监测手段去评估，其指标可参见表 3-15。

表 3-14 设备安装完充入 SF_6 气体取样的质量指标

序号	项目	单位	标准	说明
1	六氟化硫含量（SF_6）（质量比）	%	≥99.9	
2	湿度（20℃）	μL/L	灭弧室≤150 非灭弧室≤250	
3	酸度（以 HF 计）（质量比）	%	≤0.00003	必要时
4	四氟化碳（CF_4）（质量比）	%	≤0.05	必要时
5	可水解氟化物（以 HF 计）（质量比）	%	≤0.0001	必要时
6	矿物油（质量比）	%	≤0.0004	必要时

表 3-15 运行中对 SF_6 气体取样的质量指标

序号	项目	单位	标准	说明
1	纯度		≥97%（质量比）	必要时或出现异常后
2	湿度（20℃）	μL/L	灭弧室≤500 非灭弧室≤800	3.3
3	气体分解产物	μL/L	SO_2≤5，H_2S≤2 HF≤1① CO≤100②	必要时或出现异常后
4	酸度（以 HF 计）（质量比）	%	≤0.00003	必要时
5	空气（质量比）	%	≤0.2	必要时
6	可水解氟化物（以 HF 计）（质量比）	%	≤0.0001	必要时
7	矿物油（质量比）	%	≤0.001	必要时
8	气体泄漏	%/年	0.5	
9	毒性		无毒	

① 有条件时进行。

② 参考警示值。

总之，新的气体绝缘介质须满足其技术性能要求，有关国家和行业标准对此都有详细的规定。长期运行中的气体需要关注和检测其性能变化，虽然电力行业这方面也积累了不少经验，有一些技术性能指标可指导对介质状态和性能的判断，但还是有很多没有认识到的问题需要进一步研究，这也是今后要深入开展工作的科研课题方向。

在实际运行中，充入设备内的 SF_6 气体成分变化对安全运行影响很大。例如 2014 年中，某变电站新安装的 500kV GIS 现场交接耐压试验时多次放电，现场打开检查，发现有两个隔室内壁沿充气口有放电痕迹。采集放电残留物分析，成分中铁元素含量较高。经排查后认为充入的气体质量有问题，气体中可能含有杂质。进一步检查气体钢瓶，发现瓶内有锈渣。为此提出了充气装置出口加滤网的改进措施，并要求定期清洗或更换滤网。

2）真空绝缘介质。真空中的压力与电气强度的关系正好相反，因为压力低则真空度高。运行中通常认为当真空度低于 1.33×10^{-3}Pa 是不安全的，已无法保证开关类设备的绝缘和开断性能，需要更换灭弧室。

真空不存在湿度问题，所谓真空度是指一定空间内气体分子数的密度与标准状态下相比，密度越小真空度越大。而湿度可由气态水分子数表示，因此真空状态应该不存在气态水分子。

（2）液体绝缘介质。第 3.2.2 节介绍了液体绝缘特性，并给出了新矿物油的技术要求。设备运行中负荷电流产生的温升、断路器日常操作时出现的电弧，以及水分的侵入等都会对绝缘油有影响，通过定期检测油的性能可真实反映出液体绝缘的情况。表 3-16 给出了这方面的要求，同样也关注了绝缘油的纯度和电性能。

表 3-16　运行中断路器油的技术要求

序号	项目	要　求	说明
1	水溶性酸 pH 值	≥4.2	按 GB/T 7598 进行试验

续表

序号	项目	要　求	说明
2	机械杂质、游离水分	无	外观目测
3	游离碳	无较多碳悬浮于油中	外观目测
4	击穿电压（kV）	110kV 以上：投运前或大修后 ≥40 运行中 ≥35 110kV 及以下：投运前或大修后 ≥35 运行中 ≥30	按 GB/T 507 和 DL/T 429.9 方法进行试验

为了确保油的性能，必须在运行中定期开展检测工作，如每年 1 次或正常开合负荷电流多少次后要检测油性能，开断故障电流 3 次后须换油，因为故障电流会产生大量的游离碳而降低绝缘强度。需要说明的是更换的油符合标准规定即可，并不一定要求是新油。通过滤油处理，指标合格的油即可。

（3）固体绝缘介质。固体绝缘虽然不承担开断电流的灭弧功能，但作为绝缘部件，大多数情况中还要承受机械应力的作用。如支柱绝缘子、拉杆受到的力，以及靠近载流导体附近负荷引起的温升或灭弧室电弧产生的高温影响。此外作为绝缘结构还要承受不同水平的电场作用。若作为外绝缘使用在户外场合还要受到环境条件的影响。固体绝缘介质对所有这些条件都应能满足才可保证开关类设备安全运行。从绝缘介质本身来讲，需要保证材料性能指标符合标准规定且性能长期稳定。由于固体绝缘介质涉及的材料很复杂，仅本书提及的电工陶瓷、环氧树脂与纤维增强材料，以及硅橡胶中就包含了非常多的材料要求，再加上绝缘部件制作工艺上的差别，这些都会影响电气性能。因此对固体绝缘介质电气性能分析时要综合考虑这些因素的作用。本书对固体绝缘自身的问题不再展开讨论。

2. 绝缘介质击穿或放电

可恢复绝缘中绝缘介质击穿或放电的形式通常可归纳为三种情况：气隙击穿、悬浮电位放电和绝缘介质的沿面放电。气隙击穿与绝缘介质关系密切，特别是在开关类设备中广泛应用的气体绝缘，研究气体气隙放电现象及其特性和规律性具有十分重要的现实意义。绝缘结构中的悬浮电位改变了电场分布，且在该处形成了场强集中区域而引起局部放电。绝缘介质沿面放电问题十分复杂，气体绝缘中的沿面放电主要是指沿固体绝缘表面的放电形式，如放电发展到贯穿整个绝缘件表面则为闪络。不同的绝缘结构中沿面放电的表现会有很大的差别。

绝缘介质放电还与所处电场位置即电场（如均匀电场、稍不均匀电场和极不均匀电场）的作用有关。开关类设备中不存在均匀电场，即使是 GIS 母线或 GIL 也只能认为是稍不均匀电场，余皆为极不均匀电场。研究表明电场均匀程度作用的影响非常大，这些因素在分析中均要考虑。

（1）气体绝缘介质。

1）气隙击穿。通常开关类设备外绝缘采用空气绝缘，瓷柱式或罐式设备，中压开关柜等均如此。气体绝缘开关类设备，如 GIS、GIL 以及充气柜等，若采用架空出线或用导体连接，穿柜套管出线方式也需借助空气绝缘的套管；内绝缘则可根据使用介质分成 SF_6、真空以及油和固体绝缘。引起气隙放电的因素主要有两电极之间的距离，电极间的介质性能和电场强度，外绝缘还要考虑环境条件的影响，如海拔高度，温度，湿度等。运行经验和大量的实验室数据表明，这些因素可以通过增加修正系数的方式进行弥补。

均匀电场中，空气、压缩空气或 SF_6 气体，在某个压力范围内，气隙放电特性遵从巴申定律关系。即电压达到某一数值时气隙会突然出现击穿，不论直流，交流或冲击电压，击穿电压幅值相差无几，冲击系数 $\beta=1$，当间隙为 1cm，气隙击穿时间为 $10^{-8}\sim10^{-7}$s。气体绝缘的击穿场强还与温度、压力有关，并取决于气体密度。在一定的温度下，当气压很高（气体密度很大），分子间的距离变小，自由电子的平均自由路径 λ 就变小，要使撞击有足够的动能以导致游离，就必须增加电场强度 E；当气压减小，气体击穿场强下降，但当气压非常低将使气体密度变小，自由电子撞击的机会大大减少，气体击穿场强又开始增大，真空的绝缘强度属于该概念范畴。随着电场的不均匀度提高，这种关系逐渐淡化，气隙击穿电压与距离不再具有线性的比例关系，曲线会出现饱和，空气中间隙距离增加击穿电压也不会提高，SF_6 气体中击穿电压甚至还不如空气。

为避免出现气隙击穿进行电场分布优化，控制好场强是非常重要的，这点在 GIS/GIL 中特别突出。在产品设计的电场校核中可以看到，出现电场集中的区域在壳体和导体表面（绝缘件表面的问题另行讨论），前者属接地体，后者为带电体。随着运行电压升高，开关类设备内部的场强分布不容忽视，壳体或导体表面粗糙度、清洁度（金属异物清理）会对表面电场产生影响引起电场畸变、诱发闪络；壳体或导体上涂漆的影响尚在研究中，涂漆相当于增加了一个介质界面，且不考虑该界面中还可能存在气隙或气泡；再加上清洁度，金属异物的控制，电场集中区域内不同介电常数在运行电压作用下进行的分压，往往就是一个薄弱点。

改善电场分布现在已采取的方法有：零部件设计中加大结构外形尺寸和部件边缘曲率半径，增设屏蔽罩（环）；加工中降低导体表面粗糙度，以及清除表面毛刺、尖端等措施。例如真空断路器的老练试验，通过放电将电极表面微观凸起点和杂质烧熔蒸发，使电极表面光滑平整，以尽可能消除或减小这些缺陷引起的局部电场集中效应，提高触头间隙击穿电压。

开关类设备内部可能存在的金属异物（导电微粒）对气隙击穿也存在影响。在电场力的作用下，因清理不干净或长期运行中的振动等原因将遗留在开关类设备内部的导电微粒趋向高场强区域迁移、或驱使导电微粒聚集形成尖端，这些都会引起击穿电压降低，以致在运行电压下放电。图3-35 给出了导电微粒长度与击穿电压的关系。研究表明，GIS 母线充气压力 0.6MPa，隔室中如有导电微粒，将在工频 200kV 时开始出现跳动，随着电压的升高会

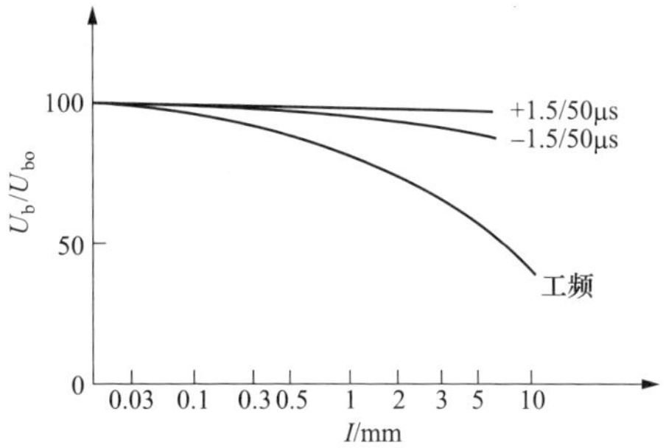

图3-35　导电微粒长度与击穿电压关系

向隔板方向运动，很容易造成放电。

金属异物引起的气隙放电在 GIS/GIL 中是一种常见故障，几乎在任何带电部位间或对地之间都可能发生，其危害影响很大。通常在现场交接试验中就会遇到，投运后的一段时间也是放电概率较高的时期，而且即使运行多年后仍无法避免，这可能与断路器操作振动对藏匿的金属异物影响有关，振动造成缓慢位移或跌落至高场强区引发放电。典型的屏蔽罩对壳体间的气隙放电如图 3-36 所示。对制造厂和用户来讲，清除设备内部的金属异物非常重要。

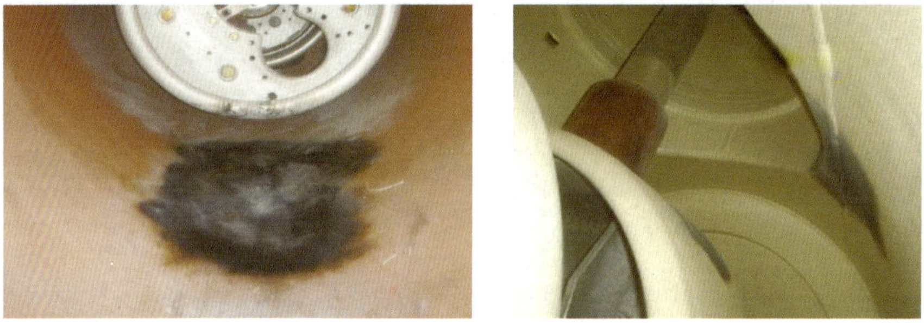

(a) 屏蔽罩对壳体放电(垂直方向)　　(b) 屏蔽罩对壳体放电(水平方向)

图 3-36　典型的屏蔽罩对壳体间的气隙放电

气隙击穿对电气设备的危害极大。如 2008 年，某 220kV 变电站 GIS 母线在运行时发生短路故障，该设备 2007 年 5 月投运。事故后当检修人员进入设备室即可闻到浓厚的 SF_6 气体分解味，且故障母线气室表压为零，进一步检查发现两个备用间隔气室间的连接伸缩节上有一电弧烧穿的孔（见图 3-37）。

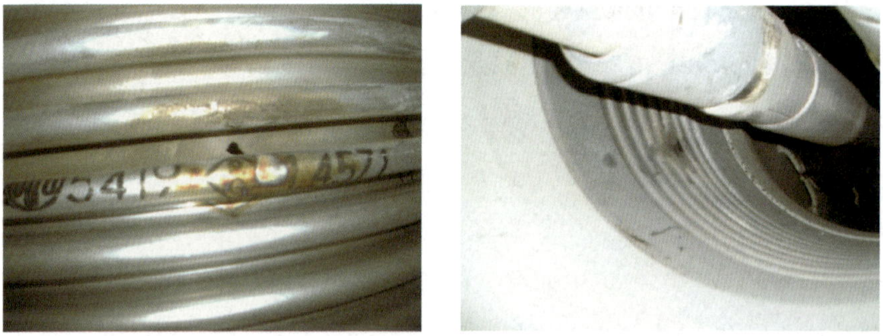

(a) 伸缩节上的孔洞　　(b) 气室内部的电弧击穿点

图 3-37　导电杆屏蔽罩对伸缩节放电

分析认为该设备在装配和存放期间内部可能有异物残留，在运行电压作用下出现了气隙击穿。

2）悬浮电位放电。高压电气设备中的金属部件，因外部原因造成，如结构上紧固件松动、运输或运行中的振动使连接金属件接触不良、接地线腐蚀锈烂形成高阻或不通、屏蔽罩与导电体的等电位线连接不好问题等，使其处于带电体与地之间某个电位上。在电场分布中，该部件将按其阻抗形成分压，该部件的对地电位就是通常所称的悬浮电位。悬浮电位改变了电场分布，且在该处形成一个局部场强集中区域，并将引起局部放电，悬浮电位放电的表现是有明显的局放信号。金属部件之间的悬浮电位放电还会增大接触面的电阻，如在载流通道上该电阻引起的温升发热，甚至可将连接件烧熔；金属件与绝缘件之间的悬浮电位放电还会灼伤固体绝缘，乃至出现局部碳化，造成绝缘件损毁。因此对开关类设备监测是否有悬浮电位放电缺陷是一项很重要的工作，好在现有的技术手段——超高频或超声波局放检测，已能有效地发现问题并可成功定位。

悬浮放电在运行的电气设备中很常见，但是导致悬浮放电的原因各不相同，以下将通过运行中的实际案例说明悬浮放电对绝缘的影响。

a. GIS/GIL 导体支持绝缘子放电。2009 年，在例行带电检测工作中，相继在四个 220kV 变电站发现了部分 35kV 充气管母隔室有局部放电现象，为此进行了解体检查。检查发现母线导体支持绝缘子的金属固定销与管母筒体间有放电痕迹，其结构和放电现象如图 3-38（a）、（b）、（c）所示。母线导体与绝缘子之间靠弹簧和固定销连接，绝缘子与筒体靠挡圈台阶和固定销（两种不同的材质），由于弹簧特性变化和不同材质配合留有的间隙，造成该处接触不良而引起悬浮放电，好在未形成故障前被发现。类似的情况在更高电压等级上也发生过，图 3-38（d）、（e）、（f）所示为 GIL 上的故障情况。

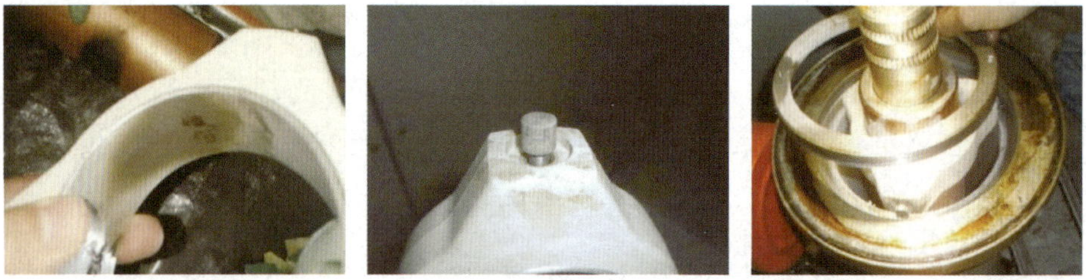

(a) 支持绝缘子内部放电痕迹　(b) 支持绝缘子放电痕迹　(c) 35kV母线支持绝缘子安装位置

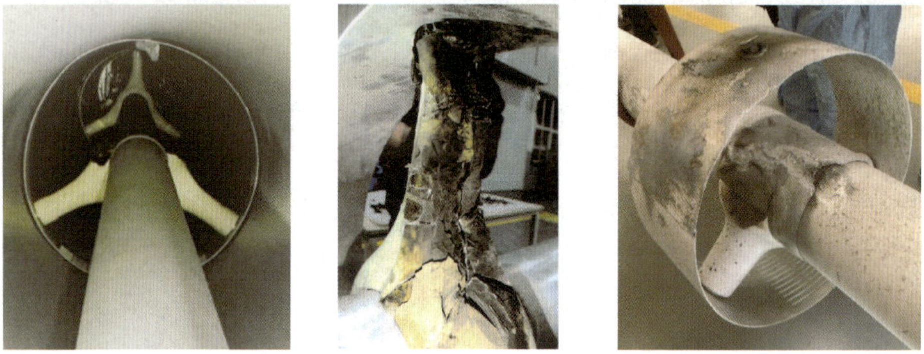

(d) 支持绝缘子炸断一支柱　(e) 复原的炸断支柱　(f) 支持绝缘子滑动电极失效

图 3-38　支持绝缘子悬浮放电痕迹

b. 35kV 开关柜中的悬浮放电。2016 年，对某站 35kV 开关柜进行例行带电检测，发现 1 号站用变、母线压变/避雷器间隔后仓上部有局部放电信号，放电特征与悬浮放电特征相似，判断为悬浮放电。随后安排母线停电对开关柜检修。现场拆解开关柜母线进行检查，共发现三个放电点，分别位于 1 号站用变间隔 B、C 相以及母线压变/避雷器间隔 B 相的母线穿柜套管内部，与带电检测发现信号位置一致，具体情况如图 3-39 所示。母线穿过套管由于有间隙，靠弹簧片实现两者等电位，当间隙较大或安装不到位，使弹簧片变形而失去接触，结果就产生了悬浮放电。

c. 隔离开关动触头绝缘拉杆固定轴销放电。2021 年，某站 252kV GIS 在例行带电检测发现有一相隔离开关气室出现局放信号，检查发现系该隔离开关动触头与绝缘拉杆连接处的固定轴销放电。图 3-40 给出了隔离开关内部结构和放电的照片。分析认为采用这种轴销连接的结构不合理，轴销与插入孔的间隙太大，如不能接触上就会形成悬浮电位放电，放电又增加了轴销与孔的磨损。为此制造厂对连接结构进行了改进，由于处理及时，避免了局部放电发展可能引起的故障。

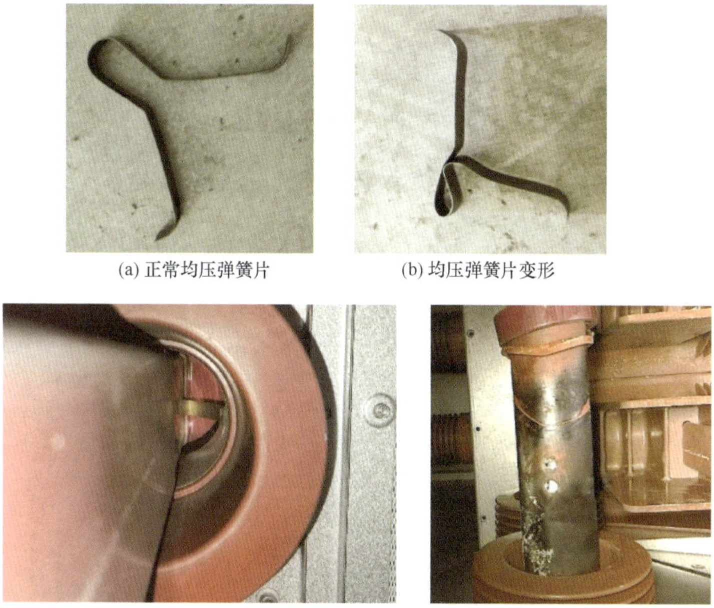

(a) 正常均压弹簧片　(b) 均压弹簧片变形

(c) 均压弹簧片安装位置　(d) 导体表面热塑绝缘层放电痕迹

图 3-39　穿柜套管中的悬浮放电

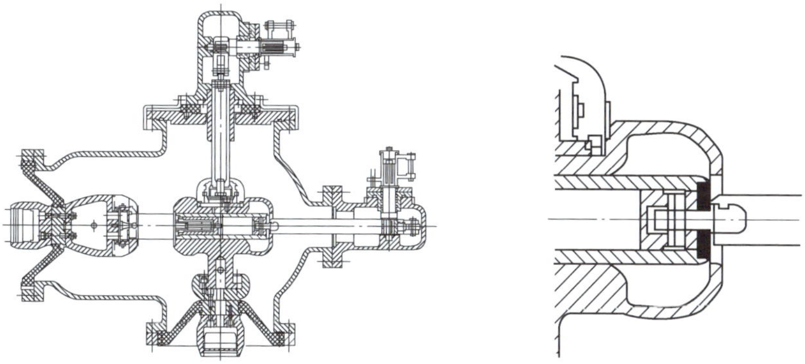

(a) 隔离开关结构示意图　(b) 固定轴销的位置

图 3-40　隔离开关动触头绝缘拉杆固定轴销放电（一）

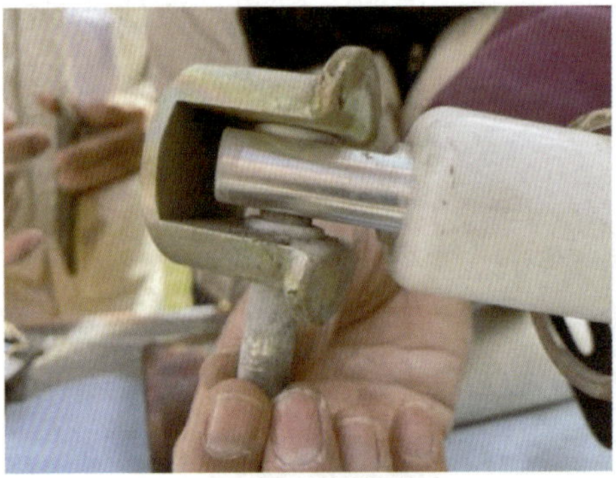

(c) 实际的轴销连接

(d) 轴销上的放电痕迹

图 3-40　隔离开关动触头绝缘拉杆固定轴销放电（二）

d. 隔离开关传动轴挡板与绝缘子间放电。2014 年，某站 110kV GIS 隔离开关气室进行超声波局放检测时，发现 A 相有局放信号，现场检查情况和气室内部结构如图 3-41 和图 3-42 所示。

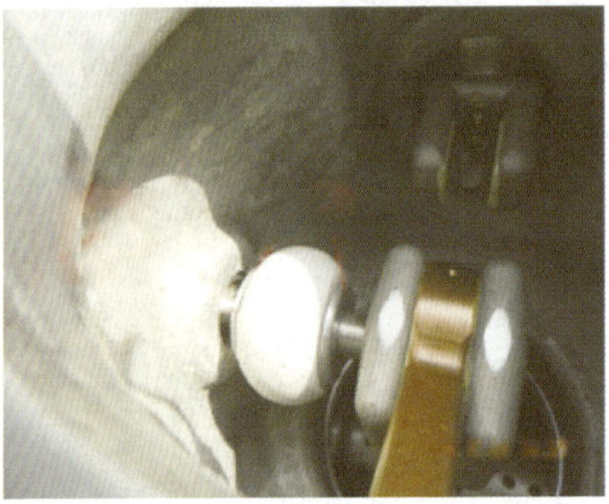

(a) 现场检查有明显的间隙

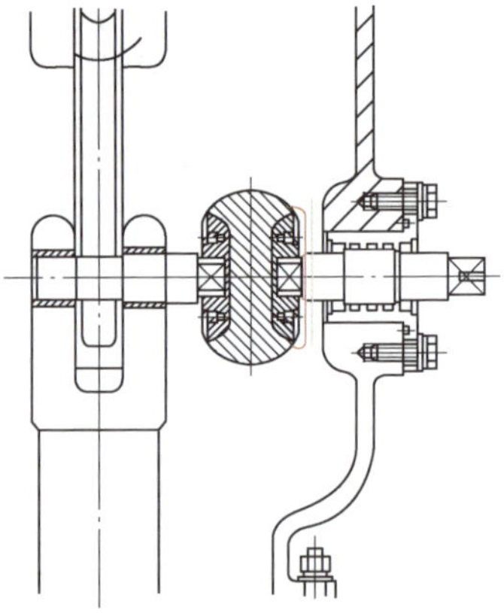

(b) 气室内部结构示意图

图 3-41　传动轴侧挡板与绝缘子的装配

经检查发现，该隔离开关 A 相传动轴侧挡板装配有问题，传动轴与绝缘子嵌件未紧密配合，该间隙形成了悬浮电位放电，传动轴侧绝缘子嵌件内有大量黑色粉末，绝缘子表面、气室筒壁内侧以及下方断路器屏蔽罩上均有黑色粉末附着。

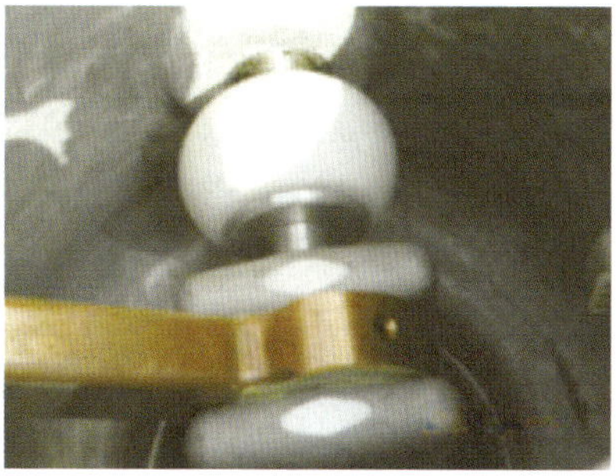

(a) 绝缘子与挡板的间隙

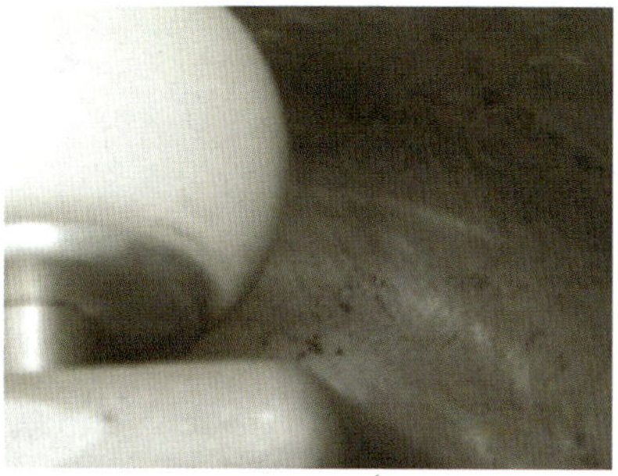

(b) 壳体上的粉末异物

图 3-42　绝缘子和绝缘子下方的气室壁上发现大量粉末

3）沿面放电。在高压电气设备中，带电部分需用固体绝缘材质材料支撑或悬挂，这些固体绝缘处于气体（空气或 SF_6）中。当施加在这些固体绝缘的电压超过一定值时，沿气体与固体介质交界面上就可能出现放电现象，这种沿固体绝缘表面的放电形式称为沿面放电。沿面放电发展成为贯穿性放电时称为沿面闪络。沿着气体、固体绝缘交界面处的沿面放电是开关设备绝缘事故的主要原因之一。

固体绝缘表面电场分布是一个很复杂的结构，研究表明这种电场结构往往要从三维、多介质相互作用的概念去认识和分析。本书第 3.1.3 节中介绍了 GIS/GIL 中的隔板即是很好的例子。在隔板的电连接部位，金属嵌件与环氧树脂的界面，同时又处于 SF_6 气体中，即绝缘介质分界面上存在有 SF_6 气体、导体和固体绝缘三种物质，该区域属场强集中的地方之一，必须要采取措施改善环境，否则在运行电压的作用下很容易产生局部放电，随着局部放电发展进而形成沿面放电乃至闪络。图 3-43 显示了不同绝缘结构上的沿面放电。需要强调的是绝缘介质分界面在电场中所受到的场强可分解成法向和切向分量，前者指垂直于固体绝缘分界面的场强分量，后者则为平行于固体绝缘分界面的场强分量。工程应用中，切向场强对绝缘结构的影响更大，且作为绝缘设计中的控制场强。

大部分情况中绝缘介质沿面放电后因绝缘件表面电阻已丧失，设备将无

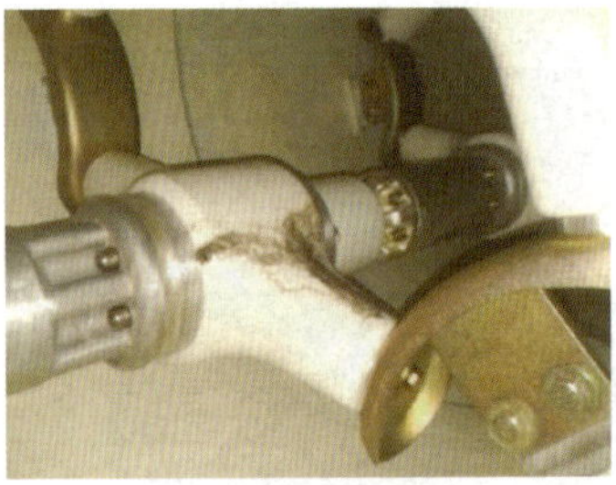
(a) 绝缘子放电

(b) 绝缘筒放电

(c) 隔板放电

图 3-43 不同绝缘结构上的沿面放电

法继续运行，该现象在 SF_6 介质中尤为突出。电弧产生的腐蚀性电解质破坏了绝缘材料表面电阻，使其无法承受工作电压的作用，这种情况在故障设备解体时常见。往往会看见绝缘件表面被电弧灼烧、碳化严重，但用酒精可以清洗掉这些痕迹，且电气试验合格，说明绝缘件本身没有问题。

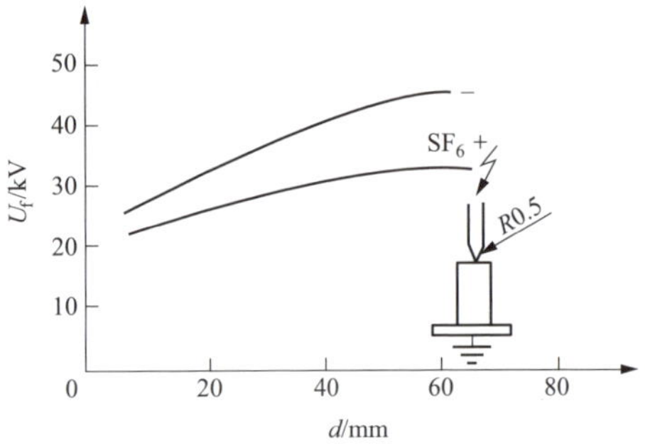

图 3-44 不均匀电场中的沿面放电

沿面放电电压（U_f）与放电距离（d）的关系有限，在不均匀电场中两者并不是线性关系，电压很快会饱和，图 3-44 显示了这种关系。

此外，影响沿面放电的因素还有以下几点。

a. 对空气绝缘，湿度，固体绝缘表面的状况，如表面积污，固体介质吸附水分的性能，表面电阻率，表面粗糙度等均是要考虑的。

b. 对 SF_6 气体绝缘，因开关类设备是金属封闭结构，对固体绝缘表面的要求有所不同，气体绝缘金属封闭开关类设备中采用的主要是环氧树脂浇注的绝缘件，现代的模具制造和脱模工艺基本上可以保证固体绝缘表面的光洁度，只要绝缘件表面缺陷，如划痕、杂质、气孔等控制在标准规定范围内即可。同时气体湿度、绝缘结构中各个表面清洁度、粗糙度也要达标，水分会

参与 SF_6 电弧分解物的化学反应，造成表面损伤且加重对沿面放电的影响。提出绝缘介质表面清洁度，实际上是对金属异物的控制要求，金属异物将改变表面电场分布，降低沿面放电电压。表面粗糙度对固体绝缘可以理解为对光洁度的另一种表达方式，对导体和壳体则相当于对清洁度的要求。根据行业经验——当 SF_6 气压为 0.1MPa，平均表面粗糙度大于 50μm，固体绝缘沿面放电电压就会开始下降。

c. 电场结构不均匀也会导致设备沿面放电，甚至闪络。2012 年某变电站启动调试，对Ⅰ母线充电时，母线末端的隔离开关静触头侧绝缘筒沿面放电、闪络，如图 3-45 所示。

之后经多种手段（如 X 射线探伤、局部放电和工频耐压）检查，绝缘筒本身未发现缺陷，分析认为放电可能是绝缘筒下部法兰槽内有异物引起。该处虽然是地电位，但所处的场强比平均场强高得多。

图 3-45 隔离开关绝缘筒对地闪络

（2）液体绝缘介质。开关类设备中采用的液体绝缘介质主要是矿物油，且仅用于具有开断功能的断路器、负荷开关等设备上。液体绝缘介质具有一定的自恢复性，还可兼做冷却和灭弧电介质。通常液体绝缘介质填充在固体绝缘材料内部或电极间的空隙，以提高其介电性能，并改进设备的散热能力。由于使用场所仅限于设备内部，电介质的电气强度一般可不受外界大气条件变化的影响。但随着运行时间的增长，油会逐渐老化，导致绝缘性能下降、使用寿命缩短。

1）液体绝缘介质的击穿。开关类设备中使用的液体绝缘介质不可避免地混有气体（即气泡）、水分、纤维等杂质，如液体绝缘介质与大气接触，会从大气中吸收气体和水分，且绝缘介质逐渐被氧化；设备制造和运行中纸、布等纤维性杂质的脱落；设备运行过程中，液体绝缘介质本身老化，分解出气

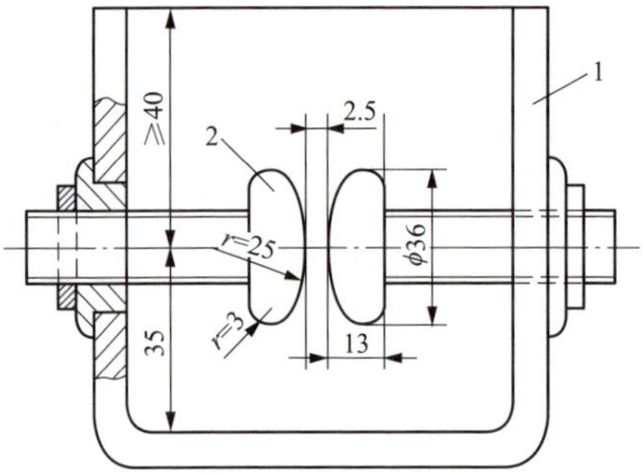

图 3-46　标准油杯

1—油杯；2—电极

体、水和聚合物等。

2）影响因素。

a. 液体绝缘介质自身品质。开关类设备液体绝缘介质品质的衡量指标是所含杂质的多少，含杂质与击穿电压成反比。通常用标准油杯（见图 3-46）来检测油的绝缘品质，表 3-16 给出了 1min 工频击穿电压规定值。

b. 温度。开关类设备的内部击穿电压与温度的关系较复杂，随液体绝缘介质的品质、电场均匀程度、电压形式的不同而不同。随着温度的升高，水在油中溶解度也逐渐加大，击穿电压随之升高并在温度较高时达到最大值；当温度更高时，油中所含水分出现汽化，产生气泡而形成“小桥”又使击穿电压降低。

c. 电场均匀程度。在开关类设备中液体绝缘介质的品质较好时，改善电场的均匀程度能使击穿电压明显提高；对于品质较差的液体电介质，因有较多的杂质使电场已经发生畸变，改善电场对提高电压的作用不明显。但在冲击电压作用下，由于杂质来不及形成“小桥”，改善电场对提高击穿电压有利，而与液体介质的品质好坏没有多大关系。在不均匀电场中，高场强处先发生局部放电，电场力对带电粒子的吸、斥作用使该处液体产生扰动，杂质不易形成“小桥”，因此杂质对击穿电压的影响较小。工频击穿电压的分散性在极不均匀电场中一般不超过 5%，而在均匀电场中可达 30%～40%。

d. 电压作用时间。由于施加电压后，液体电介质中的杂质聚集到电极之间或电介质发热等需要一定的时间，所以击穿电压随加压时间的增长而下降，冲击系数大于 1。经过长时间工作后，开关类设备中液体电介质的击穿电压会缓慢下降，这是由于液体劣化、杂质增加造成的；并且电压作用时间越长，杂质容易形成“小桥”，介质发热也越充分，击穿电压越低。在油不太脏时，电压维持 1min 时的击穿电压与长时间时的击穿电压差别不大，因此耐压时间通常只进行 1min。

e. 压力。无论电场均匀与否，正常工况下的开关类设备的击穿电压随油压力的增大而升高。原因在于当压强加入时，气体在油中的溶解度增大，气泡数量减少，并且气泡的局部放电起始电压也提高。而对于极不纯净的液体或在冲击电压作用下，压力对击穿电压基本无影响。但压力的增大对油隙击穿电压的影响远不如气体间隙明显；且在油经过脱气处理变纯净之后，压力对击穿电压的影响减小，这说明压力对击穿电压的影响主要通过油中所含的气体起作用。

（3）固体绝缘介质。

1）固体绝缘介质的击穿形式。固体绝缘介质的电气强度比气体、液体绝缘介质高，但它属于非自恢复性绝缘。因为一旦发生击穿，其绝缘性能不可能恢复并构成永久性的破坏。固体电介质的击穿主要有电击穿、热击穿和电化学击穿的形式。

a. 电击穿。固体的电击穿与气体放电中的汤逊理论及液体电介质的电击穿理论相似，固体电介质的电击穿过程建立在碰撞电离的基础上，不考虑由电介质劣化等其他原因引起的击穿。在强电场作用下，固体电介质内部少量处于导带能级的电子（传导电子）运动，与晶格结点上的原子碰撞，使晶格原子电离，形成电子崩。当电子崩发展到足够强时，电导急剧增大而导致电介质击穿。电击穿的特点是电压作用时间短，击穿电压高，电介质发热不显著；击穿电压与环境温度几乎无关，而与电场均匀程度有密切关系。如图3-47所示，导电排对绝缘件放电。

图3-47　导电排对绝缘件放电

b. 热击穿。在开关类设备中，固体电介质热击穿主要是由电介质内部的热不平衡过程造成的，如果发热量大于散热量，电介质温度就会不断上升，形成恶性循环，引起电介质分解、碳化等，电气强度下降，最终导致击穿。热击穿的特点是击穿电压随环境温度的升高而下降；击穿电压与散热条件有关，如电介质厚度大，则散热困难，因此击穿电压并不随电介质厚度成正比增加；当外施电压频率增高时，击穿电压将下降。

c. 电化学击穿。在电气设备中，固体的电化学击穿时有发生，在开关类设备中典型的代表为GIS的隔板。在2012年9月，在对一252kV GIS带电检测时，某间隔B相出线间隔一个隔板处测量到较强的超高频局放信号。将其更换下进行X-射线探伤、耐压、局部放电试验，结果表明该隔板仅通过了耐压试验，而X-射线探伤、局放试验均有问题。发现该隔板内部浇注口下方有一条长约150mm、直径约为2mm的气泡，其局部放电量为2.37nC，如图3-48所示。

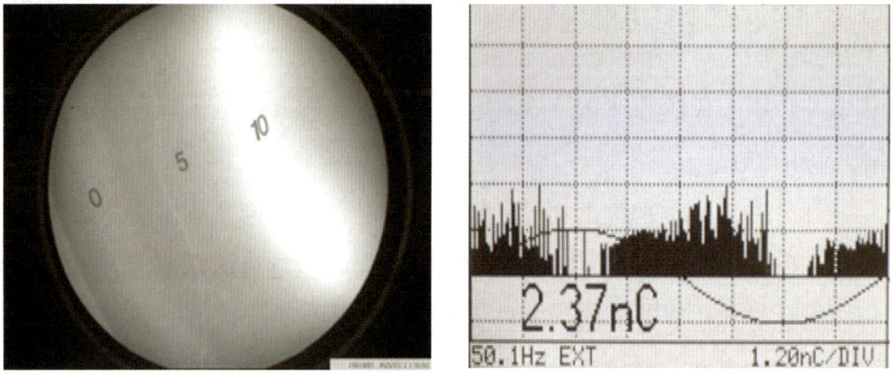

(a) X-射线探伤图　　(b) 局部放电图

图3-48　隔板的X-射线探伤与局部放电信号

进一步剖开在其断面上可见明显的气孔，如图3-49所示

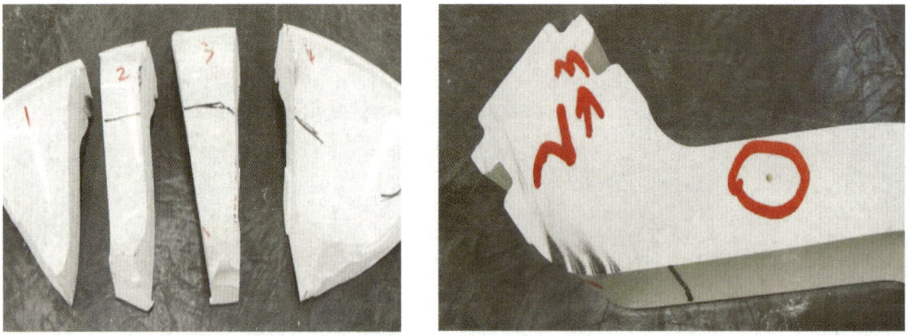

(a) 分割查找故障点　　(b) 断面上的气孔

图3-49　隔板分割与断面图

2）影响因素。

a. 电压的种类。同一电介质在同样的电极间隙中，在不同类型电压作用下的击穿电压是不同的。因为直流电压作用下电介质的损耗比较小，且局部放电较弱，故其击穿电压远高于工频交流击穿电压；由于作用时间短，因此冲击击穿电压也高于工频交流击穿电压。

对开关类设备进行耐压试验时，外施电压的频率要求在10~300Hz范围内，但一般会尽量控制在45~65Hz。这是因为在高频电压作用下，一方面由于局部放电更剧烈，介质损耗更大，因此电介质发热严重，更容易发生热击穿；另一方面，高频下的局部放电增强使绝缘劣化加速，导致电化学击穿时间缩短。

b. 电压作用时间。实际上对于开关类设备，由于电压作用时间所导致的各种击穿形式之间的界限并不清晰，如在交流1min耐压试验中发生击穿，则常常是因为电和热的双重作用。若电压作用时间长达几十小时甚至几年的时候发生击穿，则大多数属于电化学击穿。需要注意的是，很多有机材料的短时电气强度很高，但是它们耐受局部放电的能力较差，因此长时间的电气强度很低。在不可能用浸油等方法来消除局部放电的绝缘结构中，就需要采用云母等无机绝缘材料。

c. 电场均匀程度。在开关类设备中，常用的固体绝缘材料内部往往有气孔或其他缺陷，导致内部电场畸变。此处易产生局部放电，降低了绝缘的击穿电压。如图3-50所示，由于相间存在间隙导致放电。

图3-50　相间有气隙引起的放电

d. 累积效应。开关类设备在冲击电压作用下，其固体电介质中虽未形成贯穿性的击穿通道，但已形成了局部损伤或局部击穿，在多次冲击或工频电压作用下，内部损伤会逐步发展。所以随着电压作用次数的增多，击穿电压将下降，具有累积效应，在确定电气设备试验电压和试验次数时都需要注意此累积效应，设计中要保证一定的绝缘裕度。

e. 温度。开关类设备与大多数设备一样，如果其固体绝缘介质周围温度越高，散热条件越差，热击穿的击穿电压就越低。

f. 受潮。当开关类设备中固体电介质中的含水量增大后，由于电导和介质损耗增大，容易导致热击穿，击穿电压会迅速下降。所以对于高压绝缘结构不但在制造时要注意除去水分，在运行中还要注意防潮，并定期检查受潮情况。现场相间隔板凝露受潮造成放电情况如图 3-51 所示。

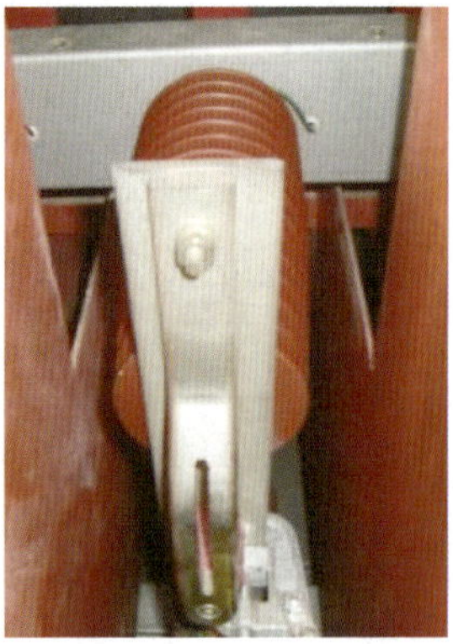

(a) 支持绝缘子表面受潮

(b) 挡板表面受潮

图 3-51 相间隔板凝露受潮造成放电

g. 机械负荷。对均匀而致密的固体介质，在其弹性形变范围内，击穿电压几乎没有变化。对于某些有孔隙的固体介质，机械压力能使孔隙缩小，还能提高击穿电压，但在开关类设备中，当其绝缘结构承受较大的机械负荷，使材料出现开裂或微观裂缝时，击穿电压将显著下降。浇注工艺问题引起的开裂如图 3-52 所示。

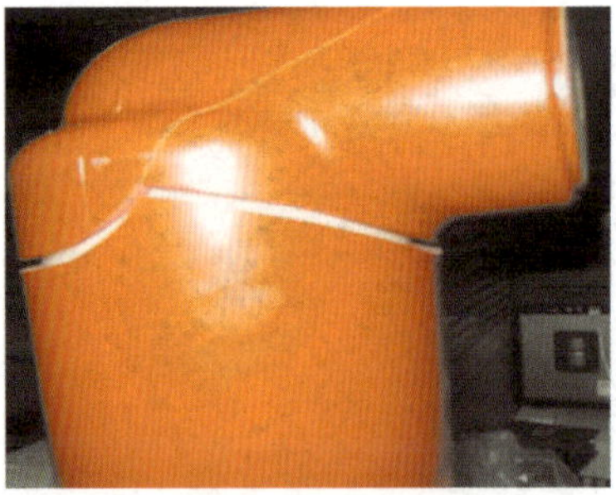

图 3-52 浇注工艺问题引起的开裂

3. 开断过程的问题

开关分合，这个物理过程是开关类设

备特有的。开断电流中电弧熄灭后，灭弧介质的绝缘恢复性能必须大于施加在触头上的系统电压，才能保证触头间隙不会被击穿，则成功完成开断。绝缘恢复性能通常用恢复电压上升率来表述，恢复电压有暂态和工频之分，表征开关性能的对暂态恢复电压特性更关注，但无论哪种恢复电压都要大于系统电压的恢复性能。需要说明的是系统恢复电压与断路器开断的负载性质密切关联，容性或感性负载不一样，如电容器组，空载长线路，电缆或电缆与架空混合线路；系统运行工况条件不同，如中性点接地方式，出线端故障，近区故障等，对开断后的绝缘性能都会有影响；不同的负载特性，如换流站滤波器开关，大容量的高压电抗器开关，用于短路电流限制用的快速开关等，对开断后绝缘的暂态恢复特性也有特殊要求。如果不能满足这些特别的要求，断路器开断后轻则出现重击穿或重燃，重则开断失败致使故障扩大。为此针对不同的要求或应用场合，断路器的设计采用了多种手段来解决以及完善提高性能，如灭弧介质状态参数的确定、灭弧室结构设计、触头运动速度等，通过参数的调整和试验验证，确保断路器在各种工况下开断成功。

通常用户采购的开关类设备都是成熟的且经过型式试验验证的合格产品，但是在实际运行中还是会碰到一些特殊的情况。如污闪，狂风暴雨天气中出现了故障需断路器跳闸，此时应慎重分析是否能继续按正常方式运行。例如2011 年 8 月，上海地区受“梅花”台风正面袭击，某 500kV 变电站，因一侧线路进线段的耦合地线受大风影响，发生大角度的风偏上扬，引起该线路的下导线与地线在短时间内多次出现间歇性放电跳闸，故障电流约 43~46kA，断路器动作情况见表 3-17。断路器在最后一次开断失败，从故障录波上看，故障电流约 44kA，持续时间达 320ms；故障断路器为 SF_6 组合电器（HGIS）设备，该断路器于 2009 年 5 月投运，额定电流 6300A，开断电流 63kA。

事后，有关单位先在现场对故障断路器进行了检查，断路器在分闸位置，外部连接、辅助开关接点动作及动作指示位置、机构储能显示正常，但对地绝缘电阻很低。故障设备的结构示意如图 3-53 所示。

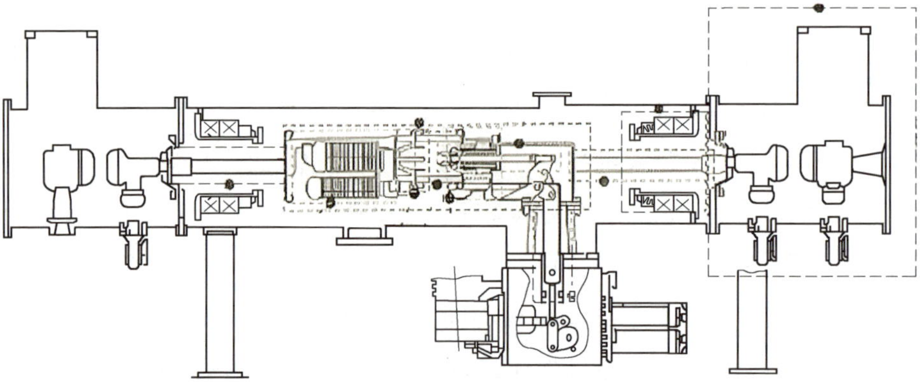

图 3-53　故障设备内部结构示意

表 3-17　　断路器切除故障动作情况

时间	故障情况	保护动作情况	故障切除情况	说明
05：55：59	第一次 C 相故障	线路保护正确动作	单相重合成功	
05：56：12	第二次 C 相故障	线路保护正确动作	三相跳闸	06：26 线路强送成功
06：36：21	第三次 C 相故障	线路保护正确动作	单相重合成功	
06：38：06	第四次 C 相故障	线路保护正确动作	单相重合成功	
06：39：22	第五次 C 相故障	线路保护正确动作	单相重合成功	
06：39：27	第六次 C 相故障	线路保护正确动作	三相跳闸	C 相开断失败， 永久故障

故障断路器返厂进行了解体检查，有关照片如图 3-54 所示，检查发现内部烧灼及过热很严重，但没有对地闪络的痕迹。

从检查现象看，灭弧室绝缘筒虽然烧灼很厉害，其绝缘性能并未下降，将绝缘筒内壁清擦干净后，按出厂试验标准做绝缘试验没问题；断路器操动机构拐臂及拉杆动作位置均在规定的范围中，且拉杆的绝缘性能完好。

分析表明这是一次连续开断短路电流，最终开断失败的故障，虽然产品型式试验通过了多次开断短路电流试验要求，即按额定短路开断电流以重合闸方式连续进行操作，但每次试验间隔的时间间隔不会这么短，实际上该型

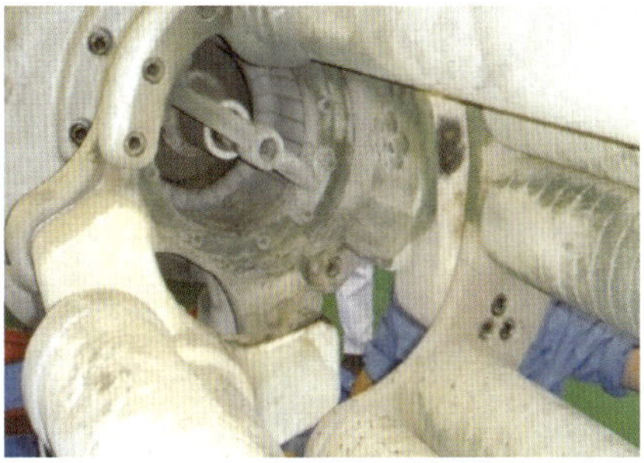
(a) GIS内部结构1

(b) GIS内部结构2

(c) 灭弧室绝缘筒

(d) 灭弧室喷口

图 3-54　解体检查情况

断路器在极端条件下的性能和设计裕度不足可能是故障的原因，而目前标准规定的试验要求尚不能涵盖这种工况。

需要指出的是，实际运行中还是有可能遇到这种情况，华东电网中曾多次发生一个晚上因污闪或台风，在几小时内跳闸近十次的情况，虽然都重合成功了，但本次故障未能幸免。

隔离开关虽然只有开合小电流的能力，但也有开断问题。在一个相对均匀的电场中，触头（电极）间电流未导通，极间电场服从径向分布规律，导通后则电场变为轴向分布，隔离开关触头极间电场分布如图 3-55 所示。由于隔离开关触头是低速运动，开合过程会有很多次的重击穿现象，这也是产生 VFTO 的原因，见第 3. 3. 5 节介绍。实际上每次击穿都将引起极间电场分布改变。

极间电场决定了电压恢复特性，断路器因触头运动速度很快，电场变化的影响不显著，但对低速运动的隔离开关则影响会大得多，特别是那些极间

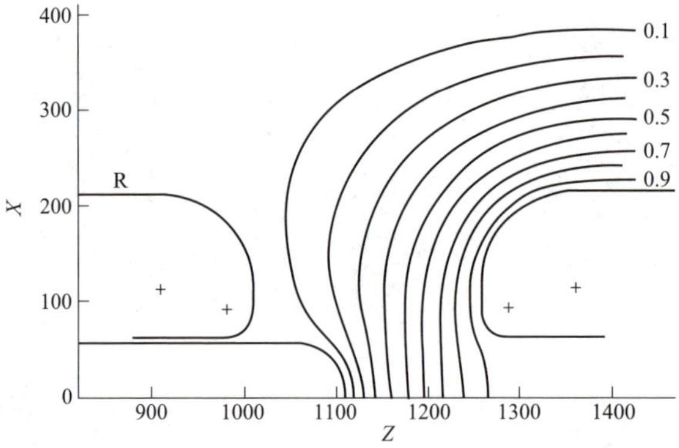

(a) 导通前极间电场分布

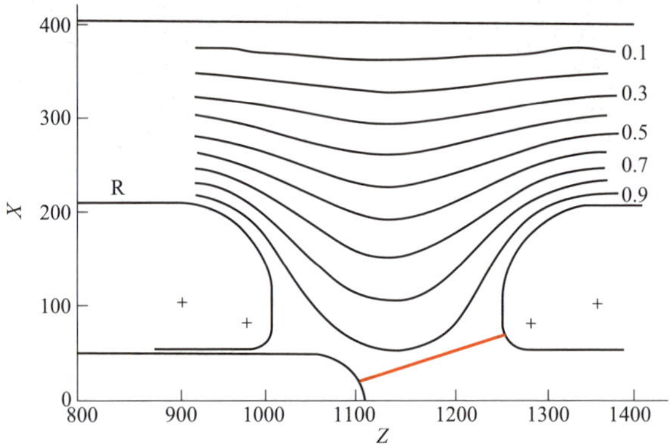

(b) 导通后极间电场分布

图 3-55　隔离开关触头极间电场分布

电场属于不均匀电场结构的场合。如某次击穿使得极间电场分布所处的场强高于气体绝缘的介质恢复场强，就可能会形成不受极间电场控制、发散性地放电，若是对地放电则形成短路故障。例如在 2020 年 7 月，调试中的特高压隔离开关切空载短母线时，多次发生对外壳放电现象。解体检查发现放电通道均在两个触头间隙的径向水平方向上，由此排除了可能因金属异物引起的间隙放电（通常表现为在径向垂直方向形成通道）。为分析放电原因，开展了一系列的研究和验证工作：校核隔离开关结构设计，分析开断过程中的电场分布；改进试验站试验回路以达到符合标准规定的试验条件要求等，并专门进行了开合试验。试验中利用高速摄影记录到的放电现象，证明这种放电是随机的，可在任意方向形成，如图3-56所示。经过上述研究和试验验证，确认现有产品结构有不完善的地方，由此提出了结构设计改进。

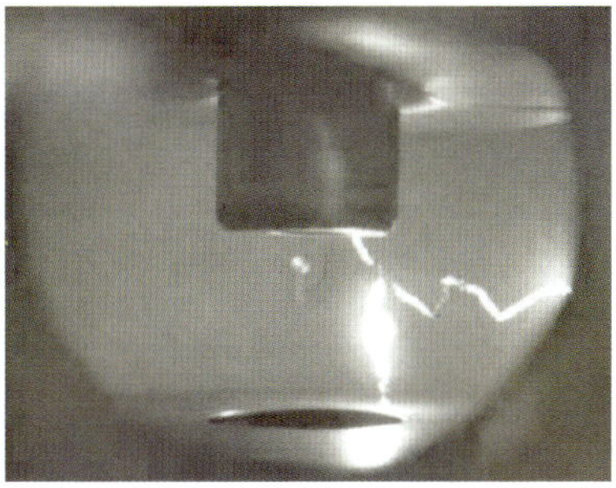

图3-56　隔离开关开合过程中的放电

3.3.2　机械性能的影响

只有固体绝缘才要求具备机械性能，其表现形式有作为绝缘部件固定或承载导体，在开关类设备机械传动链中承担操动机构与导体间的绝缘连接。一般由绝缘材料制成的绝缘部件或绝缘结构，都要承受一种或几种形式的机械负荷，如拉伸、压缩、扭曲、折弯等力的作用，这些力的作用不仅是静态、长期施加的，还会有数倍于静态力的暂态冲击力，如断路器合分闸过程拉杆承受的冲击力，开断电流燃弧产生的气体压力作用在灭弧室绝缘筒壁上等，因此绝缘材料本身应具有相当的机械强度。显然当绝缘部件机械性能降低，出现变形或损伤将直接影响绝缘性能，因此在分析绝缘问题时要综合考虑该因素的作用。

1. 材料与制造缺陷

因材料缺陷引起机械性能下降的情况比较常见，这里面既有原材料问题，也有制造工艺的不完善。需要注意的是不同的材料，其缺陷发生机理和表现有很大的差别。

（1）瓷。用于开关类设备的电瓷产品主要是空心瓷绝缘子和棒形支柱绝缘子，瓷土经混料、瓷件成型、上釉、烧成，再胶装金具或法兰，制成符合要求的电瓷产品。作为不可击穿型材料，电应力对材料的作用有限，影响其机械性能的因素主要有瓷质（材料）、制造与工艺处理，金具或法兰的胶装比，还有空心瓷绝缘子（瓷套管）的壁厚，在产品选用时都必须进行强度核算。

当今电瓷产品均采用高强瓷配方，瓷质（材料）的许用应力按此基础选取，有关国家和行业标准对此都有规定。主要关注的是烧成后的电瓷产品，因为在制造与工艺处理过程中，烧成之前的工序如果有误，泥料还可以再利用，烧成后若有问题则成为废品。

烧成的工艺控制是一个复杂的过程，受到多种因素的影响。瓷件的烧成温度控制、在炉窑中的位置，因存在杂质影响瓷件的致密性，烧成过程中内应力产生的微裂纹等，这些不利因素都可能有潜在的风险。如图 3-57 所示，隔离开关支柱绝缘子出现断裂，该支柱绝缘子运行了 10 年，从损坏面看绝缘子可能存在制造内应力释放的情况。绝缘子断裂造成一段母线故障，并影响到该段母线上出线对侧变电站的运行。

图 3-57 隔离开关支柱绝缘子

材料中存在的微裂纹是内在缺陷的主要原因，长期运行条件作用下也是引起老化的基础。可以通过格里菲思理论解释脆性材料强度问题，从显微结构上看，疲劳、蠕变或迟滞断裂等都会促进微裂纹的发展。如图 3-58 所示，断路器套管上法兰处内部有裂纹，SF_6 气体泄漏已发展到需每天补气。后申请停电将瓷套拆下检查，发现法兰端部瓷件内壁有一贯穿的环形裂纹，因处于法兰与瓷套间的水泥胶装范围内而未炸裂。该缺陷所幸在未处理前系统没有要求操作，未造成故障，否则难免会发生意料之外的情况。

相对而言，瓷套制造工艺要复杂些，限于制造条件主要是窑炉的空间。小尺寸的瓷套可以整体制作，大尺寸的瓷套则要采用黏结技术，这里面又进一步分为有机黏结和无机黏结，有机黏结是将分节的瓷套事先烧成，接口处磨好后用环氧树脂黏结固化；无机黏结是将分节瓷套烧结之前用无机釉黏结，然后进窑炉烧成。运行经验表明，虽然整体瓷套具有很好的气密性和机械强度，目前黏结技术也已过关，特别是在超高压及以上领域，大尺寸瓷套均采用该技术制造，但是断路器灭弧室瓷套是不允许采用黏结结构的。

(a) 高压套管

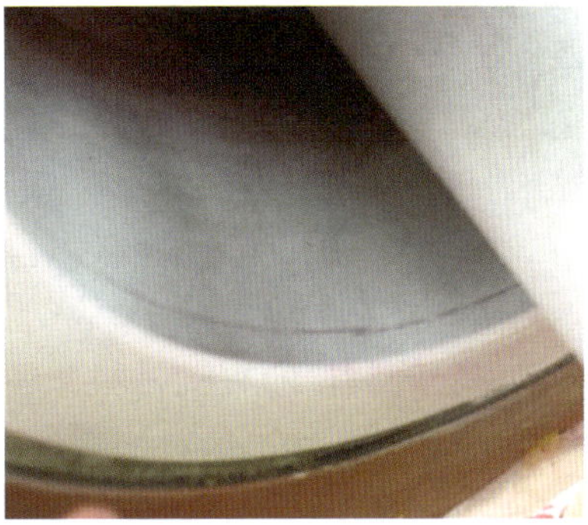

(b) 套管法兰内部存在裂纹

图 3-58　断路器套管上法兰处内部有裂纹

电瓷产品中法兰或金具的胶装是一个重要的环节，胶装比 λ 是法兰高 h_1 与瓷件外径 D_1 的比值：

$$\lambda = h_1/D_1 = 0.3 \sim 0.4 \tag{3-4}$$

胶装比小了瓷件抗弯强度及内水压强度会受影响，尤其会使抗弯能力大幅度下降，大了会使外闪距离变小或使瓷套总高度增加。λ 取值与瓷件直径有关，一般瓷套取 0.3~0.4，棒形支柱绝缘子可取 0.4~0.6。

此外还要注意胶装法兰的水泥养护问题或运行中是否有老化开裂现象。如开裂，则在冬季会因该处进水结冰胀裂法兰而损坏绝缘子。如图 3-59 所示是两起断路器灭弧室瓷套炸裂的现场情况，图 3-59（a）因瓷套有内应力，清晨气温最低时炸；图 3-59（b）为瓷套釉下存在碰伤痕迹，灭弧室在额定气压下，仅投运 15 天就出现瓷套断裂故障，故障均波及邻近的设备，且造成对地短路故障。

以上这些案例虽然是机械性能差引起的，但将直接影响运行安全，因此要给予重视。

(a) 瓷套断裂现场

(b) 灭弧室瓷套断裂

图 3-59　断路器灭弧室瓷套炸坏掉落

（2）环氧树脂与其他的有机材料。环氧树脂及其与纤维增强材料作为绝缘件是开关类设备上应用最多的，范围覆盖了整个产品领域，如 GIS 中广泛使用的隔板、绝缘筒采用环氧树脂材料，电压等级从 40.5～1100kV；用于机械传动链中的绝缘拉杆（无论是空气绝缘还是气体绝缘的断路器和隔离/接地开关上都不可缺），为满足强度和重量的要求，采用了环氧树脂纤维增强材料。

出现材料缺陷的原因主要有以下方面。

1）材料配方。一般认为材料配方在产品定型时就已确定，但实际上存在一个对材料配方认识提高的过程。例如，2012 年某站运行中 GIS 断路器放电，造成同串回路中的主变和线路跳闸。解体检查发现隔板有一条贯穿性的裂缝，如图 3-60（a）、（b）所示。2013 年 2 月，与故障断路器相邻的另一台断路器上发现有两个气室漏气，停电检查发现这两个气室间的隔板上也有一条贯穿性的裂缝，所幸未引起放电，如图 3-60（c）所示。进一步分析，认为由于裂纹靠近浇注口，环氧浇注工艺中的内应力控制可能存在问题，应力释放在隔板上形成了裂缝。事后对隔板进行了分析，发现其配方有问题，如玻璃化温度、填料的占比等。

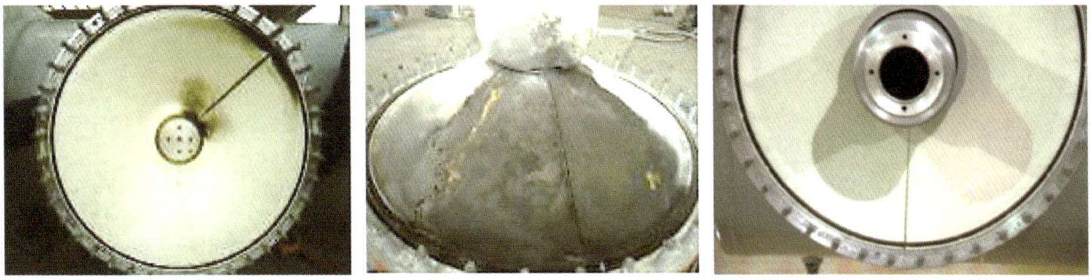

(a) 隔板凹面开裂　(b) 隔板凸面开裂放电　(c) 隔板开裂

图 3-60　隔板开裂缺陷图

为此对隔板材料配方进行了完善，改进后的配方经多轮严格的型式试验验证，完全适用运行要求，且改进的配方也适用于其他电压等级用的隔板，该项工作整体提高了我国隔板制造的质量水平。

2）制造工艺问题。制造工艺控制比较复杂，从原材料检验，混料，到模具清理安装，浇注抽真空及真空保持，浇注过程温度、流量、时间以及固化等环节均需进行控制。

隔板因为是纯环氧树脂，上述要求应控制好，例如，曾有一段时间，出厂试验中隔板电连接嵌件脱出现象较严重，调查发现嵌件与隔板的界面处理上形式多样：有在嵌件上砂后浇注，有改变嵌件结合面（圆柱形变为鼓形），目的均为加强黏接，但这些措施的效果并不好，之后靠采用界面偶联剂，调整玻璃化温度手段解决了该问题。

拉杆和某些绝缘筒制造中还要在环氧树脂中添加纤维增强材料，其工艺控制要求会更高。环氧树脂与玻璃纤维丝的结合比较容易，但与玻璃纤维布的结合就比较复杂；而与聚酯纤维或芳纶纤维的结合难度则更高。常见的材料缺陷有杂质、气泡、界面结合不好（这里有树脂与金属件的界面，也有树脂与纤维的界面），这些缺陷对绝缘件的机械强度都有潜在的风险，投入运行后，或使用条件变化或机械操作次数增加，就可能承受不住而引起故障。如2010年，某变电站500kV主变开关回路中的隔离开关在运行中对地放电形成短路，故障引起两台主变跳闸。事后经解体检查发现，故障部位在隔离开关拉杆上，在动触头屏蔽罩外的拉杆表面被电弧灼烧发黑，靠近高电位侧的拉杆表面有一明显的小孔，冒出松脂状物质，如图3-61所示。隔离开关拉杆是聚酯纤维无纺布卷绕后浸渍环氧树脂制成，进一步将该拉杆切割成6段，至少有3段剖面上发现有起层与爬电痕迹，拉杆表面小孔冒出的松脂状物质是聚酯纤维与环氧树脂熔融后的凝固物。分析认为这是环氧树脂浇注过程中因界面结合不好产生的内部缺陷，很可能在出厂试验中即有损伤。该隔离开关运行了11个月，在此期间承受的运行电压，使缺陷处局部放电不断发展，最终形成沿面放电。

(a) 绝缘拉杆放电痕迹

(b) 绝缘拉杆存在起层痕迹

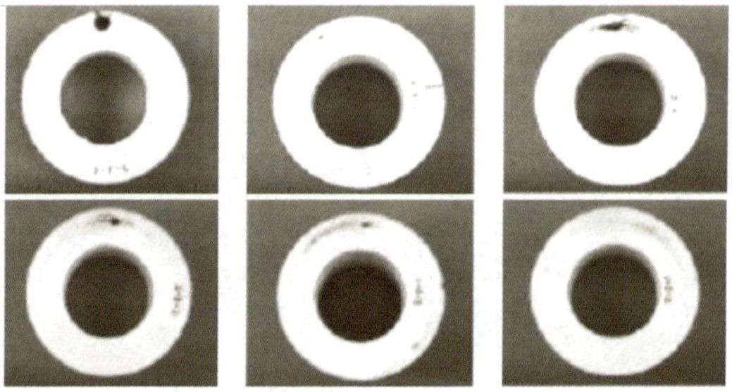

(c) 不同切割剖面上的小孔

图3-61 绝缘拉杆的制造缺陷

环氧树脂材料在开关设备上使用非常广泛，但是由于设计和工艺问题，出现缺陷的情况较多。如2013年，某型号的550kV空气绝缘断路器分别在不同地方的两个变电站发生故障，故障造成相应的线路跳闸，并且还波及一个变电站的母线。两起故障均为绝缘拉杆制造缺陷引发局部放电，并因绝缘劣化形成放电通道，将约 4m 长的拉杆整根击穿，而电弧燃烧瞬间引起的绝缘气体压力升又破坏了断路器支柱瓷套，进一步扩大了事故范围，如图 3-62 所示，拉杆的环氧树脂已被完全烧掉，仅剩下纤维丝。

(a) 炸断的瓷套和烧坏的拉杆

(b) 烧坏的拉杆

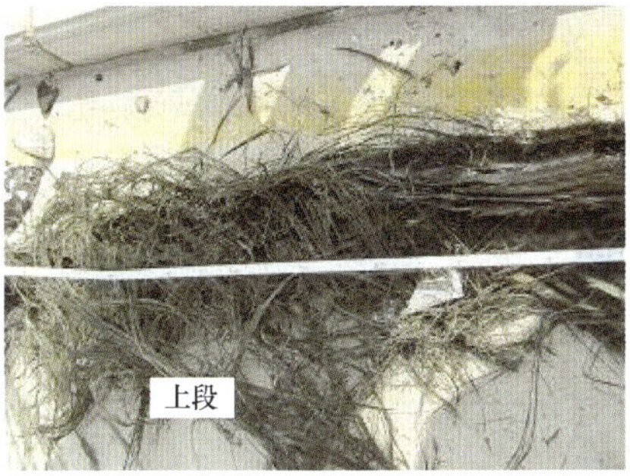

(c) 残留的玻璃纤维丝上段

(d) 残留的玻璃纤维丝下段

图 3-62　典型的拉杆故障

事后对故障拉杆进行了分析，该拉杆由两层聚酯纤维夹一层芳纶纤维绕制后浸渍环氧树脂烘干成型，图 3-63 是切割的拉杆试块剖面及其微观结构。整根拉杆内外层表面均有气孔分布，剖面上不同纤维间的界面结合蓬松，微观结构上聚酯纤维层有明显的断裂和孔洞。该结果表明是拉杆制造中存在缺陷，至少在工艺控制上存在问题，疏松的结构存在很多气隙，绝缘气体中的水分很容易进入，这也是引起内部爬电的原因之一。

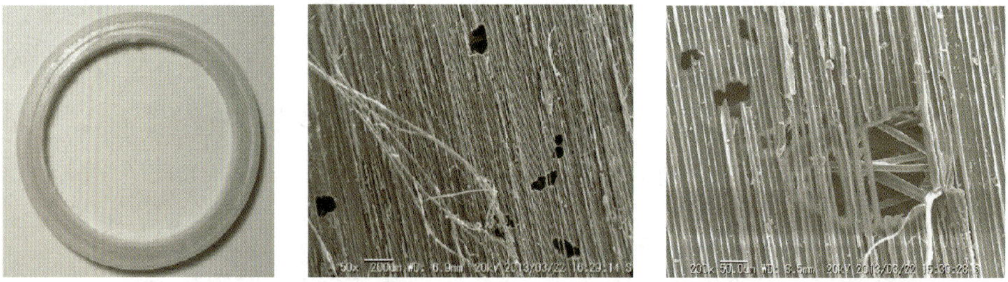

(a) 轴向剖面　(b) 外层放大50倍结构　(c) 内层放大200倍结构

图 3-63　拉杆的剖面和微观结构

3）出厂试验。出厂试验是检验绝缘件质量很重要的一关，出厂试验考核的是制造工艺，涵盖了整个加工制造过程，其重要性不言而喻。通常对环氧树脂浇注件要求留小样供质检，但对类似绝缘拉杆截取样块检验会缺乏全面性，因为整根绝缘拉杆制作长度可达 6m，样块无法代表。

因此，对制作完成的绝缘件应整件检验。虽然目前的检测手段还无法做到百分之百发现问题，但仍然需要加强检测。绝缘件的出厂试验检测项目可按标准规定检测，在对空心的管或薄壁（不太厚）的板或棒还可采用光照射检查，实际中，有些制造厂为提高检测分辨率，在暗室中进行光照射检查。

2. 机械传动问题

本节的讨论内容仅限于机械传动链中的绝缘件，这里面涉及绝缘件结构设计、加工制造和检验等环节，而且这些环节对绝缘件都提出了要求。实际上在不少机械传动问题中绝缘件也是因为受到不当的机械力作用而遭到破坏，此外还有装配原因或紧固连接有松动，使绝缘件受到了外力作用而损坏。

广泛应用于机械传动的绝缘件是拉杆，从结构上看可分为两种形式：实心的棒或板型和空心的管型，如图 3-64 所示。在中压和部分高压产品上，实心的棒或板型往往是用纯环氧树脂浇注而成，随着电压等级升高以及对运动质量的限制（操动机构的操作功和触头运动速度对拉杆质量均有要求），拉杆采用空心管型已成为主流，为减轻质量，环氧树脂中需要添加不同的纤维以增加机械强度。

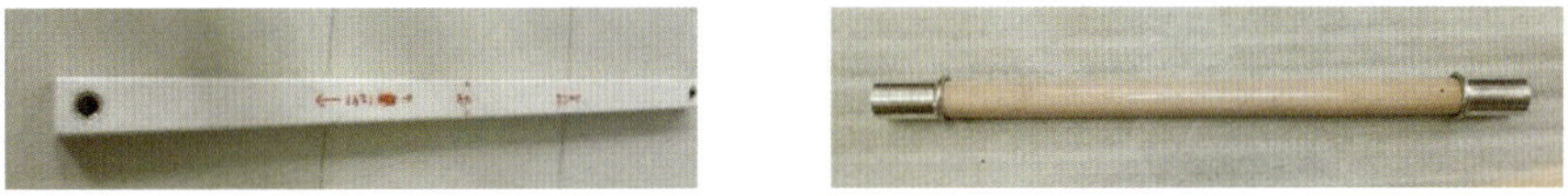

(a) 实心棒型　　(b) 空心管型

图 3-64　拉杆的形式

一般拉杆端部采用连接金具与传动链中其他部件的相连，金具的结构有螺纹紧固、榫销铆接，胶装黏接。图 3-65 给出了一种黏接结构示意，这些结构有一定的加工和装配要求；也存在直接在拉杆上打孔或开槽来连接传动机构的形式。

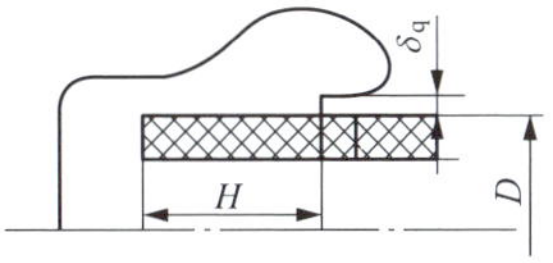

图 3-65　一种胶装黏接装配的连接金具结构

如图 3-65 所示，设黏接面粗糙度 $Ra = 50 \sim 100\mu m$，间隙 $\delta_q = 0.15 \sim 0.25mm$；根据式（3-5）可得黏接抗拉强度 $F(N)$：

$$F = \pi DH[\tau_j] \tag{3-5}$$

式中：D 为黏接面直径，mm；τ_j 为许用黏接应力，15MPa；H 为黏接面高度，mm。

绝缘拉杆端部的连接方式是一个结构设计问题，保证金具装配可靠十分重要，如果结构设计兼顾到拉杆的使用特性就可以有更好的安全裕度。通常认为，绝缘拉杆在合闸过程中主要承受压力，分闸则承受拉力。其实并不能这么简单地分析，因为断路器触头高速运动，操作功又大，合闸或分闸后的能量需要靠缓冲器去释放，这是一个机械的振荡衰减过程，显然绝缘拉杆会有多次压力和拉力作用，由于绝缘拉杆承受的力都是瞬时冲击力，对绝缘拉杆和连接金具都是严苛的考验。图 3-66 是断路器合分闸过程中拉杆受力情况，完成了合、分闸动作后绝缘拉杆仍要承受较高的冲击力作用，图 3-67 为该过程中金具破坏的照片。如果绝缘拉杆的力值曲线能与操动机构动作特性相匹配，对改善拉杆和连接金具的受力状况都会有益。此外金具本身的材料也应符合强度要求。

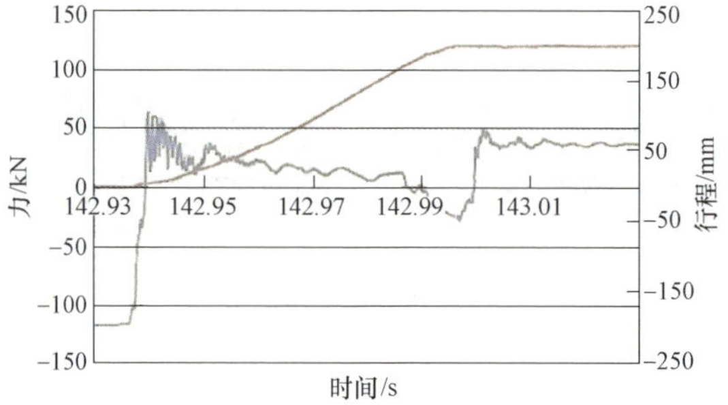

(a) 合闸

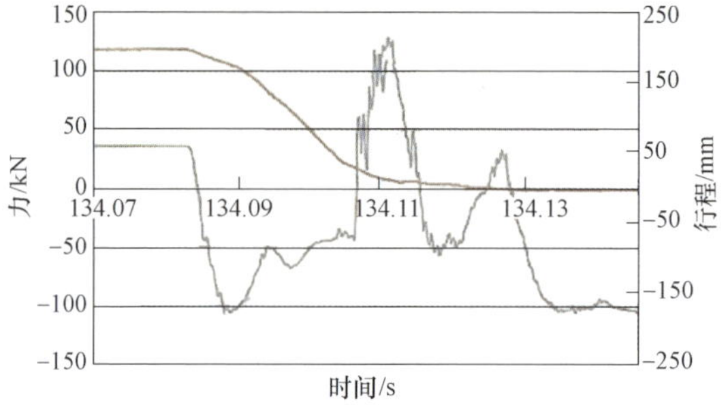

(b) 分闸

图 3-66　拉杆在合分闸过程中的受力情况

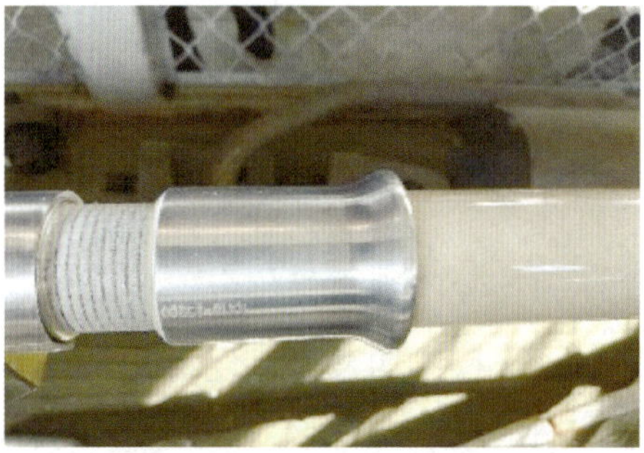

图 3-67　机械试验中金具破坏情况

绝缘拉杆经常承受的机械负荷有拉伸、扭转、剪切、弯曲和挤压形式，设计中选取的许用工作应力保证了工作中的裕度，但是作为传动链中的部件，相互之间的配合很重要，而运行中出现问题与加工装配有很大的关系。如 2009 年，某变电站运行中的 1 号主变压器差动保护动作将其切除，检查发现是回路中一台 HGIS 中的隔离开关气室放电，打开气室后看见拉杆烧断跌落在壳体上，其与操动机构连接的开口槽有裂纹，如图 3-68（a）所示。2008 年 9 月也曾发生过一次类似的故障，如图 3-68（b）所示。分析认为这种连接结构不合理，装配不当或操作冲击都会引起机械损伤，运行电压下损伤处出现的局部放电使缺陷不断发展，最终形成故障。

(a) 端部有裂纹

(b) 两端都有裂纹

图 3-68 绝缘件结构不合理

转动的绝缘拉杆也可能存在缺陷。2011 年，某站 126kV GIS 中一线路开关合闸约 100min 后，线路侧隔离开关气室低气压报警，线路跳闸。检查发现隔离开关气室防爆膜动作，致使 GIS 室的门被冲破。故障气室经解体检查，发现三工位隔离开关的转动绝缘杆已断，如图 3-69 所示。造成断裂的原因与隔离开关操动机构有关，该机构有卡涩现象，同时也不排除转动绝缘杆运行 10 年后是否有老化情况，操作使转动的绝缘拉杆断，而 C 相隔离开关触头刚接触无法保持合闸，负荷电流在该处产生了很高的温度并出现了金属熔融物下落，由此引发了放电。

(a) 隔离开关合闸位置

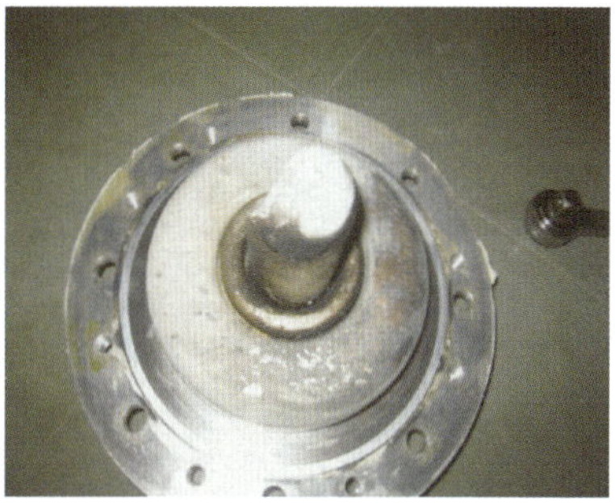

(b) 绝缘杆断裂

图 3-69 三工位隔离开关转动绝缘杆断裂

3.3.3 热性能的影响

开关类设备的主要功能之一是承载负载电流，电流可产生热效应，所以开关类设备在运行中都会发热。而过热将使材料理化性能下降，并直接影响到设备的机械和电气特性，严重的可造成故障。因此开关类设备导电回路的允许发热温度作为其一项重要的技术指标被提出，且需经过型式试验验证方可认为产品合格。国家标准中规定了高压电器在长期工作中各部件、材料和介质最高允许温度，以及在周围空气温度为+40℃时的最高允许温升值（允许温度与周围空气温度之差）。

长期运行中的电流热效应对绝缘材料性能影响很大，有机绝缘材料受温度影响会出现老化。如 A 级绝缘在一定的温度范围内，温升每增加 8～10K，其使用寿命将缩短一半；而无机绝缘材料的电瓷，如温度过高，其击穿强度也会明显下降。实际上允许发热温度决定了绝缘材料在运行中所能承受的最热点温度，对电气绝缘，GB/T 11021—2014《电气绝缘　耐热性和表示方法》给出了耐热性与表示方法的规定，具体规定见表 3-18。随着耐热性能高的材料推广应用，设备的体积和重量均大为减少，既可提高技术经济指标，也延长了使用寿命。

表 3-18　耐热性分级表

ATE 或 RTE		耐热等级	字母表示
≥90	<105	90	Y
≥105	<120	105	A
≥120	<130	120	E
≥130	<155	130	B
≥155	<180	155	F
≥180	<200	180	H
≥200	<220	200	N
≥220	<250	220	R
≥250	<275	250	—

注 1. 耐热等级超过 250 的可按 25 间隔递增的方式表示；
2. ATE 为某一摄氏温度数值，在该温度下基准 EIM 在特定的使用条件下具有已知的、满意的运行经验；
3. RTE 为某一摄氏温度数值，该温度为待评电气绝缘材料达到终点的评估时间等于基准材料在等于预估耐热指数 ATE 的温度下达到终点的评估时间所对应的温度。

绝缘材料的热性能可以通过老化试验来近似获得，通常采用的是加速热老化试验，利用寿命的对数与绝对温度的倒数具有的直线关系，在提高温度条件下，使材料在较短的时间内得到老化，然后用“外插法”求取其长期的使用温度（一般取 20000h）。在绝缘材料老化试验中使用寿命终结的判据，可选择某一项起主导作用的性能（例如击穿强度或抗拉强度等）下降到其原始值的 50% 或某一最低规定值，即认为失效。

绝缘材料的寿命不仅与温度有关，而且也和其他条件有关。多年的实践和大量的试验表明，如果把其他条件固定下来，单独考虑温度一个变量，则绝大多数有机高分子材料的热老化（即寿命）时间与温度的关系，可以用下列经验公式来表示：

$$\ln t = \frac{B}{T} + A' \tag{3-6}$$

或

$$t = A^{e^{BT}} \tag{3-7}$$

式中：t 为老化时间；T 为热力学温度；A、A' 和 B 分别为与材料性能和运行条件有关的常数。

绝缘结构在运行中发热的来源有：

（1）电流通过导体的发热，其功率损耗为

$$P_c = I^2 R_e \tag{3-8}$$

式中：P_c 为导体中的发热功率损耗；R_e 为导体的有效电阻；I 为通过导体的电流。

（2）介质损耗的发热，其功率损耗表示为

$$P_d = U^2 \omega C \tan\delta \tag{3-9}$$

式中：P_d 为介质损耗发热功率；U 为外施电压；ω 为角频率；C 为介质电容；$\tan\delta$ 为介质损耗角正切。

（3）由于电磁感应而引起的涡流、铁磁损耗等的发热，这部分的发热量可以忽略。

绝缘结构的散热方式同样也是靠传导、对流和辐射散热的方式，当绝缘材料上施加的最高温度超出过该材料所能承受的限度，将引起材料性能破坏而不可使用。

关于介质热击穿的概念，由于电压作用，介质会存在损耗，并使绝缘的温度上升，而绝缘温度上升又会促进介质损耗增加。如电压超过某个临界值时，绝缘结构的温度或绝缘结构中某一局部温度将陷入这种热不平衡的状态，最终使绝缘结构中的某个部分无法承受而击穿，该过程称为热击穿现象。绝缘结构设计中应避免出现热击穿，这就要求优化的绝缘结构在运行中所承受的应力应尽可能减少其发热量，且散热效率要高；绝缘结构中的零部件或某些局部的点，在运行中不得超过材料所允许的温度值；该要求在不同的热状态下均应满足，热状态可分为稳态和暂态两种形式。

热稳态是指，当绝缘结构运行了一定时间，其发热量与散热量处于平衡的状态。热暂态是指，绝缘结构投入运行时，温度将逐渐上升；当绝缘结构退出运行，温度将逐渐下降。

对开关类设备来说，开断过程的热暂态可以不考虑，因为在开断过程中，开关类设备绝缘结构的热反应不会那么敏感。但是需要指出的是，无论在热稳态或热暂态中，绝缘结构的最高温度均取其耐热性规定限值。

运行中因电流热效应影响到绝缘性能的原因主要有接触不良和过负荷两种情况，在分析问题时需加以区别，因为两者的表现形式不一样。

1. 接触不良

开关类设备中导体的连接方式有滑动连接，典型的有断路器、隔离开关动静触头的连接；固定连接，导体间用螺栓紧固连接；插入连接，导体插入有触指的电连接，如 GIS 隔板的中心嵌件。接触不良实际上是接触电阻损耗增加：滑动连接中动静触头对中不好造成偏心，或静触头（有多种结构，如梅花触头、表带触头等）松动使部分触指接触不到动触头，严重的甚至有单边接触现象，或因动触头的超行程（插入深度）未达到要求。固定连接则有紧固件松动或接触面有电化学反应（铜/铝材料接触处理不当或损坏）。插入连接则多为插入深度未达到要求或导体出现位移造成接触区面积减小。本小节通过隔离开关合闸不到位、导线松动等案例，说明这些原因都会引起接触不良，导致接触电阻增加，如用红外线检测，可以明显看到有发热区。

（1）隔离开关合闸不足。2010 年 6 月，某 500kV 变电站监控显示运行中的 5043 开关 B 相无电流，但 A、C 相均有 100～200A 电流，与此相对应的 5041 开关 B 相电流出现较大增长，且同样表现为三相不平衡。对相关一、二次回路进行了全面检查（包括外观检查、红外测温、超声检查及二次相关线路、主变、母差保护装置等），未发现有异常情况。持续观察两天后，再次检查确认上述情况仍然存在（该开关为 HGIS，2009 年 12 月投运）。鉴于 2008 年 4 月同类产品在江苏出现过类似情况，决定尽快安排 5043 开关停电检查，检查首先是测试回路电阻，除 B 相回路外其余正常，进一步排查后发现 B 相隔离开关接触电阻存在问题，超出测试仪器量程。随后打开气室检修孔，发现动静触头并未全部接触，动触头上标注接触行程的红线完全露在外面（正常合闸位置时红线应与静触头相切），静触指已有多片烧蚀，如图 3-70（a）所示。再检查各节点的装配尺寸，发现操动机构连杆尺寸不符合要求，连杆长度与图纸要求差距较大，造成动触头行程不足，为确认该现象进行了多次操作，结果如图 3-70（b）所示。该案例表明运行中如发现三相回路电流有明显的差异，有可能出现连接问题或动触头合闸不到位情况。

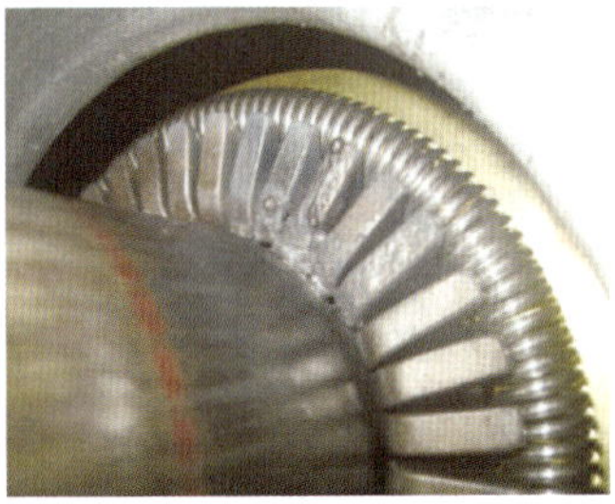

(a) 静触指局部有烧熔

(b) 未合闸到位的标示

图 3-70　动触头未合到位引起的局部烧熔现象

（2）GIS 导体接触松动。2016 年，某变电站 2210 开关差动/距离保护动作，显示为三相故障跳闸。现场打开检查，如图 3-71（a）、（b）所示，放电位置位于三相共箱的母线气室。将故障设备拆下返厂进行解体检查，发现隔板上的电连接嵌件紧固螺栓安装不当（未全螺纹紧固），如图 3-71（c）、（d）所示，造成回路电阻增大，长期运行中该处接触不良引起放电并灼伤嵌件周围的隔板表面，导致导体间放电。

(a) 嵌件紧固螺栓松动引起的相间故障1

(b) 嵌件紧固螺栓松动引起的相间故障2

(c) 嵌件表面

(d) 螺栓

图 3-71　GIS 导体接触松动导致相间击穿

运行中也有开关设备由于触头材料原因，多次负荷电流开断后在触头表面会形成一层薄膜，造成回路电阻增加数倍的现象。

2. 过负荷

过负荷是指超过开关类设备在额定电流时的运行工况，显然这种工况不符合型式试验中温升试验的验证条件，如长期运行会出现发热等影响安全的问题，甚至可能引起故障。

通常在设备选型时，根据设备所在电网中的位置与运行方式，由设计院提出日常运行需承载的电流值，用户在此基础上按优先数 R10 系列选取设备的额定值，考虑到适当的裕度，一般都会提高一挡选额定值，避免出现过负荷情况。当然随着电网发展和社会用电需求增长，设备额定电流值也会要求增加，这种情况下最好的解决方法是更换设备；但在设备未改造前，或输电线路短时增容送电的工况下，如线路动态增容输电，开关类设备难免会出现过负荷情况，这时可利用大电网结构改变运行方式去控制系统潮流，以减小过负荷的压力。

虽然，设计标准规定“开关类设备和控制设备设计用于在规定条件下的负荷电流不得超过额定电流”，这里的条件指海拔≤1000m；环境温度不超过40℃且 24h 内测到的平均温度不超过 35℃，实际上额定电流反映了在环境温度为 40℃时设备承载了额定电流后，各部件上的最高允许温度限值。IEC/TR 62271-306《高压开关类设备和控制设备　第 306 部分：IEC62271-1、IEC62271-100 以及交流断路器相关的其他 IEC 标准的导则（2012 版）》中给出了条件，“只要没有超过允许的温度限值，就有可能在环境温度低于 40℃条件下，设备运行电流高于额定电流；同样如环境温度高于 40℃，运行电流须小于额定电流以保持各部件不超过最高允许的温度限值”。该结论有条件地修正了标准规定，即在开关类设备的连续运行电流低于额定电流条件下，该设备有可能在短时间内过载，连续运行电流超过额定电流，前提是这个电流引起的发热不会大于允许的温度限值。

3.3.4 环境条件影响

户外运行的开关类设备会受到自然环境的影响，比如外绝缘，温度与温差引起金属部件的热胀冷缩、位移，沙尘或大雨对机构箱、控制箱/盒密封的考验；对于户内设备也有湿度大引起的凝露问题。运行中这些影响都有可能造成设备出现异常，下面将分别进行介绍。

1. 温度、温差与湿度

开关类设备的额定参数中规定了使用条件，表 3-19 是 DL/T 593—2016《高压开关设备和控制设备标准的共用技术要求》规定的值：

表 3-19　　使 用 条 件

<table>
<tr><th rowspan="2">项目</th><th colspan="2">正常使用条件</th><th colspan="5">特殊使用条件</th></tr>
<tr><th>户内</th><th>户外</th><th>户内</th><th colspan="4">户外</th></tr>
<tr><td>最高温度（℃）</td><td colspan="2">≤40</td><td>—</td><td rowspan="2">严寒</td><td>≤40</td><td rowspan="2">酷热</td><td>≤55</td></tr>
<tr><td>最低温度（℃）</td><td>-5，-15，-25</td><td>-10，-25，-30，-40</td><td>—</td><td>-50</td><td>-5</td></tr>
<tr><td>日温差（K）</td><td>—</td><td>15，25</td><td>—</td><td colspan="4">—</td></tr>
<tr><td>湿度（%）</td><td>≤95</td><td>—</td><td>≤98</td><td colspan="4">—</td></tr>
</table>

极端温度会导致两个方面的问题，一是高温对承载运行电流不利，二是低温会降低气体的绝缘和开断电弧性能。在第 3.3.3 节中已介绍了开关类设备中允许的热效应，由于设备在长期工作中各部件，材料和介质最高允许温度，这是一个固定值，取决于设备运行环境的空气温度和最高允许温升值。显然酷热条件下，空气温度升高，允许的温升就要减小，因此需要关注并控制负载电流。

户外设备受环境温度作用时还需考虑日照因素，根据温升试验，将设备样机在阳光下进行日照附加温升试验。试验时样机空载，实测日照温升值 ΔT_2，然后将 ΔT_2 的折算值与样机通额定电流时测得的对应点温升 ΔT_1 相加。试验结果表明：断路器及 GIS 内部导体最高日照附加温升为 5~7.5℃，外部接线端子为 12.5℃。标准规定产品型式试验时温升一般不超过 60℃，这两项日照附加温升占产品温升试验值的 8%~20%。为此，我国电力行业标准提出用 1.1 倍额定电流做温升试验，该值比额定值产生的发热量增加约 21%，接近上述试验所获得的附加温升值的上限，符合实际情况。目前根据经验，日照强度为 0.1W/m^2。

虽然户内设备可免去日照，但缺少自然通风也是不利因素。对开关类设备而言均需要考虑高温影响，另随着生活水平的提高，夏季使用空调的负荷会显著增加，高温热浪来袭时除了要做好预案还需加强运行中红外监测，防止过热引起的故障。

气体绝缘在我国作为开关类设备主要的介质得到广泛应用，图 3-27 给出了 SF_6 气体压力与温度的关系，由曲线可知，在某一压力下，低于一定的温度气体会出现液化现象。例如，大部分高压断路器的充气压力为 0.6MPa，特性曲线表明其从-26℃起开始出现气体液化现象，该现象不仅降低气体绝缘性能，也无法保证开断电弧性能。这意味着在高纬度地区使用将受到限制，在我国的东北、内蒙古自治区和西北地区，冬季气温低于该点即会出现该问题。

为解决该问题通常可采取的措施如下。

（1）低温期间开关类设备降低充气压力并改成非自动方式运行，即闭锁保护装置动作；

（2）改用混合气体作为绝缘和开断用的介质，如 SF_6+N_2 或 CF_4，可保持额定参数不变；

（3）在接地的外壳上加装伴热带，通过电热丝加温避免气体出现液化，同样可以保持额定参数不变，但该措施对瓷柱式断路器不适用，只能用于罐式断路器或 GIS 上。

日温差要求是用户根据运行经验提出的，通常指一天中最高温度和最低温度的差，也可理解为是昼夜温差，即白天温度的最高值和夜间温度的最低值之差。日温差作用在设备上会加重设备元件或基础的热胀冷缩现象，尤其是对 GIS 母线或 GIL 线路，每个元件上受其影响出现的位移作用累积起来就十分明显。位移作用可能会将支撑件顶变形或拉开壳体焊缝造成漏气，严重的会导致放电。图 3-72（a）为某站 252kV 管母端部出线套管支撑变形，5 月的最大温差接近 20℃。图 3-72（b）为某站 GIS 母线法兰出现裂纹痕迹，故障当天中午气温达 16℃，凌晨下雪气温仅-5℃，法兰拉裂后开始漏气并发报警信号，现场检查决定退出运行。通常解决该问题是根据当地的气象条件计算出允许的最大温差，然后采用不同类型的伸缩节和支撑结构去吸收变形，尽可能减小这方面的影响。

湿度问题主要表现为凝露现象，空气中的水蒸气达到饱和时，会在温度相对较低的物体表面凝结成小水珠。当外绝缘采用电瓷材料时，如用作设备的出线套管或瓷套、支柱绝缘子，其表面是干净的，则对绝缘性能影响不大，但表面有积污时，就会降低设备的外绝缘性能。采用有机材料时，特别是应用在户内成套开关装置中元器件，凝露将降低这些元器件的表面电阻，使原来绝缘的表面形成半导电或导电的通道，诱发爬电或局部的电击穿，进而引起故障。此外户内开关类设备大部分是靠敷设地下电缆实现进出线的，电缆沟里的固有的潮气也会影响设备的表面绝缘强度，即使电缆沟封堵很好，长年运行难免还会侵入到开关柜内，为此采用有效的除湿措施和高品质的封堵材料被认为可解决这个问题。湿度问题还会影响户外开关类设备操动机构箱和控制端子箱，图 3-73 是隔离开关操动机构箱内凝露的情况，显然这将直接影响隔离开关的操作，甚至可能出现拒动。

(a) 管母的出线套管支撑变形

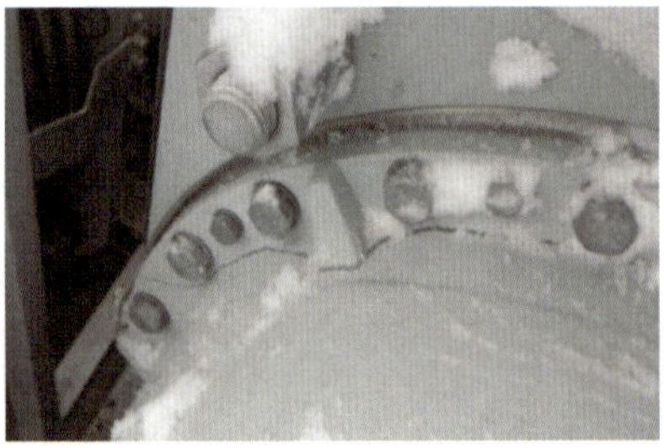

(b) GIS母线法兰被拉裂

图 3-72　温差导致的 GIS 形变

(a) 结构箱内凝露

(b) 操动机构凝露

图 3-73　隔离开关操动机构箱内凝露的情况

对内绝缘中的气体介质，湿度高则相当于气体中含有的水分超过了标准规定的值（理论上内绝缘中会有凝露现象，是绝对不允许出现的），此时对开关类设备的绝缘性能有影响，甚至还会间接影响开关类设备的开断特性。

2. 雨与冰雪

雨与冰雪主要影响外绝缘，因此在型式试验中绝缘试验增加了湿试，即在淋雨条件下施加不同波形的电压进行考核，目的就是检验其外绝缘结构是否合理。试验表明，介质表面完全淋湿时，雨水形成了连续的导电层，泄漏电流增加使得闪络电压降低，标准雨水条件下湿闪电压仅为干燥状态的 40% ~ 50%。操作和雷电冲击的湿闪电压与干闪电压相近，约低 10%，比工频电压的情况要好。大雨造成的雨闪是比较常见的，早期的进口设备未考虑干弧距离，只考虑防污闪要求，认为满足爬电比距参数即可，结果在运行中多次发生了套管在雨中闪络。经过试验验证，表面绝缘子的伞裙结构决定了其在雨水条件下外绝缘的性能，对伞伸出、伞间距、下表面的伞棱等都需综合考虑，一般认为增加隔雨伞裙是有效的。

冰雪条件下的绝缘试验属特殊项目，仅对运行在高寒地区的设备实施，一般情况下，对已考虑了使用条件设计的产品，覆冰和积雪对绝缘性能的影响有限。同时，对于空气绝缘的隔离开关，在标准规定的覆冰厚度下，要求具有正常的开合功能，检验设备在该条件下的操作性能。

3. 污秽问题

污秽是影响外绝缘性能的一大问题，电瓷和复合材料外绝缘上均存在污秽问题。户外绝缘子不可避免会受到工业污秽和自然界的污染（盐碱、扬尘等），一旦遇到高湿度，小雨，雾霾，凝露、融雪等气象条件，外绝缘表面污秽层被湿润，表面电导和泄漏电流快速增加，使外绝缘的闪络电压大幅下降，在运行电压下即可发生闪络放电，而且污闪放电的特点是影响面广，很可能在一个区域中发生，造成大面积的停电。影响污秽放电的因素如下。

（1）污秽物的性质和污染程度，可根据污秽物的成分进行分析：含盐、酸或碱性的物质，通常用可溶解污秽物（ESDD）和不可溶解污秽物（NSDD）

来表示，前者由于可溶解使得污秽表面泄漏电流增加很快，闪络电压自然就不高，后者对于外绝缘的影响不大，即使表面湿润其电阻变化也不大；污染程度则以 mg/cm^2 单位衡量。

(2) 湿度，干燥的污秽物因为电阻很大并不影响闪络电压，只有受到充分湿润后可溶解污秽物溶于水，泄漏电流迅速增加才会有威胁；而大雨可将表面积污冲刷掉，设备外绝缘能保持较高的绝缘水平。

(3) 绝缘子的爬电距离，污闪属于沿面放电，只有局部电弧长度足够大才能形成放电，因此爬电距离与污闪电压成正比关系；同时绝缘子的结构要合理，如不考虑干弧距离，即使采用了密间距伞形结构，仍不能避免污闪发生。

(4) 绝缘子的几何尺寸、直径，大直径的绝缘子表面电阻小，则污闪电压要低，一般对大直径的绝缘子都需要有修正，此外污闪的机理与线路绝缘子也不一样。

硅橡胶具有复合材料表面迁移性，可改善表面积污的状态，这对提高污闪电压是有利的。

3.3.5 过电压影响

实际运行过程中对开关类设备造成威胁的过电压主要有雷电过电压、铁磁谐振过电压、特快速暂态过电压这三种情况，过电压产生的机理参见本书第 5 章，这里仅探讨可采取的措施及其应用。

1. 雷电过电压

雷击是一种不可避免的自然现象，变电站由于有完善的防雷装置（避雷针、接地网），很少出现直击雷对设备造成损坏的事件。输电线路因其穿越地区的气象条件变化多端，本身又具有一定的架设高度，且杆塔的接地电阻也无法完全做到符合标准规定，从而避免不了雷击，但是线路允许雷击跳闸，只要重合成功就不会影响系统运行。然而实际运行中还是有断路器遭受雷击导致设备损坏，据不完全统计，华东电网 35~220kV 系统，曾在 8 年中发生雷击故障32次。事故造成断路器灭弧室击穿、爆炸和瓷套外闪络形式的损坏，有些还扩大为母线故障，发生事故的断路器均为线路开关。按过电压保护和绝缘配合规程要求，当220kV及以下电压等级变电站母线上的出线回路数大于2时，认为母线避雷器的保护距离可以达到变电站进出线的位置，即母线避雷器可以抵御线路上过来的雷电侵入波，而一般的变电站进出线很少有少于2条的情况，这意味着变电站进出线没有线路避雷器保护。

调查发现，造成损坏的雷击多发生在重合闸无电流间隔时间内或在重合闸过程中。现实中雷击往往都是连续多次出现，由于第一次雷击断路器已分闸，断口处于打开状态，再次雷击后雷电侵入波沿线路传输至断路器断口，形成全反射，断口上的雷电过电压与电源侧的工频电压（有可能是反相）叠加，一旦断口承受不住就会出现断口击穿，如图3-74所示；也有可能造成瓷套外绝缘闪络，如图3-75所示。

(a) 灭弧室炸裂

(b) 静触头损坏

图3-74 雷击126kV断路器灭弧室

(a) 断路器整体

(b) 雷击痕迹1

(c) 雷击痕迹2

图3-75 雷击126kV断路器瓷套闪络

分析故障原因认为缺少线路避雷器保护是主要原因，而断路器本身灭弧室断口开距、瓷套干弧距离裕度偏小也是不足的地方。为此提出了变电站加装线路避雷器的反措要求，同时在开关类设备采购中对外绝缘配置也提高了要求。需要指出的是即使配备了线路避雷器，其安装位置也应尽量靠近被保护设备。曾发生过 GIS 出线的分支母线较长，而避雷器又安装在出线构架下，距离 GIS 出线套管较远，某次雷击时（断路器在热备用状态）也出现了分支母线隔板放电的现象，模拟计算表明避雷器保护距离处于临界区域有风险，事后对避雷器进行了改造。

2. 铁磁谐振过电压

目前，随着电网的升级和扩建，输配电网络结构都发生了较大的变化，这使得电网变得更加灵活和坚强。但是由于电网结构的复杂化，电网中出现铁磁谐振的现象依然存在。特别是在 500kV GIS 中，在断路器断口间一般配置有改善断口电压分布特性的并联电容器，在某种特定的场合，如当母线停电，操作断路器断开时，此时母线上的电磁式电压互感器有可能会产生持续的低频电压，这种现象称为铁磁谐振。铁磁谐振发生时，电压互感器的过电压幅值一般不高，有时会小于相电压，但励磁电流往往很大，可能达到正常电流的几百甚至上千倍，时间过长会烧毁线圈。因此，对于配置有并联电容器的断路器，有必要对系统中设置的电压互感器进行铁磁谐振方面的分析。

3. 快速暂态过电压（VFTO）

VFTO 是一种由隔离开关操作引起的过电压。隔离开关并不具备开断大电流的功能，在系统中仅作为一个隔离元件，因此它只能开合几安培空载小电流，该功能定位决定了隔离开关的动作速度不会很快。隔离开关在气体绝缘中触头运动会持续几秒，在空气绝缘中触头运动时间可长达几十秒。开合过程中触头间隙会发生多达数十次的击穿、电弧熄灭和重击穿现象，当空载小电流具有容性特征，如空载母线、断路器均压电容、短电缆等，这会引起显著的过电压。在整个开合过程中，每一次击穿持续的时间在微秒级。击穿将使电源侧与负载侧的电压形成一种平衡状态，而随着触头开距拉开平衡被破坏，重新建立的电压差将再现这个过程，这种现象直到合闸完成，间隙中的介质不能耐受触头间施加的电压，或分闸中触头开距足够大完全能承受施加的电压而终止。

形成电压平衡相当于使触头两侧的电荷转移并保持一致，按照能量守恒规律，该过程会产生过电压，而且是一种快速暂态形式的过电压。研究表明其幅值等于负载侧与电源侧的电压瞬时值之差与过冲系数或峰值系数的乘积，这个系数与开断介质、电路结构与系统运行方式等统计有关，图 3-76 给出了典型的 VFTO 理论波形，图 3-77 是现场实测的电压波形。

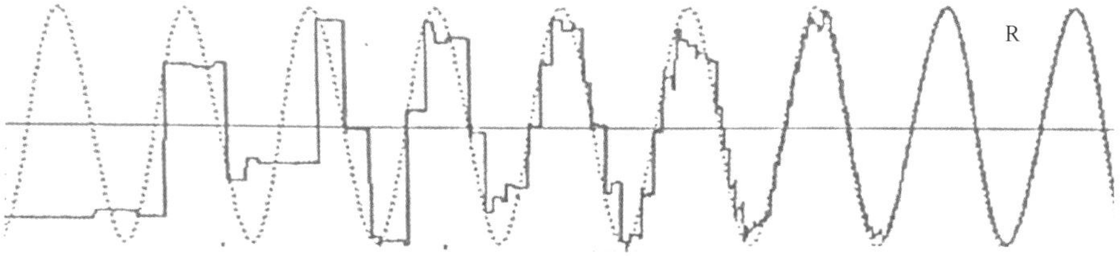

(a) 典型VFTO理论合闸波形

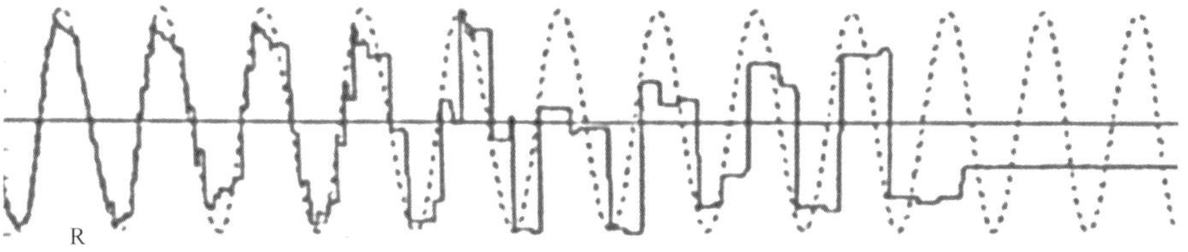

(b) 典型VFTO理论分闸波形

图 3-76 典型的 VFTO 理论波形（虚线为工频电压波形）

VFTO 对设备的影响表现形式主要为电压行波，暂态电磁场，暂态地电位升。行波在 GIS 内将作用在导体、外壳之间，对内绝缘考核很严；传输至空气绝缘设备，对线圈类设备绕组端部绝缘影响很大。暂态电磁场会对二次设备产生干扰。暂态地电位升会造成二次设备绝缘击穿。认识到这些危害后已提出了一些措施，如提高离开关触头运动速度，加强线圈类设备绕组端部绝缘，回路中加阻尼器等。

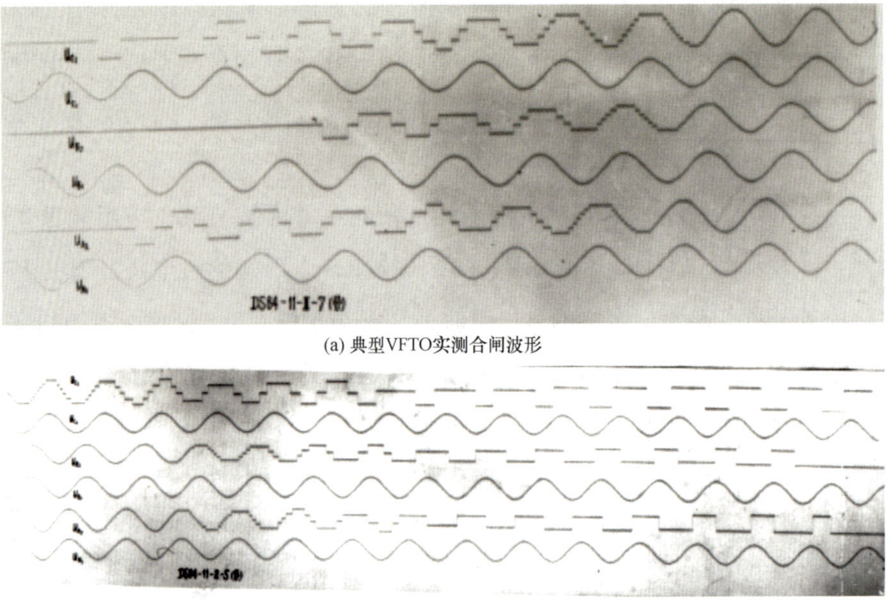

(a) 典型VFTO实测合闸波形

(b) 典型VFTO实测分闸波形

图 3-77　典型的 VFTO 实测波形

小结

电力系统中开关类设备实际上是指能够用于控制电流的电气设备，即在任何一个闭合电路乃至一个系统中，能够实现关合或开断电流的设备。随着电力系统的发展，对开关设备的性能要求也不断在增加，逐步扩大到目前的范畴。标准定义的开关设备，是指主要用于与发电、输电、配电和电能转换有关的开关装置以及其与控制、测量、保护及调节设备的组合，包括由这些装置和设备以及相关联的内部连接、辅件、外壳和支撑件组成的总成。

运行中的开关类设备要承受长时间的运行工作电压和各种短时过电压的作用，绝缘系统须具备良好的绝缘性能才可胜任。开关设备所有的绝缘系统设计都是基于绝缘介质的特性，并考虑系统在运行中受暂态和冲击过电压作用程度，以及电力系统中性点接地方式和过电压限制装置的类型，安装使用地点的气候和环境条件等因素后，通过所选用的绝缘材料及其材料配方，绝缘件的设计和制造加工工艺去实现符合标准要求的绝缘水平。同时这个绝缘性能还要解决在预期的寿命周期内内绝缘老化和外绝缘污秽影响的问题。

开关类设备在运行中发生绝缘性故障的原因有很多，本章从电气性能、机械性能、热性能、环境影响和过电压影响这五方面去分析。大量案例表明故障起因可能会是单一的，但随着缺陷发展，其他因素也会参与作用，加快该过程发展，最终导致故障发生。因此在考虑影响绝缘性能因素的时候，应全面考虑各种因素的综合作用。

习题与思考题

3-1 简述标准开关设备的定义并列举几种常见的开关类设备。

3-2 高压交流断路器主要有哪几部分组成？并简述各组成部分的功能。

3-3 GIS 设备主要包含哪些功能元件？

3-4 开关类设备哪些部位容易发生电场畸变或场强集中？有哪些优化措施？

3-5 请列举几种影响开关类设备绝缘强度的因素。

3-6 请标出图 3-78 断路器灭弧室结构中各部位名称。

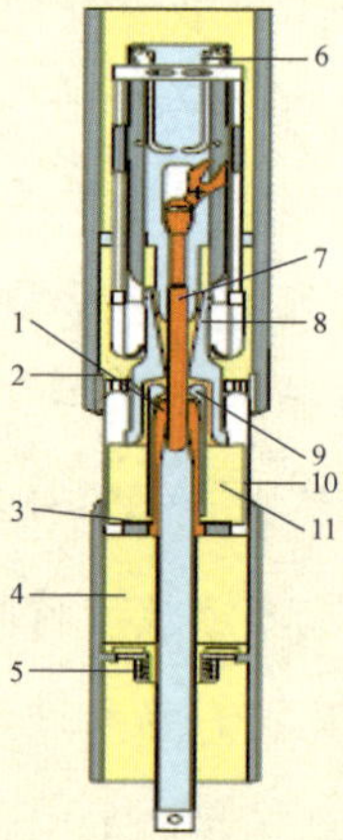

图 3-78 断路器灭弧室结构图

3-7　开关类设备有哪些常用的绝缘介质?

3-8　为什么说 SF_6 气体是一种优良的绝缘和灭弧介质?

3-9　为什么要严格控制开关设备中 SF_6 气体中水分的含量?

3-10　为什么开关类设备的介质的电气性能会影响绝缘性能?

3-11　简述影响液体绝缘介质的因素。

3-12　简述固体绝缘介质有哪几种击穿形式。

3-13　何为 VFTO? 简述 VFTO 对开关类设备的危害。

3-14　什么类型的绝缘介质需要考虑机械特性?

3-15　为什么开关类设备要着重关注发热问题?

3-16　简述污秽对开关类设备外绝缘的影响。

第 4 章

CHAPTER FOUR

04

其他变电设备的电气绝缘

电容器是电力系统中的常用设备，电容器在无功补偿、载波通信、电气参数监测和冲击发生器等装置中有广泛的应用。避雷器在电力系统绝缘配合和过电压保护方面占有重要地位，是现代电力系统安全运行的基础之一。高压互感器是电网中的重要电气设备，在发电厂和变电站中，部分互感器是接在母线上的，一旦发生事故，往往会造成母线停电，甚至造成系统事故；互感器爆炸，必然危及周围设备，也包括对人身安全的威胁，后果是非常严重的。中性点接地设备包括消弧线圈、接地变以及接地电阻。当电网发生单相接地故障，消弧线圈提供电感电流补偿故障点电容性电流，有利于防止弧光过零后重燃，达到灭弧目的，降低高幅值过电压出现概率，防止事故进一步扩大。当变压器无中性点或中性点未引出，可以采用专用接地变压器作为人为设置的中性点。在变压器的中性点（或借用接地变压器引出中性点）串接一电阻来泄放间歇性的弧光过电压中的电磁能量，降低中性点电位，减少电弧重燃的可能性，抑制了电网过电压的幅值，并使有选择性的接地保护得以实现。本章主要介绍电容器、避雷器、互感器及中性点接地设备的电气绝缘。分别从绝缘结构、电气性能、绝缘性能的影响因素这三个方面展开。

4.1 电容器的电气绝缘

4.1.1 电容器的绝缘结构

电力系统中常用的电容器有并联电容器、串联电容器、耦合电容器、断路器均压电容及电容式电压互感器的电容分压器。

1. 并联电容器

并联电容器一般用于改善电力系统、线路和设备功率因数，其电容量较大（μF 级），额定电压多为 35kV 及以下，结构特点是将串并联电容元件密封在铁壳中，充以绝缘油，引线由瓷套管引出。并联电容器由电容元件、外壳和出线套管以及内部绝缘介质等组成，如图 4-1 所示为分散式并联电容器的结构。电容元件由极板和电容器纸或膜卷制而成，通过在内部将不同数量的电容元件进行串联和并联的方法，可以制成满足不同容量和电压要求的电容器，因此电容元件是电容器的关键部件。外壳有金属、瓷套和酚醛绝缘纸筒等几种，金属外壳有利于散热，且有一定防爆作用；瓷套和酚醛绝缘纸筒外壳的外绝缘性能较好。串联元件组间、芯子（或器身）对金属外壳间等采用绝缘件绝缘，这些绝缘件应能承受住电容器耐压试验的电压并有足够的裕度（例如 2~3 倍试验电压）。

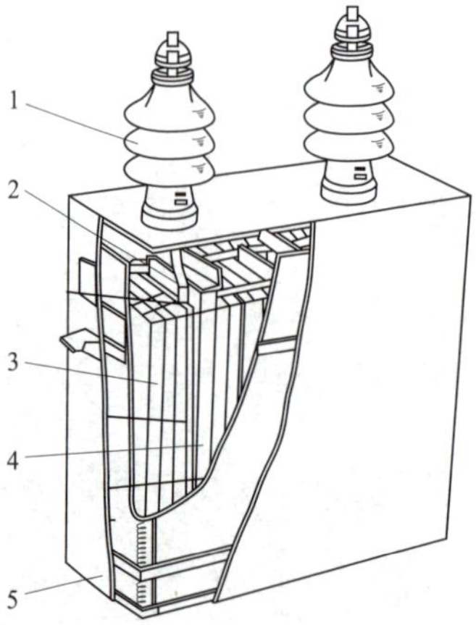

图 4-1　分散式并联电容器结构

1—出线套管；2—出线连接片；3—元件；4—组间绝缘；5—外壳

2. 串联电容器

串联电容器与线路串联，以补偿长距离线路的感抗，减小线路压降，改善电压调整率，提高传输容量。由于串联电容器是串联在线路上，当出现很大的故障电流时，将引起串联电容器两端的电位差显著增高。因此，除了电容器两端并联快速开关、火花间隙、晶闸管阀组外，在设计串联电容器时选取的工作场强比并联电容器低；也有采用提高铁壳内压力等办法，以改善其局部放电特性。

3. 耦合电容器及电容式电压互感器的分压电容

耦合电容器主要作为工频交流系统的高频通信、测量、控制、保护以及抽取电能等装置中的部件。耦合电容器电容量一般为3000~15000pF、额定电压在35kV及以上。其结构特点是将串并联电容元件密封在瓷套中，高压端接带阻波器的高压引线，另一端由底部的小瓷套管引出，接滤波器。如图4-2所示为输电线上通信和抽取电能所采用的耦合电容器应用原理及结构。耦合电容器在1.15倍额定工频电压并迭加通信用的高频（40~500kHz）电压下应能长期可靠工作，并能经受系统中的过电压作用，每一电容元件的电压要比并联电容器低15%~20%。电容器的电容和电感是高频信号电路参数，其数值及稳定性影响通信及保护装置工作，这要求电容器电感、额定电容容差及电容温度系数均要小。

上述要求决定了耦合电容器的结构与并联电容器不同，通常采用有伞裙的大瓷套装上由钢板制成的底座和端盖作为外壳，底和端盖用螺栓及压环紧固在瓷套的两端。芯子由数十个甚至上百个元件串联而成并固定于电容器的底座上，并在芯子上部装有用薄钢板制成的扩张器，作为补偿油体积随温度的变化。

4. 均压电容器

均压电容器并联于断路器断口上，起均压及增加断路器断流容量的作用。均压电容受电压作用的时间不长，但当断路器动作时，可能受到较高的过电压。其结构与耦合电容器基本一致，如图4-3所示，根据标准GB/T 4787—2010《高压交流断路器用均压电容器》，断路器均压电容器的绝缘水平见表4-1。

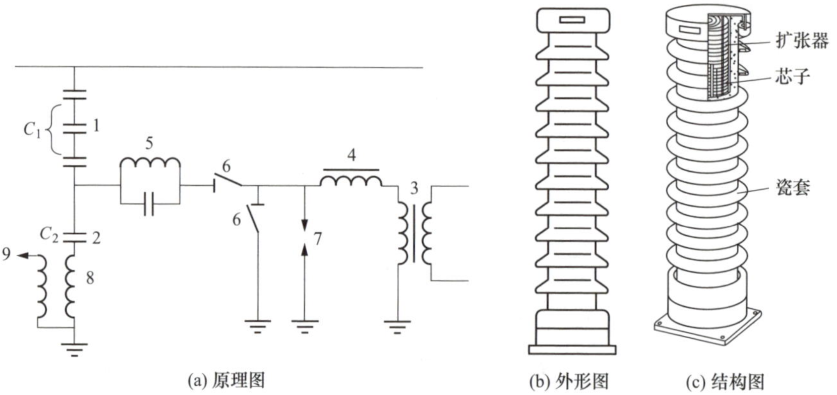

图 4-2 耦合电容器应用原理及结构

1—耦合电容器；2—抽取功率用电容器；3—抽取功率用变压器；4—电抗器；5—高频阻波器；6—隔离开关；7—保护间隙；8—高频变压器；9—接高频通信设备

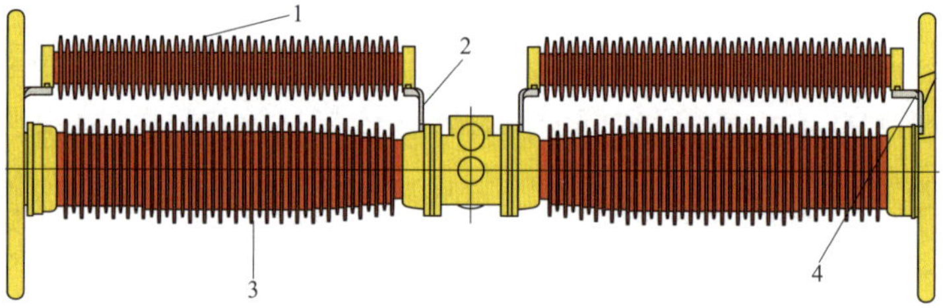

图 4-3 均压电容器结构

1—均压电容；2—内侧支架；3—灭弧单元；4—外侧支架

表 4-1 断路器均压电容的绝缘水平 kV

电容器的额定电压	绝缘水平			
	额定短时工频耐受电压（方均根值）	2h 工频耐受电压（方均根值）	额定雷电冲击耐受电压（峰值）	额定操作冲击耐受电压（峰值）
40	130	80	360	205
90	260	180	590	380
120	325	240	775	615
150	360	300	810	660

续表

电容器的额定电压	绝缘水平			
	额定短时工频耐受电压（方均根值）	2h 工频耐受电压（方均根值）	额定雷电冲击耐受电压（峰值）	额定操作冲击耐受电压（峰值）
180	460	360	1110	760
240	580	480	1380	1095
360	790	720	1985	1350

4.1.2 电容器绝缘介质的电气性能

在其他绝缘结构中，绝缘介质除了对不同电位的导体起着绝缘及机械固定的作用，在电容器中，还有一个作用是储存能量。电容器的绝缘介质有液体介质和固体介质，其中固体介质为主要的绝缘介质，液体介质主要用来填充气隙，提高工作场强。由于材料缺陷、杂质及制造工艺的缺陷，可能导致固体介质内部局部电气强度较弱（称为电弱点），且厚度越大，缺陷存在的可能越大，单位面积介质中的电弱点数目也越多。因此，在电容器中，为实现较高的工作电压，电极之间通常采用多层固体介质的方式进行绝缘，在电容器中每层介质厚度一般不超过 15μm，以避免电弱点重叠，从而提高介质的工作场强。

1. 电容器的绝缘介质

电容器的绝缘介质有固体介质和液体介质，固体介质主要有电容器纸和塑料薄膜。

（1）固体介质。

1）电容器纸。电容器纸的特点是密度高、机械强度高、电气强度高。电容器纸中的纤维为极性介质，且为多孔性材料，因此吸湿性很强，含水量可达纸重的 7%～10%。水分的存在不但使纸的绝缘性能下降，而且将加速纸的老化。电容器纸在常温下的化学稳定性好，但当温度在 120℃以上时氧化速度加快，机械强度下降，超过150℃后将迅速分解。

电容器纸在高温时具有较大的电导损耗，且其低密度导致电气强度降低，因此，很少单独用纸作为电容器绝缘材料。目前，电容器纸的主要用途是与聚酯膜一起作为脉冲电容器的绝缘介质，其中纸起到引导绝缘油进入，实现聚酯膜完全浸渍、排除气体的作用。

2）塑料薄膜。电容器中常用的塑料薄膜有聚丙烯、聚苯乙烯、聚酯、聚碳酸酯薄膜。塑料薄膜的特点是机械强度、电气强度及绝缘电阻都很高，中性或弱极性的薄膜的介质损耗角正切值 tanδ 值远小于电容器纸，几种常用薄膜性能见表4-2。

表4-2　几种常用电容器薄膜的性能

材料名称	密度（g/cm^2）	吸潮（%）	抗张强度（N/m^2）	延伸率（%）	长期工作温度（℃）	ε_r（50Hz）
聚丙烯	0.91	＜0.01	纵向＞100 横向＞140	20～100	100	2.2
聚苯乙烯	1.05	＜0.01	40～75	2～4	60	2.5
聚酯	1.39	0.3～0.4	＞140	40～130	120	3.2
聚碳酸酯	1.2	＜0.01	50～70	100	125	3

材料名称	电容温度系数（℃）	tanδ（50Hz）20℃不大于	ρ_v（Ω·m）20℃不小于	E_r（MV/m）不低于	导热系数[W/（m·℃）]
聚丙烯	-2×10^{-4}	0.0004	10^{13}	200	2.2×10^{-1}
聚苯乙烯	-7×10^{-5}	0.0001	10^{15}	110	8×10^{-1}
聚酯	5×10^{-4}	0.003	10^{14}	160	15×10^{-1}
聚碳酸酯	3.5×10^{-4}	0.002	10^{14}	160	

聚丙烯属非极性材料，电气性能、机械性能优异，耐热性好，而且来源广泛，因此聚丙烯薄膜已经成为电容器主要的绝缘介质。目前在电容器中，聚丙烯膜的工作场强最高已经达到70V/μm（有效值），远高于电容器纸。由

聚丙烯薄膜与苯甲基硅油构成的组合绝缘的特点是耐短时过电压特性好、损耗小、电容稳定、寿命长，因此适于制造串联和耦合电容器。聚苯乙烯薄膜因其 $\tan\delta$ 较小而在早期广泛用于高频和电容量要求稳定的场合。聚酯薄膜属强极性材料，其最大特点是介电常数较高，其他性能也较好，但 $\tan\delta$ 偏大。聚碳酸酯薄膜也是极性薄膜，具有与聚酯薄膜相似的电气特性。

一般情况下塑料薄膜表面光滑，互相紧贴，浸渍剂难以进入，为此可采用两种办法，一是用纸和塑料薄膜交替排列；二是将薄膜表面进行粗化处理（表面粗化度约为 0.4μm），经过粗化的薄膜，再配以在较高的真空度下的浸渍，浸渍剂就可以很好地浸透。这样的薄膜或纸—膜结构的电容器比矿物油浸纸绝缘的电容器的储能密度大很多，如聚酯膜—纸—油组合绝缘是电容器中广泛采用的绝缘方式。

（2）液体介质。对于采用纸和薄膜作为绝缘介质的电容器，为了提高电气性能，必须浸渍液体介质，液体介质用来填充固体介质中的空隙，从而提高组合绝缘的介电常数、电气强度及改善散热条件等。在选用电容器的浸渍剂时，应考虑几方面的性能要求，包括较好的电气性能和理化性能，如较大的电阻率和较高的电气强度、较小的介质损耗、较好的黏度、较大的工作温度范围、无毒等。

1）电容器油。电容器油是矿物油，经变压器油提纯、除气后得到，具有电气强度高、介质损耗小的优点；但易老化，当工作温度超过 80℃时，热老化加剧，而且长期处于高场强下时常会分解出气体。硅油及其他有机合成液体绝缘介质具有耐热性高（可达 200℃以上）、化学稳定性好、$\tan\delta$ 低、介电常数比矿物油稍高且随频率和温度变化小的特点，而苄基甲苯、二芳基乙烷等合成油的绝缘性能更好，$\tan\delta$ 很小，低温下耐局部放电性能好，且与薄膜相容，毒性低并能生物降解。目前，合成液体介质已逐步取代电容器油，广泛用于浸渍电容器。

2）三氯联苯。三氯联苯（PCB）作为电容器的浸渍剂，具有电热稳定性好、介电常数高、闪点高等优点，但黏度大，凝固点高，低温局放性能差，更主要的是有毒，且不易生物降解，造成环境污染。

3）十二烷基苯。十二烷基苯（DAB）其性能比矿物油好。它是芳香烃的一种，具有较低的黏度、密度、凝固点和损耗，可以在较高的场强下长期工作，和聚丙烯薄膜相容性好，介质损耗低，体积电阻高，具有一定的吸气性。主要存在的问题是闪点低，氧化老化酸值增加快，低温下黏度增加快，局部放电性能差。

4）蓖麻油。蓖麻油是一种植物油，是极性浸渍剂，用以浸渍直流电容器和脉冲电容器，其击穿场强比氯化联苯高，介电常数为4.5，高频下 $\tan\delta$ 低，工作温度为-40~85℃。其优点是耐电晕性好，在高温高电场下电极表面生成一层聚合物薄膜层，使电容器有较长寿命。其缺点是绝缘电阻系数较低、黏度较大、净化处理比较困难和来源于农产品。

（3）组合绝缘介质。电容器实际用的绝缘介质通常不是单一材料，而是组合绝缘介质，如浸渍纸、浸渍薄膜及浸渍纸和薄膜的组合绝缘。

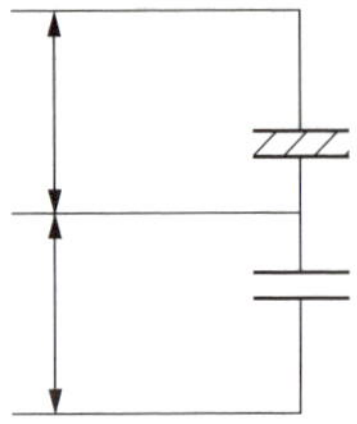

图 4-4　油浸结构等效电路

以常用的油浸纸为例，纸由纤维素和空隙组成，大部分纤维素与纸表面平行，因此可把纸看成由纤维层和空气层的串连组成，通常用几层纸做极间介质，空气层还应包括纸层间的气隙，其等效电路如图4-4所示。

对组合绝缘施加以交流电压时，由于液体浸渍剂或者所含气体夹层上所分到的场强常高于固体电介质层，特别是气体夹层，其介电常数小、分到的场强高，而其电气强度却低，就成了薄弱环节，气体夹层会先发生局部放电。如果是在工作电压下持续局部放电，将会引起组合绝缘逐步损坏。

2. 电容器的绝缘性能

电容器的绝缘电阻是表示电容器绝缘性能好坏的一个重要参数。

当直流电压 U 加于电容器上并产生泄漏电流 I_1 时，两者之比称为电容器的绝缘电阻，用 R 表示，即

$$R = \frac{U}{I_1} \tag{4-1}$$

电容器的泄漏电流由两部分组成，即通过电容器芯子的泄漏电流 I_v（又称体积泄漏电流）和通过两引出端之间的表面泄漏电流 I_s，显然，$I_1 = I_v + I_s$，将这两部分电流代入式（4-1），则绝缘电阻为

$$R = \frac{U}{I_1} = \frac{U}{I_v + I_s} = \frac{1}{\frac{1}{R_v} + \frac{1}{R_s}} = \frac{R_v}{1 + \frac{R_v}{R_s}} \tag{4-2}$$

式中：R_v 为体积泄漏电阻，对应 I_v；R_s 为表面泄漏电阻，对应 I_s。

电容器的绝缘电阻等于体积泄漏电阻和表面泄漏电阻的并联。

当电容器的电容量较小（$C < 0.1\mu F$）或电容量虽大但电容器表面严重受潮或脏污的情况下，$R_s \ll R_v$，电容器的绝缘电阻由 R_s 决定，即

$$R \approx R_s = \rho_s \frac{l}{b} \tag{4-3}$$

式中：ρ_s 为两引出端间绝缘材料的表面电阻率，MΩ；l 为 I_s 流过的长度，cm；b 为 I_s 流过的宽度，cm。

当电容器的电容量较大（$C > 0.1\mu F$）同时电容器防潮保护较好，表面也没有脏污的情况下，$I_v \gg I_s$，即 $R_s \gg R_v$，C 较大，则$\frac{d}{S}$较小，而 R_v 与$\frac{d}{S}$成正比，所以电容量大的电容器 R_v 小。此种情况下电容器的绝缘电阻主要由 R_v 决定，即

$$R \approx R_v = \rho_v \frac{d}{S} \tag{4-4}$$

式中：ρ_v 为介质材料的体积电阻率，MΩ · cm；S 为极板有效面积，cm^2；d 为介质厚度，cm。

综上所述，当电容器的电容量较大时，其绝缘电阻主要决定于介质的性能。当电容的电容量较小或容量虽大但表面受潮或脏污时，绝缘电阻主要决定于电容器的表面状况。

对于容量较大的电容器，绝缘性能主要由介质性能决定，即 $R \approx R_v$，利用同一种介质料做成不同电容量的电容器，绝缘质量应该相同，并与尺寸无关。由于电容器的电容量与几何尺寸有关，电容量越大，d/S 就越小，因此体积电阻也越低。在测试中，电容量越大的电容器，其绝缘电阻越小，但这并不说明容量大的电容器的绝缘质量就比容量小的差，只是由于电容器芯子的几何尺寸的改变才导致了绝缘电阻的改变。

4.1.3 影响电容器绝缘性能的因素

对于电容器的绝缘来说，在交流电压下，电压分配与各层的电容成反比；在直流电压下，电压分配与各层的绝缘电阻成正比。电容器的绝缘性能与许多因素有关，内在的因素是材料的成分，外界因素则有机械力、电流的类型、电场强度、压力、温度、时间等，制造工艺不同则电气性能也有较大的差别。

1. 气隙的影响

电容器在制造及长时间运行过程中，不可避免地会有些气隙或油隙。而在交流电压下，电场分布与该材料的介电常数成反比，气体的介电常数一般比其他绝缘材料的要低得多，因此承受的电场强度就大。当外加电压足够高时，气隙中首先发生局部放电。图 4-5 为含气隙的电介质示意图及等值电路。

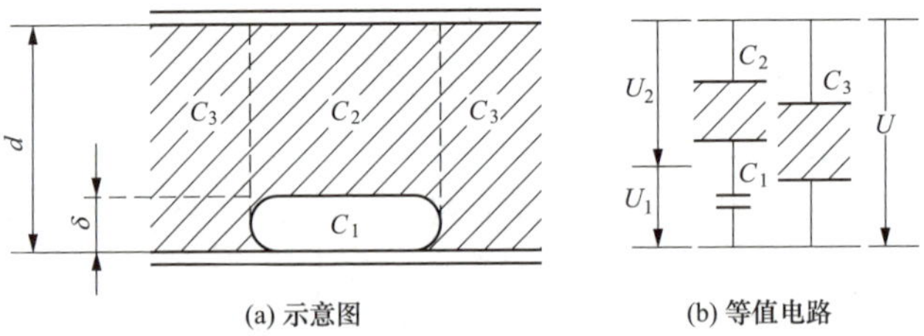

图 4-5　含气隙的电介质示意图及等值电路

则在交流电压下，C_1 所分担的电压为

$$U_1 = \frac{C_2}{C_1 + C_2} U_1 = \frac{\varepsilon_s \delta}{\varepsilon_s \delta + \varepsilon_g (d - \delta)} U \tag{4-5}$$

式中：ε_g、ε_s 为气隙及固体电介质的相对介电常数。

当外施电压上升而气隙所分担的电压 U_1 达到其放电电压 U_d 时，此气隙先放电，整个绝缘的平均局部放电起始场强为

$$E_{in} = \frac{U}{d} = \frac{U}{\varepsilon_s \delta}\left[\varepsilon_g + \frac{\delta(\varepsilon_s - \varepsilon_g)}{d}\right] \tag{4-6}$$

局部放电可以在电容器极板下面的绝缘层中即均匀电场部分所包含的气隙中发生，也可以在极板边缘电场集中处发生。局部放电时，离子或电子直接撞击介质使液体介质分子分解；介质中的气泡放电产生臭氧、氮的氧化物等，使介质遭到化学腐蚀；局部放电使介质损耗增大和局部过热，同时产生对介质有损伤作用的光。气隙放电时，离子的离解和复合可以产生充放电的高频脉冲，每周波中放电次数及局部放电强度随电压和频率的增加而增加。但是随频率的提高，起始局部放电场强改变较小，当频率由 50Hz 变为 1～10kHz 时，浸渍纸的起始局部放电场强降低不超过 50%。

局部放电对绝缘介质的危害极大，易使绝缘介质电老化，性能变坏（如击穿场强降低等），以至绝缘逐渐破坏。因此，电容器（特别是用于交流电压下的电容器）宜选用高电场作用下不析气的浸渍剂；设计产品时应选取合理的极间介质厚度和工作场强；同时还要严格控制浸渍剂处理及产品真空浸渍工艺，提高真空度，尽量消除气泡，以提高产品的局部放电场强，从而保证交流电容器在局部放电试验时不发生局部放电，或即使发生局部放电但不发展。

2. 温度的影响

电容器在电压作用下，产生损耗并引起发热，电容器的温度逐渐升高，当电容器绝缘介质中存在绝缘薄弱点时，电容器内部的温度将会越来越高，损耗会越来越大。当超过绝缘介质的最高极限温度时，介质局部将被烧裂、

烧焦直至完全丧失绝缘性能。其 $\tan\delta$ 的温度特性如图 4-6 所示。

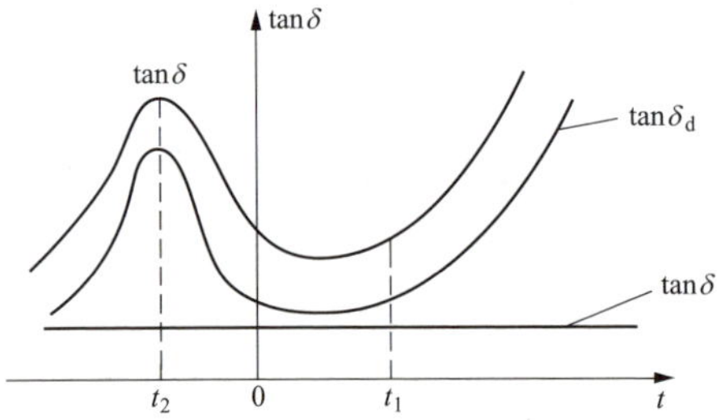

图 4-6 电容器 tan δ 随温度变化的一般规律

$\tan\delta_d$ 是介质的损耗角正切值，由电导损耗和极化损耗组成，当温度较低时，极化损耗是主要成分，$\tan\delta$ 的温度特性曲线上有峰值出现；当温度比较高时（$t > t_1$），介质损耗急剧增大，表明在高温区电导损耗成为主要损耗成分。对于某些有机介质电容器，其 $\tan\delta$ 的温度特性曲线上有两个峰值，分别出现在正负温区，引起的原因不同。

$\tan\delta_m$ 是金属部分的损耗角正切值，由于 r_m 随温度上升而缓慢增大，所以决定了 $\tan\delta_m$ 随温度上升是缓慢增大。

若介质不具有缓慢极化，则电容器的 $\tan\delta$ 温度特性比较简单，只是 $\tan\delta$ 随温度缓慢上升，在高温下，由于电导损耗迅速增加，而使 $\tan\delta$ 急剧增加。

由以上分析可知，电容器的工作温度受到一定的限制，否则电容器将无法正常工作，极端情况下，会引起电容器的参数变差，甚至造成电容器的破坏。

3. 电流的影响

绝缘介质在电场作用下发生极化过程和电导过程，伴随着能量损耗，即电介质损耗。电介质损耗分为电导损耗、极化损耗和电离损耗三种。其中电导损耗与温度有关，随着温度上升，电导率增加，损耗随之一般呈指数规律上升。高温时电导损耗将成为介质损耗的主要形式。因此当电容器正常运行时，其绝缘介质在电流作用下发热，当失去热平衡时，就会使局部温度缓慢升高，达到一定程度时会造成绝缘损坏。

4. 典型案例

某站 10kV 2 号电容器甲组电容器组受大电流影响有 19 根电容器熔断器被

熔断，并在部分熔丝上存在爆熔现象，如图 4-7 所示，并在电容器接线桩头及电容器壳体上有弹性熔丝被熔断后反弹触碰电容器本体外壳后放电烧黑痕迹，如图 4-8 所示。

图 4-7　电容器熔断器被熔断

图 4-8　外壳被放电烧黑痕迹

（1）解体结果。此电容器以聚丙烯薄膜作为固体介质，浸渍以液体介质，极板材料为铝箔，元件由聚丙烯薄膜和铝箔卷压制而成。电容器采用双套管结构，内部元件连接及组成如图 4-9 所示，共 16 个元件采用 4 并 4 串的结构。

对其一电容器解体后发现：电容器铝箔表面皱褶过多、电容器元件断面有明显的放电痕迹，如图 4-10（a）所示；串联段元件被击穿，如图 4-10

(b)、(c) 所示，击穿点附近的浸渍剂已由原来的淡黄色变成了黑色，并且散发出烧焦的味道；三根打包带全部断裂，如图 4-10 (d) 所示。

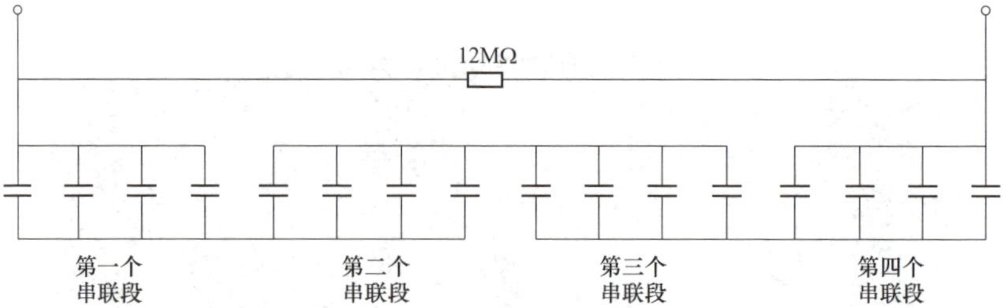

图 4-9　电容器内部元件连接方式

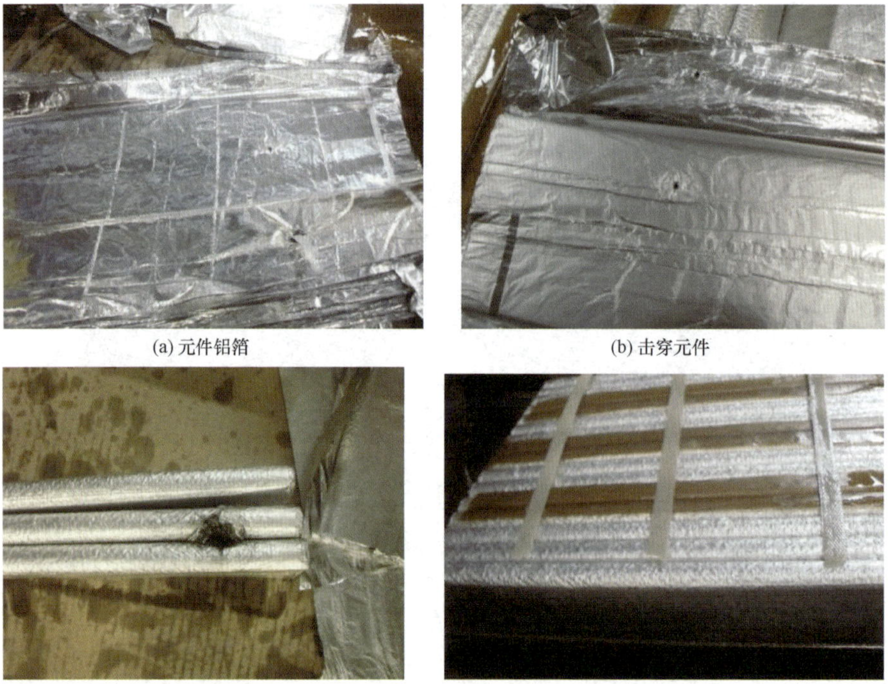

(a) 元件铝箔　(b) 击穿元件　(c) 击穿元件　(d) 打包带断裂

图 4-10　解体的电容器

(2) 原因分析。对 10kV 2 号电容器甲组电容器组测量电容量，其中 10 台被测试出电容量严重超标，见表 4-3。

表 4-3 被测试出电容器超标的电容器

序号	故障电容器铭牌	铭牌值（μF）	实测值（μF）
1	甲 A4	8.07	11.74
2	甲 A5	8.07	10.55
3	甲 A6	8.04	11.45
4	甲 A7	8.02	10.21
5	甲 A8	8.13	12.10
6	甲 B3	8.16	11.17
7	甲 B5	8.05	11.77
8	甲 B6	8.03	11.41
9	甲 B9	8.08	10.11
10	甲 C10	8.06	11.28

因介质的损耗与电容量是成正比的，由表 4-3 中数据可知，在大电流的作用下，电容器的损耗增大。测量电容器的放电电阻阻值为 12MΩ，在正常运行时，放电电阻的发热量为 3.36W，当电容器端部电压升高或内部元件有击穿时，放电电阻的发热量会大幅度提高，随着温度的升高，绝缘介质（浸渍剂苄基甲苯油）的绝缘性能降低，同时随温度的升高聚丙烯薄膜表面发泡，其击穿场强降低，造成第一个串联段元件被击穿，最后整个电容器的绝缘性能遭到破坏。

4.2 避雷器的电气绝缘

4.2.1 避雷器的工作原理

1. 避雷器的使用要求

避雷器是一种并联在电气设备上的电器，用于保护电气设备免受雷电、操作过电压的侵害。当系统或设备上出现雷电、操作过电压，通过它放电以限制雷电、操作过电压的作用。为达到预期的保护效果，必须正确选择和使用避雷器，一般有如下基本要求。

（1）雷电、操作过电压侵入系统或设备并危及被保护对象时，避雷器应能瞬时动作。

（2）避雷器在冲击电压作用下放电，形成对地短路将过电压瞬间释放掉，此后系统工频电压仍作用在避雷器上，短路通道中会流经工频电流，即工频续流。为避免断路器跳闸，避雷器须迅速截断工频续流，恢复绝缘强度以保证电力系统正常运行。

（3）应具有平直的伏秒特性曲线，并与被保护设备的伏秒特性曲线之间有合理的配合，如此可在被保护设备击穿前避雷器先动作，将过电压截断，从而起着可靠保护。

（4）具有一定通流容量，且其残压应低于被保护设备的冲击耐受水平。避雷器动作以后，在规定的雷电流通过时不应损坏避雷器，同时避雷器上产生的压降——残压（冲击电压在避雷器上产生的最大压降）应低于被保护物的冲击耐压。否则，虽然避雷器动作，被保护物仍有被击穿的危险。

2. 常用的几种避雷器

常用的避雷器有阀型避雷器和金属氧化物避雷器，前者有普通型和磁吹型两种。本书主要介绍变电设备，线路用的管型避雷器、带外间隙的金属氧化物避雷器等就不再赘述。

（1）普通型阀式避雷器。普通型阀式避雷器由火花间隙和非线性电阻两部分组成，其结构如图 4-11 所示。

火花间隙的作用是绝缘、放电和灭弧。普通型阀式避雷器的火花间隙由许多单个间隙串联而成，单个间隙的电极由黄铜冲压而成，两电极以云母垫圈隔开形成间隙，间隙距离为 0.5~1.0mm。由于电极之间的电场接近均匀电场，而且在过电压的作用下云母垫圈与电极之间的空气缝隙中还会发生局部放电，对间隙提供了光辐射使间隙的放电时间缩短。因此火花间隙的伏秒特性比较平缓，放电分散性也较小，有利于实现绝缘配合。单个间隙的工频放电电压为2.7~3.0kV（有效值）。

非线性电阻通常称为阀片电阻，主要由碳化硅（SiC）和结合剂烧结而成，阀片的电阻值随流过电流的大小而变化。阀片电阻的主要作用是利用其阀性来限制雷电流下的残压。

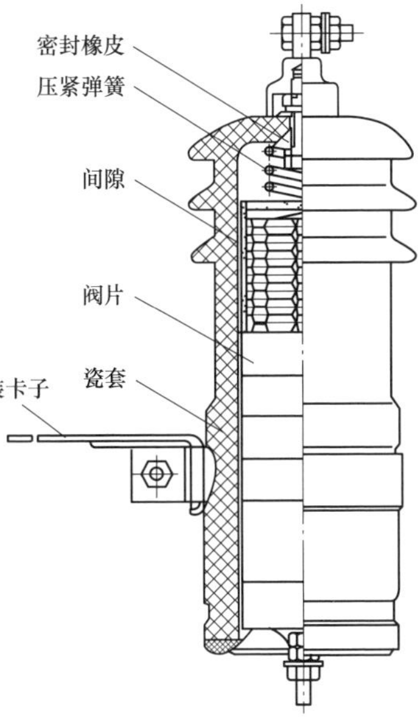

图4-11　阀式避雷器结构

（2）磁吹型阀式避雷器。为了改善阀式避雷器的保护特性，在普通型基础上发展了磁吹型阀式避雷器。与普通型相比较，它具有更高的熄弧能力和较低的残压，因此适用于电压等级较高的变电站电气设备的保护以及绝缘水平较弱的旋转电机的保护。

磁吹避雷器的原理和基本结构与普通型避雷器相同，主要区别在于采用了磁吹式火花间隙。磁吹避雷器也是由许多单个间隙串联而成的，但它是利用磁场对电弧的电动力，迫使间隙中的电弧加快运动并延伸，使间隙的去游离作用增强，从而提高了灭弧能力。单个火花间隙的基本结构和电弧运动，火花间隙是一对羊角状电阻，在磁场作用下会产生电动力 F 使电弧拉长，电弧最终进入灭弧栅中，可达起始长度的数十倍。灭弧栅由陶瓷或云母玻璃制成，电弧在其中受到强烈去游离而熄灭，使间隙绝缘强度迅速恢复。单个间隙的工频放电电压约3kV，可以切断450A左右的工频电流。

由于电弧被拉长，电弧电阻明显增大，因此还可以起到限制工频续流的作用，因而这种火花间隙又称为限流间隙。计入电弧电阻的限流作用就可以适当减少阀片电阻的数目，这样又能降低避雷器的残压。

（3）金属氧化物避雷器。金属氧化物避雷器（MOA）也称为氧化锌避雷器，其非线性电阻阀片主要成分是氧化锌。另外还有氧化铋及一些其他的金属氧化物，经过煅烧混料、造粒、成型、表面处理等工艺过程而制成。金属氧化物避雷器的结构非常简单，由相应数量的氧化锌阀片密封在瓷套或者硅橡胶内组成，其结构如图 4-12 所示。

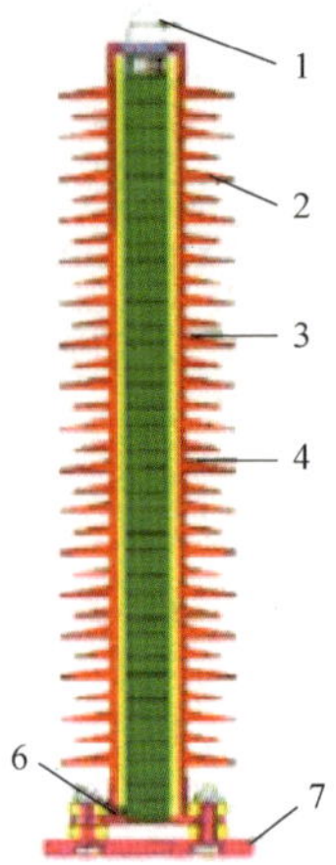

(a) 35kV ZnO避雷器结构图

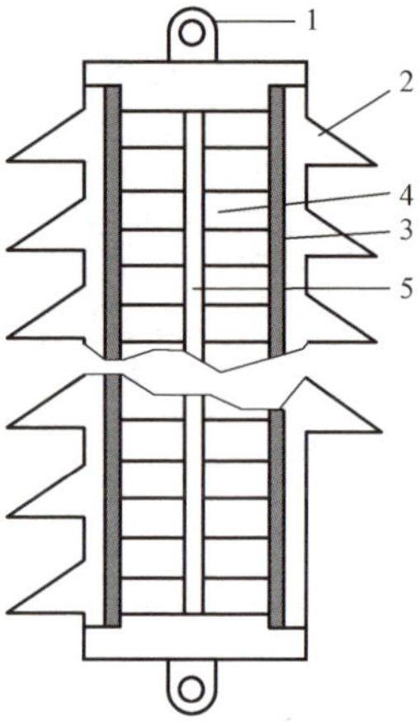

(b) 10kV ZnO避雷器结构图

图 4-12　两种 ZnO 避雷器结构

1—接线端子；2—硅橡胶伞裙；3—绝缘筒；4—ZnO 阀片；5—环氧玻璃钢芯棒；6—接地端子；7—接地端子

1）氧化锌阀片的伏安特性。氧化锌（ZnO）阀片较之碳化硅（SiC）阀片有非常优异的伏安特性，两者比较如图 4-13 所示。从二者对比可见，当 $I=10^4$A 下残压相同时，在相同工作电压下，SiC 阀片中的电流有 100A，而 ZnO 阀片中的电流却只有几十微安。也就是说，在工作电压下氧化锌阀片实际上相当于绝缘体，所以金属氧化物避雷器可以不用串联间隙隔离阀片电阻。

ZnO 电阻片的典型伏安特性如图 4-14 所示。在很大的电流范围内，伏安特性极其平坦，有非常优异的非线性，且是对称性的，与极性无关。因此，接近于理想的电压稳定装置，也是 ZnO 电阻片的最大特点之一。

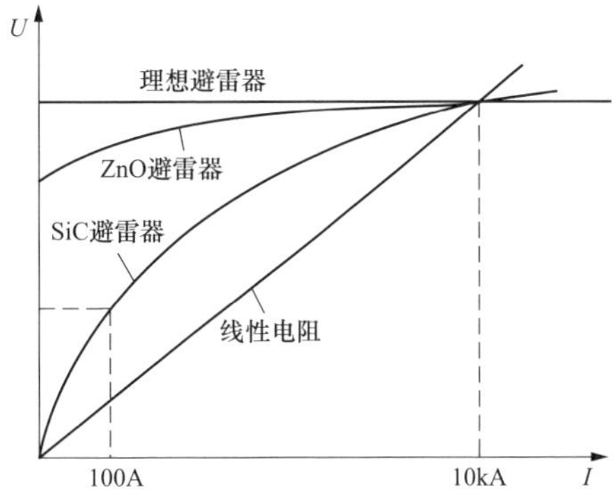

图 4-13 两种阀片伏安特性比较

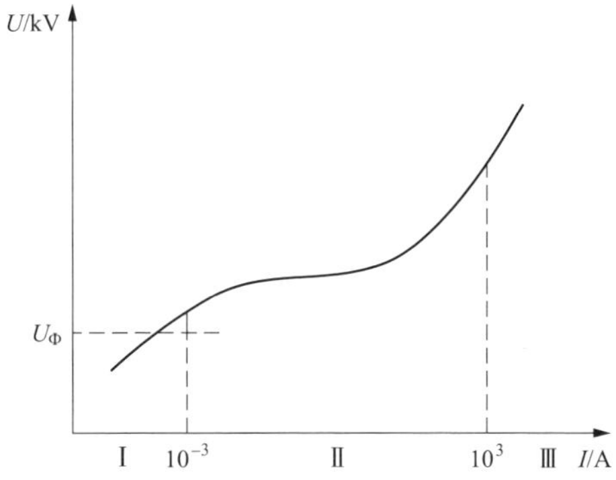

图 4-14 ZnO 电阻片的典型伏安特性曲线

整个特性曲线大致可分为三个区域。

区域Ⅰ：小电流区域，在此区内，电流在 1mA 以下，非线性系数 α 较高，为 0.2 左右，故曲线较陡峭。在正常运行电压下，氧化锌阀片工作于此小电流区。

小电流区伏安特性的一个重要特点是具有明显的负电阻温度系数。ZnO 电阻片在不同温度下的小电流区伏安特性曲线如图 4-15 所示。在−40～100℃内 U_{1mA} 的温度系数约为−0.05%/℃。

区域Ⅱ：工作电流区域。在这一区域电流为 10^{-3}～3×10^{3}A，非线性系数 α 大大降低，在 0.02～0.04。此区域内曲线较平坦，呈现出理想的非线性关系，所以此区域也称为非线性区。

ZnO 电阻片在击穿区具有正的温度特性，如图 4-16 所示。在 200℃下 10kA 的残压比室温时高约 6%，此特性在 ZnO 非线性电阻片并联使用时有助于改善电流的分布。

区域Ⅲ：为饱和电流区，随电压的增加电流增长不快，α 为 0.1 左右，非线性减弱。在此区域内 ZnO 电阻片的固有电阻开始起作用，特性曲线开始向上翘，非线性变差。和 SiC 非线性电阻一样，随着电流波的波前时间缩短，ZnO 电阻片的残压升高，但对电流波形的响应特性远优于 SiC 非线性电阻片。

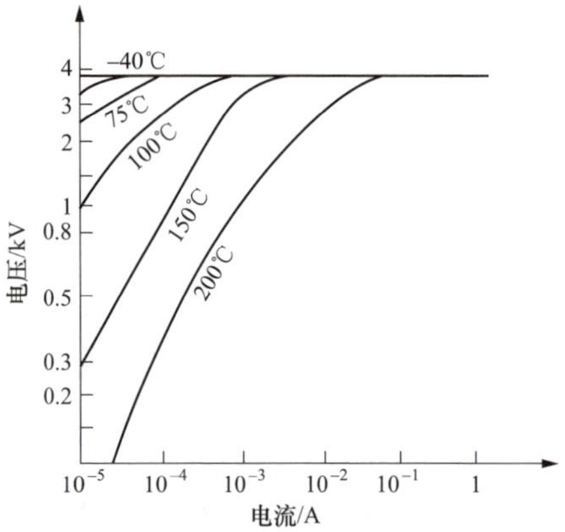

图 4-15　ZnO 电阻片在不同温度下的小电流区域伏安特性曲线

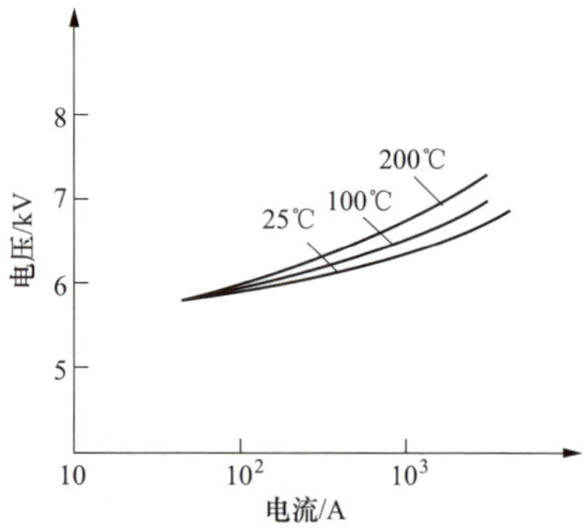

图 4-16　ZnO 电阻片在击穿区的伏安特性及其与温度的关系

2）金属氧化物避雷器的特点。与碳化硅阀型避雷器相比，金属氧化物避雷器有以下明显特点。

a. 保护性能好。虽然 10kA 雷电流下残压目前仍与碳化硅阀型避雷器相同，但后者串联间隙要等到电压升至较高的冲击放电电压时才可将电流泄放，而金属氧化物避雷器在整个过电压过程中都有电流流过，电压还未升至很高数值之前不断泄放过电压的能量，这对抑制过电压的发展是有利的。

由于没有间隙，金属氧化物避雷器在陡波头下伏秒特性上翘要比碳化硅阀型避雷器小得多，这样在陡波头下的冲击放电电压的升高也小得多。金属氧化物避雷器的这种优越的陡波响应特性（伏秒特性），对于具有平坦伏秒特性的 SF_6 气体绝缘变电站（GIS）的过电压保护尤为合适，易于绝缘配合，增加安全裕度。

b. 无续流和通流容量大。金属氧化物避雷器在过电压作用之后，流过的续流为微安级，可视为无续流，它只吸收过电压能量，不吸收工频续流能量。这不仅减轻了其本身的负载，而且对系统的影响甚微。再加上阀片通流能力要比碳化硅阀片大 4~4.5 倍，又没有工频续流引起串联间隙烧伤的制约，金属氧化物避雷器的通流能力很大，所以金属氧化物避雷器具有耐受重复雷和重复动作的操作过电压或一定持续时间短时过电压的能力。并且进一步可通过并联阀片或整只避雷器并联的方法来提高避雷器的通流能力，制成特殊用途的重载避雷器，用于长电缆系统或大电容器组的过电压保护。

c. 无间隙。无间隙可以大大改善陡度响应，提高吸收过电压能力，以及可采用阀片并联以进一步提高通流容量；可以大大缩减避雷器尺寸和重量；可以使运行维护简化；可以使避雷器有较好的耐污秽和带电水冲洗的性能。有间隙的阀式避雷器瓷套在严重污秽，或在带电水冲洗时，由于瓷套表面电位分布不均匀或发生局部闪络，通过电容耦合，使瓷套内部间隙放电电压降低，甚至在工作电压下动作，不能熄弧而爆炸。

4.2.2 避雷器的电气性能

1. 氧化锌阀片

ZnO 电阻片是以 ZnO 为主成分，加入少量的氧化铋（Bi_2O_3）、氧化钴（CoO）、氧化铬（Cr_2O_3）、氧化锰（MnO_2）、氧化锑（Sb_2O_3）以及其他微量金属氧化物等添加剂，经过混料、造粒、成型，在高于 1000℃ 的温度下烧结而成。

ZnO 电阻片具有和陶瓷电容器同等的静电电容（$\varepsilon = 1000 \sim 2000$）。在低的工频电压下，通过它的电流基本上是容性电流，随着电压的升高，有功电流迅速增大。当电场强度超过 1kV/cm（峰值）时，则主要是有功电流。

2. 碳化硅阀片

碳化硅是一种半导体材料，其电阻率介于金属与绝缘体之间。碳化硅具有优良的热性能，其膨胀系数低、导热率高、高温下不熔融且具有良好的化学稳定性。但是，在更高的温度下，碳化硅易蒸发并分解。其电导随杂质的增加而显著增加，并具有负的电阻温度系数，其电阻随温度的升高而降低。

3. 限制操作过电压用 MOA 的选择

（1）额定电压与持续运行电压。电气装置保护用相对地 MOA 的持续运行电压不应低于系统的最高相电压。变压器、并联电抗器中性点 MOA 的持续运行电压应按额定电压和适当的荷电率确定。

电气装置保护用 MOA 的额定电压可按式（4-5）或式（4-6）选取，确定参数时应依据系统暂时过电压的幅值、持续时间和 MOA 的工频电压耐受时间特性。有效接地和低电阻接地系统，接地故障清除时间不大于 10s 时，MOA 的额定电压可按式（4-7）选取

$$U_R \geqslant U_T \tag{4-7}$$

式中：U_R 为 MOA 的额定电压，kV；U_T 为系统的暂时过电压，kV。

非有效接地系统，接地故障清除时间大于 10s 时，MOA 的额定电压可按式（4-8）选取。

$$U_R \geqslant 1.25U_T \tag{4-8}$$

各种系统 MOA 的持续运行电压和额定电压可按表 4-4 选择。

表 4-4　　MOA 持续运行电压和额定电压

系统中性点接地方式		持续运行电压（kV）		额定电压（kV）	
		相地	中性点	相地	中性点
有效接地	110kV	$U_m/\sqrt{3}$	$0.27U_m/0.46U_m$	$0.75U_m$	$0.35U_m/0.58U_m$
有效接地	220kV	$U_m/\sqrt{3}$	$0.10U_m$ $(0.27U_m/0.46U_m)$	$0.75U_m$	$0.35kU_m$ $(0.35U_m/0.58U_m)$
有效接地	330~750kV	$U_m/\sqrt{3}$	$0.10U_m$	$0.75U_m$	$0.35kU_m$
非有效接地	不接地	$1.10U_m$	$0.64U_m$	$1.38U_m$	$0.80U_m$
非有效接地	谐振接地	U_m	$U_m/\sqrt{3}$	$1.25U_m$	$0.72U_m$
非有效接地	低电阻接地	$0.80U_m$	$0.46U_m$	U_m	$U_m/\sqrt{3}$
非有效接地	高电阻接地	U_m	$U_m/\sqrt{3}$	$1.25U_m$	$U_m/\sqrt{3}$

（2）工频参考电压。在避雷器参考电流下测得的工频电压的峰值值。参考电流是在等于或大于避雷器的额定电压下流过避雷器的工频电流的阻性分量的峰值。

（3）冲击残压。当避雷器在大气过电压作用下放电时，雷电流通过避雷

器的间隙和阀片，在避雷器的两端产生电压降，称为残压。残压过高时对被保护设备是不利的，它使电气设备的绝缘水平提高。冲击残压的测定对于 220kV 及以下的避雷器常在幅值为 5kA 的冲击电流下测定，对于 330kV 及以上的电力系统，雷电流可能较大，常以 10kA 或更大冲击电流来测定所用避雷器的残压。

（4）通流容量。这决定阀片通过电流的能力。避雷器在放电时要通过避雷器动作时的过电压与时间的关系过冲击电流，其幅值较大（例如 5kA）而时间较短，放电后灭弧前又要通过工频续流，其幅值较小（例如 50A）但时间较长。因此，避雷器阀片必须满足通流容量此两方面的试验要求。

4.2.3 影响避雷器绝缘性能的因素

由于瓷套端部不平、滚压不严、密封胶垫圈老化、瓷套裂纹、运行中昼夜温差的变化等，使潮气进入避雷器，在谐振过电压和长期工频电压作用下阀片老化，间隙烧毛，导致避雷器绝缘下降。

在对某 220kV 站正母避雷器进行红外测温时发现 A 相下节中间中间部位温度异常，达到 37.9℃。通过同相和相间比较，确认该部位温度偏高，根据电压致热型设备发热典型特征，判断该避雷器存在故障，其红外测温结果如图 4-17 所示。

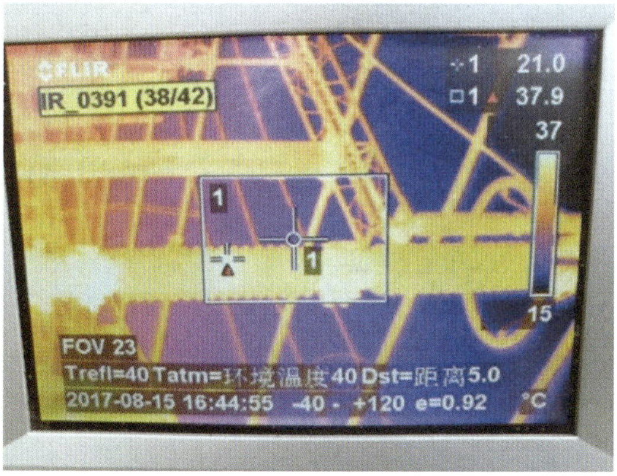

图 4-17　避雷器红外测温结果

对此避雷器进行直流 1mA 电压 U_{1mA} 及 0.75 U_{1mA} 下泄漏电流测量及绝缘

电阻试验。试验结果为，A 相上节避雷器试验合格，U_{1mA} 为 161kV，75% U_{1mA} 泄漏电流为 40μA。A 相避雷器下节 U_{1mA} 仅为 4.5kV，绝缘电阻仅有 10MΩ，下节避雷器试验合格。

对此避雷器进行解体，有以下发现。

（1）下节避雷器的上部法兰锈蚀严重，三颗紧固螺丝已经锈烂，如图 4-18 所示。

（2）法兰密封面有进水痕迹，密封圈已经失去弹性，如图 4-19 所示。

图 4-18　锈蚀的法兰

图 4-19　密封圈

（3）防爆膜内侧有大量水珠，如图 4-20 所示。

（4）内部环氧树脂绝缘筒有多处严重树枝状放电痕迹，且瓷套内部有存水。绝缘筒中部已经有明显受热变色痕迹，如图 4-21 所示。

图 4-20　防爆膜

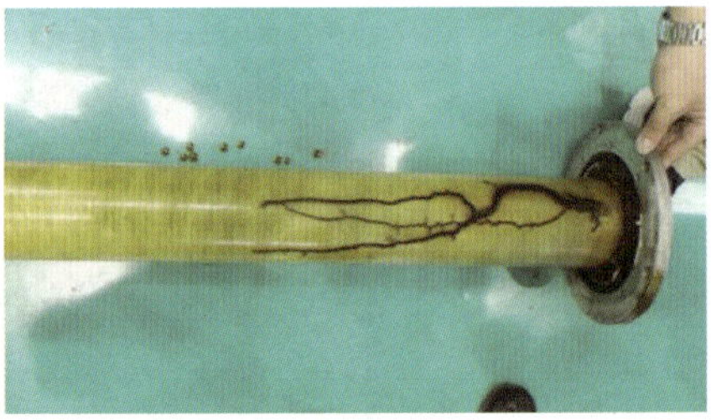

图 4-21　绝缘管

对避雷器进行阀片支撑绝缘杆进行试验，绝缘电阻合格；而阀片潮湿，且绝缘电阻极低。由此可知避雷器在长期运行过程中，进水受潮，造成阀片及固定金属压件锈蚀严重，穿心绝缘杆放电明显，最终导致避雷器绝缘能力降低，泄漏电流增大，避雷器发热，绝缘损坏。

4.3 互感器的电气绝缘

互感器包括电压互感器（TV）和电流互感器（TA），其作用是将高电压或大电流按比例转变成标准的低电压或小电流，以供测量仪表、保护和自动化控制装置使用。光电式互感器是电子式互感器的一种，是利用光电子技术和电光调制原理，用玻璃光纤来传递电流或电压信息的新型互感器，与传统电磁式互感器采用电磁耦合原理，用金属导体来传递电流或电压信息的互感器完全不同。目前，与电气设备安装在一起的光电式互感器，存在一定的缺陷，使用数量不多，本章不展开介绍光电式互感器。

4.3.1 电压互感器的绝缘结构

电压互感器的绝缘结构与其工作原理和绝缘介质有关。电磁式电压互感器类似于一台变压器，主要由铁芯和绕组组成的器身，置于注满油的瓷套管中或被环氧树脂浇注成固体作为空气绝缘设备，或置于充有 SF_6 气体、金属外壳接地的罐体中作为 GIS 的一个部件。电容式电压互感器由耦合电容器（参见 4.1 节内容）与电磁单元两部分组成。

1. 电磁式电压互感器

电磁式电压互感器是电网中使用最多的互感器型式，按其使用的主绝缘介质，目前可分为环氧树脂浇注式电压互感器、油浸式电压互感器、SF_6 气体电压互感器等几种。这些电压互感器虽然采用的绝缘介质不同，但总体结构相似。

铁芯与绕组、互感器器身是互感器的核心部件，因绕组须按不同的铁芯设计，对绝缘结构有很大的影响，在此对铁芯结构作简略的介绍。

（1）铁芯。电压互感器的铁芯分为叠片铁芯和卷制铁芯，前者有方型、E型，后者环形卷制又可进一步整形成矩形或切割成C型，如图4-22所示。

(a) E型铁芯 (b) 环型铁芯 (c) C型卷铁芯

图 4-22 不同型式的铁芯

叠片铁芯是将硅钢片剪裁成所需尺寸的形状，然后将硅钢片叠装成铁芯。优点是绕组及其绝缘可预先绕制处理好，再插入硅钢片，缺点是铁芯间有气隙，绕组漏磁大。叠片铁芯有单相双柱（35kV及以下电压等级单相电压互感器采用单柱旁轭式铁芯，绕组装在铁芯柱上）、三柱，三相电压互感器采用三柱或五柱（三相绕组分别装在中间的三个柱上，两侧有旁轭）。110kV及以上电压等级的串级式电压互感器采用双柱铁芯，绕组装在两个柱上。

卷制铁芯由硅钢带直接卷制而成，通过整形可将卷制的环形变成矩形，采用绕线机直接在卷制铁芯上绕制绕组，由于没有气隙，绕组漏磁很小。铁芯卷制工艺比较简单，采用绕线机制作不仅提高效率而且可控制质量，已成为互感器主流制造工艺。

C型铁芯是将卷铁芯对半锯开，端部经处理以减小对接时的间隙，绕组装在C型柱上，这种铁芯磁性能优于叠片铁芯，主要用于中压设备中。

（2）电压互感器的绝缘。电压互感器一次和二次绕组的匝间、层间以及绕组间都有绝缘，绕组与铁芯、外壳之间也有绝缘，即主绝缘。电压互感器绕组的匝间、层间、段间绝缘属于电压互感器的纵绝缘。

绕组通常选用漆包线，匝间绝缘一般不采取特殊的措施，依靠导线本身绝缘，但应对导线进行适当的选型。高强度漆包线本身具有极好的绝缘性能，本身的绝缘层能满足电压互感器匝间绝缘的要求。有用于浇注及干式互感器的 QZ 型聚酯漆包线，油浸式电压互感器一般采用 Z 型纸包线、QQ 型缩醛漆包线、SQQ 型单丝包漆包线，SF_6 气体绝缘互感器一般采用聚酯或聚酰亚胺漆包线。这里需注意绕组导线外表的漆包绝缘与互感器采用的绝缘介质相容性。

绕组的层间绝缘用电话纸或电缆纸绕制，由于绕组的首末端的瞬间起始过电压分布数值较大，一般在绕组首末端几层导线间多绕几层绝缘。

一次绕组段间绝缘主要是针对不接地型电压互感器的一次绕组实行分段而采取的，段间采用绝缘纸圈隔开，同时延长层间绝缘的沿面距离。

为改善电场分布，一般采取在一次绕组首末端分别加静电屏、绕组分段或绕制成宝塔形，并辅以角环、端圈、隔板以加强绝缘。

出线端和绕组对地间的绝缘：低压靠空气绝缘，10～35kV 多用环氧树脂浇注绝缘，35kV 以上主要采用瓷套管或复合绝缘。

（3）不同绝缘介质的电磁式电压互感器。环氧树脂浇注式、油浸式、SF_6 气体绝缘电压互感器都是电磁式电压互感器，器身结构类似，但因绝缘介质不同而型式上有很大的差异。

1）环氧树脂浇注电压互感器。浇注绝缘有其独特的电气性能和机械性能，防火防潮，寿命长，结构紧凑，制造和维护简单，适用于 35kV 及以下电压等级的户内设备。浇注绝缘材料主要是环氧树脂，也有用不饱和树脂，后者因无法采用抽真空浇注工艺，固化后内部会有气泡，只能用于低压产品；随着户外环氧树脂材料的发展，中压户外设备也已有在应用。浇注式互感器可分为半浇注和全浇注两种结构，如图 4-23 所示。半浇注是预先将一、二次绕组、一次绕组出线端及套管均浇注成一个整体，然后再装配铁芯、底座，这种工艺浇注简单、容易制造，缺点是结构不够紧凑，铁芯外露容易锈蚀，需要定期维护。全浇注是将绕组和铁芯全部浇注成一体，然后与底座组装，其特点是结构紧凑，但浇注比较复杂。需要指出的是由于环氧树脂固化时的收缩率与铁芯不一样，应设置缓冲层来过渡，一般采用毛毡或聚氯乙烯泡沫、半导体聚酯非织布作为缓冲。同样浇注在环氧树脂内的金属引线也可能会有此问题，这是一个工艺控制点，须严格按规定执行。

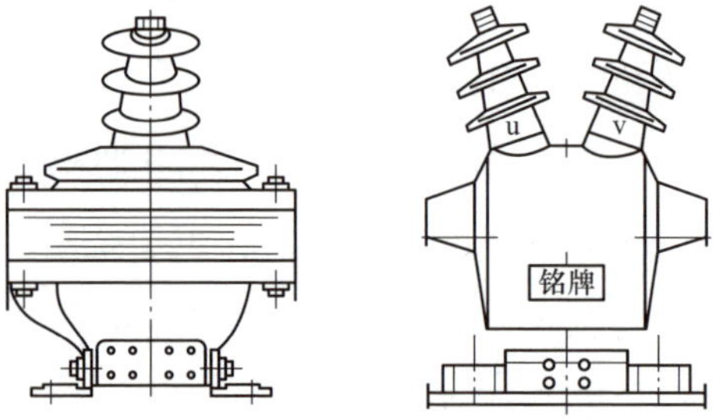

(a) 半浇注电压互感器　　(b) 全浇注电压互感器

图 4-23　浇注式电压互感器

由于工作电压不高，其纵绝缘一般采用电缆纸或聚酯薄膜（匝绝缘就靠漆包线本身的绝缘层)，主绝缘对接地型电压互感器可以用绝缘纸板加环氧树脂，也可单用聚酯薄膜复合纸板；对不接地型电压互感器，需浇注比较厚的环氧树脂。

2）油浸式电压互感器。油浸式电压互感器主要用于高压电网，如图 4-24 所示为国产常见的 35~220kV 油浸式电压互感器结构。

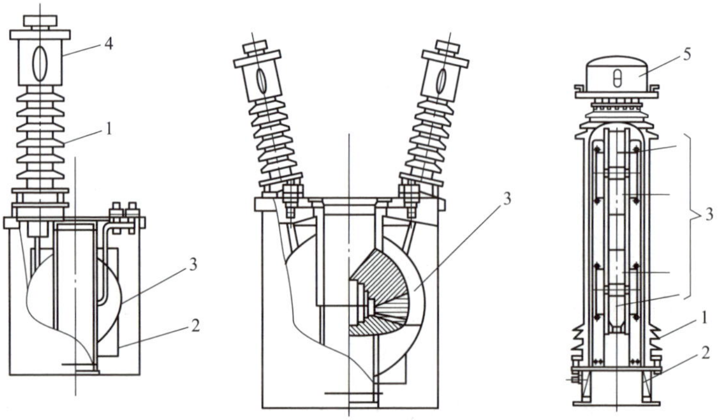

(a) 35kV电压互感器　　(b) 110kV电压互感器　　(c) 220kV电压互感器

图 4-24　35 ~ 220kV 油浸式电压互感器结构

1—瓷套；2—底座；3—绕组；4—油枕；5—膨胀器

35kV 电压互感器的一、二次绕组全部套在一个铁芯上，这种一次绕组不分级的结构称为单级式电压互感器。一次绕组分成匝数接近相等的几个绕组套在不同的铁芯柱上，然后串联起来称为串级式电压互感器。相比较串级式互感器制作工艺比较简单，尺寸小、质量轻；单级式互感器制造工艺较为复杂，适用高电压等级的互感器。

35kV 单级式电压互感器的铁芯一般采用单相三柱式，而 110kV 及以上单级式电压互感器铁芯一般采用双柱式，铁芯均采用一点接地。二次绕组布置在靠近铁芯处，在二次绕组上绕上适当的绝缘后再绕一次绕组，一次绕组层间用绝缘纸作绝缘，匝间仅靠导线本身的绝缘层作绝缘即可。一次绕组层的起端和末端（有的互感器在中部也有）设置有静电屏，以均匀电场分布。绕包时用角环将一次绕组全部包住，既能起到层绝缘作用，又能增加段间端部爬电距离，能有效缩短放电距离，减小器身体积。

串级式互感器的铁芯采用双柱式，110kV 电压互感器为一个铁芯，220kV 电压互感器为两个铁芯。一次绕组 110kV 分成两级，有两个一次绕组；220kV 分成四级，有 4 个一次绕组。不论 110kV 还是 220kV 电压互感器，只有最下面一个绕组带有二次绕组。

串级式电压互感器一次绕组分成几个绕组绕制，每个铁芯上下芯柱的一次绕组之间，用变压器油长间隙及隔板为绝缘，两铁芯之间以变压器油间隙为绝缘。一、二次绕组之间用绝缘纸板作绝缘，厚度根据其试验电压确定。

3）SF_6 气体绝缘电压互感器。SF_6 气体绝缘电压互感器主要应用在 GIS 中。SF_6 气体是一种惰性气体，绝缘性能良好，不易燃，灭弧能力强，因此是一种极好的绝缘物质。SF_6 电压互感器采用单相双柱式铁芯，如图 4-25 所示。器身结构与油浸单级式电压互感器相似，层间绝缘采用有纬聚酯黏带和聚酯薄膜，一次绕组截面采用矩形或分级宝塔形，引线绝缘根据互感器是配套式（应用于 GIS 中），还是独立式而不同，配套式互感器的引线绝缘设置静电均压环以均匀电场分布从而减小互感器高度，独立式互感器过去有的采用电容型绝缘（与油浸单级式电压互感器相似）。目前国内制造厂为简化制造工艺，没有采用电容型绝缘结构，单纯依靠高压引线与其他附件的 SF_6 间隙来保证其绝缘强度。

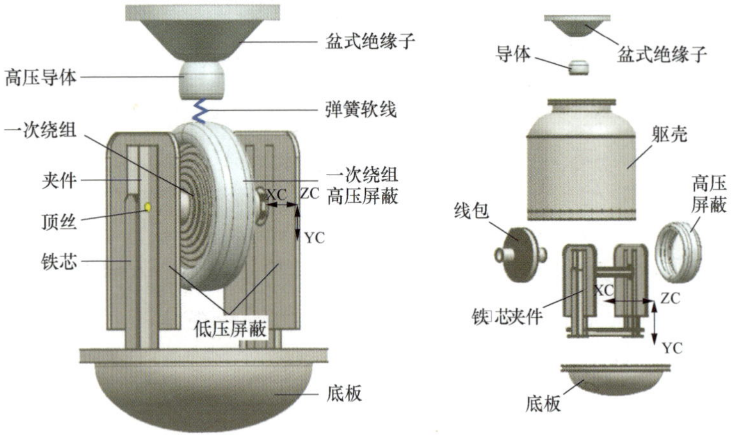

(a) 气体绝缘电压互感器结构　　(b) GIS压变气室结构

图 4-25　SF_6 气体绝缘电压互感器结构

2. 电容式电压互感器

电容式电压互感器（简称 CVT），其结构如图 4-26 所示。总体上可分为电容分压器和电磁单元两大部分。电容分压器由高压电容 C_1 及中压电容 C_2 组成，电磁单元则由中间变压器、补偿电抗器及限压装置、阻尼器等组成。电容分压器 C_1 和 C_2 都装在瓷套内，从外形上看是一个单节或多节带瓷套的耦合电容器。电磁单元目前都将中间变压器、补偿电抗及所有附件都装在一个铁壳箱体内，外形有圆形的也有方形的。早期产品常将电阻型阻尼器放在电磁单元油箱之外成为一个单独附件。

根据电容分压器和电磁单元的组装方式，可分为迭装式（一体式）和分装式（分体式）两大类。迭装式是电容分压器叠装在电磁单元油箱之上，电容分压器的下节底盖上有一个中压出线套管和一个低压端子出线套管，伸入电磁单元内部将电容分压器中压端与电磁单元相连。有的产品还在下节电容器瓷套上开一个小孔，将中压端引出，以供测试电容和介损之用。分装式产品的特点是电容分压器中压端与电磁单元的连接是在外部进行，这类产品的分压电容器下节电容必须在瓷套上开孔将中压端引出，电磁单元也对应将高

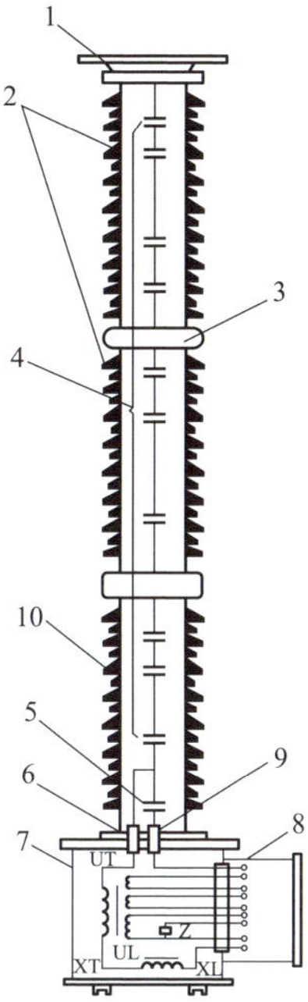

图 4-26 电容式电压互感器结构

1—均压环；2—耦合电容器；3—屏蔽罩；4—高压电容 C_1；5—中压电容器 C_2；6—中压套臂；7—电磁单元油箱；8—二次接线端子盘；9—低压套管；10—分压电容器；UT-XT—中间变压器一次绕组；UL-XL—补偿电抗器绕组；Z—阻尼器

压端用套管引出，以便相互连接。所谓分体并不一定是电容分压器与电磁单元分开安装，如有些制造厂仍然是将电容分压器叠装在电磁单元油箱上面，用绝缘子支撑，且分压器下节底盖不安装中压和低压端子套管。

4.3.2 电流互感器的绝缘结构

电流互感器按绝缘介质可分为：由普通绝缘材料经浸漆处理作为绝缘的干式电流互感器；用环氧树脂或其他树脂混合材料浇注成型的浇注式电流互感器；由绝缘纸和绝缘油作为绝缘的油浸式电流互感器；SF_6 气体绝缘电流互感器。

电流互感器的基本结构主要由一次绕组、二次绕组和铁芯构成，一次绕组、二次绕组和铁芯之间都有绝缘。最简单的电流互感器，有一个一次绕组、一个二次绕组和一个铁芯。为了提高电流互感器的准确度，一般对电流互感器的误差进行补偿，除了上述一次、二次绕组和铁芯之外，有的还另外绕制辅助绕组或加入辅助铁芯。

1. 铁芯

电流互感器常用的铁芯材料有冷轧硅钢片、坡莫合金和铁基超微晶合金等几种。硅钢片既适用于保护级铁芯，也适用于一般测量级铁芯，应用普遍，价格也较低廉。坡莫合金和超微晶合金材料具有初始导磁率高、饱和磁密低的特点，但价格较高，只宜用于要求测量精度较高、仪表保安系数要求严格的测量级铁芯。

电流互感器常用的铁芯型式有叠片铁芯、卷铁芯（也叫环形铁芯）、开口铁芯等。铁芯绝缘结构如图 4-27 所示。

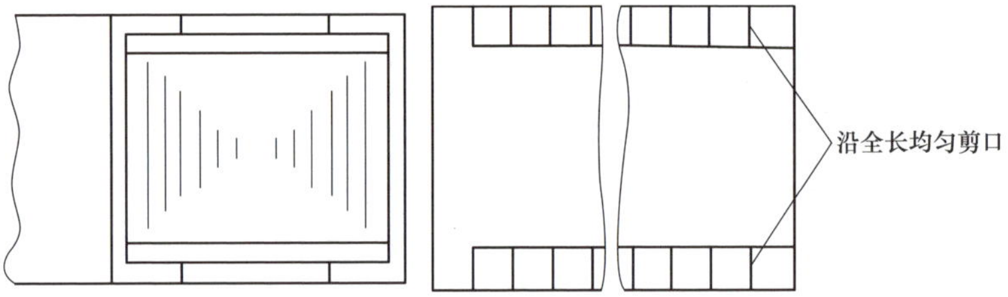

(a) 铁芯及其绝缘　　(b) 角环

图 4-27　电流互感器铁芯绝缘结构

2. 绕组

电流互感器的一次绕组导体材质常采用电工用铜或电工用铝。浇注互感器一次电流较小匝数较多时，采用圆导线或扁导线，导线外带绝缘，如漆包线、玻璃丝包线、纸包线等。电流较大匝数较少时，则采用裸母线、裸铜带制造一次绕组，成型后再包聚酯薄膜 0. 15~0. 2mm 厚的匝绝缘。

一次绕组的匝绝缘，对于 35kV 以下的干式及浇注式电流互感器用导线本身的绝缘，对于 35kV 的油浸式电流互感器，采用 ZB-0. 45 的纸包线，对于 110kV 及以上的油浸式电流互感器，采用单侧包绕厚度不小于 0. 72mm 的纸绝缘都能满足要求。

二次绕组分矩形绕组和环形绕组两种，矩形绕组用于叠片铁芯，环形绕组用于卷铁芯。

矩形绕组导线绕在预制的骨架上，骨架分有端板和无端板两种，骨架材料用酚醛塑料或工程塑料做成，通过骨架装入铁芯。

环形绕组导线直接绕在包有铁芯绝缘的卷铁芯上，绕线时二次导线一般沿圆周均匀排列，有时为了减少误差，也人为地绕成不均匀排列，一层不能绕完时可绕多层。层间绝缘对油浸式互感器一般以0.05mm皱纹纸带半叠两层，对干式或树脂浇注互感器则宜用0.1mm聚酯薄膜半叠两层包扎。绕组的外包绝缘则用皱纹纸半叠三层，再用斜纹布带半叠一层扎紧，或用玻璃丝带半叠一层扎紧。对SF_6互感器二次层间用聚酯薄膜和有纬聚酯黏带包扎。

不同类型电流互感器的绝缘如下所述。

（1）干式电流互感器。干式电流互感器的一、二次绕组之间及绕组与铁芯之间的绝缘介质，是由绝缘纸、玻璃丝带、聚酯薄膜带等固体材料构成，并浸渍绝缘漆后烘干处理，这种绝缘结构中空气间隙也作为绝缘介质。

一次绕组用玻璃丝包铜线，绕组外包玻璃丝布带后浸绝缘。二次绕组一般用QZ聚酯漆包线，多匝式互感器采用叠片铁芯和酚醛塑料骨架绕上矩形绕组，母线式互感器采用环形铁芯及绕组，层间绝缘用电缆纸，绕组外包绝缘用绝缘纸板或玻璃丝布带包好后浸绝缘漆。

（2）浇注式电流互感器。合成树脂、填料、固化剂等组成的混合胶固化后形成的固体绝缘介质，具有绝缘强度高、机械性能好、防火、防潮等特点。混合胶在一定温度条件下，具有良好的流动性，可以填充细小的间隙，可以浇注成各种需要的形状，可以把金属及大多数绝缘材料牢固地黏接在一起，因此树脂混合胶是较为互感器理想的绝缘及成型介质。

环氧树脂浇注式互感器的结构可分为半封闭（即半浇注）和全封闭（即全浇注）两种。

半封闭结构是将互感器的电气回路，即一、二次绕组及其引线、引线端子用环氧树脂混合胶浇注成一个整体，再将这个浇注体与铁芯、底座等组装在一起。半封闭互感器采用叠片铁芯，铁芯表面需涂防护漆，以防生锈。半封闭式互感器只能做成户内型。

全封闭结构是将互感器的电回路、磁回路包括一、二次绕组及其引线、铁芯等全部用环氧树脂混合胶浇注成一个整体，再将浇注体与底座（或安装板）等组装在一起。全封闭电流互感器多采用环型铁芯。全封闭互感器浇注体比较复杂，铁芯缓冲层设置比较麻烦，但结构紧凑，铁芯不存在外露锈蚀问题，维护简单。全封闭式不仅可制造户内型电流互感器，也可制造户外型电流互感器。

户外型浇注互感器只采用全封闭浇注结构，内部绝缘结构和户内型浇注互感器大致相同。外绝缘浇注成一个直立的圆柱体，并从一次绕组引线端子到底座之间浇注出适用于户外绝缘要求的伞裙，以满足不同的污秽等级环境条件要求。

户外型浇注互感器必须采用户外用的环氧树脂。在紫外线长期照射下，互感器浇注体应保证：表面不被粉蚀，表面机械强度不下降，沿面放电电压不下降，在室外气温温差大，在高、低温交替作用下不开裂，在电弧作用下表面不烧伤、不残留下不可恢复的炭化痕迹等。

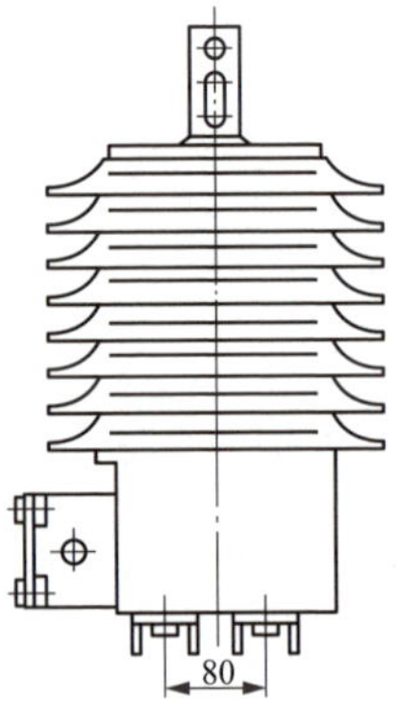

图 4-28　IZW-24 型浇注式户外型电流互感器

IZW-24 型浇注式户外型电流互感器如图 4-28 所示。

由于环氧树脂混合胶的热胀系数和金属的热胀系数差别很大，浇注在铁芯外的环氧树脂胶固化时将产生向内收缩力。这种机械力将使铁芯性能变坏，如果树脂胶流入铁芯片间，铁芯性能将变得更坏，因此对全封闭式互感器的铁芯要进行封闭，并在铁芯外围包以足够的缓冲层，以阻止树脂进入和缓解作用在铁芯上的机械力。环氧树脂胶固化机械力作用在互感器一次绕组、引线及其金属上时，还可能造成固化后的树脂胶开裂。此外，电流互感器一次绕组通过短路电流时，导体的热张力也可能使树脂胶开裂，因此对一次绕组、引线及其他在浇注体内的金属件也应采取缓冲措施。铁芯封闭材料常用聚氯乙烯带、薄软橡胶带等，缓冲材料则常用多层皱纹纸、泡沫塑料等。

为提高表面闪络电压和改善局部放电性能，在互感器绕组与浇注体的适当部位要采取均压措施，一次绕组要尽量设计成圆形或有较大圆角半径的矩形，消除导体尖角部分，并包扎半导电带屏蔽。对非树脂材料的介质如封闭层、缓冲层，以及接地的尖端电极也要进行屏蔽处理，以提高产品的局部放电水平。常用的电场屏蔽材料，有铜箔、铝箔、半导体材料和金属编织网等。

对大电流母线型电流互感器，还要考虑屏蔽相邻母线电流磁场的影响，屏蔽方法有两种，一种是绕制屏蔽绕组，另一种是在浇注体外装铝制屏蔽外罩。

（3）油浸式电流互感器。油浸式电流互感器多是户外式产品。按主绝缘不同，可分为纯油纸绝缘的链型结构和电容型油纸绝缘结构。我国生产的 35（66）kV 及以下电流互感器多采用链型绝缘结构，而 110kV 及以上电流互感器则主要采用电容型绝缘结构，其中正立式互感器常采用 U 形（一次）电容结构，倒立式互感器则常采用吊环形（二次）电容结构。

正立式电容型绝缘结构的主绝缘全部都包扎在一次绕组上，如图 4-29 所示，若为倒立式结构，则主绝缘全部包扎在二次绕组上。正立式结构一次绕组常采用 U 形、倒立式结构二次绕组常采用吊环形。

电容型为了充分利用材料的绝缘特性，在绝缘内设有导电或半导电的电屏，把油纸绝缘分为很多绝缘层，每一对电屏连同绝缘层就是一个电容器。

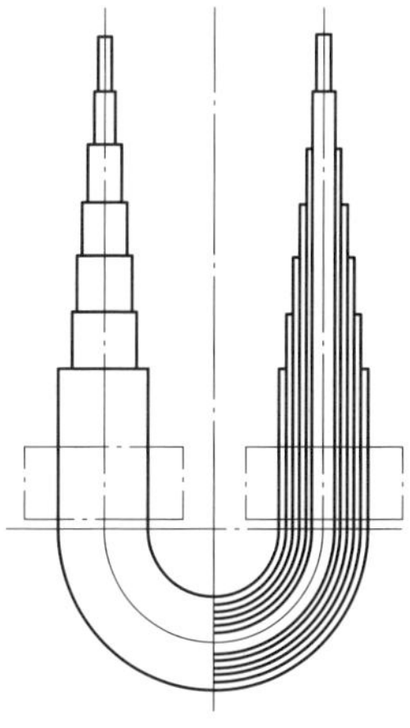
图 4-29　正立式电容型绝缘结构

为了保证电压在电屏之间均匀分布，应使每对电屏间电容量基本相同，通常按等厚绝缘原则来设计，即各相邻电屏之间绝缘厚度彼此相等。在相同电压下，电容型绝缘的总厚度比链型绝缘要薄，可以节约材料，因而在110kV及以上电流互感器中得到广泛应用。这些电屏又叫主屏，最内层的电屏与一次绕组高压作电气连接，叫零屏，最外层的电屏接地，叫末屏。

倒立式结构则相反，最外层电屏接高电压，最内层电屏接地。电容型绝缘电屏端部是极不均匀电场，为了改善电场分布，在两个主屏端部设置几个较短的端屏（也叫副屏），将端部绝缘屏间厚度减小。

绝缘包扎所用材料有高压电缆纸、皱纹纸、电容器纸、半导体纸、铝箔、绝缘收缩带等。

为保证电流互感器器身可以耐受冲击短路电动力的作用，一般在绝缘包扎后的器身上，相隔一定距离绑上多层绑扎带，绑扎带可用绝缘收缩带或环氧树脂浸渍的无纬玻璃丝带。为防止器身扭转，可在绑扎带之间加绝缘垫木块，并用绝缘螺杆紧固。二次绕组按规定的次序和方向套入一次绕组两腿上，用支架固定，支架与二次绕组间应绝缘良好。一般采用酚醛层压纸板做成的绝缘条加在二次绕组的最上层与最下层，都刷以清漆后再去烘干。

瓷套是油浸式绝缘互感器的外绝缘。外绝缘是高压对地的绝缘支撑，其有效高度即套管外部带电部分到接地部分之间的直线距离，由互感器外绝缘雷电冲击试验电压和工频干试电压决定。外绝缘的伞裙数量及外形，对户内产品应满足凝露工频耐压试验及污秽等级爬电距离要求，对户外产品应满足工频湿试电压和环境污秽等级下爬电距离的要求。套管的机械强度则应满足标准规定的承受静载荷的要求，包括风和覆冰而增加的载荷，同时应能承受一定的内部压力。对油浸式互感器，通常瓷套的上端与储油柜相连接，下端则与下油箱或底座相连接，其固定方式多采用卡持式结构，利用压圈或压块对瓷套卡台进行压紧密封，密封件采用环状抗油橡胶垫，目前一般采用限位密封。

（4）SF_6 气体绝缘电流互感器。SF_6 气体绝缘互感器是在 1970 年开始研制并推广应用的，最初在组合电器（GIS）上配套使用，后来逐步发展为独立式 SF_6 互感器。SF_6 气体绝缘互感器用 SF_6 气体作为主绝缘，为全封闭结构。SF_6 互感器的铁芯绝缘层一般由有纬聚酯黏带和聚酯薄膜组成。

SF_6 配套式电流互感器串接在母线上，与 GIS 的其他部分连接，如图 4-30 所示为 SF_6 配套式电流互感器结构。母线作为一次绕组，主绝缘是外壳内的 SF_6 气体及盆形绝缘子。铁芯及二次绕组固定在外壳的内壁上，二次绕组内腔置放金属薄圆筒，外壳内腔两端置放有圆角的金属圈，两者组合后成为屏蔽体，与二次绕组及接地件等电位。使高压电场内绝缘介质单一，并起均压作用，以提高其绝缘强度。外壳上有二次出线端子接线板，以供引出二次引线。

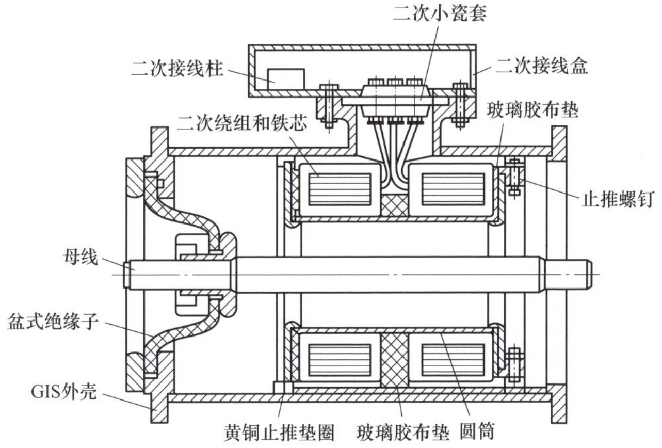

图 4-30　SF_6 配套式电流互感器结构

4.3.3 互感器的绝缘性能

互感器的绝缘，应保证在电网最高工作电压下长期安全运行，并能承受各种过电压（如暂时过电压、操作过电压、雷电过电压等）的短时作用而无损伤。为满足上述要求，互感器的绝缘水平设计应严格按照国家标准进行，对互感器要严格控制局放水平和对外绝缘爬电距离，无论是户外还是户内设备，均应符合环境污秽条件要求。

1. SF_6 气体绝缘特性

SF_6 互感器内绝缘绝缘介质就是用 SF_6 气体或气-膜复合介质，其气体纯度要求区别于开关类设备，如表 4-5 所示。

表 4-5 SF_6 气体的技术要求（新气）

项目		单位	标准值
六氟化硫（SF_6）		%（质量比）	≥99.8
空气		%（质量比）	≤0.05
四氟化碳（CF_4）		%（质量比）	≤0.05
湿度（20℃）	水分含量	%（质量比）	≤0.0008
酸度（以 HF 计）		%（质量比）	≤0.00003
可水解氟化物（以 HF 计）		%（质量比）	≤0.0001
矿物油		%（质量比）	≤0.001
毒性		生物试验无毒	

HF、SF_4、SO_2 等杂质本身或与水分作用后生成物，对绝缘和金属材料都有很大的腐蚀性，水分凝露在绝缘表面会使闪络电压大大降低，因此应对 SF_6 新气的纯度严格要求。

由于 SF_6 气体绝缘强度受电场影响很大，在极不均匀电场下的击穿电压比均匀电场下降低很多倍。因此在设计 SF_6 绝缘结构时，常采用带电体和壳体之间为同轴圆柱体的短间隙的稍不均匀电场结构，运行中不允许出现电晕。为了在较不均匀电场中，提高击穿电压和消除电晕，对有尖角或曲率半径小的电极常加以屏蔽，屏蔽罩与电极电气上连接，通常作成薄的导电球形或圆柱形，屏蔽罩的尺寸较大，罩表面附近电场较均匀，从而提高了电晕电压和击穿电压。

为提高 SF_6 气体的电气强度，除改善电场分布外，提高 SF_6 气体的工作压力也是一个有效途径，但只有在保证电场相当均匀的条件下，提高气压才能达到有效目的，互感器中 SF_6 常用额定压力为 0.4~0.5MPa。

2. 固体绝缘特性

用于互感器的固体绝缘材料主要有环氧树脂、电瓷套管及合成材料套管。

（1）环氧树脂。浇注式互感器主要是用环氧树脂或其他树脂混合材料浇注成型。环氧树脂不但具有优良的机械性能和好的热稳定性，且具有优良的防水性和相当好的电性能，能抵抗一般的酸、碱和溶剂的侵蚀，黏结性极强，硬化时体积收缩很小。因而被广泛用于 35kV 及以下互感器。

（2）瓷与硅橡胶复合套管。

1）电瓷套管。油浸式互感器的外绝缘大多是瓷套，瓷套是高压对地的绝缘支撑，其有效高度即套管外部带电部分到接地部分之间的直线距离，由互感器外绝缘雷电冲击试验电压和工频干试电压决定。电瓷套管的伞裙数量及伞形，对户内产品应满足凝露工频耐压试验及污秽等级爬电距离要求，对户外产品应满足工频湿试电压和环境污秽等级下爬电距离的要求。电瓷套管在工频较为均匀的电场下（半球对平板电极），当厚度为 1.5mm 左右时，其标准试样的工频击穿电场强度不小于 25kV/mm。当原度增加或电场不均匀时，电瓷的耐电强度将大为下降。电瓷由于 $\tan\delta$ 较大且随温度上升很快，在高温和高频下容易发生热击穿，但在工频和 80℃ 以下一般无此情况。在高温（例如 300℃ 以上）时，绝缘电阻将大大下降甚至丧失其绝缘性能。因此，在高温或高频下，应采用特种电瓷如刚玉瓷、滑石瓷等。

电瓷套管的机械强度也和耐电强度一样，随厚度的增加而很快下降，其数值与瓷质的原料和制造工艺关系甚大，且其分散性也很大，在绝缘结构设计中，瓷套的机械强度常比电气强度更为重要。瓷套的抗压强度比抗拉和抗弯高得多，因此，在结构中要尽可能使瓷质不受张力或弯曲力，并能满足标准规定的承受静载荷的要求，包括风和覆冰而增加的载荷，同时应能承受一定的内部压力。

2）硅橡胶复合绝缘套管。目前，35kV 以上互感器主要以瓷套管作为外绝缘，但也有 SF_6 气体绝缘互感器采用复合绝缘套管。

复合套管的伞裙护套材料是采用有机材料，与电瓷等无机材料相比，有机材料分子中各元素是通过共价键相结合的，元素之间的键和力比较弱，构成有机材料的大分子较容易断裂。因此在电晕放电、紫外线辐射、潮气、温度变化以及化学因素等的作用下，有机绝缘材料比较容易老化。复合套管的电气性能和机械性能都会随着运行时间而逐渐下降，而且这种性能下降是不可恢复的。

有机绝缘材料的分子绝大多数是通过共价键结合而成，不像无机绝缘材料是通过离子键由静电引力而结合成分子。因此有机绝缘材料的表面能很低，绝缘表面不容易受潮湿润。实际上在新的复合绝缘子表面，水分是以孤立的小水珠形式存在，不会形成连续的水膜。这种和水分相排斥的现象称作表面憎水性。这种特性能增加套管在潮湿脏污条件下的表面电阻。复合套管比电瓷的重量要轻得多，且伞裙护套材料的弹性很好，不容易破碎。因此复合套管的安装和运输比较方便，不像电瓷或玻璃绝缘子那样容易破碎，而且复合绝缘子抵御枪击或石击等人为破坏的能力比电瓷或玻璃绝缘子要强。

4.3.4 影响互感器绝缘性能的因素

1. 密封的影响

高压互感器密封不良，如发生漏油、漏气、进水受潮，均会引起互感器损坏甚至爆炸事故，在事故统计中所占比例很大，因此成为多年来运行部门关注的焦点。近几年的产品由于采用了金属膨胀器密封，因而运行情况大有改善，但还存在一些薄弱环节，如一、二次端子渗漏油和膨胀器质量不良等。通过预防性试验发现有些互感器存在介损、含水量超标和绝缘电阻下降，SF_6互感器工艺不良、表面不洁、气体湿度增长较快等，如有疏忽极易酿成事故。

2. 温度的影响

电流互感器在通过最大工作电流（即额定连续热电流）时，互感器各部位的温度不应超过允许值，以保证安全运行。当前存在较突出问题是常见引线端子内外接头接触不良造成发热故障，轻则温度异常，造成色谱不良，重则接头烧毁，甚至造成整台互感器损坏。对电压互感器而言，则要求切实做到在系统发生接地故障时，在规定的过电压倍数（即额定电压因数）下和允许持续时间（即额定时间）内，各部位温度不应超过允许值，以确保设备安全。

3. 短路电流的影响

电流互感器的选型，应按一次母线短路时的短时热电流和动稳定电流选择。电流互感器通过电流时，其电动力与一次匝数的平方成正比，对小电流变比互感器而言，根据设计需要，一次绕组往往匝数较多，受材料强度限制，对应较多匝数的互感器将出现较小的允许动稳定电流，因而难以满足电网日益增大的母线短路容量的要求，制造厂对此需设法研究解决。对电压互感器而言，则是确保在额定一次电压下，二次侧发生短路并历时 1s 时间内，互感器无热效应和机械性损伤。例如，某 110kV 站 35kV 母线单相接地后非接地相电压升高，短路电流增大，动稳定破坏，造成 35kV 接地变 A 相电流互感器爆裂，如图 4-31 所示。对爆裂的流变进行绝缘电阻和耐压试验，均不合格，说明电流互感器的绝缘遭到破坏。

4. 谐振过电压的影响

电压互感器因谐振过电压引起损坏事故，据历年统计其数量均较大。以往主要是发生在电磁式电压互感器上，原因是过去铁芯磁密选用过高和匝绝缘薄弱等所致。目前，制造厂改进设计并提高制造质量，另外在倒闸操作方式上也注意避开产生谐振的可能条件，此类故障已逐渐减少。

上海某 35kV 站 10kV 一段母线电压互感器因谐振过电压造成 A、C 相爆裂，如图 4-32 所示，并且发现 A、C 相压变有明显开裂现象，裂口处环氧树脂烧黑融化。

图 4-31 爆裂的电流互感器

图 4-32 爆裂的电压互感器

为了分析故障的发展过程，截取了一段电压互感器三相电压随时间的变化的波形如图 4-33 所示。

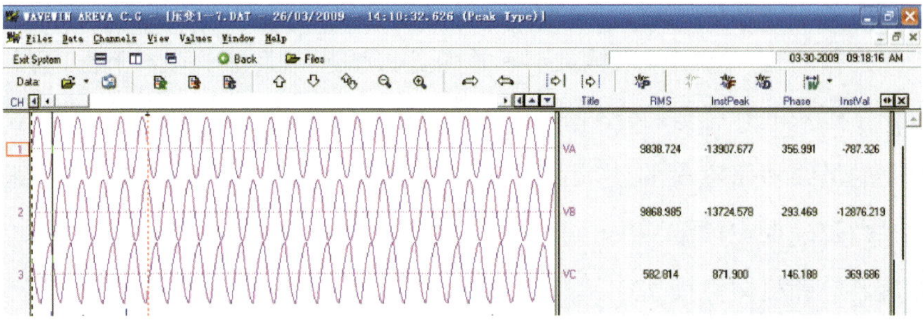

(a) 电压波形图一

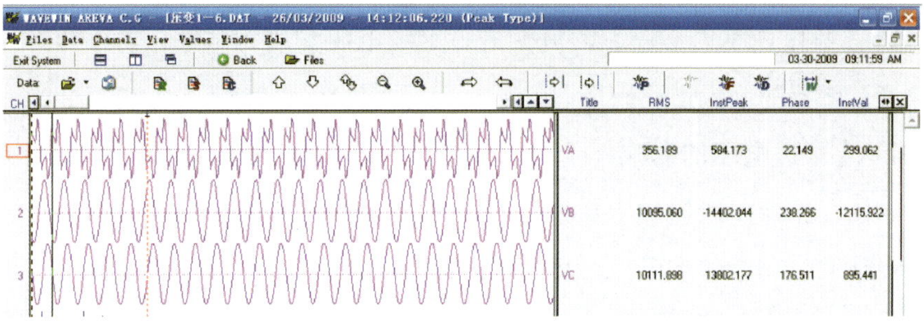

(b) 电压波形图二

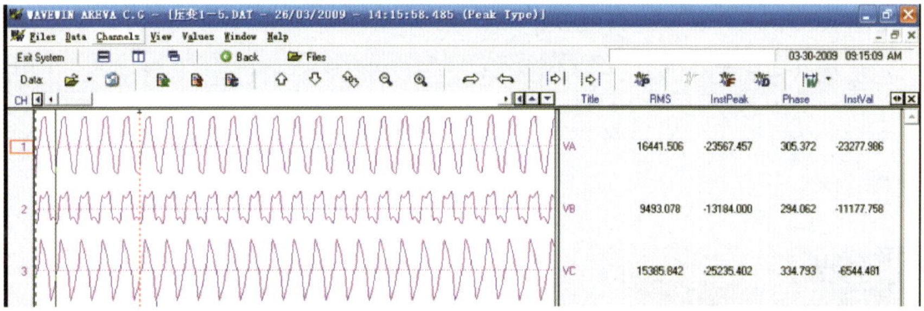

(c) 电压波形图三

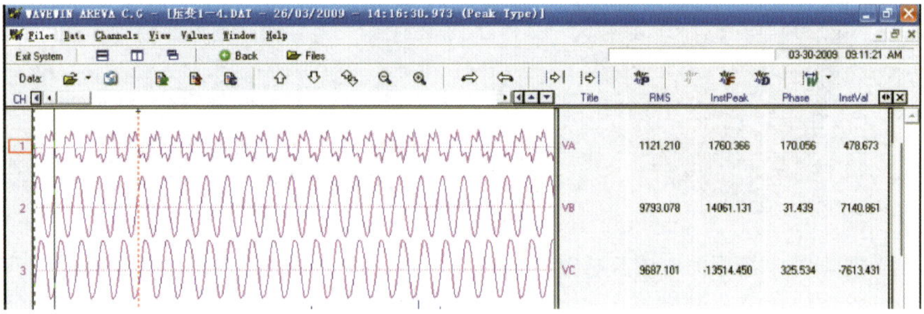

(d) 电压波形图四

图 4-33 电压互感器三相电压随时间的变化（一）

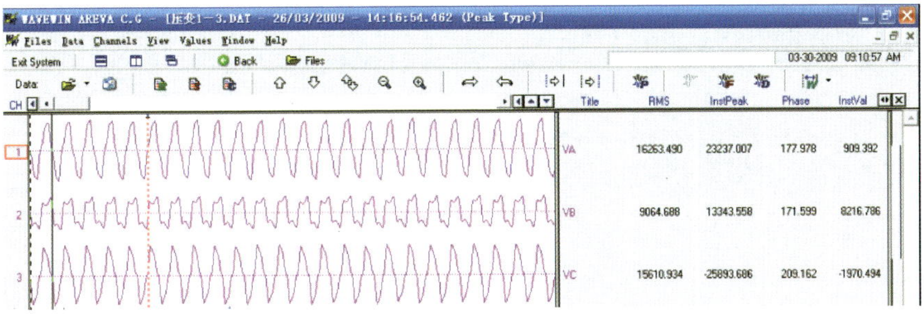

(e) 电压波形图五

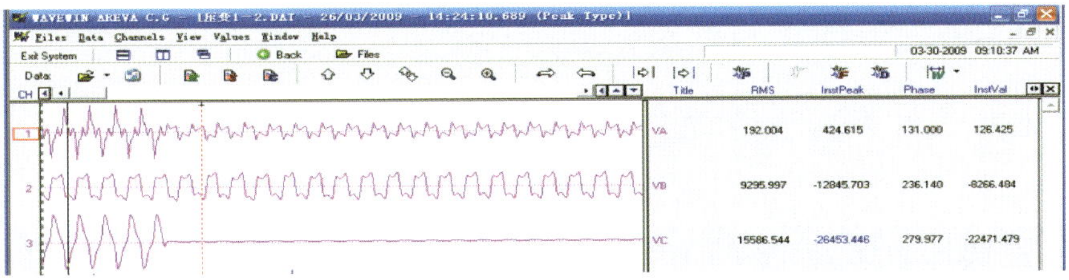

(f) 电压波形图六

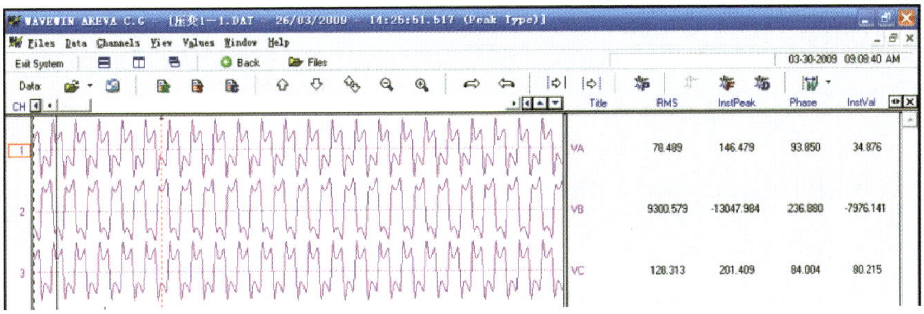

(g) 电压波形图七

图 4-33　电压互感器三相随时间的变化（二）

从图 4-33 上的电压波形可观察到，A、C 相电压互感器破裂有一个发展过程，A、C 两相多次瞬时接地，使得 A、C 两相电压间歇性升高至线电压，具体数值见表 4-6。

表 4-6　　A、C 相压变损坏发展过程　　V

时间	A	B	C	对应波形图	备注
14：10：32	9838	9868	582	（a）	C 相接地

续表

时间	A	B	C	对应波形图	备注
14：12：06	356	10095	10111	(b)	A 相接地
14：15：58	16441	9493	15385	(c)	严重过电压
14：16：30	1121.2	9793	9687	(d)	A 相接地
14：16：54	16263	9064	15610	(e)	严重过电压
14：24：10	192	9295	15586	(f)	A 相 TV 坏
14：25：51	78	9300	128	(g)	C 相 TV 坏

由表 4-6 中数据可计算 A、C 相电压互感器的过电压倍数见表 4-7。

表 4-7　　A、C 相电压互感器的过电压倍数

时间	A 相过电压倍数	C 相过电压倍数
14：15：58	$16441/(\sqrt{2}\times10/\sqrt{3})=2.0$	$15385/(\sqrt{2}\times10/\sqrt{3})=1.88$
14：16：54	$16263/(\sqrt{2}\times10/\sqrt{3})=1.99$	$15610/(\sqrt{2}\times10/\sqrt{3})=1.91$
14：24：10	—	$15586/(\sqrt{2}\times10/\sqrt{3})=1.91$

根据 DL/T 866—2015《电流互感器和电压互感器选择及计算规程》要求，无自动切除对地故障装置的中性点绝缘系统或无自动切除对地故障装置的共振接地系统中，相与地之间应能承受 1.9 倍额定电压，8h 的作用，而表 4-7 中的数据大部分超过了规定值。此过电压作用使铁芯严重过饱和，一次绕组绝缘在过励磁电流冲击下出现热击穿损坏、烧毁，使互感器发生爆裂，故障互感器解体情况如图 4-34 所示。

图 4-34　电压互感器解体情况

5. 多种因素的作用

固体绝缘介质处于电场中时，因介质损耗引起发热，使电介质温

度升高；而绝缘介质的电导和介质损耗因数具有正的温度系数，即温度上升时电导和介质损耗因数将变大，这又会使损耗发热也跟着增大。如果同一时间内电介质中发生的热量比发散的热量大时，绝缘介质温度将不断上升，进一步造成绝缘介质分解、炭化等，最终导致绝缘损坏。

（1）外绝缘损坏。某站 220kV 正母压变长时间处于室外日晒、雨淋恶劣环境，加上硅橡胶浇注工艺方面的问题，使得硅橡胶绝缘薄弱的位置在长时间电压作用下老化开裂，如图 4-35 所示。

(a) 电压互感器外绝缘损坏　　(b) 紫外图

图 4-35　老化开裂的电压互感器及其紫外检测图

（2）内绝缘损坏。某站 35kV 穿层套管流变内绝缘在长期电流作用下，绝缘薄弱点持续发热，最后造成内绝缘损坏，外绝缘爆裂，如图 4-36 所示。

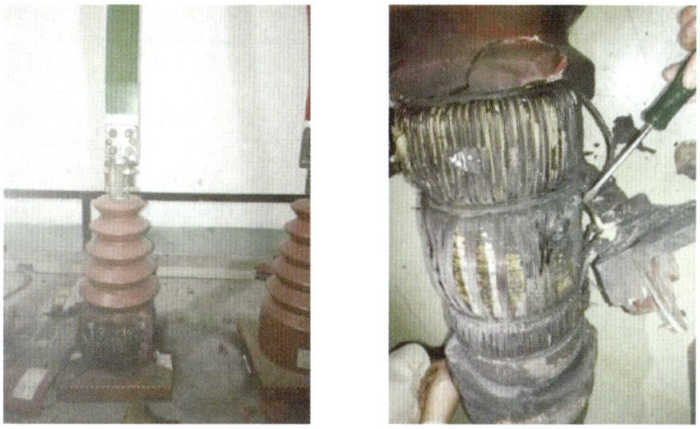

(a) 外绝缘损坏　　(b) 内绝缘损坏

图 4-36　故障的穿层流变

4.4 中性点接地设备的电气绝缘

中性点设备一般包括消弧线圈、接地变压器、接地电阻三种设备，下面分别介绍。

4.4.1 消弧线圈

消弧线圈是一个具有铁芯的电感线圈，线圈的电阻很小，电抗很大。其作用是当电网发生单相接地故障后，故障点流过电容电流，消弧线圈提供电感电流进行补偿，使故障点电流降至 10A 以下，有利于防止弧光过零后重燃，达到灭弧的目的，降低高幅值过电压出现的概率，防止事故进一步扩大。中性点经消弧线圈接地的电路如图 4-37 所示。常用的消弧线圈是油浸式，当装设在屋内相对湿度小于 80% 场所时，也有干式，外形如图 4-38 所示。在电容电流变化较大的场所，常用的是自动跟踪动态补偿式消弧线圈。

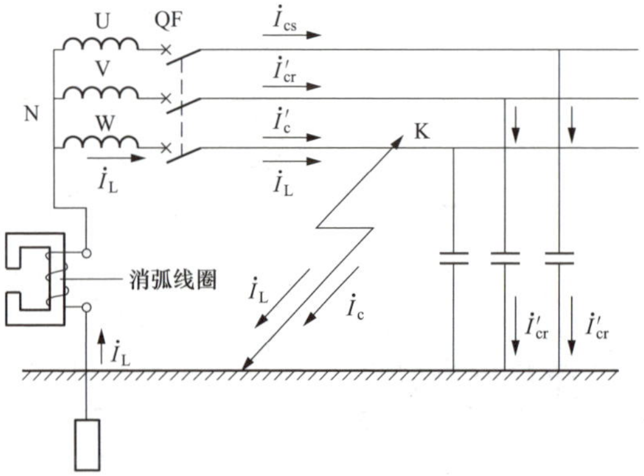

图 4-37 中性点经消弧线圈接地的电路

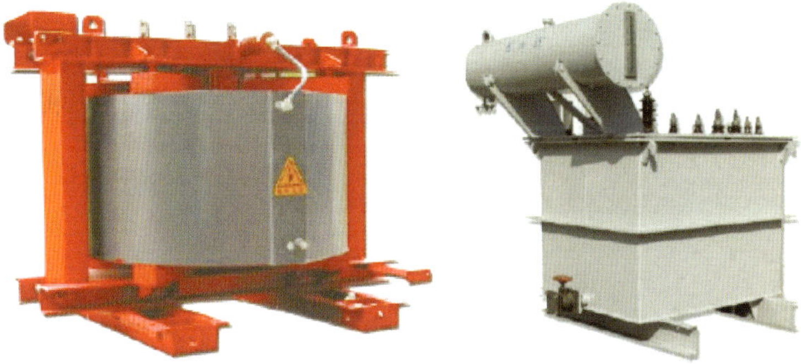

(a) 干式消弧线圈　　(b) 油浸式消弧线圈

图 4-38　消弧线圈外形

中性点经消弧线圈接地的电网和发电机，其长时间中性点位移电压允许值由变压器或发电机最大工作电压来决定。一般电网变压器最大工作电压不大于额定电压的 1.15 倍。而发电机最大工作电压不大于额定电压的 1.10 倍。为了提高电网变压器中性点消弧线圈补偿的成功率，必须使通过故障点的残流不要过大。为使残流最小，应将消弧线圈调整到接近于谐振点。但因实际电网的三相对地电容不对称，中性点存在不对称电压，消弧线圈处在谐振点附近运行，可能产生串联谐振，使中性点位移电压过高而绝缘损坏。因此脱谐度不能太小。运行经验证明不大于 10% 时消弧线圈补偿成功率较高。对于发电机中性点的脱谐度，主要是从限制传递过电压等因素考虑，取不大于±30% 的脱谐度，传递过电压最多只会引起虚幻接地现象，不会危害发电机的铁芯和绝缘。一般消弧线圈分接头为 5 个。发电机中性点的消弧线圈由于调谐要求较高，有条件时选用 9 个分接头较为方便，消弧线圈绝缘水平要求见表 4-8。

表 4-8　消弧线圈绝缘水平要求　kV

系统标称电压（有效值）	设备最高电压（有效值）	额定短时（1min）工频耐受电压（有效值）	额定雷电冲击耐受电压（峰值）
6	7.2	25	60

续表

系统标称电压（有效值）	设备最高电压（有效值）	额定短时（1min）工频耐受电压（有效值）	额定雷电冲击耐受电压（峰值）
10	12	28	75
15	17.5	38	105
20	24	50	125
35	40.5	70	170
66	72.5	95	250

4.4.2 接地变压器

1. 接地变的作用

系统中性点的确定优先采用工作变压器负载侧的中性点。当负载侧的中性点不能引出时，需要采用专用的三相接地变压器，构成人为的中性点。接地变有两种：Z 型接地变压器（ZN、ZN，yn）和星形/三角形接线变压器（YN，d）。现在，多用 Z 型接地变压器，其中性点可接入消弧线圈。Z 型接地变，在结构上与普通三相芯式电力变压器相同，只是每相铁芯上的绕组分为上、下相等匝数的两部分，接成曲折形连接。接线方式不同，又分为 ZN，yn1 和 ZN，yn11 两种形式。

Z 型接地变压器同一柱上两半部分绕组中的零序电流方向是相反的，因此零序电抗很小，对零序电流不产生扼流效应。当 Z 型接地变中性点接入消弧线圈时，可使消弧线圈补偿电流自由地流过，因此 Z 型变压器广为采用作接地变。

Z 型接地，还可装有低压绕组，接成星型中性点接地（yn）等方式，作为所用变压器使用。

2. 接地变压器的绝缘

接地变压器按绝缘介质分可分为油浸式和干式，目前上海常用的是油浸式。油浸式接地变绝缘主要是变压器油（也有用非燃性油）、浸纸（包括纸板、纸筒）绝缘。

（1）变压器油。对投运前及运行中变压器油的主要质量指标见表4-9。

表4-9 变压器油的主要质量指标

<table>
<tr><th rowspan="2">项目</th><th rowspan="2">设备电压等级（kV）</th><th colspan="2">质量指标</th></tr>
<tr><th>投入运行前的油</th><th>运行油</th></tr>
<tr><td>水溶性酸（pH值）</td><td>—</td><td><5.4</td><td>≥4.2</td></tr>
<tr><td>酸值（mg KOH/g）</td><td>—</td><td>≤0.03</td><td>≤0.1</td></tr>
<tr><td rowspan="3">水分（mg/L）</td><td>330~500</td><td>≤10</td><td>≤15</td></tr>
<tr><td>220</td><td>≤15</td><td>≤25</td></tr>
<tr><td>110及以下</td><td>≤20</td><td>≤35</td></tr>
<tr><td rowspan="2">介质损耗因数（90℃）</td><td>500</td><td>≤0.007</td><td>≤0.020</td></tr>
<tr><td>330及以下</td><td>≤0.010</td><td>≤0.040</td></tr>
<tr><td rowspan="4">击穿电压（kV）</td><td>500</td><td>≥60</td><td>≥50</td></tr>
<tr><td>330</td><td>≥50</td><td>≥45</td></tr>
<tr><td>66~220</td><td>≥40</td><td>≥35</td></tr>
<tr><td>35及以下</td><td>≥35</td><td>≥30</td></tr>
<tr><td rowspan="2">体积电阻率（90℃）（Ω·m）</td><td>500</td><td rowspan="2">$\geqslant 6\times10^{10}$</td><td>$\geqslant 1\times10^{10}$</td></tr>
<tr><td>330及以下</td><td>$\geqslant 5\times10^{9}$</td></tr>
</table>

由于在制造和运行过程中不可避免地会有杂质、气泡和水分等混入，因此工程用变压器油的电气强度远低于纯净变压器油。而且受潮的变压器油的击穿电压与温度关系密切。因为微量水分如完全溶解于油时对击穿电压影响很小，但转为液态微粒及固态（冰）时影响就大。

变压器油的老化原因主要如下。

1）热老化，温度升高、老化加速，引起颜色变深、$\tan\delta$增高、油泥及糠醛等增多、击穿电压下降等。

2）电老化，如油中的高场强处先发生局部放电，它促使油分子的互相缩合成更高分子量的蜡状物，同时逸出气体。此蜡状物易积聚于绝缘上，堵塞油道、影响散热，而气体体积的增大又使放电更易发展。因而油隙的击穿电

压 U（kV）随外施电压的时间 t（min）的增长而下降。

（2）绝缘纸。以硫酸盐木纸浆制成的绝缘纸中含有许多气隙，因而透气性、吸油性很好，浸以绝缘油后，电气性能显著提高。在变压器中常用的绝缘纸有多种：电缆纸（常用 0.08～0.12mm 厚、密度 $0.85g/cm^3$ 的）主要用作导线绝缘、层间绝缘及引线绝缘等；匝绝缘纸 0.075～0.125mm 厚、密度 $0.95g/cm^3$，主要用于较高电压的变压器的匝间绝缘；而更薄、更柔软的皱纹纸有利于包紧出线头、引线等。而如以密度为 $1.1g/cm^3$、厚 0.08mm 的薄纸来代替上述的电缆纸，其工频或雷电冲击击穿场强都可提高。

绝缘纸板常用作绕组间的垫块、隔板等，或制成角环、绝缘筒等。在电场很不均匀的区域，如对铁轭或高压引线绝缘，或采用由纸浆直接制成多种合适形状的绝缘成型件，这对改善电场分布、提高放电电压很有效。

（3）油纸绝缘。油与纸的配合使用，可以互相弥补各自的不足，显著增强绝缘性能，因纸纤维为多孔性的极性电介质，极易吸收水分，即使经过干燥浸油处理仍会吸潮，但吸潮速度明显延缓。当油浸纸板的吸湿量 ω 超过 3%～5%后，电气强度剧烈下降。因此在出厂前，变压器油中的含水量宜减少到表 4-9 中的要求，而纤维的含水量应降低到 0.3%～0.5%。

（4）干式接地变压器的绝缘。干式接地变压器常分为浸渍型及树脂型。浸渍型干式接地变压器的使用历史较长、工艺简便，导线采用玻璃丝包线，垫块用相应耐热等级材料热压成型。主、纵绝缘的气道均靠空气绝缘。它防火性能好，但由于以空气为绝缘介质，其尺寸、重量都要比树脂型大，受外界环境影响也显著。树脂型的干式接地变压器可分为几类，如树脂浇注、树脂加石英粉填料浇注、树脂绕包、树脂真空压力浸渍等。前两类的低压绕组常用箔板或扁线绕制，高压绕组用铜或铝的箔带在环氧玻璃布筒上绕成分段圆筒式，然后入模浇注。考虑到铝箔与树脂加石英粉的线性膨胀系数相近，有的还采用铝箔带绕制。

树脂绕包类不需浇注模，而在绕高压绕组时是一边绕导线一边将已浸有树脂的纤维绕上，全绕完后对绕组进行加热固化。其绝缘较薄、散热好，但气泡不易除尽。而树脂真空压力浸渍类是在绕组绕好后，于浇注罐里在真空下注入树脂，最后压制而成。

4.4.3 接地电阻

目前接地电阻按采用的材质可以分为三种：金属电阻、金属氧化物阀片式电阻和非金属电阻。金属电阻又可以分为镍铬合金、铜合金和不锈钢电阻。金属电阻由于其通流时间长、耐高温性能好，适用于高电阻接地系统；阀片式电阻和非金属电阻其电阻率高、性能稳定、体积小，并可和互感器组合在一个柜中，如图4-39所示。安装布置简单方便，且价格比金属电阻低，但通流持续时间较短，适用于低电阻接地系统。非金属电阻体积小、阻值范围大，且可配备电流互感器和动作记录仪，正常时可监视中性点的不平衡电流，单相接地故障时，可记录动作次数，且可给保护和监控系统提供模拟量输出。中性点电阻材质可选用金属、非金属或金属氧化物线性电阻。接地电阻对地绝缘为支持绝缘子的绝缘。

图4-39　接地电阻成套装置

4.4.4 影响中性点接地设备绝缘的因素

在设计时选择的中性点设备，应能在长期工作条件下和发生过电压、过电流的情况下保持正常运行，内、外绝缘不损坏。但当过电压、过电流的倍数远超设备的额定值，或者过载时间较长，设备内部的热平衡遭到破坏，产生的热量来不及散发出去，最后导致温度越来越高，绝缘损坏。

例如，2018年9月3日，上海某地区出现雷暴天气，线路1在雷击后发生三相断线，其中两相掉入水中。在此期间，A站在雷暴期间共发生了5次接地，接地电流及持续时间见表4-10（按时间排序）。

表 4-10　　A 站接地电流及持续时间

序号	接地线路	接地电流（一次值 A）	发生时间	持续时间（ms）	备注
1	线路 1	4890	14：16：47：908	0	跳闸，重合成功
2	线路 1	＜280	14：19：19：603	530	接地、未跳闸
3	线路 2	1159	14：19：19：701	0	跳闸，重合成功
4	线路 1	＜280	14：20：49：125	703	接地、未跳闸
5	线路 1	＜280	14：21：38：632	712	接地、未跳闸

A 站 1 号小电阻在 9 月 3 日 14：16—14：21 之间发生了 5 次接地，间歇接地总时长约 2s，第一次接地电流最大（两相短路接地），远超小电阻可承受的 1000A 限额，第三次为 1159A，也大于 1000A。因保护均为 0s 启动，所以实际承受接地电流时间应为保护的固有动作时间加上断路器的分闸时间（约小于 80ms）。由于小电阻短时间内承受了多次接地电流，内部产生大量热量，造成箱体油漆面等部位烧融，其故障图如图 4-40 所示。

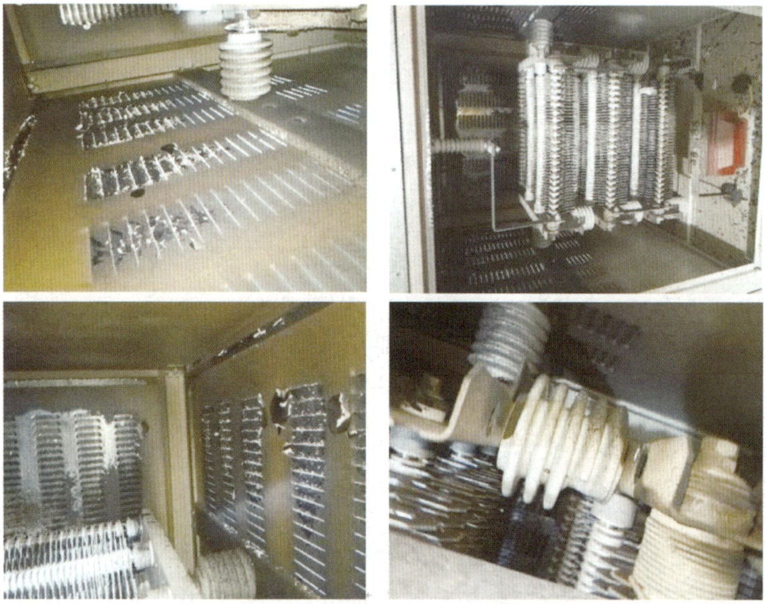

图 4-40　A 站接地电阻故障图

小结

本章介绍了电容器、避雷器、互感器及中性点接地设备的电气绝缘。电容器的电气绝缘从电容器的分类、绝缘结构、绝缘性能以及绝缘性能的影响因素展开，并通过 10kV 电容器爆融案例来说明电流对电容器绝缘性能的影响。避雷器电气绝缘通过介绍避雷器的工作原理，伏安特性以及碳化硅阀片与氧化锌阀片性能的比较，并重点说明氧化锌避雷器的特点及选择，最后通过一例 220kV 避雷器进水受潮的故障来说明水分对避雷器绝缘性能的影响。互感器的电气绝缘包括电压互感器以及电流互感器的电气绝缘，分别从绝缘结构、不同型式的互感器展开，最后通过数个案例来说明短路电流、谐振过电压、多种因素结合时对互感器绝缘性能的影响。中性点接地设备包括消弧线圈、接地变、接地电阻，主要介绍这三种设备在系统中的作用，并用接地电阻烧坏的案例来说明电流对接地电阻绝缘性能的影响。

习题与思考题

4-1 什么是电容器?

4-2 电容器如何分类?

4-3 在电容器中，为什么要选择介电常数 ε 较高的材料作为绝缘介质?

4-4 常用的电容器绝缘介质有哪些?试简述其主要特点?

4-5 简述避雷器的使用要求。

4-6 简述氧化锌避雷器的优点。

4-7 限制操作过电压用 MOA 的电气参数有哪些?

4-8 电磁式电压互感器按绝缘介质可分为哪些?

4-9 简述互感器绝缘性能的影响因素。

4-10 中性点接地装置包括哪几种设备，各自发挥什么的作用?

第 5 章 CHAPTER FIVE

05

电力系统过电压

电力系统运行的可靠性很大程度上取决于设备的绝缘水平。电力系统过电压的水平将影响电气设备绝缘的耐受能力，因此过电压在确定绝缘水平中起着重要作用。电力系统过电压根据其产生的能量来源可以分为雷电过电压和内部过电压。

其中，内部过电压通常是指电力系统中由于断路器操作、故障或其他原因，使系统参数发生变化，引起电网内部电磁能量的转化或传递所造成的电压升高。内部过电压主要可分为两大类：因系统的电感电容参数配合不当，出现的各种持续时间较长的工频电压升高或谐振现象，称为暂时过电压，按其频率为工频或者接近工频（波头时间通常为毫秒级别），又可分为工频过电压和谐振过电压；因操作或故障引起的暂态电压升高，称为操作过电压，其频率相对于暂时过电压要高很多（波头时间通常为微秒级别）。具体的过电压表现形式与分类，如图 5-1 所示。

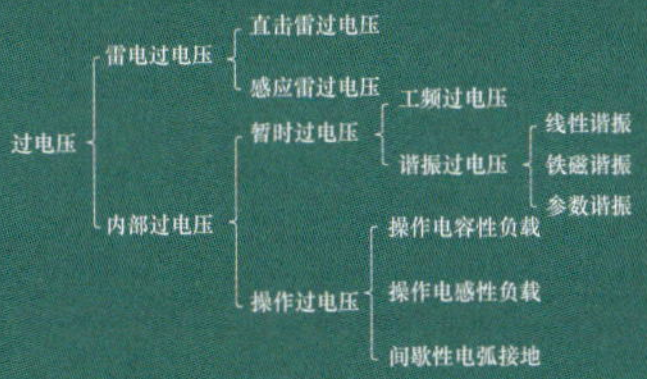

图 5-1　过电压的分类

通常将过电压幅值与电网最高运行相电压幅值之比，称为内部过电压倍数，用来表征过电压的大小。内部过电压倍数与电网结构、系统中各元件的参数、中性点运行方式、故障性质及操作过程等因素有关，并具有明显的统计性。

为了简单明了地表示某个电压等级内部过电压水平的大小，当系统最高运行电压（线电压）有效值为 U_m 时，通常用标幺值来表示。相对地暂时过电压和操作过电压的标幺值（1.0p.u.）为 $U_m/\sqrt{3}$；谐振过电压、操作过电压和 VFTO 的标幺值（1.0p.u.）为 $\sqrt{2}U_m/\sqrt{3}$。

国网上海市电力公司电力专业实用基础知识系列教材
变电设备绝缘与过电压

5.1 过电压分析基础理论

电力系统过电压是一种复杂的电磁暂态过程，为了行之有效地定性分析此类暂态过程过电压的产生机理，需要掌握相对应的理论分析工具。

当研究的过电压波形，其波长比实际电力系统元件电气距离要大很多时，需要分布参数及波过程的理论进行分析，比如雷电波在输电线路和变压器绕组中的波过程。对于暂时过电压，可以使用集中参数回路的过渡过程进行分析。涉及线圈类设备（如变压器、互感器等），可以使用非线性集中参数加以分析。对于操作过电压的分析，还需要考虑断路器开合过程中的暂态过程。本节内容介绍这四种分析电力系统过电压的理论工具。

5.1.1 线性集中参数回路的过渡过程

电力系统无论正常运行还是发生故障，每时每刻都发生着电磁场交变转换过程。由于电磁波的传播速度为光速，当电路中元件及其连线的实际长度与波长相比小很多时，可近似用集中参数表示。

1. *RLC* 等效电路在直流电压作用下的过渡过程

除发电机外，电力系统中各电气设备（如变压器、输电线路、避雷器、电抗器、电容器、断路器等）都可等效为集中参数 *RLC* 的不同组合，电感 *L*、电容 *C* 分别代表磁场能和电场能的储能元件，这两者是过电压产生的必要条件。电阻 *R* 为耗能元件，一般可以抑制过电压发展。由于发生过电压的时间极短，所以此时可以假设电源电压没有变化，视为直流电压。因此分析过电压的产生条件与发展过程，可以近似等效成研究由 *RLC* 等效电路在直流电压作用下的过渡过程。先忽略电阻 *R* 的影响，将此过渡过程等效成直流电压源

作用下零状态 LC 串联电路，如图 5-2 所示。通过分析电容上电压变化的过渡过程，研究过电压产生的机理。

图 5-2 中，开关闭合后，可列写电路方程组为

$$
\begin{aligned}
E &= u_{\mathrm{L}} + u_{\mathrm{C}} \\
u_{\mathrm{L}} &= L\frac{\mathrm{d}i}{\mathrm{d}t} \\
u_{\mathrm{C}} &= \frac{1}{C}\int i\mathrm{d}t
\end{aligned}
\tag{5-1}
$$

式中：E 为直流电压源两端电压；u_{L} 为电感两端电压；u_{C} 为电容两端电压。

当合闸时电容上初始电压为零时，其解为 $u_{\mathrm{C}}=E(1-\cos\omega_0 t)$，其中 ω_0 为自振角频率。若合闸时电容初始电压为 $u_{\mathrm{C}(0)}$，则此时 u_{C} 为

$$u_{\mathrm{C}} = E - [E - u_{\mathrm{C}(0)}]\cos\omega_0 t \tag{5-2}$$

由式（5-2）可知，当电容初始电压为 E 时，电路不发生振荡；而当电容初始电压为$-E$ 时，振荡幅值为 $2E$，最大过电压为 $3E$，其电压波形如图 5-3 所示。

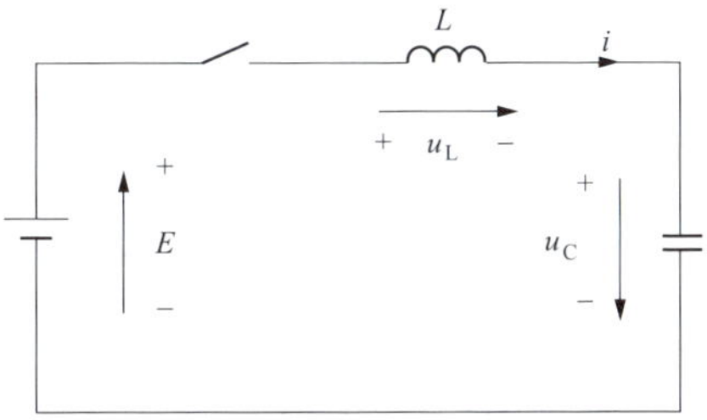

图 5-2　直流电压源作用下的 L、C 串联回路

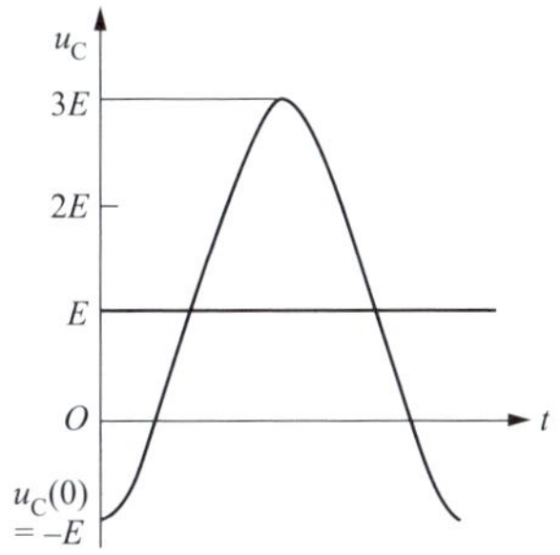

图 5-3　电容电压波形

式（5-2）可看作稳态值 E 和振荡部分 $[E-u_{\mathrm{C}(0)}]\cos\omega_0 t$ 两部分的叠加。其中，振荡部分是由于电容 C 的初始电压与稳态电压不一致的过渡过程引起，其振幅=稳态值−初始值。因此，通常将电容 C 上的过渡过程所产生的过电压通过式（5-3）进行描述。

$$\begin{aligned}\text{过电压幅值}&=\text{稳态值}+\text{振荡幅值}=\text{稳态值}+(\text{稳态值}-\text{初始值})\\&=2\text{倍稳态值}-\text{初始值}\end{aligned} \tag{5-3}$$

2. 电阻对过渡过程的阻尼作用

要分析回路中串联电阻和并联电阻对过渡过程的影响，需要借助电路微分方程的特征根来分析。首先考虑回路中串联电阻的情况，如图 5-4 所示。

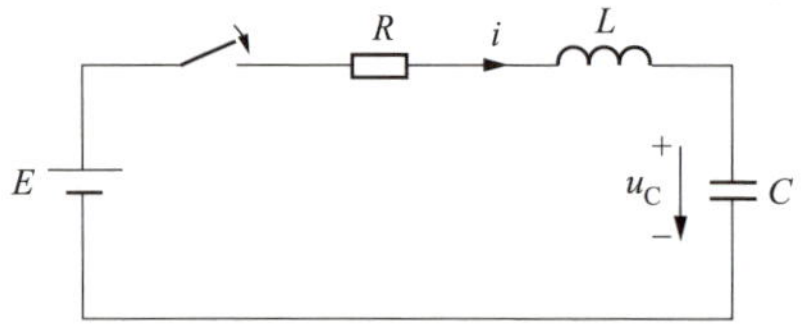

图 5-4　串联阻尼电路

图 5-4 中，回路串联电阻时电路微分方程可写为

$$LC\frac{d^2u_C}{dt^2}+RC\frac{du_C}{dt}+u_C=E \tag{5-4}$$

式（5-4）的特征方程为

$$LC_{p^2}+RC_p+1=0 \tag{5-5}$$

根据式（5-5），可以求得其特征根为

$$p_{1,2}=-\frac{R}{2L}\pm\sqrt{\left(\frac{R}{L}\right)^2-\frac{1}{LC}} \tag{5-6}$$

取 $R_0=\sqrt{\frac{L}{C}}$，式（5-6）可以改写为

$$p_{1,2}=-\frac{1}{\sqrt{LC}}\frac{R}{2R_0}\pm\sqrt{\frac{1}{LC}\left(\frac{R}{2R_0}\right)^2-\frac{1}{LC}} \tag{5-7}$$

由式（5-7）可知，当 $R\geqslant 2R_0$ 时，$p_{1,2}$ 均为实数根，则此时振荡被完全阻尼，在电容上不会出现高于直流源电压 E 的过电压。这里无需讨论此类情况，只需讨论 $R<2R_0$ 时的情况。在此情况下，为了方便讨论，假设初始条件 $u_C=0$。此时电容上的电压呈振荡衰减过程，根据式（5-4）~式（5-7），可求得数学表达式为

$$u_C=E\left[1-\frac{e^{-\alpha t}}{\cos\varphi}\cos(\omega t-\varphi)\right] \tag{5-8}$$

$$\alpha=\frac{1}{\sqrt{LC}}\frac{R}{2R_0},\ \omega=\sqrt{\omega_0^2-\alpha^2},\ \varphi=\arctan\frac{\alpha}{\omega}$$

为求出电容上的电压最大值，对式（5-8）求导，并令$\frac{du_C}{dt}=0$。推导得

$$\tan(\omega t-\varphi)=-\tan\varphi \tag{5-9}$$

由此可见，当$t=\pi$时，电容上出现最大过电压，其值为

$$u_{Cmax}=E(1+e^{-\frac{\alpha}{\omega}\pi}) \tag{5-10}$$

回路有串联电阻R时，电容电压衰减振荡过程的波形如图5-5所示。

从以上分析可知：串联电阻的作用是使电感中的磁场能和电容中的电场能在相互转换的过程中不断被消耗，因此电阻越大对过电压抑制作用越好。

对于回路并联电阻，分为在电感上并联电阻和在电容上并联电阻，等效电路如图5-6所示。

参照对回路串联电阻的分析方法，列写出图5-6等效电路微分方程的特征根方程

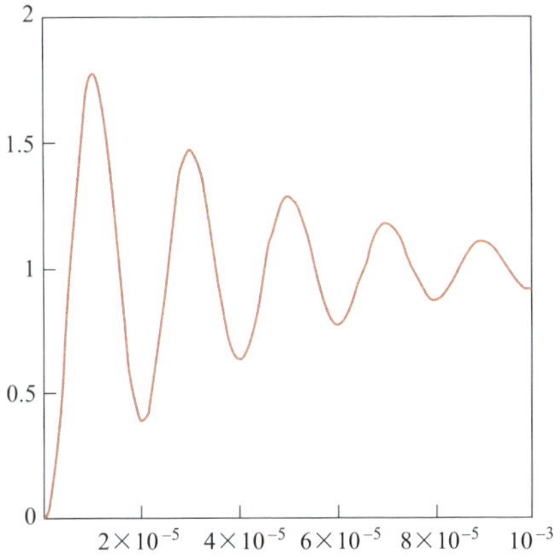

图5-5　串联阻尼回路电容电压波形

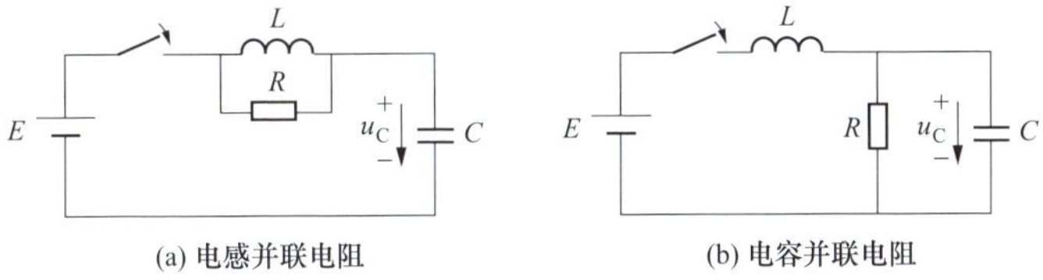

(a) 电感并联电阻　(b) 电容并联电阻

图5-6　并联阻尼回路

$$LCR_{p^2}+L_p+R=0 \tag{5-11}$$

式（5-11）特征根为

$$p_{1,2}=-\frac{1}{2RC}\pm\sqrt{\left(\frac{1}{RC}\right)^2-\frac{1}{LC}} \tag{5-12}$$

取$R_0=\sqrt{\frac{L}{C}}$，式（5-12）可以改写为

$$p_{1,2}=-\frac{1}{\sqrt{LC}}\frac{R_0}{2R}\pm\sqrt{\frac{1}{LC}\left(\frac{R_0}{2R}\right)^2-\frac{1}{LC}} \tag{5-13}$$

由式（5-13）可知，当 $R\leqslant\frac{1}{2}R_0$ 时，$p_{1,2}$ 均为实数根，则此时振荡被完全阻尼，在电容上不会出现高于激励源电压 E 的过电压。这里无需讨论此类情况，只需讨论 $R>\frac{1}{2}R_0$ 时的情况。电容上的电压可以用式（5-8）表示，此时并联电阻的作用是直接消耗掉 L（或 C）中的能量，使其不能全部转送到 L（或 C）中，因此电阻越小对过电压抑制作用越好。

综上所述，采用阻尼电阻后，无论串联还是并联其电容上的电压均可由式（5-8）表示，即过电压的幅值将由 $\frac{\alpha}{\omega}$ 决定。在不满足临界阻尼的条件下，在串联阻尼时只要满足 $R\geqslant1.4R_0$，在并联阻尼时只要满足 $R\leqslant\frac{1}{1.4}R_0$，就存在 $e^{-\frac{\alpha}{\omega}\pi}\leqslant0.05$，就可以使得过电压幅值小于 1.05 倍的电源电压，避免过电压的产生。

5.1.2 非线性电感回路中的谐振

通常在振荡回路中的某一自由振荡频率等于外加强迫频率时，发生谐振的那个谐波分量的振幅会急剧上升。图 5-7 是由线性电阻、电容和电感元件组成的串联谐振回路。

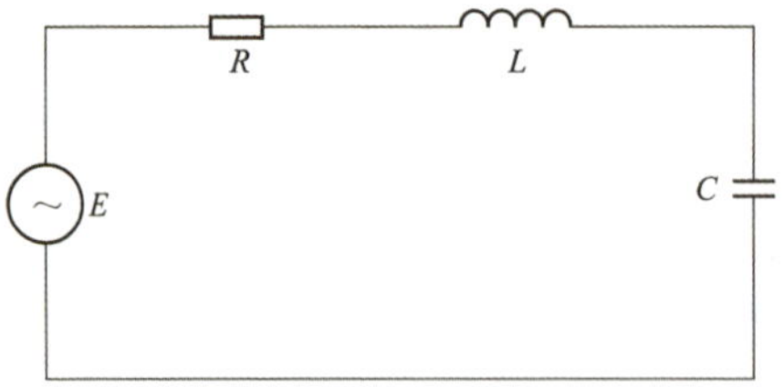

图 5-7 基本串联谐振回路

通过电路微分方程求解，可知电容电压的解由两部分组成，其中暂态分量在 5 个周波之后幅值下降到原来的 20%，而在 15～16 个周波后，可以认为暂态分量已衰减殆尽。此时，只保留了稳态分量，其幅值为

$$U_C = \frac{E}{\sqrt{\left(1-\frac{\omega^2}{\omega_0^2}\right)+4\frac{\mu^2}{\omega_0^2}\frac{\omega^2}{\omega_0^2}}} \tag{5-14}$$

式中：μ 为回路的阻尼率，$\mu=\frac{R}{2L}$；ω_0 为忽略损耗电阻 R 时回路的自振角频率，$\omega_0=\frac{1}{\sqrt{LC}}$；$\omega$ 为电源电动势 E 的角频率。不同阻尼率和自振角频率时的过电压倍数曲线，如图 5-8 所示。

在电网等值的集中参数回路中，对于含有非线性特性的铁芯电感，由于其磁饱和现象，将呈现出与上述线性谐振不同的特性。

为了方便分析非线性谐振现象的本质，不考虑回路电阻的影响，且仅讨论基波非线性谐振的回路，如图 5-9 所示。

图 5-9（a）中 $\dot{E}$ 为外界的电源电动势，U_m 为电动势最大幅值，L 为回路中的非线性电感，C 为回路中的电容。由于回路中，电源电动势 $\dot{E}$ 和回路中的总压降 $\Delta\dot{U}$ 相平衡，即

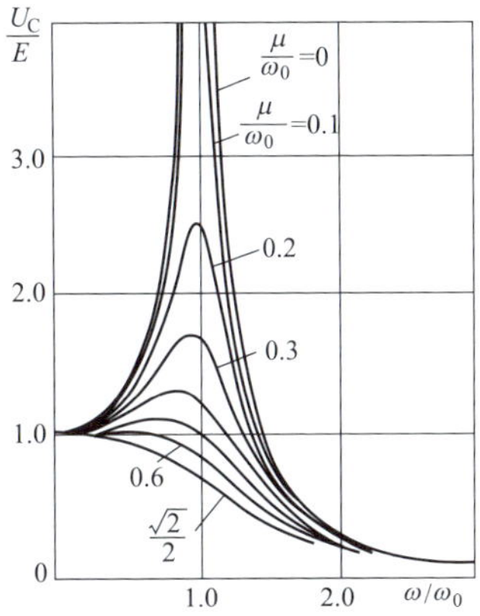

图 5-8　不同阻尼率和自振角频率时的谐振曲线

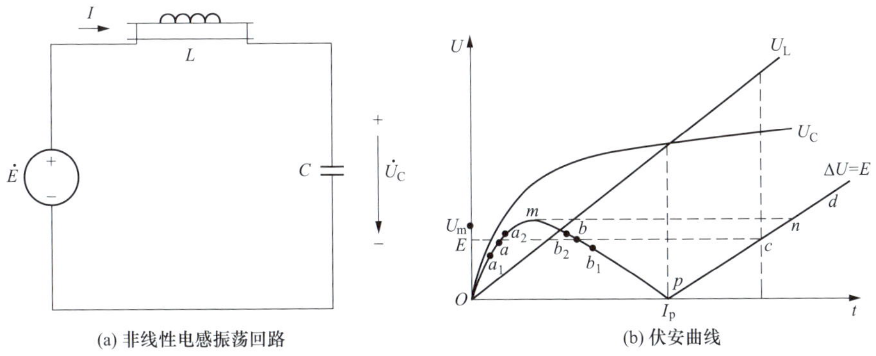

图 5-9　图解法求解非线性电感振荡回路

$$\dot{E} = \Delta\dot{U} = \dot{U}_{\mathrm{L}} + \dot{U}_{\mathrm{C}} \tag{5-15}$$

考虑到 $\dot{U}_{\mathrm{L}}$ 和 $\dot{U}_{\mathrm{C}}$ 反相，式（5-15）可以改写为

$$E = |U_{\mathrm{L}} - U_{\mathrm{L}}| = \Delta U \tag{5-16}$$

为了能够满足谐振条件 $U_{\mathrm{L}}=U_{\mathrm{C}}$，即图 5-9（b）中 U_{L} 和 U_{C} 这两条曲线有交点，需非线性电感的初始电感 L_0 满足式（5-17）

$$\omega L_0 > \frac{1}{\omega C} \tag{5-17}$$

当电感未饱和时，感抗大于容抗，电路呈现电感性；随着电感逐渐饱和，感抗下降，当感抗等于或小于容抗，使得回路中自振频率等于或接近工频频率，此时形成了工频铁磁谐振的必要条件。

当电动势 E 为某一定值时，在 ΔU 曲线上会有三个交点（a、b、c），代表了非线性电感的微分方程存在三个理论解。使用小扰动分析法，通过判断这三个工作点的稳定性，可得实际解。

对于 a 点来说，假如在外界干扰下，电流发生了正向的小扰动（电流值增加），此时工作点偏移至 a_2 点，该点处的外加电动势 E 小于总压降 ΔU，将导致电流减小并回到工作点 a；相反，假如在外界干扰下，电流发生了负向的小扰动（电流值减少），此时工作点偏移至 a_1 点，该点处的外加电动势 E 大于总压降 ΔU，将导致电流增大并回到工作点 a。说明工作点 a 为稳定工作点。同理，可以证明 c 点也是稳定工作点。但是对于点 b，当电流稍有增加，工作点偏移至 b_1 点，此时 E 大于 ΔU，将会使得电流继续增加，直到新的平衡点 c 为止；当电流稍有减少，工作点偏移至 b_2 点，此时 E 小于 ΔU，将会使得电流继续减少，直到新的平衡点 a 为止。可知，b 点经不起小扰动，是不稳定的工作点，不能成为回路的实际工作点。

综上所述，当外加电动势 E 从零逐渐增加时，回路工作点从 0 点逐渐上升到 m 点，然后突变到 n 点。此时，回路电流从感性跃变到了容性，发生了 180°的相位变化，称为相位反倾。这个过程正是非线性谐振相对于线性谐振所独有的谐振跃变现象。若 E 继续增大，工作点将沿 nd 直线上升，由于此时

回路为电容性，回路电流将随着工作点的上移而急剧增大，会在电感和电容上产生过电压。相反，如果电动势 E 逐渐下降，但是工作点不会沿着 nm 直线回到 m 点，而是沿着 np 降到 p 点，然后突变到 0，谐振消失。

由于非线性电感的饱和特性，当回路电流大于 I_p 时，感抗会随回路电流增大而减少，而容抗没有变化。所以，回路中非线性的限制使得此类非线性谐振过电压的幅值，一般不超过电源电压的 3 倍。

通过以上分析，非线性谐振在如下几个方面和线性谐振是有所区别的。

（1）线性谐振的参数需满足 $\omega L=\frac{1}{\omega C}$，而非线性谐振则为 $\omega L_0>\frac{1}{\omega C}$，其中 L_0 为非线性电感的初始电感值，对于给定的 L_0 值，C 值在很大的范围内（即 $C>\frac{1}{\omega^2 L_0}$）都有可能产生谐振。非线性谐振回路中的电感参数不是常数，所以回路中的自振角频率 ω_0 也不是固定的，当谐振频率 f_0 为工频（50Hz）时，回路的谐振为工频（基波）谐振；当谐振频率 f_0 为工频的整数倍时（如 2、3、5 倍等），回路的谐振是高频谐振；当谐振频率 f_0 为工频的分次时（如 1/3、1/5 等），回路的谐振是分频谐振。因此，具有各种谐波谐振的可能也是非线性谐振的重要特点，这是线性谐振所没有的。

（2）线性谐振无需外接激励电动势，但在非线性电感回路中，当外施激励电动势 $E<U_m$ 时，且原回路为感性工作状态时，则产生谐振必须有外接激发因素。

（3）线性谐振是随着参数逐渐接近而逐渐发展的；而非线性谐振却是由激发而突然产生的，其过程中伴随有相位反倾现象，会导致小容量电动机的反转，而线性谐振不会产生此类现象。

（4）损耗电阻对线性谐振过电压的限制起决定性作用，但是在非线性谐振中谐振过电压的主要因素在于非线性电感本身的饱和程度。

5.1.3 断路器开合过程

1. 开合暂态过程分析

断路器分合闸操作是电力系统电气操作中最频繁的操作，在断路器开合的短暂过程中，由于电网参数的变化，电网会从一个稳态过渡到另一个稳态，这个过程称为断路器开合暂态过程。在此暂态过程中，既有暂态电流变化，又有电压振荡的出现。振荡的幅值、频率和波形是由从断路器断口处看入的电网等值参数所决定。影响暂态过程有如下因素：断路器的开合状态，关合还是开断；负载类型：容性电流开断、感性电流开断、短路电流开断（大感性电流）和变压器励磁涌流。

以上因素的不同组合，都会引起断路器操作过电压，导致断路器本体绝缘的损坏，严重地导致开合负载的绝缘损坏。本小节介绍两种可能产生操作过电压的负载开合特性。

（1）电容性负载。断路器开断纯电容性负载，如开断空载架空线路、空载电缆线路、电容器组和不接地系统单相接地电流，其等值电路如图5-10（a）所示。从图5-10（b）可知，通过电容的电流将超前电压90°，从电流在零点被开断的时刻起，负载侧电压 u_2 将会保持，这是因为处于最大值的电荷量都储存在电容上。由于电源侧电压 u_1 继续按正弦规律变化，恢复电压（u_1-u_2）则表现为（$1-\cos\theta)u_2$ 的波形，即电流过零后的半个周期时达到最大值（$2u_2$），见图5-10（b）中剖面线构成的轮廓。

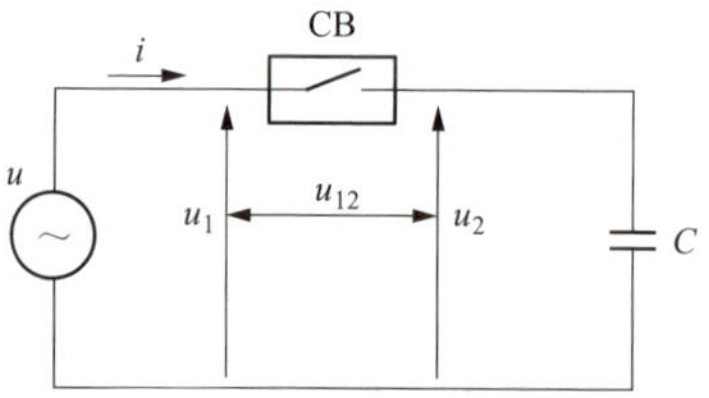

(a) 等值电路图

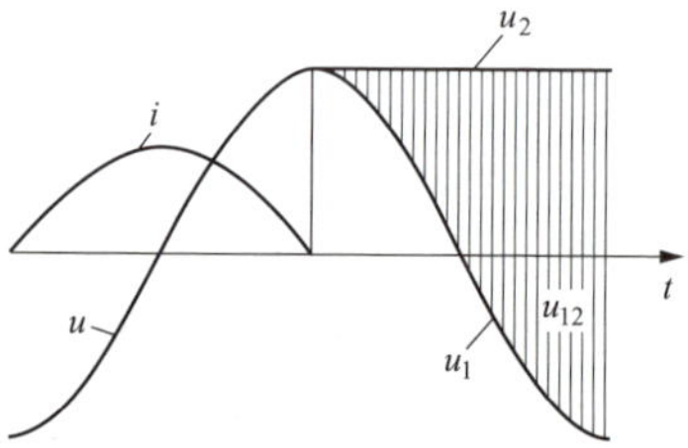

(b) 断路器断口间的电压

图5-10　纯电容性负载开断暂态过程

在这种情况下，存在发生重击穿或绝缘击穿的风险，这会导致电网中出现不能接受的过电压。这种过电压风险特别高，因为非常小的电流可能经历很短的燃弧时间后开断，使得在电流过零时的触头间隙非常小，断路器断口的绝缘恢复强度远低于恢复电压值，造成重击穿，导致灭弧室受损。

（2）电感性负载。对于断路器在开合并联电抗器、空载变压器和短路的物理过程可以用图 5-11（a）所示的等值电路表示，由于电感电流会滞后于电压 90°，在这种情况下电流过零点电弧开断后，电源侧电压 u_1 继续按正弦规律变化，如图 5-11（b）所示。负载侧电压如同 1.0p.u. 的阶跃函数立即降至零点。由于无限大的上升率，电流只能被理想断路器开断。然而，实际上电感的杂散电容总是存在的（这在原理图中并未给出），会导致负载侧电压 u_2 出现振荡。在没有阻尼的情况下，过电压幅值可达近 2 倍电源电压幅值，其大小如图 5-11（b）中所示剖面线构成的轮廓。电路中的电感和电容决定了振荡频率，但很明显的是电流过零后的瞬态恢复电压（transient recovery voltage，TRV）上升率要显著高于容性电路中的情况。电流开断后触头间隙的介质恢复必须比 TRV 快。否则，重燃是不可避免的。在实际高压电网中，并联电抗器开合是最常见的感性负载开合方式。

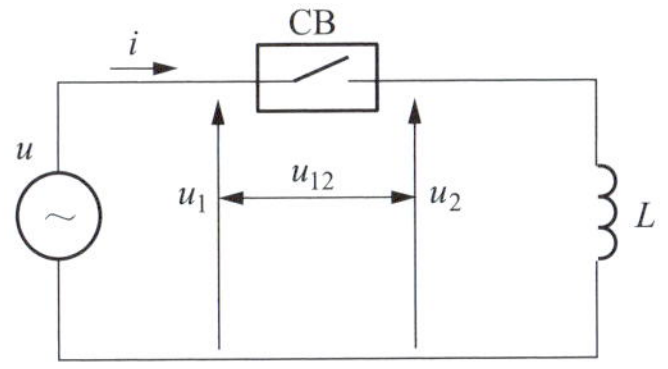

(a) 等值电路图

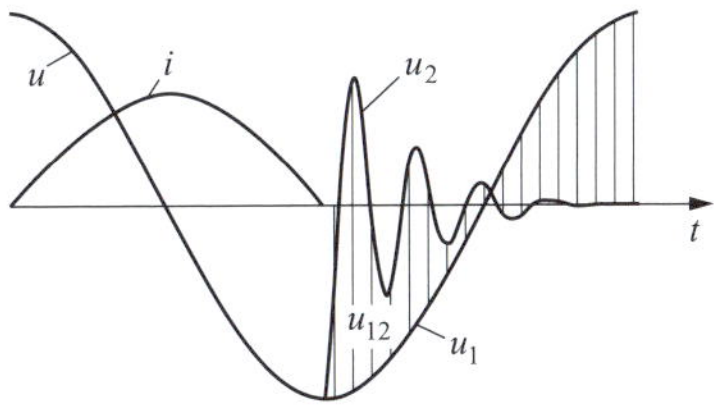

(b) 断路器断口间的电压

图 5-11　纯电感性负载开断暂态过程

除了以上两种典型负载开合过程外，断路器开断短路电流时，由于电力系统感抗比电阻大得多，所以短路电流相当于电感性负载的开断。相对于短路电流（大电感电流）开断，开断小电感电流，暂态过程中会出现幅值非常高的瞬态恢复电压。

2. 瞬态恢复电压（TRV）

通常对瞬态恢复电压（TRV）的定义如下：断路器在分闸的过程中，断路器在电弧电流过零时灭弧，但此时动静触头之间除了系统两侧的电源电压，还存在有系统两侧的电参数和断路器断口电容及其对地杂散电容决定的瞬态恢复电压，其值 $TRV(t)=U_L(t)-U_R(t)$，如图 5-12 所示。*TRV* 和断口之间的击穿电压为一对矛盾体。在某个开距（动静触头之间的距离）下，*TRV* 大于此开距下的击穿电压，则断口间将被击穿，电弧将重燃。在断路器合闸过程中，如果此时的开距不是动静触头的最大开距，发生的击穿称为断路器的预击穿。

图 5-13 说明了 *TRV* 经过了两个连续时间段，起初是出现高频振荡的瞬态恢复电压阶段，在暂态振荡过程结束后进入工频恢复电压阶段。如果断路器能够承受瞬态恢复电压和工频恢复电压，那么电流开断就成功了。

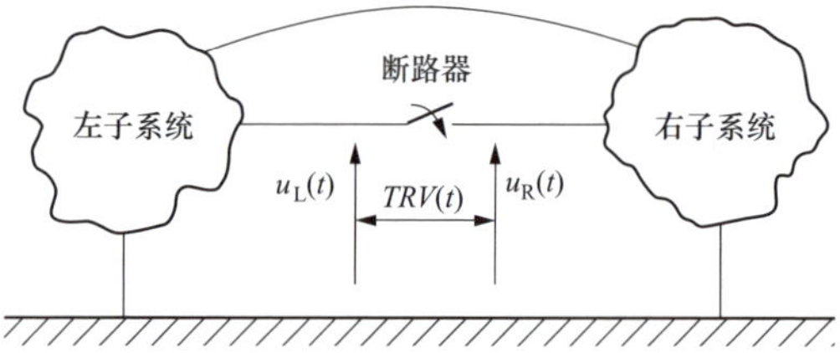

图 5-12 瞬态恢复电压的定义

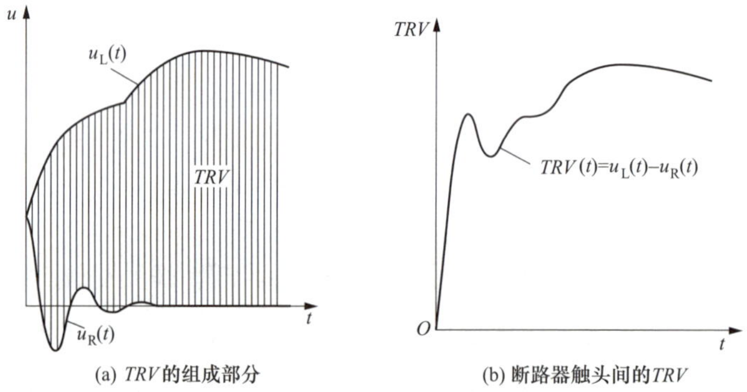

图 5-13 *TRV* 的波形

因此，对于高压交流断路器，交流电弧的熄灭条件之一是：电弧消失后介质恢复强度在任意瞬间都大于作用在断路器断口上的暂态恢复电压。对于高压断路器开断交流短路故障的情况，瞬态恢复电压对断路器的绝缘水平的影响具有决定性的意义。通常断路器的过零前电流下降率和过零后恢复电压上升率的乘积来衡量断路器的灭弧能力。瞬态恢复电压的变化快慢取决于工频恢复电压及其频率，电路中电阻、电感，电容值及分布情况，以及电弧特性。其中电流过零时电弧电阻变化很大，对瞬态恢复电压会产生较大的影响。

3. 断路器熄弧理论

在大气中，通过接触开关电路，如果电压超过 12～20V，电流超过 1A，接触会产生高温，强烈的光亮近似圆柱形的气体，这就是电弧。当电弧完全熄灭，触头间的绝缘介质完全恢复绝缘状态，断路器才算是成功完成开断。从断路器发展的初期认为，电弧的产生一方面使电路依旧保持着导通的状态，延迟了开断的过程；另一方面电弧产生的高温会磨损触头、破坏绝缘性能。在发生故障的情况下，有可能损坏断路器。随着断路器研究的发展，人们认识到电弧等离子具有极为重要的特性，对于高压断路器来说，大电流的分合必须依靠电弧来完成。

高压断路器的每半个周期交流电流，存在一个电流自然过零点，在此时刻，电弧等离子的电导率会发生变化。为了分析断路器熄弧的暂态物理过程，将断路器电源侧电压用 U 表示（其幅值为 E_m），电源侧的电阻和电感分别为 R、L，断路器断口的等效电容用 C 表示，U_h 表示断路器断口两端的电弧电压，其等效电路如图 5-14（a）所示。电弧电阻 R_h 为非线性电阻，其伏安特性如图 5-14（b）所示。

根据图 5-14（a）所示等效电路，可以列写如下电路方程

$$\begin{cases} L\dfrac{\mathrm{d}i}{\mathrm{d}t}+iR+u_h=E_m\cos\omega t \\ u_h=i_hR_h \\ i=i_h+i_c \end{cases} \tag{5-18}$$

对式（5-18）进行求解，可得断路器断口两侧暂态恢复电压的波形，如图 5-15 所示。从图 5-15 中可知，在电流过零时，电弧的电阻率发生了突变。

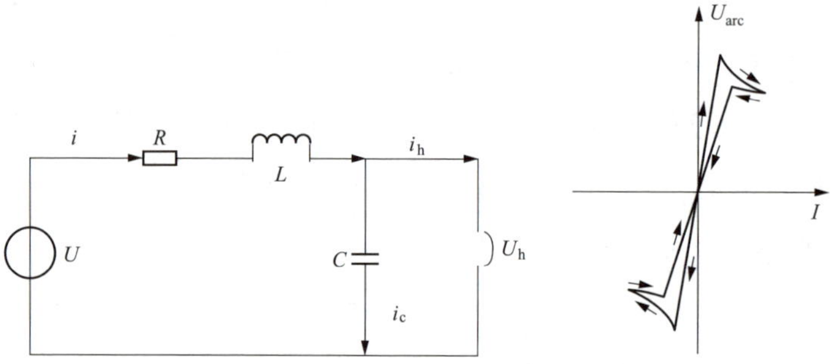

图 5-14　断路器熄弧的物理过程

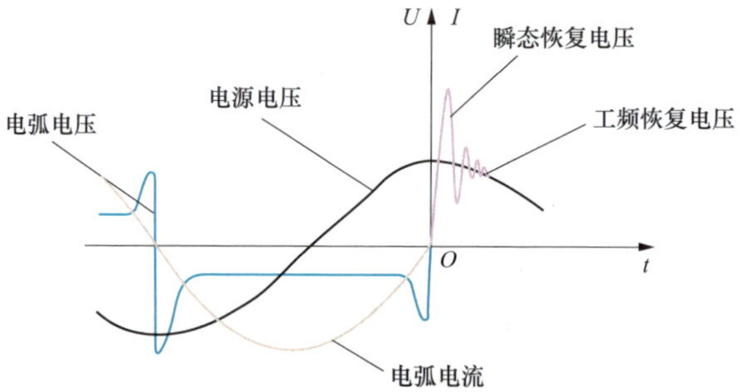

图 5-15　断路器电弧电压波形

由于触头之间的等效电容非常小，所以触头端电压变化率较小时，可以忽略等效电容的影响，近似认为开断电流就为主电路流过的电流，可以将式（5-18）简化成为式（5-19）。

$$\begin{cases} L\dfrac{di_h}{dt} + i_h R_h + u_h = E_m \cos\omega t \\ u_h = i_h R_h \end{cases} \tag{5-19}$$

对于电弧电阻 R_h，理论研究时认为它是一个非线性电阻，为了方便分析，做出以下假设：主电路中电阻通常是较小的，可以近似忽略；以电流过零时为计时起点，此时电源电压为最大值；当 $t=\dfrac{\alpha}{\omega}$时触头分离，电弧燃烧，α 为起弧时的相位角；电弧电压保存不变，只改变方向。有了上述假设，式

（5-19）可以化简为

$$di_h = \frac{E_m}{L}\left(\cos\omega t - \frac{U_h}{E_m}\right)dt \tag{5-20}$$

在电流正半周内对式（5-20）进行积分可得

$$i_h = \frac{E_m}{\omega L}\left[\sin\omega t - \frac{U_h}{E_m}(\omega t - \alpha)\right] \tag{5-21}$$

由式（5-21）可知，电弧电流可以等效为两个分量组成：一个是滞后于电源电压90°的周期分量；另一个是随时间变化的线性分量；当 $\omega t = \alpha$ 时，出现电弧电流，由于衰减分量的影响，电弧电流的过零点会早于正弦电流的过零点，也就是说，不仅电弧电流发生了畸变，且电弧电流的过零点也发生了变化。根据电弧理论，可以认为燃弧时间内，电弧是一个与电流大小有关系的非线性电阻，因此，在起弧时刻，开断电流会有一个畸变，这一点也提供了一个确定起弧时刻的方法。

上述分析是在假定电弧电压为常数且电容很小的前提下做出的，当电路电流变得很小时，由电弧电压引起的电容电流是不能忽略的。弧隙两端的电容既可以吸收电流也可以放出电流，这会造成电弧电流与电弧电压过零点的不同步。

交流电弧过零点这段时间内，弧隙从导体变为绝缘介质，交流电弧的熄灭主要取决于这一过程。对于交流电弧的灭弧和首次灭弧失败后的电弧重燃这一过程有两种理论：弧隙介质恢复理论和能量平衡理论。

（1）弧隙介质恢复理论。电弧电流过零之后，弧隙就变为介质，不存在电导，也不存在剩余电流，因此在弧隙之间发生的电压恢复过程和介质强度恢复过程是相互独立的。电弧熄灭之后是否重燃完全取决于介质强度恢复过程和电压恢复过程谁更快。

（2）能量平衡理论。电弧熄灭之后的重燃过程不只是简单的电流过零后比较恢复电压是否能击穿介质绝缘强度的问题，而是等效电路中弧隙触头之间的能量平衡的问题。当弧隙中所产生的热能大于散发出的热能时，弧隙就会被热击穿而使电弧重燃，反之则不会发生重燃现象。

在分析操作过电压机理时，为了便于等效电路模型的计算，一般采用弧隙介质恢复理论，仅比较介质恢复强度与暂态恢复电压的大小来确定电弧是否发生重燃。

5.1.4 分布参数与波过程

在5.1.1中讨论了集中参数回路的暂态过渡过程，但是在电力系统中，尚存在类似雷电波这种频率非常高（波长非常短，一般为780m）的冲击波，此时实际电路的尺寸远远大于电磁波的波长，就不能简单地将电气设备用集中参数表示，需要用分布参数来考虑。以无损长距离输电导线为例，图5-16（a）所示为集中参数表示的T型等值电路，当用分布电路参数来等效时，需要考虑分布电感和分布电容的存在。当外加电压作用于导线时，在暂态过渡过程中，同一瞬时沿线的各点电压和电流值不仅是时间 t 的函数，而且是位置 x 的函数，如图5-16（b）所示。

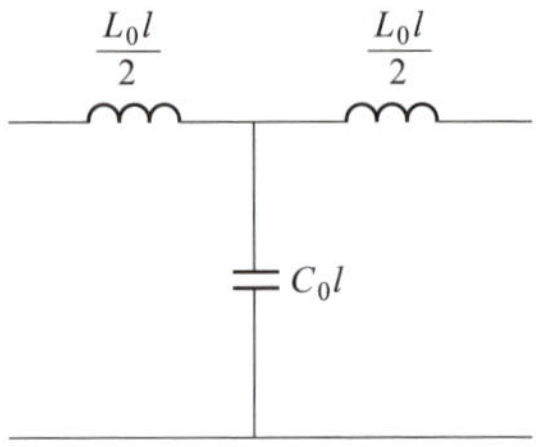

(a) T型等值电路

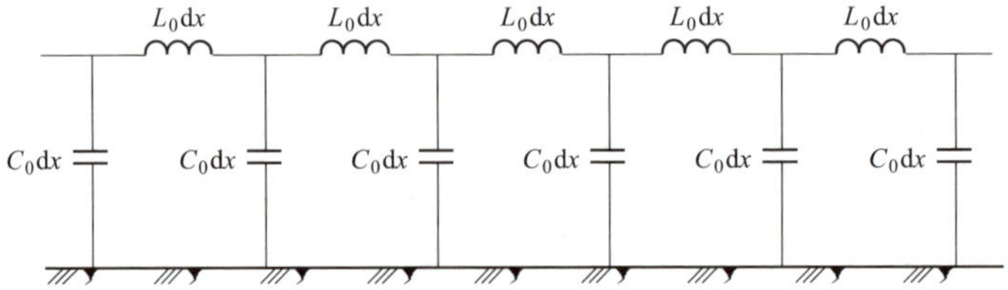

(b) 导线的分布参数等值电路

图5-16 导线集中参数与分布参数等值电路

1. 波阻抗的物理意义

分布参数电路的电磁暂态过程就是电磁波传播过程，即波过程。电磁波在空气中的传播速度，等于光速，与导线的几何尺寸与悬挂高度无关。电流波和电压波在无损导线的传播过程，其实质是电场能量和磁场能量的相互转化过程。因为电压波使导线对地电压升高的过程等同于电场能在导线对地电容上储能的过程。同样，电流波通过导线的过程等同于磁场能在导线电感中储能的过程。不计导线电晕损耗的情况下，导线单位长度的电场能量和磁场能量保持相等，并相互转化，如式（5-22）所示。这也就是电磁波沿无损导线传播的物理意义：

$$\frac{1}{2}L_0i^2 = \frac{1}{2}C_0u^2 \tag{5-22}$$

式中：L_0 为无损导线的单位长度电感；C_0 为无损导线的单位对地电容。

从式（5-22）出发，可以求出电压波和电流波沿导线传播时，导线单位长度的总能量为

$$\frac{1}{2}L_0i^2 + \frac{1}{2}C_0u^2 = C_0u^2 = L_0i^2 \tag{5-23}$$

假设，引入集中参数电阻的定义 $Z=u/i$，根据式（5-22）可求出

$$Z = \sqrt{\frac{L_0}{C_0}} \tag{5-24}$$

此时，求出的 Z 定义为线路分布参数的波阻抗，由式（5-24）可知，它的大小只与导线本身的参数有关。通常导线的波阻抗在 300～500Ω 之间。对于电缆，由于其磁通主要分布在芯线和外皮之间，L_0 较小；又因电缆芯线和外皮之间距离很近，C_0 很大，所以其波阻抗比导线小很多，一般在 10～100Ω 之间。

2. 波过程的基本方程

在电压波传播过程中，由于导线对地电容上存储的电容电荷极性有正电荷和负电荷，决定了其传播方向，而与电荷的运动方向无关；而电流波不但与相应的电荷极性有关，而且与电荷的运动方向有关。

图 5-17 描述了前行波和反行波的流动方向。从图 5-17（a）、（b）可以看

出，正向的前行电压波和电流波间具有相同的符号，即此时的波阻抗为正值；从图 5-17（c）、（d）可以看出，正向的反行电压波和电流波间具有相反的符号，即此时的波阻抗为负值。

以上分析可知，在波过程中，导线上的电压由电压前行波 u_q 和电压反行波 u_f 叠加形成，导线上的电流由电流前行波 i_q 和电流反行波 i_f 叠加形成；前行电压波和前行电流波互相伴随着传播，它们间的关系由波阻抗 Z（正值）决定。同样，反行电压波和反行电流波间的关系也满足上述关系，只不过此时的波阻抗为负值。前行波和反行波在导线上按原先的方向传播，两者互相独立，互不干涉，当两个方向来波相遇时，可以将它们算术相加。为了便于波过程的计算，将上述提到的四个变量（u_q、u_f、i_q、i_f），类比电路方程，则可得描述波过程的基本电路方程为

$$\begin{cases} u = u_q + u_f \\ i = i_q + i_f \\ u_q = Zi_q \\ u_f = -Zi_f \end{cases} \tag{5-25}$$

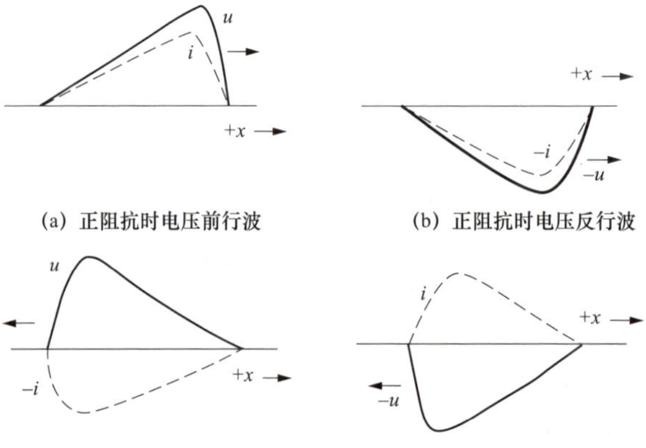

(a) 正阻抗时电压前行波　(b) 正阻抗时电压反行波

(c) 负阻抗时电压前行波　(d) 负阻抗时电压反行波

图 5-17　电压波和电流波之间的关系

从式（5-25）出发，加上边界条件和起始条件，就可以求得导线上的电

压（电流）的前行波和反行波后，就可以算出该导线上任一点的电压和电流值。

3. 波的折射和反射

（1）折射和反射系数。以上分析的是波在单一介质中传播的规律及电路方程，但在实际电网中，波的传播过程会遇到至少两种不同的波阻抗的回路，以波经过两种不同波阻抗导线为例（波从电缆传播至架空导线的情况），如图 5-18 所示。由于两者的波阻抗不同，即导线 1 中电压波对电流波的比值与导线 2 中电压波与电流波的比值不同，将导致前行的电压波和电流波将在连接处 A 点将发生变化，从而形成了波的折射。此外，由于在连接处 A 点上的电压和电流只有一个值，所以除了折射外，此处还发生了反射。

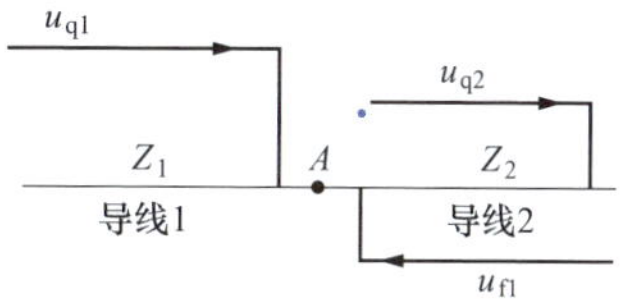

图 5-18　波经过两段不同波阻抗的等效电路

由图 5-18 可以列写出波在 A 点处满足的基本方程式

$$
\begin{aligned}
u_{q1} + u_{f1} &= u_{q2} \\
i_{q1} + i_{f1} &= i_{q2}
\end{aligned}
\tag{5-26}
$$

将式（5-26）代入到式（5-25）中，即可求得在导线连接点 A 处的折、反射电压和入射电压的关系式为

$$u_{q2} = \frac{2Z_2}{Z_1 + Z_2} u_{q1} = \alpha u_{q1} \tag{5-27}$$

$$u_{f1} = \frac{Z_2 - Z_1}{Z_1 + Z_2} u_{q1} = \beta u_{q1} \tag{5-28}$$

式中：α 为电压折射系数；β 为电压反射系数。由于 A 点左侧及右侧电压在 A 点处必须连续，根据式（5-26），折、反射系数间满足

$$1 + \beta = \alpha \tag{5-29}$$

以下分三种情况来讨论，当 $Z_1 = Z_2$ 时，$\alpha = 1$，$\beta = 0$，此时相当于均质导线的情况，折射电压波等于入射电压波，反射电压波等于零，即不发生任何

折、反射；当 $Z_2>Z_1$ 时，则 $\alpha>1$，$\beta>0$，即折射电压波大于入射电压波，反射电压为正；当 $Z_2<Z_1$ 时，则 $\alpha<1$，$\beta<0$，即折射电压波小于入射电压波，反射电压波变为负值。

（2）导线末端的折反射。当波传播到导线的末端时，又会遇到可能的三种特殊情况，比如末端为开路、末端短路和末端接有与导线等值的电阻（$R=Z_1$）。并用能量转化的原理，对以上三种情况分别加以分析：

1）线路末端开路。此时相当于末端波阻抗 $Z_2=\infty$，由式（5-29）可知，此时折射系数和反射系数分别为 $\alpha=2$，$\beta=1$，即 $u_{q2}=2u_{q1}$，$u_{f1}=u_{q1}$。这一结果说明入射波到达开路的线路末端时将发生全反射，全反射的结果是使末端电压上升到入射波电压的 2 倍，随着反射电压波的反行，导线电压将逐点上升到入射波电压的 2 倍。在电压全反射的同时，电流则发生了负的全反射，电流负反射的结果使线路末端的电流为零，这显然是由线路末端开路的边界条件决定的。而随着负反射电流波的反行，导线上的电流将逐点下降为零，如图 5-19 所示。

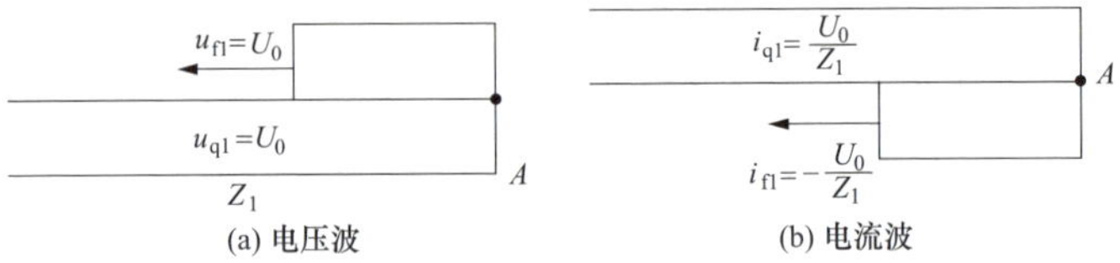

图 5-19　线路末端开路时波的折、反射

线路末端开路时电压之所以升高也可以从能量的角度加以解释。由于线路末端是开路的，在末端处电流必须为零，由此而造成了电流负反射，在反射波到达的范围内导线上的电流已处处为零，即磁场能量处处为零，因此全部能量将储藏在电场内。由于原来磁场能量是等于电场能量的，所以磁场能量转换为电场能量的结果，将使电能增加 1 倍。同时电磁波的能量还在继续由线路首端传向末端，所以实际上电能将增加到原来值 4 倍，即 $4\times\frac{1}{2}U_0^2C_0$，后者可写成$\frac{1}{2}(2U_0)^2C_0$，这就说明了末端开路电压全反射时，电压翻倍的原因。入射波在开路的末端引起的电压升高往往会造成绝缘的破坏，在过电压保护中应给以充分注意。

电网在雷雨季节运行时，对于线路两侧一侧运行另一侧热备用的架空线路，会采取“防雷冷备用”状态，即热备用侧的线路开关和线路闸刀会拉开，而母线闸刀合上，如线路侧有压变，则线路压变高压闸刀拉开。这样可以避免雷电波在开关断口（即线路的末端）引起的电压波发生的全反射，造成的电压升高毁坏断路器本体绝缘。

2）线路末端短路。此时线路末端短路相当于 $Z_2=0$，根据式（5-29），可以求出 $\alpha=0$，$\beta=-1$，即末端电压波发生了负的全反射，末端电压为零，而且逐点向首段发展，这是由线路末端的边界条件决定的。同样，类比上述分析过程，线路末端返回的电能全部转化为磁能，加上首段传向末端的电磁能量，实际上磁能增加到原来值的 4 倍，即 $4\times\frac{1}{2}i_0^2L_0$，后者可写成 $\frac{1}{2}(2i_0)^2L_0$，这结果表明，在电压负的全反射的同时，电流发生了正的全反射，如图 5-20 所示。电流正的全反射的结果使线路末端的电流上升为入射波电流的 2 倍，而且逐点向首端发展。

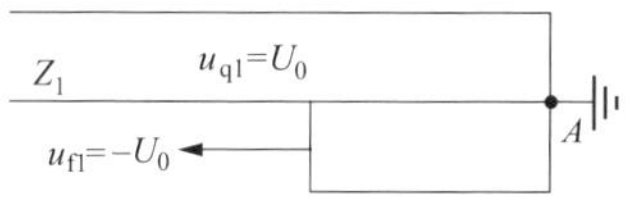

(a) 电流波

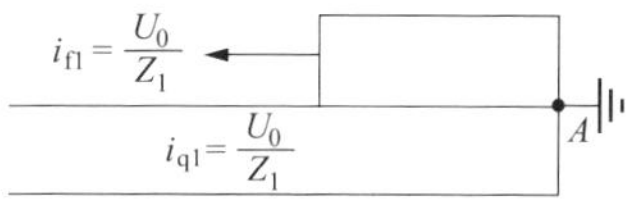

(b) 电压波

图 5-20　线路末端短路时波的折、反射

在电网中对 110kV 及以上主变压器高压断路器进行操作时，在操作前，会合上主变压器高压侧中性点接地开关。根据线路末端短路点电压为零的结论，可以降低操作过电压对主变压器中性点绝缘的影响。

3）线路末端接有电阻。此类情况，与上述分析中的 $Z_1=Z_2$ 结论一致，在这种情况下，波到线路末端 A 点时并不反射，与均匀导线的情况完全相同，如图 5-21 所示。因此在高压测量中，常在电缆末端接以和电缆波阻抗相等

（相匹配）的电阻来消除波在电缆末端折、反射所引起的测量误差。但是也应看到，从能量的观点出发，R 和 Z_2 是有所不同的。显然，当 A 点所接为电阻 R 时，由电磁波传输到 A 点的全部能量将消耗在 R 中；而如果当 A 点所接为波阻 $Z_2=R$ 的无穷长导线，则经由 A 点传输的全部能量将储藏在导线周围的介质中。

4. 等值集中参数定理

从式（5-26）中消去 i_{q1}、i_{f1} 和 u_{f1}，可得出仅有入射电压与折射电压和回路电流之间的关系式为

$$2u_{q1}=u_{q2}+i_{q2}Z_1 \tag{5-30}$$

将式（5-30）用集中参数等效电路来表示，如图 5-22 所示。

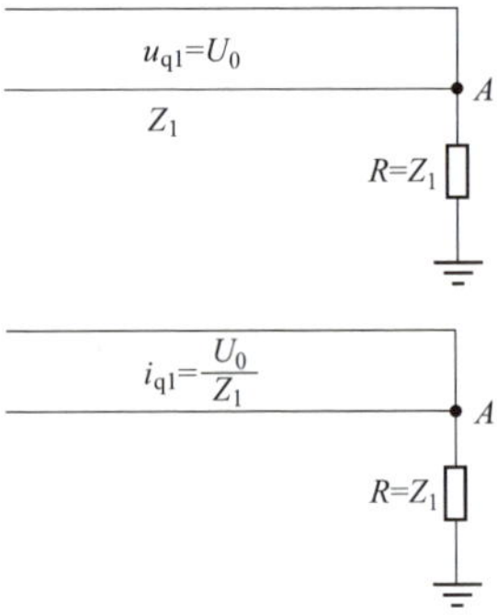

图 5-21 线路末端接有 $R=Z_1$ 时的折、反射

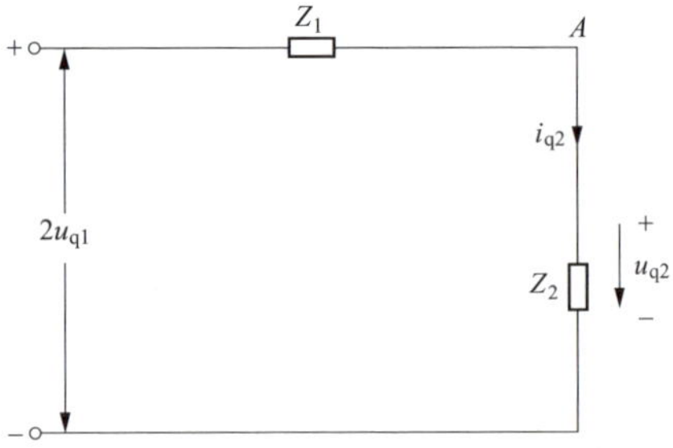

图 5-22 集中参数等值电路

上述结论可以看成是将分布参数的波过程，通过集中参数的波阻抗来等效，可以用来计算节点处（A 点）的电压和电流。这种等效法则，又称为等值集中参数定理（又称彼得逊法则）。如图 5-22 所示，等效电源电动势为来波电压的 2 倍，电路中的内阻抗为来波所流过通道的波阻抗 Z_1、Z_2 为来波入射点后的导线波阻抗。

应当注意的是，彼得逊法则使用时是有一定条件的：首先要求波沿分布参数的线路（即 Z_1）入射；其次只适用于和节点相连（即 Z_2）的是无限长

线路，如果线路是有限长，则需要满足入射波在有限长线路末端发生的反射波没有传播到节点（A 点）。

5.2 雷电过电压

雷电是自然界中的大气火花放电现象，也是人类最早观测到的电现象。雷电放电所产生的雷电流高达数十、甚至数百千安，相对于220kV系统母线三相最大短路电流只有几十千安，要大很多。会在电气设备导体（尤其架空线路）引起巨大的热效应、电磁效应和机械效应，损坏电气设备。

在雷电流通过的范围，将有强大电磁场产生，使附件的导体或金属架构以及电气设备上产生很高的感应电压，可达几百千伏，足以破坏一般电气设备的绝缘；在金属架构回路中，接触不良或有空隙的地方，将产生火花放电，引起爆炸或火灾。

上海地区2003—2011年的雷电活动统计数据表明：上海地区属于多雷地区，近年来强雷暴的极端天气数有所增加，雷电流幅值分布与IEEE标准推荐公式相近，负极性幅值分布的中值为26.669kA，陡度为2.344，地闪密度中值为每年4.764次/km^2。且雷电活动在时间分布上有明显的季节性规律，集中在7—9月；但不同的地域具有一定差异，落雷密度郊区比市区大，且以崇明和松江最严重。在上海电网中，35kV及以下的电气设备由于其电压等级相对于雷电过电压水平较低，因此雷电过电压水平决定了其电气设备绝缘水平。尤其对于10kV配电网，为了减少线路雷击跳闸率，除了安装线路避雷器外，有些重要输电线路由架空裸导线改成了架空绝缘导线或者电缆。

国际电工委员会IEC规定了标准雷电冲击波波形，如图5-23所示，图中波前时间 τ_f 为1.2μs，半峰值时间 τ_t 为50μs。

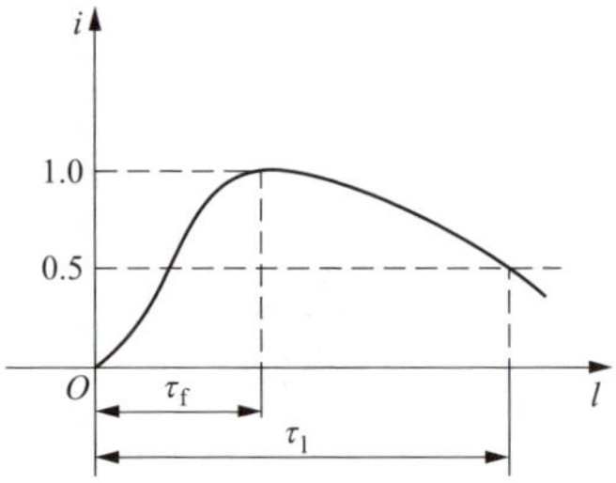

图 5-23　IEC 规定的标准雷电冲击波波形

雷电流 i 可以用双指数函数表示为

$$i = I_0(e^{-\alpha t} - e^{-\beta t}) \tag{5-31}$$

式中：I_0 为最大雷电流幅值（kA）；α 为波前衰减系数；β 为波尾衰减系数。

5.2.1　雷电过电压分类

雷电过电压根据产生过电压机理的不同可以分为直击雷过电压和感应雷过电压。直击雷和感应雷过电压一般针对架空输电线路，直击雷过电压大小由流经导体的雷电流决定。感应雷过电压由于电磁场的剧烈变化，经电磁耦合作用于线路绝缘上，其大小和落雷点与线路距离有关。感应雷过电压一般不超过 500kV，对 35kV 等级以下的绝缘有危险。110kV 及以上的电气设备绝缘的最小冲击耐压水平通常高于此值，不会产生危害。

5.2.2　变电站雷电过电压防护

变电站在电力系统中不仅承担着上级电网潮流向下级电网输送的作用，其站内母线也承担了同电压等级电网不同分区之间潮流的互馈互给。变压器又是变电站中价格昂贵的重要电气设备，其绝缘水平相对于架空线绝缘水平较低且内部绝缘大都没有自恢复的能力，一旦遭受雷电过电压，不仅造成主变压器跳闸，甚至造成全站停电（当站内仅有两台主变压器，且一台主变压器处于计划检修状态），此时会构成五级电网事故。因此，必须采取可靠的防雷措施，杜绝此类事故的发生。

变电站的雷电过电压有：雷直击变电站，强大的雷电流在设备上产生感应过电压；避雷针（线）电位升高对邻近设备发生反击；雷击站外近区输电线路产生的雷电波侵入变电站内。220kV 线路绝缘子串的 50% 冲击放电电压为 1200kV，而相应站内的 220kV 主变全波冲击耐受试验电压仅为 850kV，远低于线路的耐雷水平。

为了防止上述雷击事故的发生，对于直击雷一般在站内采用避雷针；对于雷电侵入波，在站内安装 MOA 以限制雷电过电压的幅值，同时在离变电站 1~2km 内的线路段（进线段）加强防雷措施，俗称进线段保护，以降低雷电侵入波的陡度。

1. 变电站进线段保护

考虑进线段首端落雷的最严重情况。雷电波在入侵进线端首端时，受到该点处线路绝缘子串冲击闪络电压 $U_{50\%}$ 的限制。标准雷电波的波头时间（1.2μs），而雷电波在 1~2km 进线段往返一次所需时间为 $t=2l/v=6.7\sim13.3\mu s$。因此可以近似认为雷电波到达峰值前，反射波尚未到达 MOA 安装处，不考虑首段雷电波的反射效应。进线段限制避雷器电流的原理接线及等值电路如图 5-24 所示。

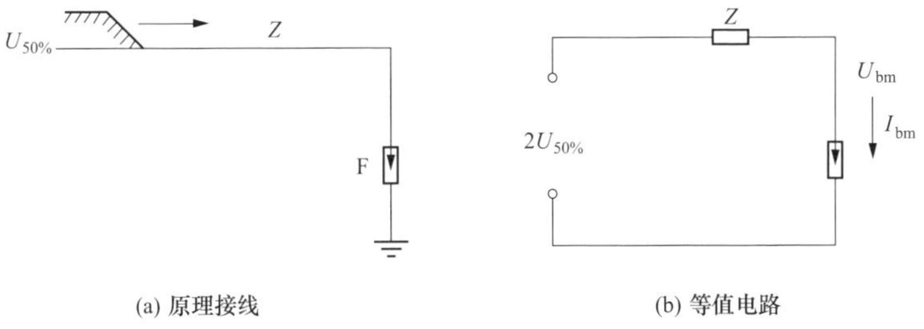

图 5-24　进线段限制避雷器电流的原理接线及等值电路

根据图 5-24（b）所示的等值电路，利用彼得逊法则，列出电路方程为

$$2U_{50\%}=I_{bm}Z+U_{bm} \tag{5-32}$$

式中：I_{bm} 为流经 MOA 的最大雷电流；Z 为进线段线路波阻抗；U_{bm} 为避雷器上的残压。

考虑 MOA 的伏安曲线有着良好的非线性特性，假设避雷器上的残压 U_b，不随雷电流 I_{bm} 的变化而变化，为常数 U_b。可求得，避雷器上最大雷电流为

$$I_{bm} = \frac{2U_{50\%} - U_b}{Z} \tag{5-33}$$

【例 5-1】 已知某单元接线 220kV 用户降压站，220kV 进线段长 1.5km，线路波阻抗为 400Ω，线路 $U_{50\%}$ 冲击绝缘强度为 1200kV，线路避雷器的残压 U_b 为 520kV，估算该避雷器上经过的最大雷电流。

【解】 根据式（5-33）得

$$I_{bm} = \frac{2U_{50\%} - U_b}{Z} = \frac{2 \times 1200 - 520}{400} = 4.7(\text{kA})$$

从结果可知，线路进线段可将避雷器雷电流限制在额定标称放电电流 5kA 以内。因此对于范围 Ⅰ（220kV 及以下）变电站，其进线未沿全线架设避雷线的 35~110kV 架空输电线路，应在变电站 1~2km 的进线段架设避雷线。

2. MOA 保护原理分析

在变电站内通过合理布置 MOA，可以在不降低线路绝缘水平，并且保护重要性大的电气设备（如变压器），同时还不降低重要性一般的设备（如隔离开关）的绝缘水平，从而充分保护变电站所有电气设备，使之免受雷电侵入波过电压的危害。以下通过 MOA 保护变压器为例，对雷电侵入波的防护机理作进行定性分析。

最理想的情况是 MOA 直接与变压器出线套管相连，这样只要保证避雷器的残压低于变压器的冲击耐压就可以了。但是雷电侵入波来波方向是不确定的，每个被保护设备旁都安装 MOA，显然也是不经济的。因此 MOA 和被保护设备一定会留有适当的距离。图 5-25 所示为雷电波（陡度为 α）入侵变压器的接线示意。

通过计算，可以求出被保护设备上所受冲击电压的最大值 u_{max} 表示为

$$u_{max} = U_r + 2\alpha \frac{l}{v} \tag{5-34}$$

式中：l 为 MOA 安装处到被保护设备的距离；U_r 为 MOA 动作后的残压。

从式（5-34）可以看出被保护设备上的最大电压要比避雷器的残压 U_r 高。从图5-26可知，变压器所受电压具有振荡性质，其振荡中心为 MOA 的残压 U_r，振幅为 $\Delta U=2\alpha\dfrac{l}{v}$。

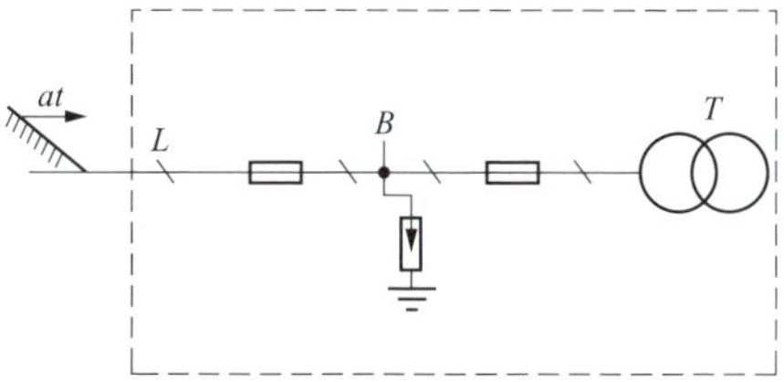

图5-25　雷电波入侵变压器

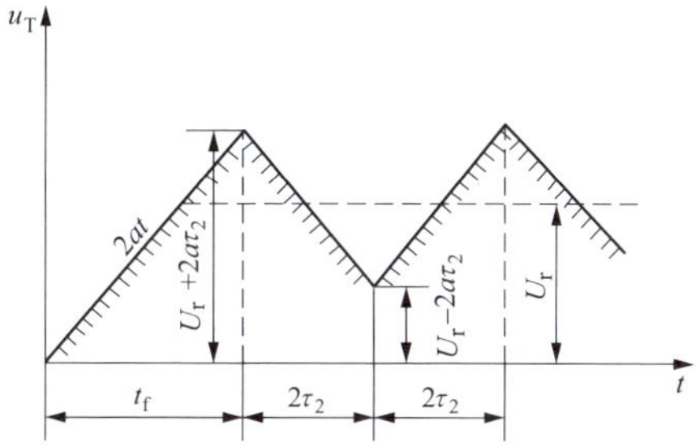

图5-26　变压器冲击电压波形

以上结论是基于最简单、最严重的情况，实际变电站内接线复杂，存在多路出线，变压器本身存在入口电容 C_r，MOA 与变压器之间连线存在对地电容。考虑这些因素的影响，引入修正系数 k，则变压器所受冲击电压的最大值 u_{max} 为

$$u_{max}=0.87\left(U_r+k\frac{2\alpha l}{v}\right) \tag{5-35}$$

$$k=\sqrt{\frac{1}{2}+\frac{C_r}{C_0 l}} \tag{5-36}$$

式中：C_0 为 MOA 与变压器之间连线的单位长度电容；C_r 为变压器的入口电容。

变压器雷电侵入波过电压实测波形，如图5-27所示，变压器及其他设备上所受冲击电压呈现出余弦振荡衰减的。

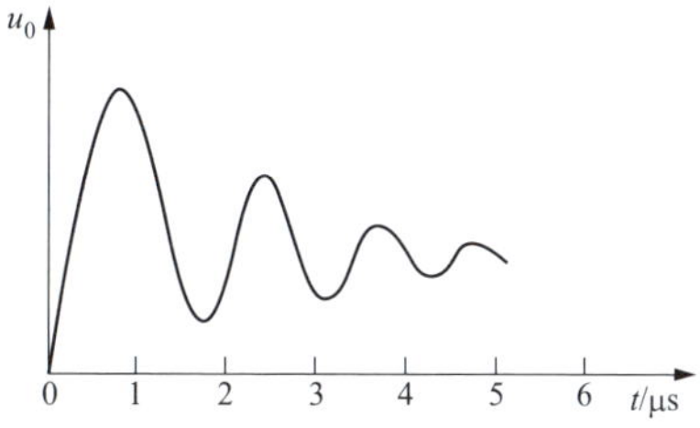

图5-27　变压器雷电侵入波过电压实测波形

这种波形对变压器绝缘的作用

与截波相近，因此常以变压器承受截波过电压的能力来表征其耐受雷电侵入波过电压的能力。通常取变压器的多次截波耐压值（有工频激磁时）大于 u_{max} 即可。由于多次谐波耐压约为 3 次截波耐压值（$U_{j,3}$）的 87% 左右，所以 $U_{j,3}$ 为

$$U_{j,3} \geqslant U_r + k\frac{2\alpha l}{v} \tag{5-37}$$

3. MOA 与被保护设备的最大允许距离

当变压器 3 次截波耐压值 $U_{j,3}$ 和 MOA 的残压 U_r 确定时，则 MOA 至变压器之间的距离存在一个最大值，当超过这个值时，雷电侵入波产生的过电压将大于变压器 3 次截波耐压值，MOA 对变压器的保护将失效。可由式（5-37）求出变压器与 MOA 之间的最大距离 l_m 为

$$l_m \leqslant \frac{U_{j,3} - U_r}{2\dfrac{\alpha}{v}k} \tag{5-38}$$

由式（5-38）可知，最大距离 l_m 与变压器的入口电容成反比。对于使用 HGIS 型式的 220kV 变电站，其站内主要设备的入口电容值见表 5-1。

表 5-1　220kV（HGIS）变电站内主设备入口电容 C_r 典型值

设备名称		电容值 C_r/pF
HGIS	断路器	300
	隔离开关	80
	电压互感器	700
	出线套管	200
电容式电压互感器		5000
变压器		5000

可以看出同一组 MOA 在兼顾保护几个设备时，其离变压器和电压互感器的距离相比于其他设备要近很多。此外，上述分析中只是讨论了一组避雷器和一路进线的情况，对两路及以上进线的变电站，一路来波可以从相邻线路分流出一部分。根据实际运行经验表明：两路进线比单路进线 l 值可以增大

1.3~1.5，三路进线时 l 值可以比两路进线时增大20%，四路以上进线时可比两路进线时增大35%。同杆架设的双回线有同时受雷击的可能时，确定 l 值时双回线只能按单路考虑。

GB/T 50064—2014《交流电气装置的过电压保护和绝缘配合设计规范》中规定，35kV及以上装有标准绝缘水平的设备和标准特性MOA，且高压配电装置采用单母线、双母线或分段的电气主接线时，MOA可仅安装在母线上。MOA至主变压器间的最大电气距离可按表5-2确定。对于其他设备的最大距离可相应增加35%。MOA与主被保护设备的最大电气距离超过表中规定值时，可在主变压器附近增设一组MOA。

表5-2　MOA至主变压器的最大电气距离

系统标称电压（kV）	进线长度（km）	进线路数			
		1路进线	2路进线	3路进线	≥4路进线
35	1.0	25	40	50	55
	1.5	40	55	65	75
	2.0	50	75	90	105
110	1.0	45	65	80	90
	1.5	60	85	105	115
	2.0	80	105	130	145
220	2.0	125（90）	195（140）	235（170）	265（190）

4. 进线段避雷器配置原则

在供电公司所辖的110kV及以下变电站中为了防止全站停电的事故发生，两个变电站之间架设有10kV或者35kV互馈线。在正常运行时，互馈线一端为热备用，断路器为分闸状态，此时需要在进线段靠近线路隔离开关或断路器处安装MOA。在110kV系统中，为了防止雷击线路引起断路器跳闸，在重合闸时间内重复雷击引起变电站内设备的损坏，在线路断路器的线路侧也安装有一组MOA。上述进线段保护如图5-28所示。

现在GIS变电站较为普及，其电源采用架空线-地埋电缆进线方式。此类

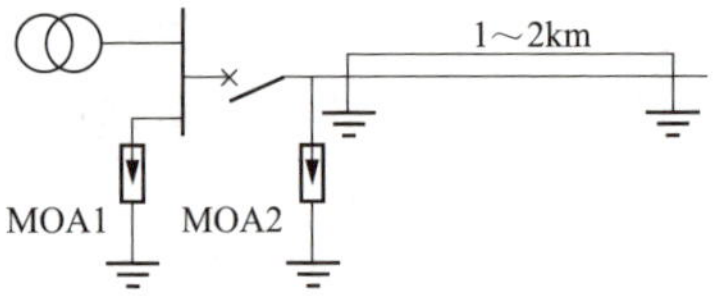

图 5-28　35kV/110kV 变电站的进线段保护接线

进线段由上述的架空输电线变成了电缆，电缆的波阻抗（50Ω）比架空线的波阻抗（400Ω）小很多，因此其雷电侵入波折反射系数比架空线小，可以相对减少雷电过电压的幅值。但是电缆金属护层绝缘较脆弱，需要在电缆与架空线的连接处安装 MOA，其接地端应与电缆金属外皮连接。图 5-29（a）为 35kV 三芯电缆采用末端金属外皮直接接地，图 5-29（b）110kV 单芯电缆采用经金属氧化物电缆护层保护器（CP）接地。

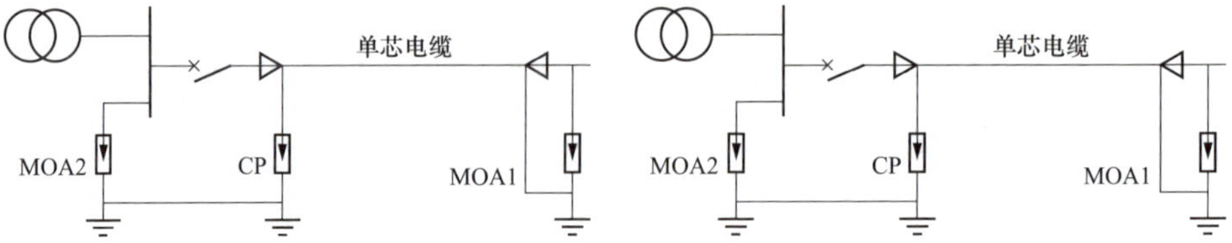

(a) 三芯电缆段的变电站进线保护接线　(b) 单芯电缆段的变电站进线保护接线

图 5-29　35kV 及以上电缆段的变电站进线保护接线

由于超高压线路杆塔高度较高和运行电压幅值高，雷电绕击侵入波过电压更值得关注。因此范围 Ⅱ 的变电站进线段保护除满足上述要求外，当 500kV 自耦变和 500kV 高压并联电抗器的中性点经小电抗接地时，中性点须装设 MOA。

5.3 工频过电压

工频过电压相对于谐振过电压和操作过电压幅值不高、频率不高且接近于工频，对电气设备的正常绝缘影响不大。但可能较长时间存在于电网中，例如空载长线路电容效应引起的工频过电压；或者对于非有效接地系统（10~35kV）发生单相故障时，都会引起工频电压的升高。在此工频过电压水平基础上，如果出现谐振和操作过电压，其幅值较正常运行电压水平情况下更高，会危及按额定最高运行电压水平设计绝缘的电气设备，对于某些本身绝缘就有缺陷电气设备，可能就会引起故障扩大。

根据 GB/T 50064—2014《交流电气装置的过电压保护和绝缘配合设计规范》中对中性点接地方式的定义，可分为非有效接地方式和有效接地方式。

对于 10kV 及 35kV 非有效接地系统，当发生单相接地故障时，健全相的相电压会升高，最高会升高至线电压（相电压的$\sqrt{3}$倍），因此不对称接地故障引起的工频电压升高，是此类系统发生工频过电压的主要因素。

对于 110kV 及以上的有效接地系统，发生单相接地故障时，只有在局部不接地时，需要考虑由此引起的工频过电压。当 500kV 线路较长时，需要考虑由于空载线路的效应带来的工频过电压，对于大于表 5-3 中数值时须安装高压并联电抗器加以限制。

表 5-3 为各类电压等级，考虑不同中性点接地方式下，所需承受最大的工频过电压倍数（用标幺值表示）。

表 5-3　　各电压等级系统最大工频过电压倍数

	系统电压等级（kV）	中性点接地方式	工频过电压倍数（p.u.）
非有效接地系统	≤35	不接地系统	$1.1\sqrt{3}$
		中性点谐振接地	$\sqrt{3}$
		低电阻接地	
有效接地系统	110、220	直接接地	1.3
	500	直接接地（经小电抗接地）	1.3（线路断路器的变电站侧）
			1.4（线路断路器的线路侧）

5.3.1 空载线路的电容效应

输电线路在传输电能时，由于本身存在电阻、感抗，电流在输电线路上有一定的电压损失，所以通常输电线路末端的电压都比首端的电压低。但对于超（特）高压输电线路空载运行时，则会产生输电线路末端电压比首端电压高的现象。这是由于在 L、C 的串联回路中，只要容抗大于感抗，回路中将流过容性电流，使得电容电压 U_C 升高大于电源电压 E，即 $U_C=E+U_L$，这种现象称为空载线路的电容效应。对于 500kV 线路由于电压等级高，线路长，导线的对地容抗特别大，在空载和轻载时，电容效应十分严重，甚至使得工频电压基础上所形成的操作过电压幅值达到绝缘不能允许的情况。为了分析简单，以下将空载线路以集中参数的等值电容来等效进行分析。

在图 5-30 中，设输电线路首端电压 $\dot{U}_1=U_1\angle 0°$，末端电压为 $\dot{U}_2$，通过线路传送的复功率为 $S_1=P_1-Q_1$。根据电力系统稳态分析中的电压降落公式，其首末端电压平衡关系式为

$$\dot{U}_2=\dot{U}_1-\Delta\dot{U}_1-\mathrm{j}\delta\dot{U}_1 \tag{5-39}$$

式中：$\Delta\dot{U}_1$ 为电压降落的纵向分量，与 $\dot{U}_1$ 方向一致；$\delta\dot{U}_1$ 为电压降落的横向分量，与 $\dot{U}_1$ 方向垂直。

当负荷为容性（$S_1=P_1+Q_1$）时，电压降落的纵分量和横分量变为

$$\Delta U_1=(P_1R-Q_1X)/U_1;\delta U_1=(P_1X+Q_1R)/U_1 \tag{5-40}$$

因此当传输容性负荷时，$P_1R<Q_1X$，纵向分量 ΔU_1 为负值，则会出现线路末端电压高于首端的现象，500kV 线路空载运行时就会出现上述现象。如图 5-30 所示。

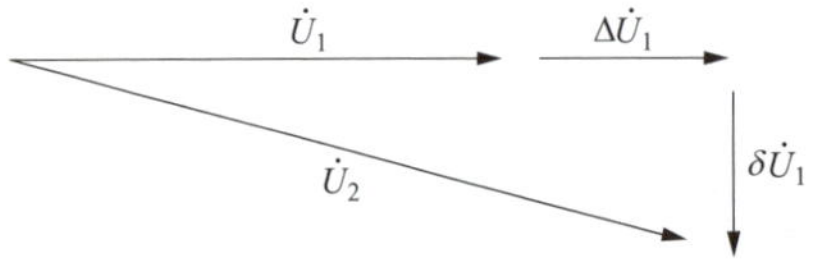

图 5-30 容性负荷时电压降落向量图

对于分布参数描述的高压输电线路其工频过电压倍数为

$$\frac{\dot{U}_2}{E}=\frac{1}{\cos\alpha l-\dfrac{x_s}{z_c}\sin\alpha l} \tag{5-41}$$

式中：$\dot{U}_2$ 为空载线路末端电压；E 为电源电动势电压；l 为线路长度；x_s 为电源等值阻抗；z_c 为输电线路的波阻抗；α 为相位移系数。

由式（5-41）可知，电源容量越小，x_s 则越大，工频过电压倍数就越高，容升效应越严重。一般在 400km 长度的 500kV 线路，其过电压倍数为 1.32（按有限电源容量考虑）。

上海实际运行的 500kV 线路多为联络线，即线路两端为双电源，为了降低当一侧断路器分闸后出现较高的工频过电压，线路两端的断路器可按照如下顺序操作：即从电源容量小的一端先分闸，电源容量大的后分闸；并在电源容量大的一侧先合闸，电源容量小的一侧后合闸。为了防止长期工频过电压对线路绝缘的损害，华东网调规定长度在 150km 以上的 500kV 线路须装设过电压保护。过电压保护定值一般按额定电压的 1.3 倍整定，在判断本侧线路对应开关（边开关和中开关）断开的情况下，出现 1.3 倍过电压经 0.3s 后，启动远方跳闸跳对侧开关。

5.3.2 不对称短路故障

1. 不同中性点接地方式与过电压倍数

上海电网发生的不对称接地故障中，两相接地故障很少，单相接地故障占全部故障数量的 80% 以上。本节主要讨论单相接地故障对工频电压升高的影响。对于单相接地故障，采用对称分量法，通过三序网络分析，可以得出健全相工频电压升高的结论。方便分析，这里直接给出单相接地系数的计算式（5-42）。其物理实质是单相接地故障所产生的短路电流中的零序分量由于相间电磁耦合，使得健全相出现工频电压升高。

$$K=\sqrt{3}\frac{\sqrt{(X_0+X_1)^2+(X_0+X_1)+1}}{(X_0+X_1)+2} \tag{5-42}$$

式中：K 为单相故障时，健全相的相对地最高工频电压有效值与故障前相对地电压有效值的比值。

在不计损耗的情况下，单相接地时两健全相电压升高是相等的。假设故障前电压为额定电压，K 也可表示为单相故障时健全相的工频过电压倍数。

下面讨论不同中性点接地方式对 K 的影响。

零序分量是由电网零序网络等值参数决定的，因此不同中性点接地方式将影响零序网络的结构，并最终影响零序电抗 X_0。反过来，零序电抗和正序电抗的比值 X_0/X_1 表征了该系统的中性点接地方式：在各种条件下系统的零序电抗与正序电抗之比应为正值并且不应大于3，而零序电阻与正序电抗之比 R_0/X_1 不应大于1，称之为有效接地系统；而非有效接地系统在发生单相接地故障时，系统等效零序呈容性，即 X_0/X_1 为负值，一般在-6~0之间变化。

根据理论计算，假设零序电阻与正序电阻相等，即 $R_0=R_1$，系统发生单相故障时（以A相为例），健全相（B、C相）工频过电压倍数 $K^{(1)}$ 与 X_0/X_1 的关系曲线，标记为0、0.5、1.0分别为不同零序（正序）电阻与正序电抗比值下的关系曲线，如图5-31所示。

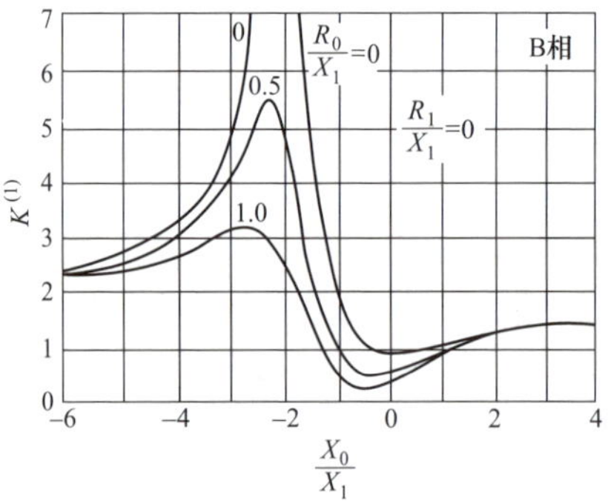

(a) B相电压升高曲线

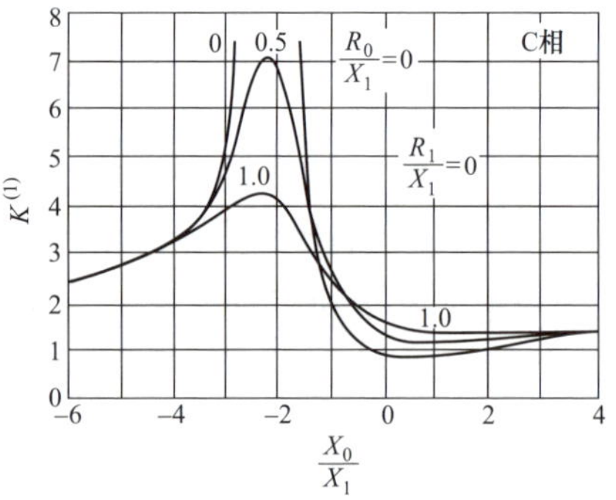

(b) C相电压升高曲线

图5-31　A相接地故障时健全相工频电压升高

从图5-31可以看出，当计及电阻损耗时，电阻对B相和C相的最大过电压倍数有着不同影响，但是共同点是电阻会影响B、C两健全相的过电压倍数的最大值。图5-31（a）中标记为0的曲线，在 X_0/X_1 为负值区域（即非有效接地系统），过电压倍数 $K^{(1)}$ 高达7.0倍，其实质是发生了间歇性电弧接地过电压，电弧电阻接近于零，具体分析见6.1.2。随着电阻的增大，最大过电压倍数减少。其次，两张图中都呈现出随着 X_0/X_1 的绝对值越大，过电压倍数也会相应增大。

当 X_0/X_1 为不大的正值时，健全相电压低于额定电压 U_N。参考图5-31

(a)，当 $X_0/X_1=1$ 时，$U_B=U_{ph}$；$X_0/X_1=3.5$ 时，$U_B=1.3U_{ph}=0.75U_N$。由此可知，有效接地系统的单相接地故障引起的工频过电压较低。非有效接地系统，$X_0/X_1=-2$，$R_0/X_1=0.5$ 时，过电压倍数高达5，严重影响设备绝缘。通过以上理论分析可知，在不采取任何限制措施时，在有效接地系统中发生单相接地故障，非故障相的电压升高一般不超过1.3~1.4倍相电压的数值，即不超过设备的额定电压；在非有效接地系统发生单相接地故障（零序电抗等于正序电抗时），非故障相的相电压上升到$\sqrt{3}$倍相电压（线电压）的数值。因此单相接地故障只对非有效接地系统及有效接地系统局部不接地时，会造成较高的工频过电压。

2. 不同接地方式下的MOA额定电压

基于以上分析，在实际电网中装设的避雷器，其灭弧电压（MOA的额定电压在此基础上乘以1.3）就考虑了单相接地故障造成的工频电压升高的影响。一般在10kV系统中，X_0 主要由线路容抗决定，故应为负值，单相接地时健全相的工频电压升高约为线电压的1.1倍。因此，在选择避雷器的灭弧电压时，相应取系统额定线电压的1.1倍，通常称110%避雷器。对于35kV系统，中性点经消弧线圈（欠补偿）接地时，单相接地时健全相电压接近于线电压，通常选择避雷器灭弧电压时，取100%线电压，即100%避雷器。对于为了限制短路电流，部分110kV、220kV局部不直接接地系统，选用较大的 X_0/X_1 值，一般不大于3。因此，健全相上电压升高为80%线电压，即80%避雷器。500kV系统，线路距离较长，计及长线路的电容效应时，线路末端工频电压升高可能超过80%线电压，所以根据避雷器的安装位置不同又可分为：电站型避雷器（80%避雷器）和线路型避雷器（90%避雷器）。

【例5-2】 已知10kV系统最高运行电压为12kV，计算氧化锌避雷器的额定电压。

【解】 根据上述选取原则，10kV应选取110%避雷器，即其灭弧电压为最高运行电压的1.1倍，其额定电压在此结果上乘以1.3，即为10kV系统的

氧化锌避雷器的额定电压

$$U_r = 12 \times 1.1 \times 1.3 \approx 17\text{kV}$$

相应可选取型号为 YH5WS-17/50 的氧化锌避雷器，型号中的 17 即为额定电压值。

5.3.3 输电线路甩负荷

除上述空载长线路的电容效应和不对称短路故障外，重要输电通道（线路重载）发生线路末端开关跳闸，导致线路突然甩负荷，也会引起线路工频电压的升高。其过电压倍数可以按式（5-43）计算

$$\frac{E'_d}{U} = \sqrt{\left(1 + \frac{Q}{S}X_s\right)^2 + \left(\frac{P}{S}X_s\right)^2} \tag{5-43}$$

式中：E'_d为甩负荷前的发电机暂态电动势；U 为母线相电压；S 为传输的视在功率；Q 为传输的无功功率；P 为传输的有功功率；X_s 为送端系统以 S 及 U 定义的等值电抗标幺值。

由式（5-43）可知，输电线路甩负荷引起的过电压主要影响因素如下。

（1）发电机暂态电动势 E'_d越大，过电压倍数越高。为了输送大功率，发电机暂态电动势要比母线电压高，甩负荷的瞬时，由于发电机的磁链不能突变，导致暂态电动势不变，则产生了工频电压升高。因此，线路跳闸前输送功率越大，则 E'_d越大，造成了工频电压升高也越大。

（2）线路跳闸甩负荷后，线路成为空载运行，此时线路越长，会加剧此类工频电压的升高。

（3）对于类似水电机组，其调速系统具备较大的时间惯性系数，当发生甩负荷时，不能立即让转子减速，造成发电机转速上升（超速），使得发电机电动势和频率的同时上升，导致工频过电压更严重。

由于上海电网内部的机组，没有水电机组，且火电机组群装有安稳系统，不会造成发电机的超速现象，所以此类过电压对上海电网影响不大。

5.3.4 限制措施

根据电网运行经验，一般情况下220kV及以下的电网中不需采取专门措施限制工频电压升高，因为220kV及以下的电网本身绝缘裕度较高。对于500kV及以上电网的工频过电压，计及空载线路的电容效应、单相接地及突然甩负荷三种情况同时发生，工频电压升高对确定设备的绝缘起着重要的作用。为了满足表5-3对工频过电压的限制要求，通常采取以下方法加以限制。

1. 加装并联电抗器

利用高压并联电抗器补偿空载线路的电容效应，并联电抗器的电感能补偿线路的对地电容，减少流经线路的电容电流，削弱电容效应，所以在超（特）高压输电线上常用并联电抗器限制电容效应引起的工频电压升高。并可以改善轻负荷线路中的无功潮流，有利于降低有功损耗，防止电压升高，便于机组并网。有利于消除同步电机带空载长线出现的自励磁效应。

并联电抗器对工频电压升高的抑制作用随着补偿度越大，效果越显著，工频电压升高也越低。并联电抗器的安装位置对补偿效果也有影响，在单电源情况下，相同补偿度装设在线路末端比安装在线路首段或中间效果都要好。而从电力系统功率和电压稳定的角度出发，希望无功就地平衡，减少无功的大范围流动，因此尽可能在线路两端安装并联电抗器限制线路电容效应引起的过电压。截至2020年底，上海500kV线路充电功率为2367Mvar，500kV电网共安装高压并联电抗器600Mvar，500kV高压并联电抗器的补偿度为25.3%。由此也可以表明上海跨省500kV交流受电通道距离比较短，不需要较高的补偿度。

在线路重载时，线路电压沿线下降而不是升高，此时如果安装在线路末端的高压并联电抗器会降末端电压降低得更多，限制线路输送功率的能力。从经济运行的角度出发，如果高压并联电抗器可以跟踪输送功率的大小自动变化其补偿度，即可控电抗器，可以降低工频过电压的同时，提高电网的经济效益。

上述并联电抗器的作用主要是降低空载线路的电容电流，以降低工频电压的升高，但并联电抗器的设置还涉及系统无功平衡、潜供电流补偿、自励磁过电压及非全相谐振等系统问题。因此，电抗器的补偿度及安装位置的选择，必须综合考虑实际电网结构、参数以及可能出现的运行方式及故障类型。

2. 良导体地线

单相接地故障引起的工频电压升高，主要决定于故障点看进去的零序电抗和正序电抗的比值（X_0/X_1）。X_0、X_1 既包含集中参数电机的次暂态电抗、变压器漏抗，也包括分布参数线路的阻抗。一般电网中电源侧 X_0/X_1 的比值为正，且小于1；而线路 X_0/X_1 大于1。使用良导体地线（或光线复合地线 OPGW），可降低 X_0/X_1 值，有利于减少单相接地工频过电压升高。

5.4 谐振过电压

5.4.1 概述

在电力系统中，常见的电感性元件有发电机、变压器、互感器、电抗器、消弧线圈等；电容性元件有线路对地电容、导线间电容、补偿用的电容器、高压设备的杂散电容、均压电容等。这两类元件在不同的电网运行方式下组成了各种不同的振荡回路，因而在电力系统中产生谐振的可能性是比较大的。正常运行时由于负载的阻尼或大功率电源（100 万 kW 及以上的主力发电厂）的存在，不会发生严重的系统电磁谐振。但在电力系统倒闸操作或故障下激发空载或轻载的设备可能产生幅值较高、持续时间较长的谐振过电压。运行经验表明：不同结构的电网，所有电压等级都有可能产生不同类型的谐振过电压。

谐振过电压持续时间比操作过电压长得多，甚至是稳定存在，直到破坏谐振条件为止。通常电力系统中的阻性有功负荷可以阻尼振荡，从而限制谐振的作用。但是对零序回路参数配合不当而引起的谐振，系统正序有功负荷是不起阻尼作用的。在使用电磁型电压互感器作为220kV母线压变的变电站中，曾发生过220kV主变压器断路器倒闸操作时，断路器断口电容与电磁型电压互感器的等值电抗产生串联谐振过电压，并在电压互感器开口三角绕组上产生零序过电压，从而引起主变压器220kV侧零序电压保护动作跳闸的情况。

电力系统中的电阻和电容元件，一般可认为是线性参数，而电感元件则不然。根据谐振回路中的不同特性的电感元件，谐振可分为三种不同的类型。

（1）线性谐振。谐振回路由不带铁芯的电感元件（如输电线路的电感、变压器的漏感）或励磁特性接近线性的带铁芯的电感元件（如消弧线圈、并联电抗器）与系统中的电容元件组成。在交流电源的作用下，回路的自振频率等于或接近于电源频率时，产生谐振。线性谐振以串联谐振为例，其过电压幅值只受到回路中损耗（电阻）的限制，但有些情况下，由于谐振时的电流急剧增大，会导致回路中铁磁元件的电感发生饱和，从而自动破坏了线性谐振的条件。限制此类过电压的方法是使回路脱离谐振状态或者在回路中增加损耗（电阻）。

线性谐振多见于装有消弧线圈的35kV及以下配电网，产生原因多为空载线路不接地故障的谐振、消弧线圈补偿网络的谐振和某些传递过电压的谐振等。上海电网中消弧线圈均采用过补偿方式，这样可以保证在线路进行切除操作时或发生线路断线时，使容抗更大，不会发生谐振。

（2）非线性谐振（铁磁谐振）。谐振回路由带铁芯的电感元件（如空载变压器、电压互感器）与系统中的电容元件组成。因带铁芯的电感元件有磁饱和现象，所以其电感是非线性的。这种含有非线性电感元件的振荡回路，在满足一定谐振条件时，会产生铁磁谐振，相比线性谐振具有独特的性质。在不同电压等级电网其表现形式也不尽相同，详见第5.4.2节。

（3）参数谐振。谐振回路由电感参数作周期性变化的电感元件（如凸极发电机的同步电抗会在$X_d \sim X_q$间作周期变化）和系统中的电容元件（如空载线路）组成。当参数配合时，通过电感的周期性变化，会不断地向谐振系统输送能量，造成参数谐振过电压。由于上海电网主力机组均为隐极机的汽轮机组（没有凸极机的水轮机组），避免了此类过电压的发生。

5.4.2 电力系统中常见的铁磁谐振

在配电网中，电磁型电压互感器由于其性价比较高和优良的暂态特性，所以被广泛使用。而10kV配电网中尚存在不接地和经消弧线圈接地方式，为电磁型电压互感器中性点电压偏移提供了铁磁谐振的必要条件。当配电网中由于某种扰动，如配电变压器高压绕组对地短路和馈线线路单相断线且一端接地或不接地。导致中性点接地的电磁电压互感器绕组励磁过饱和并产生铁磁谐振过电压。

在输电网中，母线电压互感器基本采用了电容式电压互感器，但在部分变电站尚存有电磁型电压互感器，当采用带有均压电容的断路器开断连接有电磁式电压互感器的空载母线时，可能会产生铁磁谐振过电压。电容式电压互感器较传统的电磁型电压互感器相比，电容式电压互感器可防止因电压互感器铁芯饱和引起的铁磁谐振。但是由于电容式电压互感器的非线性阻抗和固有的电容，可能会在电容式电压互感器内引起电磁谐振，因而需要采用阻尼装置抑制此类谐振。阻尼装置由电阻和电抗器组成，跨接在二次绕组上，正常情况下阻尼装置有很高的阻抗，当铁磁谐振引起过电压，在电压互感器受到影响前，电抗器已经饱和了只剩电阻负载，使振荡在电阻阻尼作用下削弱。图5-32中的da至dn绕组即为220kV电容式电压互感器的阻尼绕组。

此外，当空载线路或其上接有空载变压器时，由电源变压器断路器合闸、重合闸或由只带有空载线路的变压器低压侧合闸、带电线路末端的空载变压器合闸以及系统解列的情况下，由这些操作引起的过渡过程的激发会使变压器铁芯磁饱和、电感呈现周期变化，回路等值电感在2倍工频下的电抗与2倍工频下线路入口电容接近相等时，会产生以2倍次谐波为主的高频谐振过电压。

范围Ⅱ系统中，对于部分不接地的变压器，通过单一电源侧的断路器操作变压器出现非全相运行时，变压器的励磁电感与对地电容可能会产生铁磁谐振，会出现2.0~3.0p.u.的铁磁谐振过电压；通过双侧电源的断路器操作变压器出线非全相运行时，由于两侧电源的不同步会在变压器中性点上出线接近2.0p.u.的过电压，如果产生铁磁谐振，其过电压倍数更大。

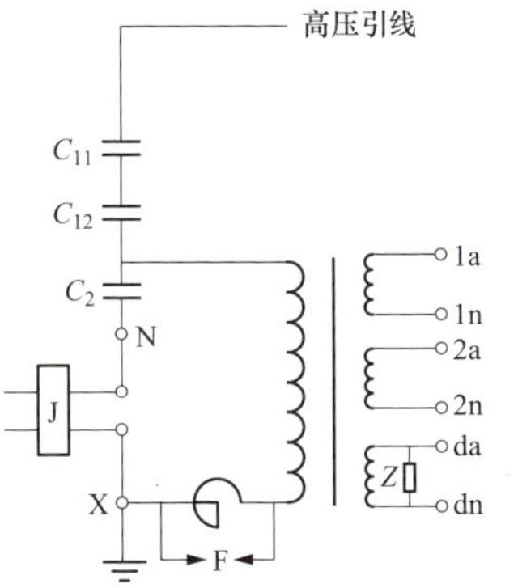

图5-32 220kV电容式电压互感器电路图

5.4.3 传递过电压引起的谐振

除了上述情况外，在电力系统中还存在电容传递过电压引起谐振的现象。当系统发生不对称接地故障、断路器非全相或非同期合闸而出现零序电压分量和零序电流分量，此分量将分别通过电磁和静电耦合，在变压器的高低压绕组之间或者平行高低压线路之间传递。如若此耦合回路中有电感性元件，会形成谐振回路。那就可能引起上述的线性谐振或者更严重的铁磁谐振传递过电压。

电容传递过电压根据传递回路不同又可分为变压器绕组间传递过电压和平行线路间电容传递过电压。

1. 变压器绕组间传递过电压

以如图5-33（a）所示发电厂10kV升压变为例，通常正序和负序电压都是通过电磁感应从高压绕组感应至低压绕组，但高压侧产生的零序电压是通过绕组之间的总电容 C_{12} 而传递，耦合到低压侧 $3C_0$ 上，C_0 为低压绕组的对地杂散电容，其值较小。

根据如图5-33（b）所示的电路，可得低压侧的传递电压为 U_2

$$U_2 = \frac{U_0 C_{12}}{C_{12} + 3C_0} \tag{5-44}$$

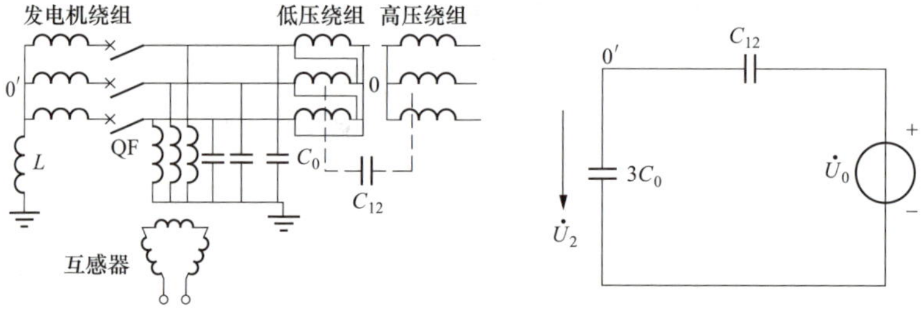

(a) 10kV升压变回路　　(b) 等效电路

图 5-33　变压器高低压绕组传递过电压谐振回路

由式（5-44）可知，当 $3C_0$ 相对于 C_{12} 小很多时，此时 $U_2=U_0$，低压侧将承受全部高压侧中性点位移电压，但其幅值尚不足以威胁到低压侧的绝缘。如果此时，在耦合回路低压侧中有电磁型电压互感器。导致电磁型电压互感器铁磁谐振过电压，具体分析详见第 6 章。以低压侧 10kV 为例，此时发生铁磁谐振过电压，低压侧过电压倍数可达 3 倍以上，超过了出厂 3 倍耐受电压值，危及低压侧绕组绝缘。

2. 平行线路间传递过电压

如图 5-34 所示，当 110kV 输电线发生不对称短路时，由于 220kV 变电站中 110kV 侧中性点接地，在电源端会产生零序电压 U_0，由于两条线路电气距离较近，会产生静电耦合，通过 C_{12} 将零序电压工频分量传递至低压线路上。

图 5-34 中 C_{12} 为高、低压线路间的耦合电容，$3C_0$ 为低压线路的对地电容。此时，传递到另一条线路上的电压 U_{c0} 为

$$U_{c0}=\frac{C_{12}}{3C_0+C_{12}}U_0 \tag{5-45}$$

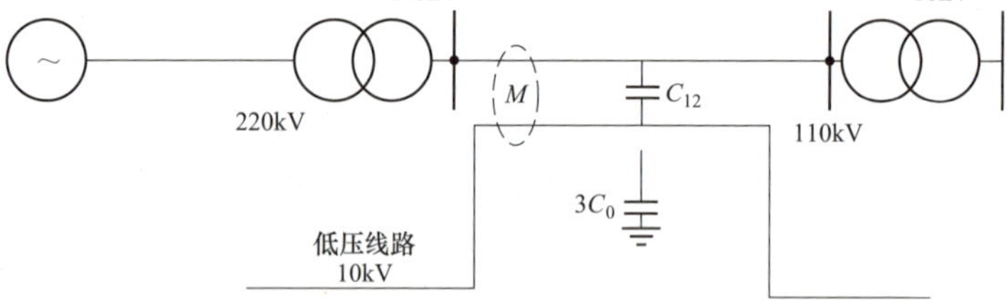

图 5-34　同杆架设线路的电压传递

式（5-45）描述的电路如图 5-35 所示。这种高压线路通过线路之间的耦合电容的作用传递的过电压对于低压线路绝缘有威胁。如果低压线路故障，由于传递过电压较小，通常不会对高压线路绝缘构成威胁。

高压线路在发生故障时，较大的短路电流 i，会通过高压线路与低压线路之间的互感 M 传递过去，产生幅值较高的纵向过电压 $M\dfrac{\mathrm{d}i}{\mathrm{d}t}$，也会对低压线路绝缘构成威胁。

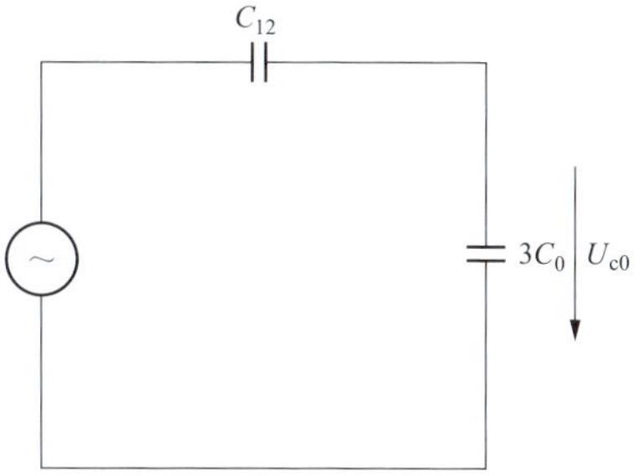

图 5-35　静电耦合传递过电压等值电路

若低压 10kV 系统为消弧线圈接地，或 10kV 母线上装有中性点接地的电磁型电压互感器，那么在传递回路中将产生电感分量 L_{xq}。由于消弧线圈通常运行于过补偿状态，所以消弧线圈的等值电抗大于线路的 $3C_0$，所以两者并联之后呈感性，和互感电容 C_{12} 将产生串联谐振电路，考虑到消弧线圈铁芯有气隙，磁饱和特性较差，谐振回路将产生较高的过电压。

5.5 操作过电压

5.5.1 概述

由于断路器（隔离开关）操作或者系统发生故障，都会导致电网参数的变化，激发电感中的磁场能瞬间转化为电容中的电场能，从而引起电压瞬间升高。这种电磁暂态过程产生的过电压，称为操作过电压。

操作过电压与暂时过电压相比，其幅值较高、并存在高频振荡、强阻尼和持续时间短的特点。据过去多年来，世界各国对于操作过电压实测数据的统计表明，认为一般的电力系统操作过电压分布规律近似正态分布。

常见的操作过电压形式主要有：配电网中，线路发生单相接地故障时发生的间歇性电弧接地过电压、真空断路器因自身的开断特性导致在开断不同性质负载时会产生操作过电压；在输电网中，GIS 和 HGIS 变电站隔离开关开合时会产生的 VFTO、（超）高压系统中 SF_6 断路器在空载线路合闸（包括重合闸）过电压、空载变压器合闸操作过电压和电力系统解列过电压。

操作过电压的研究与电力系统的发展联系在一起的。在初期的中性点绝缘的电网中，单相接地引起的间歇性电弧接地过电压最为关注。之后，随着线路长度和传输容量的增加，电网标称电压的提高，系统中性点直接接地，开断空载变压器过电压（切空变）和开断空载线路（切空线）过电压就突出了。由于切空变过电压的能力较小，可用 MOA 防护，因而切空线过电压成为高压电网中典型的操作过电压。随着特高压线路远距离输电线路的建设，又出现了新的情况。因为空载长线路的电容效应引起很大的工频电压升高，在这基础上会出现幅值很高的合闸（重合闸）过电压，随着断路器性能的改善及线路并联电抗器的安装，又使切空线过电压的幅值和出现的概率大大减少，所以在超、特高压电网中合闸（重合闸）成为重要关注的操作过电压。在特高压电网中，在将操作过电压限制到很低水平时，原本不突出的单相接地故障及故障消除时的瞬态过电压，成为限制操作过电压的底线。

以下主要对间歇性电弧接地过电压、真空断路器开断电感（电容）元件及电力系统解列过电压的机理进行分析，并介绍限制此类过电压的措施。

5.5.2 间歇性电弧接地过电压

在配电网建设初期，由于上级电源点较少，导致下级配电网多为单链式结构。配电网采用不接地系统可以在单相故障后保持电源线电压的三相对称性，并且接地电流一般也不大，不必立即切除故障线路中断对用户的供电，从而满足了单电源方式下的供电可靠性。

但在单相接地故障中，绝大部分故障电弧并非稳定燃烧，而是处于时燃时灭的状态，这种间歇性电弧接地使得系统工作在不断换路的状态，导致了系统中电感电容元件的电磁振荡，从而产生了过电压。

1. 不接地系统单相接地电容电流

以中性点不接地系统发生单相接地故障时，通过故障点的电流 $\dot{I}_e$ 为该系统中非故障相对地所有电容电流的总和，C_0 为相对地电容（假设线路三相参数一致），如图 5-36 所示。

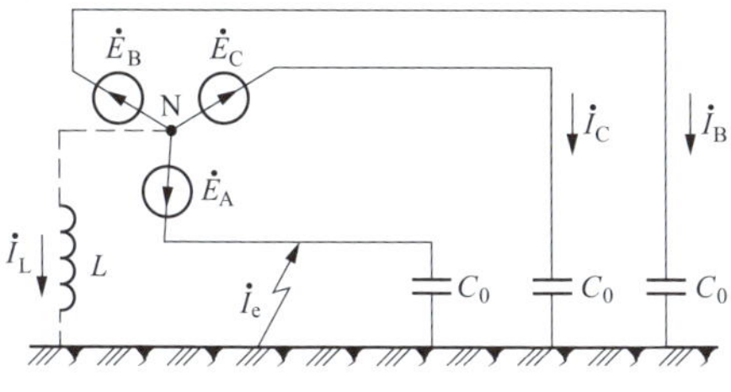

(a) 等值电路图

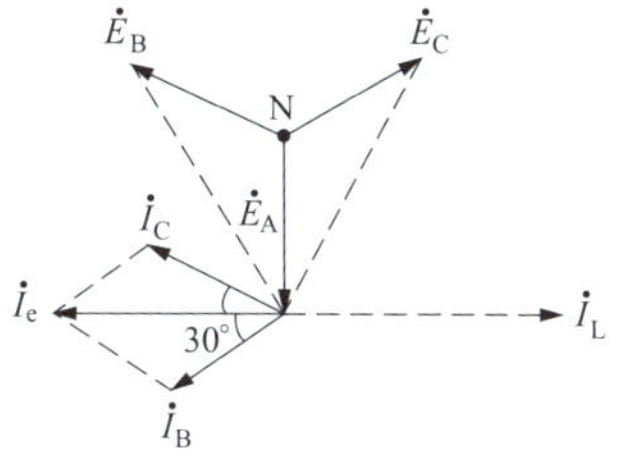

(b) 向量图

图 5-36　单相接地电路图及向量图

设系统标称电压为 U_N，取电源电动势 $\dot{E}$ 的有效值为$\frac{U_N}{\sqrt{3}}$，根据图 5-36（b）可得

$$I_e = I_B\cos30° + I_C\cos30° = 2U_N\omega C_0\cos30° = \sqrt{3}\omega C_0 U_N \tag{5-46}$$

由式（5-45）可知，单相接地故障的电容电流和系统对地电容成正比，工程上为了简化计算，表 5-4 给出了每千米架空线电容电流估计值和站内设备电容引起电容电流增加的百分值。

表 5-4　架空线（电缆）电容电流估算值

额定电压（kV）	架空线电容电流（A）		变电站设备电容电流百分数（%）
	无避雷线	有避雷线	
10	0.03	—	16
	0.062 （绝缘架空线）	—	
35	0.1	0.12	13

对于 10kV 电缆（截面积 S 为 95mm^2），每千米电容电流一般取 0.1A；对于不同电缆截面积 S 每千米的电容电流的修正系数 K，可以用式（5-47）进行计算

$$K=(190+1.44S)/(2200+0.23S) \tag{5-47}$$

随着城市配电系统的高速发展，电缆线路的比重加大，使接地电容电流的数值大幅度增加。一般 10kV 配电网线路总长度超过 1000km，即单相接地电容电流超过 30A；35kV 配电网线路总长度超过 100km，即单相接地电容电流超过 10A，此时线路出现单相接地时，电弧很难自行熄灭。但实验证明，不论接地电容电流能否自熄，都能产生间歇性电弧接地过电压。这是因为接地电流每一次通过零点时，电弧都会有一个瞬时性熄灭，而当恢复电压超过其绝缘恢复强度时又会再一次发生对地击穿。电弧间隙的每次再击穿，都会引起配电网电磁能的强烈振荡，使非故障相，系统中性点甚至故障相产生暂态过电压。根据国内外对 10～110kV 配电网发生间歇性电弧接地时的过电压实测数据表明：当电容接地电流在 1.1～740A 时，电弧接地过电压的最大值一般不超过 3.2 倍相电压，极个别的情况下可达 3.5 倍相电压，甚至更高。以 10kV 系统为例，10kV 断路器和变压器额定短时（1min）工频耐受电压分别为 42kV 和 35kV，3.5 倍相电压为 20kV，对断路器和变压器的相对地绝缘不构成直接威胁，但是 10kV 电缆的相对地绝缘水平为 18kV，如果过电压持续时间过长，可能造成电缆故障或者绝缘有缺陷的电气设备损坏。

2. 间歇性电弧熄弧过程

由于产生间歇性电弧的具体情况不同，如电弧所处介质（空气、油、固体介质）不同；外界气象条件（风、雨、温度、湿度、气压等）不同，实际的过电压发展过程是极为复杂的。通过长期以来人们对间歇性电弧接地的理论研究和实践总结，多数研究者认为影响最大过电压的重要因素是电弧的熄灭与重燃时间，基于这个结论有两种电弧熄弧理论得到业内人士广泛认可。以工频电流过零时电弧熄灭来解释间歇电弧接地过电压发展过程的，称为工频熄弧理论。以高频振荡电流第一次过零时电弧熄灭来解释间歇电弧接地过

电压发展过程的，称为高频熄弧理论。高频熄弧与工频熄弧两种理论的分析方法和考虑的影响因素是相同的，但与系统实测值相比较，高频理论分析所得过电压值偏高，工频理论分析所得过电压值则较接近实际大多数情况。对于极少数情况，如某座110/35/10kV城市变电站，10kV线路和电缆电容电流之和为9.2A。某日天气晴，负荷较轻（春节期间），10kV某条线路发生单相接地，造成室内10kV母线4组母线侧隔离开关对地放电，其中三组隔离开关间隔紧挨在一起，另一组与三组隔离开关间隔相隔一间隔。经检查10kV母线单相接地光子牌亮，主变压器10kV进线柜过电流跳闸。如此严重的绝缘破坏事故，需要用高频熄弧理论来解释更为合理。以下分别介绍基于这两种理论的过电压发展过程。

（1）高频熄弧理论。在图5-37（a）中，三相电源电动势分别为 $E_a = U_m\sin(\omega t)$，$E_b = U_m\sin(\omega t - 120°)$，$E_c = U_m\sin(\omega t + 120°)$，$U_m$ 为电源电动势幅值，L 为电源侧等效电抗，r 为系统等值电阻，C_M 为线间电容，C_N 为每线线路对地电容，导线的电感忽略不计，其等效电路如5-37（b）所示。

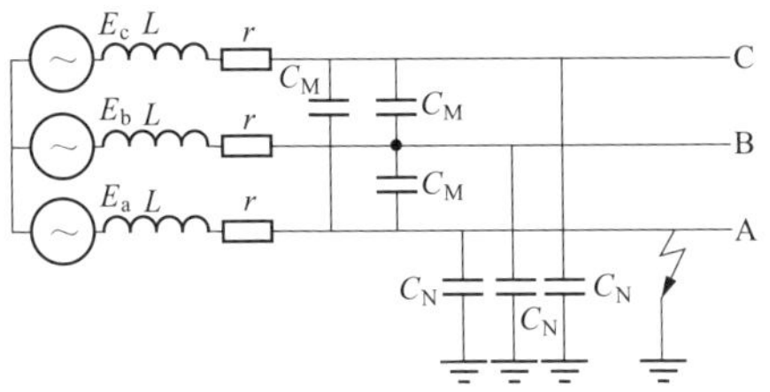

(a) 不接地系统A相单相接地

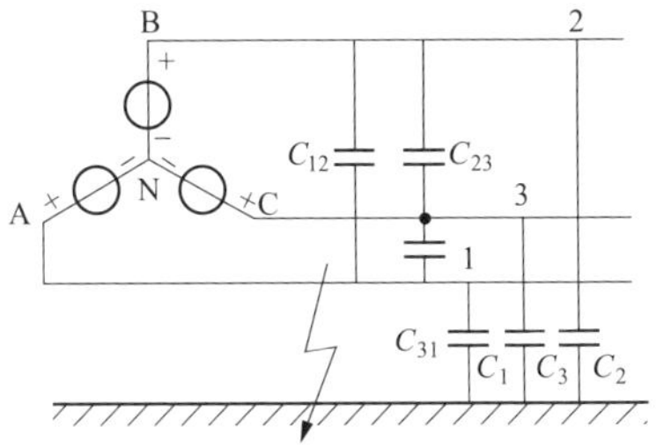

(b) 考虑线间电容影响的等效电路

图5-37　不接地系统A相单相接地和等效电路

假设接地相A相每次电弧重燃都在电压值最大值时，则在 $t=t_1$ 时，$u_A(t_1) = -U_m$；$u_B(t_1) = u_C(t_1) = 0.5U_m$；$u_{CA}(t_1) = u_{BA}(t_1) = 1.5U_m$。此时，在相间电容和线间电容上积累的电荷由于电弧重燃而重新分配，于是使B、C相对地电压从 $0.5U_m$ 升到自由振荡的初始电压

$$u_B = u_C = \frac{0.5U_mC_N + 1.5U_mC_M}{C_N + C_M} = (0.5 + F)U_m \tag{5-48}$$

式中：电容分布系数 $F=\dfrac{C_M}{C_N+C_M}$。

经自由振荡半个周期后，$t=t_2=\dfrac{T_1}{2}=\dfrac{\pi}{\omega_1}$，B、C 两相电压瞬时值达到最大值 U_m。因自由振荡为高频振荡，其振荡周期相对于工频特别短，可以近似此时 B、C 两相工频电压仍保持不变，由于电弧短接，非故障相 B、C 相的对地电压上升 u_B、u_C 将过渡到新的稳态瞬时值 $1.5U_m$

$$u_B(t_2)=u_B(t_2)=u_{CA}(t_2)=u_{BA}(t_2)=1.5U_m \tag{5-49}$$

根据前述内容对于暂态过程的估算式（5-3），可得 B、C 两相最大过电压幅值为

$$U_{bm}=U_{cm}=2(1.5U_m)-(0.5+F)U_m=(2.5-F)U_m \tag{5-50}$$

根据高频熄弧理论第一次过零相对于工频过零要早很多，由此产生的中性点电压 U_n 将比工频半周时大。电弧重燃后，对地电容上的电荷将通过重燃的电弧重新分配，由此可得中性点位移电压为

$$U_n=\frac{C_N(U_{bm}+U_{cm})}{3C_N}=\frac{2}{3}U_{bm} \tag{5-51}$$

在第 n 次重燃后，尚需满足 $u_A(t_n)+U_N=-(U_m+U_{N-1})$，$u_B(t_n)-u_A(t_n)=1.5U_m$，将式（5-51）迭代 n 次可得理论最大过电压值为

$$U_{bm}=\frac{2.5-F}{\dfrac{1}{3}+\dfrac{2}{3}F}U_m \tag{5-52}$$

当线间电容远小于线对地电容时，即 $K=0$ 代入式（5-52），可得最大过电压倍数为 7.5。

（2）工频熄弧理论。假定 A 相电弧接地，三相电源相电压为 e_A、e_B、e_C，线电压为 e_{AB}、e_{BC}、e_{AC}，工频接地电流为 i_e，各相对地电压为 u_A、u_B、u_C。它们的相互关系和波形如图 5-38 所示。参照上述分析，同样假设 A 相电压在幅值为最大值$-U_m$ 时燃弧，此时 B、C 相对的电容 C_N 上的初始电压为 $0.5U_m$。由于 A 相电弧接地，非故障相 B、C 相的对地电压上升，u_B、u_C 将过渡到新

的稳态瞬时值 $1.5U_m$。根据暂态过程的估算式（5-3），可求得过渡过程中出现的最大过电压为 $2\times1.5U_m-0.5U_m=2.5U_m$。

之后，过渡过程经过衰减，B、C 相将稳定在线电压 e_{AB}、e_{AC} 上运行。同时，接地点通过工频接地电流 i_e。根据图 5-36（b）所示向量图，工频接地电流 i_e 相位角比电源电压 e_A 滞后 90°。

经过半个工频周期（t_1）时，B、C 相电压为 $-1.5U_m$，此时工频接地电流 i_e 通过零点，过渡过程出现第一次工频熄弧。但在熄弧瞬间，B、C 两相储存的电荷 $2C_N(-1.5U_m)$，由于电路的边界条件，A 相电压为零，这些电荷无处释放，将在三相对地电容平均分配，所形成电网中的直流分量为 $q/3C_N=\frac{-3C_NU_m}{3C_N}=-U_m$。所以熄弧后，导线对地稳态电压将有各相电源电动势和直流分量叠加而成。B、C 相的电源电动势为（$-0.5U_m$），叠加直流分量 $-0.5U_m$ 后为 $-1.5U_m$，A 相电源电动势为 U_m，叠加为零。因此，在熄弧后的瞬间，各相电压初始值与瞬间稳态值相一致，不会出现过渡过程。

熄弧后，A 相对地电压逐渐恢复，再经半个工频周期（t_2）时，B、C 相对地电压为 $-0.5U_m$，A 相对地电压高达 $-2U_m$（电源电动势叠加了直流分量 $-U_m$），此时可能发生重燃。重燃的结果使得 B、C 相对地电压初始值（$-0.5U_m$）过渡到线电压瞬时值 $1.5U_m$，过渡过程的最大过电压为 $2(1.5U_m)-(-0.5U_m)=3.5U_m$。过渡过程衰减后，B、C 相维持线电压运行。

往后每隔半个周期电网中都会发生一次熄弧和重燃，过渡过程将与上面叙述重复，非故障相最大过电压倍数为 3.5，故障相过电压倍数为 2.0。

3. 消弧线圈间歇性电弧过程发展的影响

消弧线圈的主要作用是在发生单相故障时通过自身的感性电流补偿系统中的电容电流，从而降低接地电流，使得单相接地电弧更容易自熄，避免了电弧波及其他非故障相，造成相间短路的事故跳闸。

在上述分析过电压过程中，考虑消弧线圈的作用，相当于在每次熄弧的瞬间，非故障相上的电荷可以通过中性点的消弧线圈等值电感流入大地，可

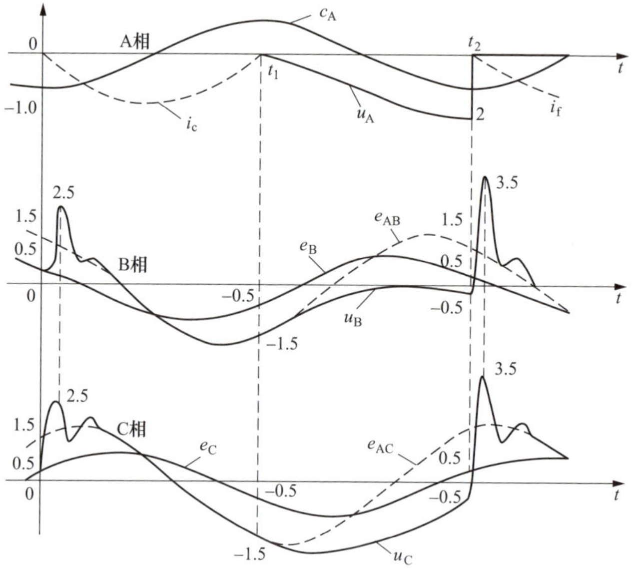

图 5-38 基于工频熄弧理论的间歇性接地过电压波形

以大大降低恢复电压的上升速度，从而对熄弧有利。但是从暂时熄弧的瞬间至弧熄两端到达最大恢复电压这段时间被拉长了，结果导致增加了原来弧道的去游离时间，可能造成在恢复电压最大这一最不利时刻发生击穿；而且消弧线圈的存在导致接地电弧在高频熄弧零点的出现，从而使得过电压比工频熄弧的过电压更大。前述某 35kV 电网当装上消弧线圈时，在调谐良好的情况下，最大过电压非故障相位 2. 0p. u. 相对于不接地时的 3. 5p. u. 要小，说明抑制过电压有效果。但电网中出现多条线路接地事故，消弧线圈自动调谐增大电感电流至严重过补偿时，非故障相达到 4. 5p. u. 远高于不接地系统，对过电压产生了放大效果。

5.5.3 开断电感性元件时的过电压

切除空载变压器也是电力系统中常见的操作之一。在正常运行时，空载变压器可等效为一励磁电抗，因此切除空载变压器相当于切除一个小容量的电感负荷。与其类似，切除消弧线圈、并联电抗器等也属于切除电感性负荷。

在切断100A以上的交流电流时，断路器触头间的电弧通常都是在工频电流自然过零点时熄灭的；但当被切断的电流较小时（空载变压器的励磁电流很小，一般只是额定电流的0.5%~5%，约数安到数十安）。在切断小电感电流时，由于能量小，通常弧道中的电弧电离并不强烈，电弧很不稳定；加之断路器去电离作用很强，可能在工频电流过零前使得电弧电流截断而强制熄弧，产生截流现象。由于截流效应，留在电感中的磁场能量转化为电容上的电场能量，从而产生过电压。

1. 过电压产生的物理过程

试验表明，截流可发生在工频电流的上升期，也可以发生在工频电流的下降期。图5-39所示分别为工频电流处于上升期和下降期时发生截流过电压的波形。

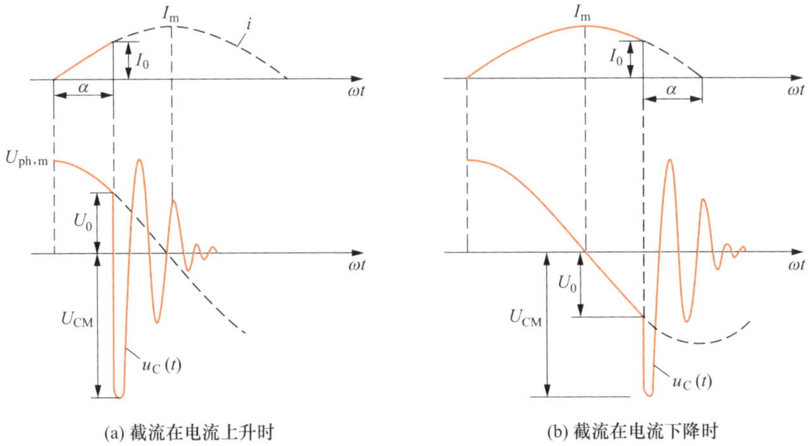

图5-39 断路器开断电感性元件过电压波形

从图5-39中可以看出，由于断路器将励磁电流 I_0 突然截断，使回路电流变化很大，即 di/dt 很大，在变压器绕组电感 L 上产生的压降 Ldi/dt 也很大。使变压器上产生很高的感应过电压。电流截断以后，变压器中残留的电磁能又向对地电容 C 放电，形成振荡过程，因而出现过电压。断路器切除其他电感性元件也会出现类似的过电压。

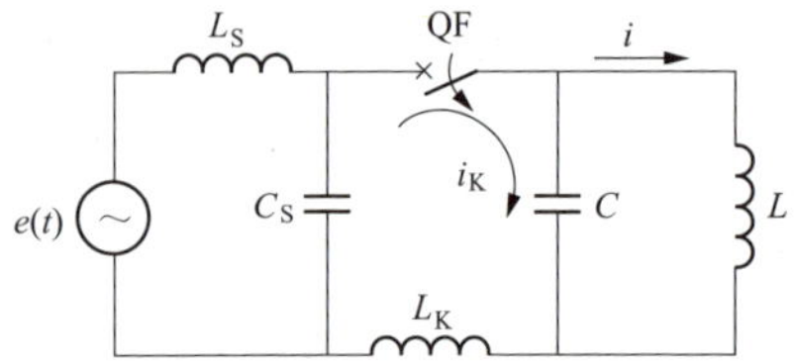

图 5-40 切除空载变压器等值电路

图 5-40 是切除空载变压器的等值电路。L 为变压器的励磁电抗，C 为变压器本身及连接母线等的对地电容，其数值根据具体情况而定，约为几百至几千皮法，$e(t)$ 为电源电动势，L_S 为电源侧等效电感。以下通过能量转化的思想，对该过渡过程进行定性分析。

L、C 构成振荡回路，当全部电磁能量变为电场能时电容 C 上的电压最大值 U_{CM} 为

$$\frac{1}{2}CU_{CM}^2=\frac{1}{2}LI_0^2+\frac{1}{2}CU_0^2$$
$$U_{CM}=\sqrt{\frac{L}{C}I_0^2+U_0^2} \tag{5-53}$$

若忽略截流时电容上储存的能量，则式（5-53）改写为

$$U_{CM}=I_0\sqrt{\frac{L}{C}}=I_0Z_m \tag{5-54}$$

式中：Z_m 为变压器的入口阻抗（波阻抗）。

从结论可知，L 越大或者 C 越小，则过电压越大；变压器容量越小，则 Z_m 越大，因此过电压也越大。当断路器一定时，过电压与变压器励磁电流成正比。如果变压器一定时，在变压器和断路器之间连接有电缆，可以增大 C 值，从而降低过电压。

从式（5-54）可以看出，当变压器参数给定时，截断电流为工频电流最大幅值（$I_0=I_m$），过电压幅值最高。此时最大过电压倍数 K 为

$$K=\frac{I_m\sqrt{\frac{L}{C}}}{E_m} \tag{5-55}$$

将 $I_m=\frac{E_m}{2\pi fL}$，$f_0=\frac{\omega_0}{2\pi}=\frac{1}{2\pi\sqrt{LC}}$代入式（5-55）得

$$K=\frac{f_0}{f} \tag{5-56}$$

式中：f_0 为图 5-40 等效回路中的自振频率。

f_0 与变压器的额定电压、容量及结构形式有关，也与外部连接的电气设备的杂散电容有关，一般等于工频的 10 倍。超高压变压器则只有工频的几倍，因而过电压较低。考虑到铁芯电感元件的回路里，磁场能转化为电场能时必然存在损耗：铁芯的磁滞损耗、铁芯的涡流损耗及绕组的铜损等。因此式（5-56）需加以修正，引入转化系数 η（$\eta<1$），即式（5-53）中考虑转化系数 η 后电感磁场能量转化为电容场能量为 $\eta L I_0^2$，代入式（5-54）~式（5-56），可得实际最大过电压倍数为

$$K_m=\sqrt{\eta}\frac{f_0}{f} \tag{5-57}$$

式中：转化系数 η 一般取 0.3~0.45。

【例 5-3】 已知一台额定电压 110kV，容量为 31.5MVA 变压器，其铁芯材料为热轧硅钢片，连续式绕组，励磁电流 $I=4\% I_0$，连续式绕组，$C=3000\text{pF}$，求切空变最大过电压倍数。

【解】 $$L=\frac{\frac{U_e}{\sqrt{3}}}{\omega\frac{P}{\sqrt{3}U_e}\times 0.04}=\frac{U_e^2}{\omega P\times 0.04}=\frac{110^2\times 10^6}{314\times 31.5\times 10^6\times 0.04}=30.5\ (\text{H})$$

$$f_0=\frac{1}{2\pi\sqrt{LC}}=\frac{1}{2\pi\sqrt{79.6\times 30000\times 10^{-12}}}=102\ (\text{Hz})$$

取 $\eta=0.3$，则可求得切空变最大过电压倍数为：$K_m=\sqrt{0.3}\frac{525}{50}=5.75$。

【例 5-4】 已知一台额定电压 500kV，容量为 1000MVA 变压器，其铁芯材料为冷轧硅钢片，纠结式绕组，励磁电流 $I=0.1\% I_0$，纠结式绕组，$C=30000\text{pF}$，求切空变最大过电压倍数。

【解】 $$L=\frac{\frac{U_e}{\sqrt{3}}}{\omega\frac{P}{\sqrt{3}U_e}\times 0.04}=\frac{U_e^2}{\omega P\times 0.04}=\frac{500^2}{314\times 1000\times 0.01}=79.6\ (\text{H})$$

$$f_0=\frac{1}{2\pi\sqrt{LC}}=\frac{1}{2\pi\sqrt{79.6\times 30000\times 10^{-12}}}=102\ (\text{Hz})$$

取 $\eta=0.45$，则可求得切空变最大过电压倍数为

$$K_m=\sqrt{0.45\frac{102}{50}}=1.37$$

由以上两个算例可见，断路器开断热轧硅钢片连续式绕组的高压变压器，其过电压很高；但开断冷轧硅钢片铁芯纠结式绕组的超高压空载变压器，励磁电流相对小，等效对地电容较大，所以过电压较低。

2. 影响过电压的因素

（1）断路器的性能。切除空载变压器引起的过电压与截流数值成正比，断路器截流的能力越大，过电压水平就越高。同时，在断路器开断空载变压器的过程中，由于断开的变压器侧有很高的过电压，因此，当触头间的距离还不够大时，在较高的暂态恢复电压（TRV）作用下，可能产生电弧重燃，向电源侧释放能量，使过电压有所降低。上海电网中，中压系统以真空断路器为主，（超）高压系统以 SF_6 断路器为主，图 5-41 中曲线 1 为真空断路器，曲线 2 为 SF_6 断路器。由于真空断路器开距较同电压等级的 SF_6 断路器短，在

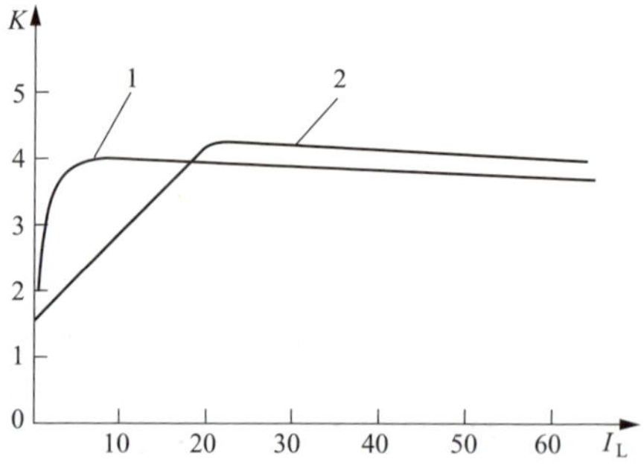

图 5-41 真空（SF_6 断路器）截流与过电压倍数关系

开断小电感电流（10A以内），真空断路器截流水平较高，导致真空断路器截流过电压高于 SF_6 断路器。随着截流值的增大（大于20A），真空断路器重燃降低了过电压倍数，SF_6 断路器截流过电压略大于真空断路器。

（2）变压器的参数。除了变压器本身的入口波阻抗对过电压有直接影响外，变压器的相数、绕组接线形式、铁芯结构、中性点接地方式、断路器的断口电容，以及与变压器相连的电缆段、架空线段等，都会对切除空载变压器过电压产生影响。

3. 限制措施

切除空载变压器过电压的特点是幅值高、频率高，但持续时间短、能量小，对于电气设备绝缘来说，这种过电压类似小能量的雷电过电压。计算表明MOA在雷电过电压下动作所吸收的能量，要比变压器线圈中储藏的能量大一个数量级。实际运行中，也很少有切除空载变压器造成MOA损坏的情况。只要在变压器任一侧装上MOA就可以有效限制此类过电压。

5.5.4 开断电容性元件时的过电压

在断路器操作过程中，遇到开合电容性电流的情况有：空载架空线的开合、空载电缆的开合、电容器组的开合、滤波器组的开合。相对于断路器开断短路电流来说，开断电容性电流小，仅在数安到数百安的范围内。如果此时断路器发生重击穿，可能会产生幅值较高的过电压或影响电网电能质量的高频暂态电流。尤其对于电容器组的开断，断路器间隙中的能量突然释放，重击穿还可能导致电容器元件的损坏。运行经验表明，并联电容器组开合和空载架空长线的开合会导致较高的过电压或较大的涌流。造成此类操作过电压的实质是断路器在开断过程中发生的重击穿现象。对于范围Ⅰ电网设备绝缘考虑操作过电压水平时，切除空载线路过电压是重要的参考依据。

在断路器开断电容电流过程中，如果条件不利，灭弧室中的绝缘击穿会在最初的电弧熄灭后的任何时刻发生。因此，通常根据熄弧至触头间绝缘击穿的间隔长短分为：在电流开断后1/4周期内的电压击穿，称为复燃；在电流开断后 1/4 周期或更长时间的电压击穿并且有工频电流恢复，或者在开断电容电流时负载电容的放电称之为重击穿。

1. 过电压产生的物理过程

通过切除空载线路为例，介绍过电压产生的物理过程。图 5-42 为直接接地系统中切除空载线路（集中参数表示）的等效电路。图 5-42 中 L_2、C_2 分别为被开断空载线路的等值电感和电容，C_1 为电源侧对地电容，L_1 为电源侧等值电抗，电源电动势为 $e(t)=E_m\cos\omega t$。

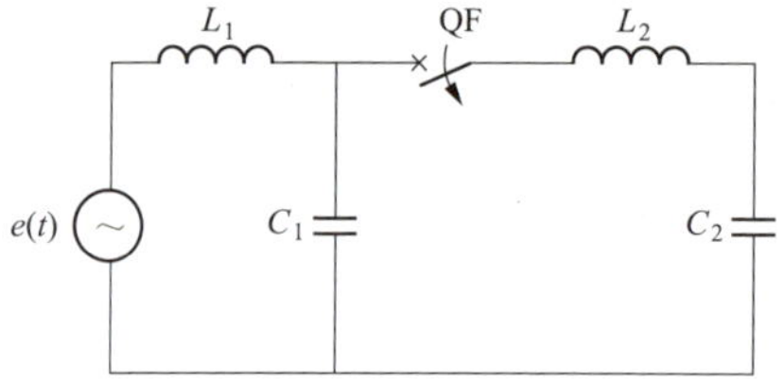

图 5-42　开断空载线路等效电路

在开断过程中，由于电弧的重燃和熄灭具有很大的随机性，从产生最严重的过电压角度出发。在分析时，是以可能导致最大过电压为前提来决定电弧的熄灭和重燃时刻。假设 $t=t_1$ 时，通过断路器 QF 的工频电流过零值，断路器触头间熄弧，此时 C_2 上的电压为 $-E_m$，参见图 5-43。若不考虑 C_2 的泄漏，C_2 上的电压将保持不变，熄弧瞬间，C_1 上的电压虽有振荡，但衰减很快，随后按电源电动势作余弦变化。熄弧后经半个工频周期在 $t=t_2$ 时，断路器触头间恢复电压达最大值 $[E_m-(-E_m)]=2E_m$，假定此时触头间绝缘强度不能承受这个恢复电压，电弧重燃，电容 C_1 与 C_2 并联，为简化数学分析，略去 L_2 的影响，则重燃瞬间电荷重新分配后电容上的电压可近似用 $U_{c0}=\dfrac{-E_mC_2+E_mC_1}{C_2+C_1}$ 来计算。在 $C_1 \ll C_2$ 时，$U_{c0}=-E_m$。此时 C_2 上的电压要从 $-E_m$ 过渡到稳态电压 $+E_m$，在过渡过程中出现高频振荡。高振荡时 C_2 上出现的最大电压 $U_{c2m}=2E_m-(-E_m)=3E_m$。重燃时流过断路器的电流主要是高频电流，当 $t=t_3$ 时，高频振荡电压为最大值时，高频电流为零值，触头间再次熄弧，C_2 上保持的电压为 $3E_m$。又经过半个工频周波，在 $t=t_4$ 时，触头间恢复电压为 $4E_m$，电弧第二次重燃，重燃瞬间电容上的电压为 $3E_m$，在重燃引起的高振荡过程中 C_2 上的最高电压 $U_{c2m}=2(-E_m)-3E_m=-5E_m$。当 $t=t_5$ 时，高频电流过零，电弧熄灭，C_2 上保持$-5E_m$ 的电压。理论上讲，如果忽略衰减，在多次重击穿的情况下，电容上的电压会按照 U_m、$3U_m$、$5U_m$……的序列建立起来，而断路器触头间的恢复电压会按照值 $2U_m$、$4U_m$、$6U_m$……的序列建立起来，并依次类推。这样的电压级升不可避免地会导致电容器或断路器自身的绝缘故障。

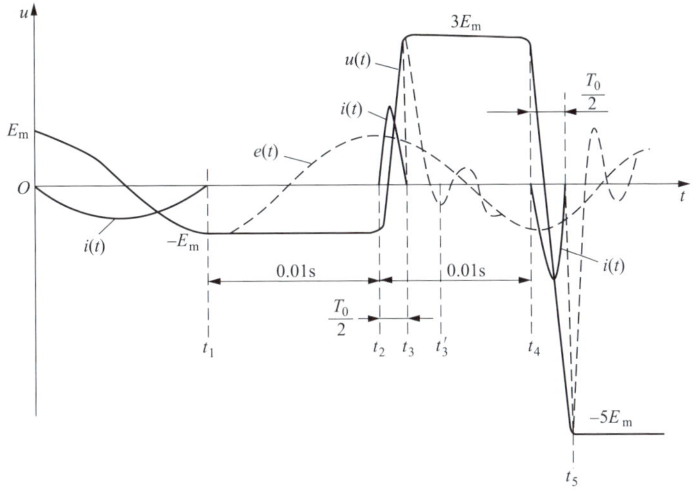

图 5-43　过电压的发展过程

为了评价断路器对于开断电容性电流产生过电压的概率，IEC 和 IEEE/ANSI 标准中定义了两类重击穿等级的断路器。分别为 C1 级断路器：具有低重击穿概率的断路器；C2 级断路器：具有极低重击穿概率的断路器。

2. 过电压的影响因素

（1）断路器特性的影响。在电容电流开合过程中，当电容电流开断后，灭弧室的触头系统将承受恢复电压的作用，而且必须承受此电压以避免重击穿。当电流在最短燃弧时间开断时，重击穿的风险通常是最高的。在这种情况下，灭弧室尚未到达完全分闸位置前，恢复电压峰值就出现在相对较小的触头开距下。在触头分离过程中，灭弧室的介质恢复强度上升率受很多因素影响。

对于 SF_6 断路器，主要影响因素有：触头和喷口的几何形状、气体密度和气流、触头和喷口的磨损以及触头的分闸速度。高分闸速度增强了开断电容电流的能力，这是因为在达到恢复电压峰值时触头将分开足够的距离。触头分离后第一个电流零点时的触头开距也非常依赖于燃弧时间，在电流开断时刻，较长的燃弧时间提供了较大的触头开距，从而避免了重击穿。但是无论是压气式还是自能式 SF_6 断路器开断高频重击穿电流的能力都较低，这意味电压级升的风险较高。实际运行中，曾发生过 35kV 电容器开关（自能式 SF_6 断路器）由于重击穿导致喷口损坏。随着断路器额定电压的提高，电容电流开合的问题变得越发突出，因为必须保证触头间隙的绝缘强度更加快速的恢复。现有技术表明，550kV 及以下单断口 SF_6 断路器，能够应对正常的电容电流开合负载。

对于真空断路器，一方面，真空中触头间隙的耐受电压上升很快，因此真空断路器的重击穿概率较低。另一方面，在真空中决定击穿强度的是触头表面状况。因为燃弧也发生在同一个触头上，真空灭弧室中的击穿场强不易确定并且具有相当大的统计偏差。上海 10kV 电容器开关普遍地使用真空断路器，运行经验表明，发生故障率较低。

（2）电源和负载侧阻抗的影响。在电源侧阻抗较小的电网，即在相对较强的电网中，断路器靠近发电机，低幅值的“电压跳跃”振荡出现在断路器的触头之间，如图 5-44（a）所示。断路器试图在触头分离后的第一个电流零点，甚至是最短燃弧时间 t_{amin} 下开断，因而触头间隙较小。显然，在这种情况下，恢复电压峰值 B 点附近发生重击穿的概率较高。

在电源侧阻抗较大的电网，通常是相对较弱的电网中，高幅值的“电压跳跃”振荡出现在断路器的触头之间，如图 5-44（b）所示。这会导致复燃并因此延长燃弧时间，使之超过最短燃弧时间 t_{amin}。在燃弧时间增加 1/2 周期的情况下，由于触头间隙较长，断路器开断电流时的重击穿概率显著降低。基于这方面的原因，与弱电网相比，在相对较强的电网中具有更高的重击穿概率。

负载侧阻抗值与输电线路的长度有关，影响多次重击穿引起的过电压的

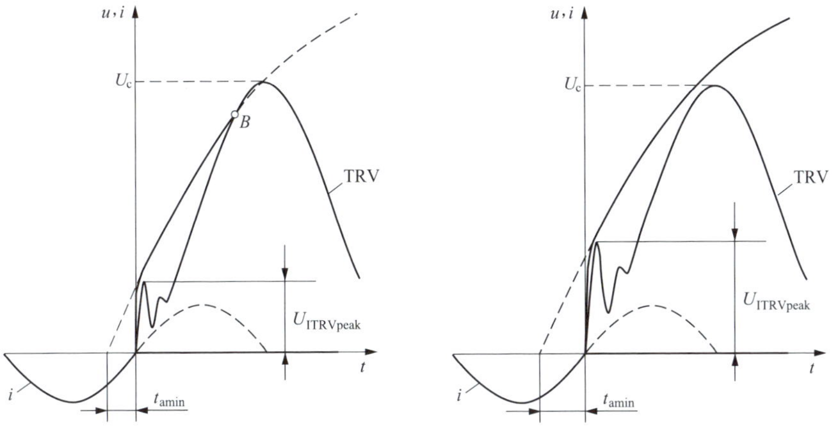

图 5-44　电源侧阻抗对过电压的影响

数值。在一次重击穿后，较小的负载侧阻抗值会在高频电流过零点产生更高频率的振荡且具有更高的 di/dt。因为高压断路器通常不在第一个电流零点开断，而是在随后的某个电流零点，电压振荡将迅速衰减至系统电压。因此，甚至在多次复燃后，过电压和电压级升的风险也会降低。较大的负载侧阻抗值在重击穿后产生较低频率的振荡。如果断路器能在第一个电流零点开断高频电流，过电压将达到最大值，这是因为可能出现的最大电压仍保持在线路电容上。因此，发生电压级升的风险增加。

（3）中性点接地方式的影响。上述分析的结论是基于直接接地系统方式下的过电压，对于中性点不接地和经消弧线圈接地的系统，因三相断路器动作不同期性及熄弧时间的差异性，会导致中性点电位位移。而且三相电压之间互相牵连，在最不利条件下，会使重击穿电压显著增大。根据实测数据表明，非直接接地系统的过电压会比中性点直接接地系统的过电压增大 20%。

3. 限制措施

为了限制由于断路器重击穿引起的空载线路分闸过电压，规范中对断路器的重击穿水平提出了相应的要求：对 110kV 及 220kV 系统，开断空载架空线路宜采用重击穿概率低的断路器，开断电缆线路应采用重击穿概率极低的断路器，过电压不宜大于 3.0p.u.。对于 66kV 及以下不接地系统或谐振接地系统，开断空载线路应采用重击穿概率极低的断路器。6～35kV 的低电阻接地系统，开断空载线路应采用重击穿概率极低的断路器。

除提高断路器本身的灭弧性能及提高触头间介质恢复强度外，系统中特定的接线方式也可以限制此类过电压。比如，当线路侧接有电磁型电压互感器时，断路器断开后，存储在线路上的电容可以通过电磁型电压互感器的接地进行释放，从而可使断路器两端的最大暂态恢复电压降低，避免电弧重燃，或减少过电压的最大值。据统计，220kV 线路侧接有互感器的空载线路分闸过电压可以降低约 30%。类似情况也出现在 500kV 超高压线路安装有高压并联电抗器。当线路侧安装有高抗时，断路器触头间灭弧后，线路电容和电抗器的电感会形成振荡回路，由于此回路的振荡频率与系统频率接近，因此可以大大降低恢复电压的上升速度，从而避免重击穿现象的发生。对于此类操作过电压，MOA 也可以有效限制过电压对设备的影响。

5.5.5 电力系统解列过电压

对于范围Ⅱ中的多电源电网，为了避免异步运行或发生故障（线路接地故障）后，部分机组失步运行，破坏系统的稳定性，而需要将该系统快速解列。理论上两电源系统可以在任意公角差 δ（0°～180°）的时候解列，尤其在最不利的情况下，两端电源电动势反相（即 $\delta=180°$）时，能引起很高幅值的解列过电压。

首先，考虑两端电源失步的情况，由于失步摆角的频率很低，可以近似认为系统处于工频稳态。假设断路器 QF_2 分断瞬间，送端电动势 E_1 和受端电动势 E_2 间的功角差 $\delta>90°$。断路器开断前沿线工频稳态电压分布如图中曲线 1 所示，这时两端电源电动势接近反相，沿线电压按线性分布，在线路某处电压为零，断路器 QF_2 线路侧电压为 $-U_d$。断路器 QF_2 跳闸系统解列时，送电端电源 E_1 通过断路器 QF_1 带空载线路，根据前述理论，空载长线路末端电压会上升，假设其稳态值为 U_2，沿线电压分布如图 5-45 所示。

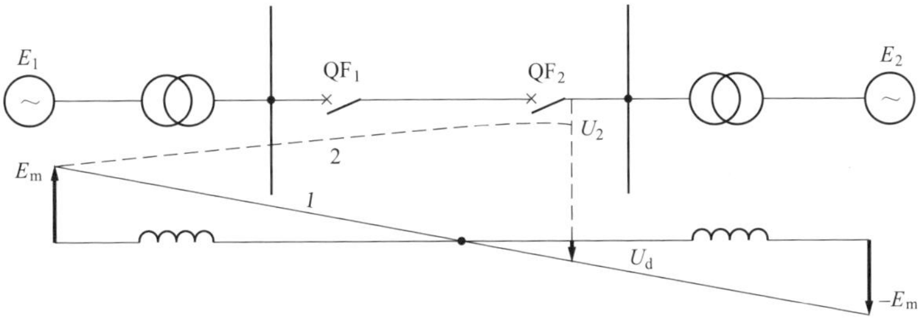

图 5-45　解列前后沿线稳态电压分布

1—解列前稳态电压分布；2—解列后稳态电压分布

因此，QF_2 开断时，断路器两侧的电压要发生高频振荡，QF_2 线路侧电压从 $-U_d$ 过渡到 U_2，在此过程中，其过电压的最大幅值为

$$U_M = 2U_2 - (-U_d) = 2U_2 + U_d \tag{5-58}$$

则断路器 QF_2 的触头间的 TRV 最大值为

$$U_{KM} = U_M - (-E_{KM}) = 2U_2 + U_d + E_{KM} \tag{5-59}$$

可见，系统解列的同时，也会产生较高的 TRV，断路器工作条件较苛刻。

其次，对于系统发生单相永久接地故障，断路器单相重合闸不成功后，再次跳闸切除故障时，也会产生过渡过程而引起解列过电压，其沿线电压分布如图 5-46 所示。由于接地点电压接近于零（即 $U_2=0$），这时沿线电压分布如图中曲线 1 所示，和上述一致，按线性分布。断路器开断感性短路电流时，在断路器 QF_2 开断瞬间（感性电流过零时），电源电动势 E_1 处于幅值。

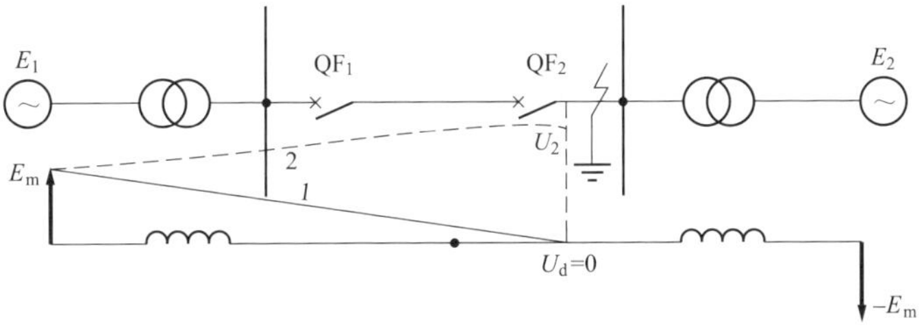

图 5-46　解列前后沿线稳态电压分布

1—解列前稳态电压分布；2—解列后稳态电压分布

切除故障后，沿线稳态电压分布如图所示。切除接地故障时，线路末端最大电压幅值为 $U_{2m}=2U_d$，实际运行中，考虑各次谐波到达幅值的时间差异

和振荡的衰减，一般过电压倍数为1.5~1.7。

5.6 变电设备绝缘配合

电力系统绝缘配合的根本任务是正确处理过电压和绝缘这一对矛盾，绝缘配合的最终目的是确定电气设备的绝缘水平，它是绝缘设计的首要前提。通过设备绝缘能耐受的试验电压值来表征电气设备的绝缘水平，在各种试验电压作用下绝缘不发生闪络、击穿或其他损坏现象。

对于220kV及以上电压等级的电气设备绝缘威胁较大的是内部过电压，对于220kV以下电压等级的电气设备绝缘威胁较大的是雷电过电压。导致这两个电压范围设备绝缘配合时的侧重点不一样，由此将电力系统最高电压分成两个范围。范围Ⅰ：3.6kV≤U_m≤252kV；范围Ⅱ：U_m>252kV。

5.6.1 中性点接地方式对绝缘水平的影响

电网中性点接地方式也就是变电站中变压器的各级电压中性点接地方式。由于非有效接地和有效接地方式，其过电压水平和特点的不同，造成其绝缘水平有很大的差别。从最大长期工作电压、雷电过电压和内部过电压三个方面来分析中性点接地方式对绝缘水平的影响。

（1）持续运行电压。在非有效接地系统中，由于单相接地故障时可以继续带故障运行一段时间，这时健全相上的工作电压升高到线电压，再考虑最大工作电压可比额定电压U_N高10%~15%，其最大长期工作电压U_m为（1.1~1.15）U_N。在有效接地系统中，最大长期工作电压U_m为（1.1~1.15）$U_N/\sqrt{3}$。

电压等级越高设备绝缘占设备造价的比重也越大，所以从经济性角度出发，范围Ⅰ的系统一般采用非有效接地方式，此类系统中电气设备的相对地绝缘需承受线电压。而范围Ⅱ的系统一般采用有效接地方式，此类系统中电气设备的相对地绝缘需承受相电压，例如220kV线路绝缘子的绝缘只需承受相电压。这样可以大大减少绝缘成本在电网的投资。

（2）雷电过电压。实际作用到绝缘上的雷电过电压幅值取决于MOA的保护水平。由于MOA的灭弧电压是按最大长期工作电压选定的，因而有效接地系统中所用避雷器的灭弧电压约比同一电压等级下中性点为非有效接地系统中的避雷器低20%左右。

（3）内部过电压。在有效接地系统中，内部过电压是在相电压的基础上产生和发展的，而在非有效接地系统中，则有可能在线电压的基础上发生和发展，因而前者要比后者低20%~30%左右。在110kV及以上的系统中，绝缘费用在总建设费用中所占比重较大，因而中性点采用有效接地方式可以降低系统绝缘水平，获得较好的经济效益。在35kV及以下的系统中，绝缘费用所占比重不大，降低绝缘水平在经济效益不明显，因而供电可靠性升为重要考虑因素，所以一般均采用中性点非有效接地方式。

10~35kV配电网发展很快，缆化率提高，且运行方式经常变化，给消弧线圈的调谐带来困难，并易引发多相短路，造成故障扩大。所以近些年来有些以电缆网络为主的10kV改用了中性点经小电阻接地的方式，发生单相接地故障时立即跳闸。

5.6.2 绝缘配合的基本原则与方法

1. 绝缘配合基本原则

绝缘配合的原则是指综合考虑电气设备在系统中可能承受的各种作用电压、保护装置的特性和设备绝缘对作用电压的耐受特性三者之间的关系，合理地确定电气设备的绝缘水平，使得设备造价、维护费用和设备绝缘故障引起的事故损失费用三者之和为最小。

电气设备绝缘水平由作用于绝缘上的最大工作电压、雷电过电压及操作过电压三者中最严重的一种决定。对不同电压等级的系统，这三种过电压出现的概率和对设备绝缘影响程度各不相同，导致绝缘配合的具体原则也不同。要做到符合绝缘配合的总原则，必须计及不同电压等级、系统接地方式等因素的影响，具体情况，灵活处理。

对220kV及以下的系统，其绝缘水平一般由雷电过电压来决定。在保证输电线路有一定耐雷水平下，变电设备绝缘水平与避雷器的雷电冲击保护水平相配合。由此确定的变电设备绝缘水平在正常情况下能耐受操作过电压，因此220kV及以下系统一般无需采用专门限制内部过电压的措施。

对500kV及以上的超、特高压系统，变电设备的绝缘费用在设备整个造价中所占的比重较大，而且由于操作过电压是在运行工作电压的基础上产生的，随着运行电压等级的提高，操作过电压幅值随之增大，所以在超、特高压电网的绝缘配合中，操作过电压将其主导作用。因此，在超、特高压电网中通常采用专门限制内部过电压的措施，如线路安装并联电抗器、断路器断口安装并联电阻等，将操作过电压水平降低至雷电过电压水平以下。从而可以采用与220kV及以下系统同样的绝缘配合原则。

另外，随着电网电压等级的提高和限制过电压措施的不断完善，当过电压被限制到1.6p.u.或更低时，持续运行电压就可能成为决定电网绝缘水平的重要因素。由于在电网设计和运行中避免发生谐振过电压，因此在绝缘配合中是不考虑谐振过电压的影响。

对于变电站的绝缘水平，一般不需要考虑与输电线路的绝缘配合。而是通过变电站进线段保护以及MOA，将沿输电线路传播的雷电过电压限制到了变电站设备绝缘所耐受范围内。

2. 变电设备绝缘水平的确定及配合方法

通常使用电气设备所能耐受的各种电气试验电压值来表征电气设备的相对应的绝缘水平。比如短时工频耐受电压值表征电气设备绝缘承受运行电压、工频过电压及等价承受操作过电压和雷电过电压的能力；雷电冲击耐受电压表征电气设备绝缘承受雷电过电压作用的能力；操作冲击耐受电压值表征超、特高压设备绝缘承受操作过电压作用的能力。

绝缘配合的最终目标是确定互相配合的电气设备的各自绝缘水平，为了确定电气设备绝缘水平的方法有惯用法、统计法、简化统计法等。除了500kV及以上的超高压线路绝缘的设计中采用统计法以外，其他电压等级主要采用惯用法。

惯用法是按作用与绝缘上的最大过电压和最小绝缘水平的概念来配合。应用惯用法时来确定变电设备绝缘水平的基础是避雷器的保护水平，即避雷器上可能出现的最大电压，再考虑设备安装点与避雷器间的电气距离所引起的电压差值、绝缘老化所引起的电气强度下降、避雷器保护性能在运行中逐渐裂化、冲击电压下击穿电压的分散性、必要的安全裕度等因素而在保护水平上再乘以一个配合系数，即可得出变电设备应有的绝缘水平。因此，用这种方法选定的绝缘水平常有较大的绝缘裕度。

针对作用于绝缘的典型过电压种类、幅值、防护措施以及绝缘的耐压试验项目、绝缘裕度方面的差异，在进行电气设备绝缘配合时，按系统最高运行电压 U_m 值，划分为：范围Ⅰ，$7.2\text{kV} \leqslant U_m \leqslant 252\text{kV}$；范围Ⅱ，$252\text{kV} < U_m \leqslant 800\text{kV}$。

上海电网中标称电压为（10、35）kV、110kV及220kV为范围Ⅰ中的低、中、高压系统，500kV为范围Ⅱ中的超高压系统，1000kV为特高压系统。

对于范围Ⅰ中的变电设备，避雷器只是用来限制雷电过电压的，当操作过电压作用时不希望避雷器动作，即要求设备绝缘能耐受操作过电压。对于范围Ⅱ的系统中，避雷器同时用来限制雷电及操作过电压，这时最大操作过电压幅值取决于避雷器的操作冲击保护水平。

3. 变压器中性点保护

对于不接地的变压器的中性点，在系统正常运行时，其上的电压近似为零。在有雷电波侵入时，中性点上可能会出现雷电过电压，如果同时伴有单相接地故障，中性点上还会出现工频位移电压，因此变压器中性点保护需同时考虑雷电过电压和工频过电压的作用。

在实际电网运行中，变压器存在不接地运行的情况有三种：①35kV 变电站的主变压器 10kV 侧；②110kV 变电站的主变压器 110kV 侧；③220kV 变电站的部分主变压器 220kV 侧（考虑继电保护的要求，部分的主变压器不接地）。

对于第①种情况，首先，由于 35kV 变压器为全绝缘变压器（即中性点的绝缘水平与相线端相同），绝缘裕度较高；其次，雷电波三相来波的概率很低，约 10%，据统计平均约 15 年才有一次。因此，35kV 变压器中性点一般不需保护。但考虑 10kV 装有消弧线圈，存在单路进线的可能，通常在消弧线圈处并联有 MOA，防止雷电过电压的同时，也可以限制消弧线圈中的磁能引起的操作过电压。对于第②、③种情况，由于 110 及 220kV 变压器为半绝缘变压器，通常 110kV 变压器中性点采用 35kV 级绝缘，而 220kV 变压器采用 110kV 级绝缘。因此，需对此类变压器中性点实施保护。

要做到对主变压器中性点过电压的保护，首先分析主变压器中性点可能出现的过电压。

（1）单相接地故障引起的工频电压升高。对于 110kV 及 220kV 系统都属于有效接地系统，在发生单相接地故障时，在断路器跳闸之前会在中性点产生暂态和稳态过电压。根据 5.3 节中，有效接地系统的接地系数 $K^{(1)} \leq 3$，则在有效接地方式下最大接地系数 $K^{(1)}$ 可取 3，在局部不接地方式下 $K^{(1)}$ 可取 ∞。通过式（5-60）可以对单相接地时中性点过电压稳态和暂态值进行估算

$$U_0 = U_{ph}K^{(1)}/[K^{(1)} + 2]$$
$$U_{01} = r\sqrt{2}U_0 \tag{5-60}$$

式中：U_0 为中性点稳态电压；U_{01} 为中性点暂态电压；r 为过电压振荡衰减系数，连续式绕组 $r=1.8$，纠结式绕组 $r=1.5$。

由此看出，中性点工频过电压随着最大接地系数增大而增大，当系统保持有效接地方式时，即 $K^{(1)} < 3$ 工频过电压的稳态值和暂态值都不高，不超过主变压器中性点工频耐受电压。在 $K^{(1)} = 3$ 的极限情况下，$U_0 = 0.6U_{ph} \approx 0.35U_{xn}$，其中，$U_{xn}$ 为最大运行线电压。由此可见，中性点避雷器的额定电

压应超过 35% U_{xn}，一般用额定电压为 40% U_{xn} 的避雷器。

（2）雷电过电压。当输电线路或变电站遭受雷击时，雷电波会传播到变压器中性点，如果传输通道波阻抗不匹配就会发生多次雷电暂态波的折射和反射情况。一般情况下，变压器中性点上出现的最大雷电过电压主要取决于变压器入口处的避雷器残压（或放电电压）和变压器的特性，一般其过电压值可按式（5-61）进行计算：

$$U_m = \frac{n}{3} r U_b \tag{5-61}$$

式中：n 为侵入雷电波的相数；r 为过电压振荡衰减系数；U_b 为变压器入口处避雷器上的残压。

变压器中性点上的雷电过电压以三相同时进波最为严重，若此时雷电波在中性点上发生全反射，理论上会产生近两倍入射波过电压。雷电侵入波过电压危及变压器中性点绝缘，必须采取保护措施。实际上，由于铁芯损耗等阻尼作用，三相进波时中性点上的雷电过电压一般会低于理论计算值。

（3）非全相运行引起的工频电压升高。在系统发生非全相运行时，由于三相处于不对称运行，这时系统会存在零序电压。当一相断开、两相运行时，变压器中性点上的电位可达到 $0.5U_{ph}$；当两相断开、一相运行时，变压器中性点上的电位可达到 U_{ph}。假如采用双侧电源供电，且只有一相运行，则情况更为严重；如果双侧电源不同步，则相位差达到 180°时，中性点上的电位有可能达到 $2U_{ph}$，并以一定的周期重复出现。如果参数满足谐振条件，则中性点上的过电压可能更为严重，但这种情况是极为少见的。

为了防止雷电过电压对半绝缘变压器中性点的威胁，需在中性点处加装 MOA，其额定电压应大于单相接地故障引起的工频电压升高，以免避雷器绝缘无法耐受导致击穿。但考虑非全相运行引起的 $2U_{ph}$ 工过频电压，如果仅靠通过提高 MOA 的额定电压来保证避雷器不动作，会导致中性点绝缘水平无法承受 MOA 的残压。因此需要在此基础上安装保护间隙，其冲击放电电压应低于变压器中性点的冲击耐压值；保护间隙的工频放电电压，应大于单相接地故障引起的工频电压升高的暂态最大值 U_{0m}，以免继电保护不能正确动作。

上海电网中 220kV 及 110kV 中性点不接地变压器的中性点绝缘保护，一般采取的措施是中性点并联保护间隙和避雷器。其保护原则如下。

（1）在雷电过电压下，由 MOA 限制雷电暂态过电压，保护间隙不动作；系统以有效接地方式发生单相接地故障引起的工频电压升高时，由 MOA 动作限制暂态电压 U_{01} 的峰值，保护间隙也不动作；同时，MOA 动作后的残压也不能导致间隙的放电。

（2）在系统发生非全相运行引起的工频电压升高时，间隙必须动作；当因接地故障形成局部不接地系统时，间隙应动作。

小结

电力系统是各种电气设备（诸如电机、变压器、互感器、避雷器、断路器、电抗器和电容器等）经线路连接成的一个保证电网安全稳定运行的有机整体。从电路的观点看，电力系统除电源外，均可以用 R、L、C 这三个典型元件的不同组合来表征。其中，L、C 为储能元件，它们是过电压形成的必要条件；R 为耗能元件，一般可以抑制过电压的发展。如果等值电路中元件及其连线的最大实际尺寸比研究的过电压（工频过电压）中谐波的波长小很多时，可以视作集中参数处理；否则应按分布参数分析（雷电过电压）。

当操作或者故障使得电网中的储能元件（电容、电感）工作状态发生变化，造成电容元件的电场能和电感元件的磁场能会相互转化，将形成暂时过电压（谐振过电压、操作过电压）。其中，断路器自身的开合性能也是影响此类过电压的重要因素。

变电站电气设备除了通过避雷针（线）防止直击雷，还需要考虑雷电侵入波对变电站中内绝缘水平相对于架空线而言较低的电气设备（变压器）的影响。可以通过合理配置 MOA，限制雷电侵入波的幅值；可以通过变电站外 1 ~2km 处设置进线段保护，降低雷电侵入波的陡度。

电网中性点接地方式对电气设备绝缘的耐受电压有较大的影响。在中性点有效接地系统中，相对地的绝缘所承受的最大工作电压按相电压考虑；而中性点非有效接地系统允许带单相接地故障运行，它的最大工作电压需按线电压考虑。随着电网电压等级的提高，输变电设备绝缘部分的费用在总投资中的比重越来越大，绝缘配合就是从设备造价、维护费用和事故损失这三个方面出发，来确定合理的绝缘水平。惯用法是绝缘配合计算的常用且简单的方法，但其留有的绝缘裕度相对于其他方法较大。

习题与思考题

5-1　书线性集中参数回路的过程中，如何估算等效电容上的过电压幅值?

5-2　断路器开断电感性和电容负载引起过电压的原因分别是什么?

5-3　暂态恢复电压（TRV）的定义是什么?

5-4　某架空导线的单位长度电感 $L_0=1.6\times10^{-6}$H/m，等效电容为 $C_0=7\times10^{-12}$H/m，求其波阻抗为多少。

5-5　已知一台额定电压 500kV，容量为 1200MVA 变压器，其铁芯材料为冷轧硅钢片，纠结式绕组，励磁电流 $I=0.2\% I_0$，纠结式绕组，C=40000pF，求切空变最大过电压倍数。

5-6　分析间歇性电弧接地过电压的熄弧理论有哪些。

5-7　如何降低真空断路器开断容性负载产生的过电压?

5-8　为了确定电气设备绝缘水平而进行绝缘配合时所采用的绝缘配合方法有哪些?

第 6 章 CHAPTER SIX

上海电网典型内部过电压

06

雷电过电压主要影响电力线路的可靠运行，无论配电网还是输电网中的电力线路，为了降低雷击线路的雷击跳闸率，线路防雷均采取“不直击”“不闪络”“不跳闸”“不停电”这四道防线，将雷电过电压限制在可接受范围内。随着 MOA 的广泛运用，雷电过电压尤其感应雷过电压（雷电侵入波）对变电设备绝缘的影响逐渐减少。因此内部过电压成为影响变电设备绝缘的主要因素。

按电压等级的不同，上海电网可大致分为配电网和输电网。由于电压等级、中性点接地方式、主接线形式和设备绝缘水平的不同，配电网和输电网在内部过电压的形成过程中，呈现出不同的典型过电压形式。配电网中的过电压主要有间歇性电弧接地过电压。输电网中的过电压主要有空载线路合闸过电压及 GIS 设备中的 VFTO。谐振过电压在配电网中主要为铁磁谐振过电压，而在输电网中主要为线性谐振过电压。

6.1 配电网中典型过电压

配电网中性点接地方式为非有效接地方式，发生单相接地及缺相故障时无需立即跳闸（除了小电阻接地方式），切除故障。在故障处理期间，会出现间歇性电弧接地过电压和缺相过电压。同时，配电网中存在大量的电磁型 TV 和真空断路器，由于这两种过电压的激发会引起电磁型 TV 饱和，造成谐振过电压；真空断路器对于电抗器和电容器的投切，由于自身开断性能，也会引起操作过电压。以下对于这四种典型过电压进行分析。

6.1.1 单相接地故障引起的过电压

1. 不同中性点接地方式的影响

单相接地故障在配电网故障占比较高，由此引起的间歇性电弧接地过电压是配电网中的典型操作过电压。为了限制间歇性电弧接地过电压的幅值，根据配电网中单相接地故障电容电流的大小和供电可靠性的要求，10kV 及 35kV 配电网通常采取中性点不接地、中性点经消弧线圈接地和中性点经小电阻接地这三种中性点接地方式。

从抑制过电压来看，中性点经小电阻接地方式最好；而从供电可靠性来看，中性点不接地方式和中性点经消弧线圈接地方式可靠性最高。

从实现单相接地保护的难易程度来看，中性点不接地方式、中性点经消弧线圈接地方式比较难。随着微机继电保护技术的发展，利用故障产生的暂态零序电流和电压，能够可靠地选出故障线路，使小电流接地故障选线的灵敏度和可靠性有了很大提高，因此上海某些郊区仍保留了消弧线圈接地方式。

综合考虑配电网内电容电流及电缆化率，不同中性点接地方式的选择可以参考表6-1，表中“两者皆可”表示需根据具体电网情况选择哪种接地方式。如果所供负荷具有双电源、系统绝缘水平较弱、网架具备负荷转移能力宜采用小电阻接地；否则，宜采用消弧线圈接地。

表6-1　　不同接地方式的综合选择

电容电流/A			＜50	50～100	＞100
纯架空线网络			消弧线圈	消弧线圈	—
混合网	电缆馈线回路占比（%）	电缆馈线长度占比（%）			
	＜50	＜50	消弧线圈	消弧线圈	消弧线圈
		＞50	消弧线圈	消弧线圈	两者皆可
	50～80	＜50	消弧线圈	消弧线圈	两者皆可
		50～80	消弧线圈	两者皆可	两者皆可
		＞80	消弧线圈	两者皆可	小电阻
	＞80	＜80	消弧线圈	两者皆可	小电阻
		＞80	消弧线圈	小电阻	小电阻
纯电缆网络	100	100	小电阻	小电阻	小电阻

但要说明的是，小电阻接地虽能抑制间歇性电弧接地过电压的幅值，但不能完全杜绝过电压的发生。如果遇到零序保护配置不合理或者是继电保护装置故障，对于电缆出线为主的变电站容易造成单相接地故障发展成为相间故障，造成事故扩大。

以某110kV变电站为例，分析小电阻接地故障下间歇性接地过电压的发展过程。如图6-1所示为某110kV变电站事故前运行方式，事故经过如下。

10kV一段母线上的10kV甲线发生A相单相接地故障，由于该馈线保护装置故障，保护未动作。结合1号主变压器10kV故障录波（见图6-2）可以看出，经过1780ms，间歇性电弧接地过电压击穿电缆绝缘导致A、B相相间故障，主变压器过流保护动作，1号主变压器高低压开关跳闸，切除了该故障；故障切除同时，10kV一（2）/二（1）段分段自切动作，该开关合上，由故障波形可以看到，故障未被切除，仍然有 A、B 两相短路接地故障，开关合于故障则 10kV 一（2）/二（1）段自切后加速保护动作，10kV 一（2）/二（1）段开关经过 0.3s 跳闸，完全切除故障，10kV 一（2）段母线停电。

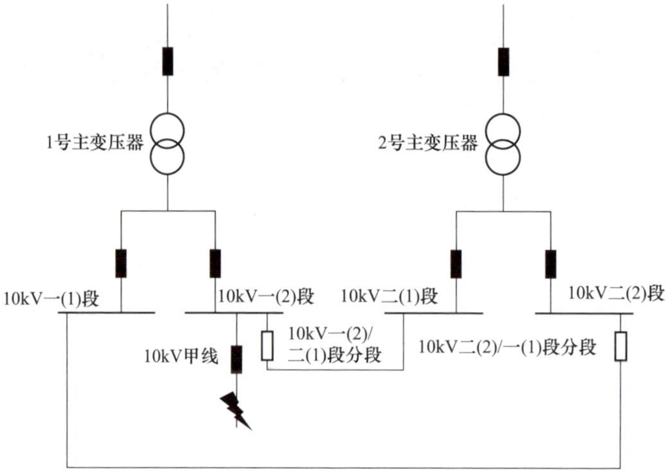

图 6-1　事故前运行方式

2. 中性点接地方式概述

城区配电网地理位置处于上海中心城区，用户供电可靠性要求最高，大多数 10kV 系统采用小电阻接地方式。城郊配电网的 10kV 系统中还保留了一定的经消弧线圈接地方式。截至 2020 年底，上海城区配电网、郊区配电网的中性点接地方式配置情况见表 6-2。

表 6-2　上海城区配电网、郊区配电网中性点接地方式配置情况

区域划分	中性点接地方式	占比
城区配电网	小电阻	绝大多数
	消弧线圈	较少
	不接地	极少数
城郊配电网	小电阻	一定比例
	消弧线圈	一定比例
	不接地	极少数

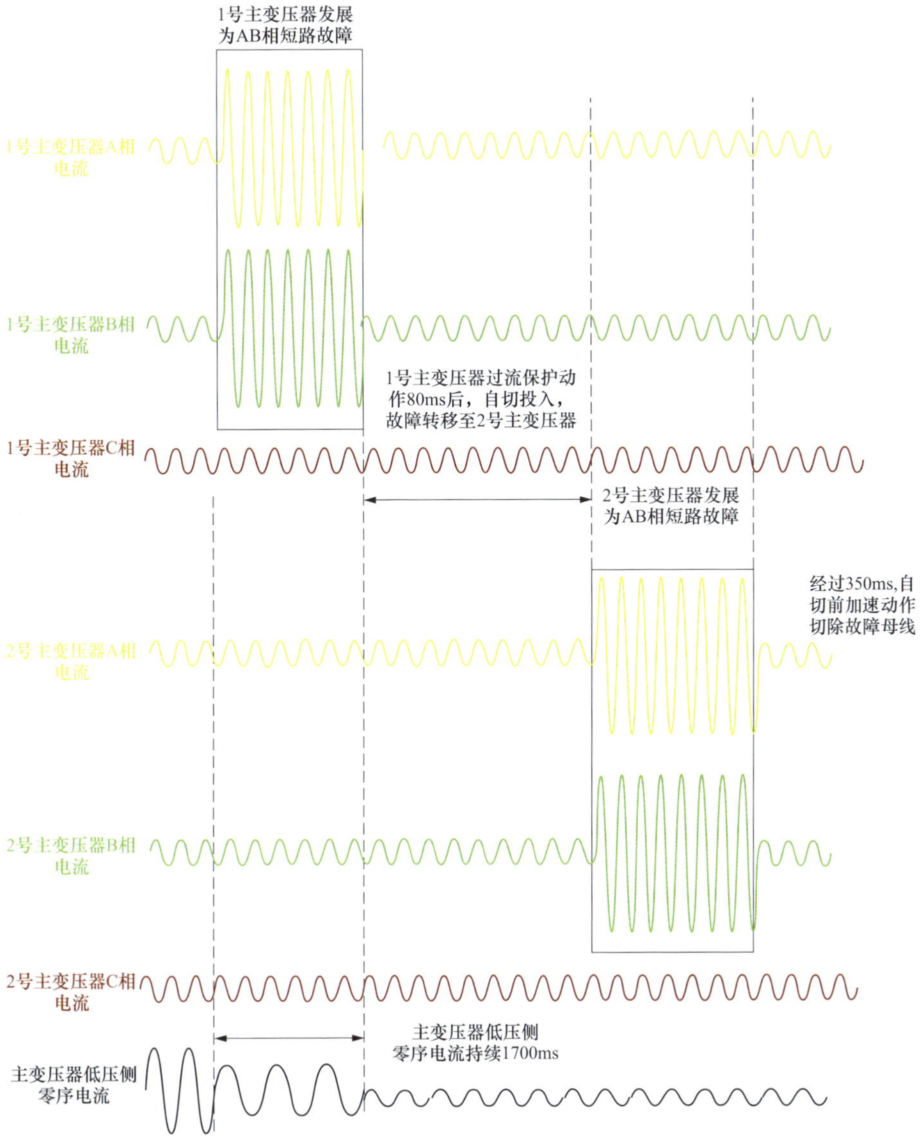

图 6-2　1 号主变压器故障录波图

除了间歇性电弧接地过电压外，在 10kV 配电网中大量存在作为开断元件的熔丝及线路杆刀（线路隔离开关，用于馈线之间转移负荷），由于熔丝熔断或者杆刀操作造成的不同期，造成的缺相运行方式，给谐振回路提供了能量来源。首先对缺相引起的过电压机理进行分析。

6.1.2 缺相引起的过电压

通常缺相的情形有：线路断线、线路杆刀非全相、熔丝熔断一相或两相等。在实际运行过程中，曾发生过由于缺相故障导致断开相过电压造成线路绝缘子闪络、避雷器和压变绝缘击穿等事故。较常见的事故案例如下。

(1) 线路断线引起的谐振过电压。某中性点经消弧线圈接地的 35kV 变电站 10kV 馈线 A 相由于断线造成断开相 A 相发生谐振过电压，造成 A 相导线上的避雷器绝缘闪络，最终击穿，避雷器炸裂。

(2) 线路杆刀操作时发生的非全相运行造成的过电压。某条线路通过线路杆刀进行空充线路操作时，由于 A 相杆刀未合闸到位，造成站内 10kV 母线电压三相不平衡，A 相 7.6kV，B 相 5.6kV，C 相 5.6kV。后经拉开此杆刀后，站内母线电压恢复正常。

1. 缺相的等效谐振回路

为了方便分析缺相引起的（谐振）过电压，以不接地系统单相断线故障来研究过电压产生的机理，消弧线圈接地系统由于断线造成的谐振过电压可以在此基础上具体分析。以 A 相断线，并在电源侧接地，其系统等效电路如图 6-3 所

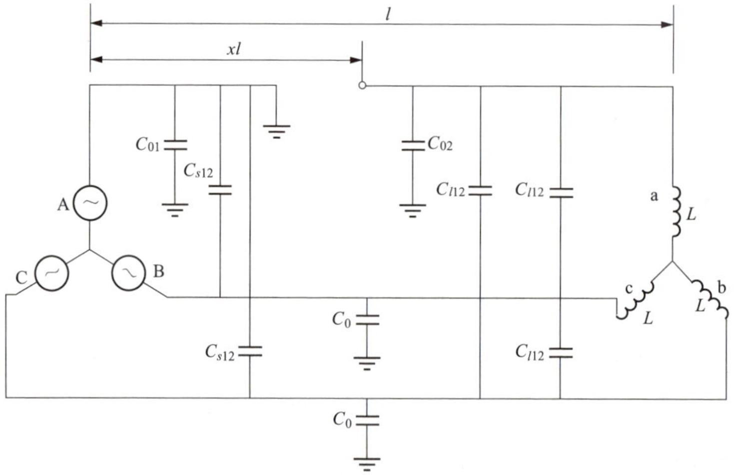

图 6-3 不接地系统 A 相断线故障等效电路

示。图中，C_{s12} 为系统对地电容，C_{01} 为线路电源侧至断开点处的线路对地电容，C_{02} 为线路断开点处至负载侧的电路对地电容，C_{s12}、C_{l12} 为线路的相间电容。

假定电源内阻抗、线路感抗与线路容抗相比可以忽略不计。设线路长度为 l，离电源 xl 处单相断线（$x=0\sim1$）。则该电路图对应的线路正序和零序电容的比值为

$$\delta=\frac{C_0+3C_{12}}{C_0} \tag{6-1}$$

由式（6-1）可知，$C_{12}=\frac{1}{3}(\delta-1)C_0$，一般配电网中 $\delta=1.5\sim2.0$。断线后，电源侧对地电容为 $C_{l12}=(1-x)C_{12}$，相间互电容为 $C_{s12}=xC_{12}$；负载侧 $C_{02}=(1-x)C_0$，$C_{l12}=(1-x)C_{12}$。

由于A相断线后，B、C相在电路上完全对称，所以可以将三相等效电路简化为单相电路，其等值单相电动势为 $1.5\dot{E}_A$，由于 C_{01} 以及 C_{s12} 与电源并联，不参与谐振，B、C两相间的 C_{l12} 被电源所短接，余下的电容电感组成了等效电路，如图6-4所示。

利用戴维南等效定理，将图6-4进一步等效成只有单个电容和电感的谐振电路，如图6-5所示。

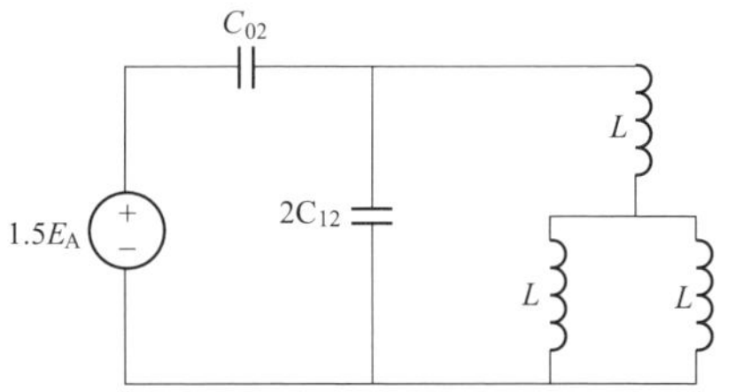

图6-4　不接地系统A相断线故障等效电路

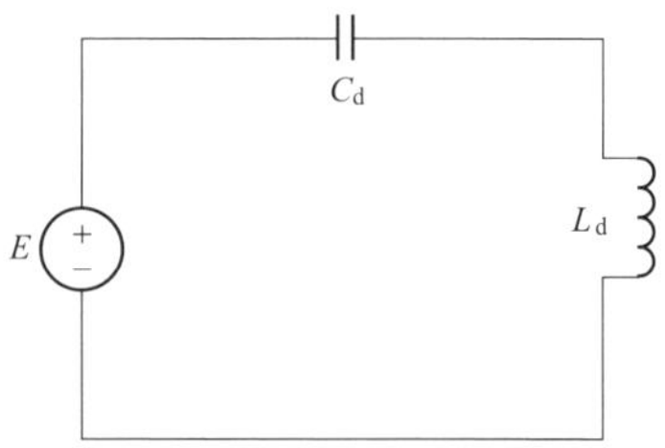

图6-5　简化谐振等效电路

图6-5中有 $L_d=1.5L$，

$$E=1.5E_A\frac{C_{02}}{C_{02}+2C_{12}}=1.5E_A\frac{3}{1+2\delta}=1.5QE_A \tag{6-2}$$

式中：Q 为系数，$Q=\dfrac{3}{1+2\delta}$。

为了避免由于单相断线造成的工频谐振，就需要图 6-5 中的容抗大于电感的初始感抗，即等值电容 C_d 应足够小，反应在实际运行情况就是该 10kV 馈线长度应该足够短。以下通过一个算例来说明。

【例 6-1】 某 10kV 馈线，末端接有 $S_N=250$kVA 空载变压器一台，空载电流为 $I_0\%=4\%$，线路对地电容为 0.005μF/km。假设线路末端线路杆变高压熔丝跌落一相，不发生基波谐振过电压的线路最大长度。

【解】 首先计算空载变压器的励磁电抗为

$$X_m=\frac{U_N^2}{S_N I_0\%}\times 10^3=10\times 10^3\Omega$$

式中：U_N 为额定电压，kV；S_N 为变压器额定功率，kVA；$I_0\%$ 为变压器空载电流百分数；X_m 为变压器励磁电抗，Ω。

为了避免工频谐振，应使 $\omega L_0<\dfrac{1}{\omega C}$，根据图 6-5 可知，此时 $C_l=3C_0$，$L_d=1.5L$，则有 $3\omega C_0\leqslant\dfrac{1}{1.5\omega L}$，即 $\omega C_l\leqslant\dfrac{1}{4.5X_m}$，其中 $C_l=C_0\times l$，可推得

$$l\leqslant\frac{1}{4.5\omega C_0}=\frac{1}{4.5\times 2\pi\times 50\times 0.005\times 10^{-6}\times 4.5\times 10^4}=14\text{km}$$

以上结果表明，只要该 10kV 馈线长度大于 14km，则存在线路末端单相断线导致的基波谐振过电压。一般 10kV 馈线长度在 10~20km，在实际运行中会出现由于杆变高压熔丝跌落一相，会引起工频谐振过电压的可能，尤其当杆变为空载或者轻载的时候，会引起更严重的铁磁谐振过电压，导致杆变绝缘事故的发生。为了避免此类过电压的发生，10kV 馈线分支上安装的熔断器可以改用三相柱上断路器。

2. 经消弧线圈接地系统的断线谐振

为了清楚地描述消弧线圈等值电感在谐振回路中的连接关系，选取电源侧两相断线的故障情况进行分析（只有 A 相运行）。其等值谐振回路如图 6-6

所示。从图 6-6 中可知，该三相电路由于单相运行的原因成为单相电路，由于消弧线圈等值电感 L_k 比起变压器励磁电感要小得多，所以在谐振回路中只起到连接的作用。因而，不论消弧线圈原来是过补偿还是欠补偿运行，当负载变压器空载或轻载运行时，根据上述结论都有可能引起谐振过电压。如果变压器的二次接有负荷时，相当于变压器励磁绕组并联了阻尼电阻，可以抑制谐振过电压的产生。

3. 案例分析

线路断线导致的谐振过电压造成 TV 故障。某 35kV 变电站为线变组单元接线，如图 6-7 所示。通过 10kV 馈线 A 和 B 送至 C 用户。正常运行时，用户站 C 仅使用 A 线进线电源，B 线进线电源 D 开关为分位。

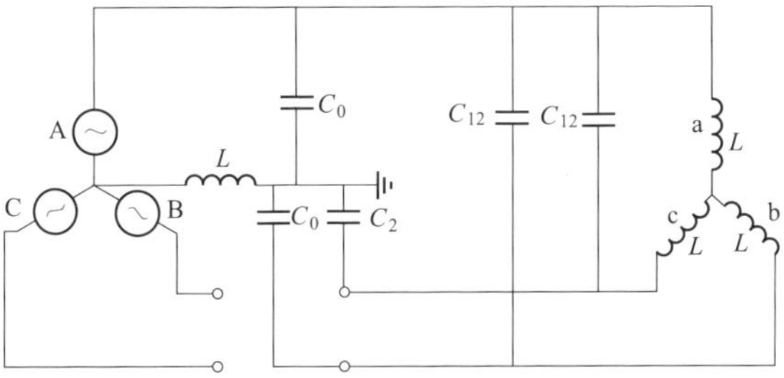

图 6-6　A 相断线谐振回路

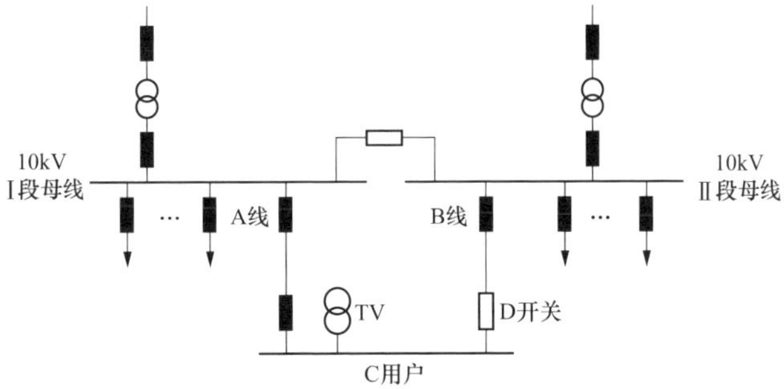

图 6-7　变电站接线图

某日，该 35kV 变电站的 10kVⅡ段母线出现接地信号，3min 后信号复归；同时 10kV A 线和 B 线速断动作跳闸，重合成功后，10kVⅡ段母线接地信号再次出现。8min 后，B 线过流 I 段跳闸，重合不成功，C 用户站开关柜 D 有爆炸声和火光，10kV Ⅱ段母线接地信号消失；10min 后，该变电站 10kV Ⅰ段母线电压出现波动，接地信号不断出现和复归。

事故原因分析如下：经查发现 C 用户站 10kV 的开关柜 D 及 TV 损坏，10kVA 线路一分支线夹烧坏脱落，导致 A 线路发生断线。将 10kVA 线路停电后，B 线路送出正常。长期运行过程中，C 用户站 D 开关柜存在 SF_6 的泄漏而未被发现，导致 D 开关内动静触头之间发生间歇性电弧接地过电压，进而引发瞬时相间短路，导致线路 A、B 同时跳闸。重合成功后，间歇性电弧短路在 D 开关柜内演变为永久相间短路，引起 SF_6 气包爆炸，同时 10kV B 线出线开关过流 Ⅰ段动作，重合不成功。由于 10kV A 线故障跳闸时电流较大，导致 A 线分支穿刺线夹松动，造成接触电阻变大，线路严重发热而烧断。A 相断线后引起铁磁谐振，造成 10kV Ⅰ段母线电压波动。

6.1.3 电磁式电压互感器饱和引起的过电压

电压互感器是配电网中重要的电气二次设备，通过自身的变比将一次高电压转变成监视、测量、控制和保护装置使用的低电压信号，并为继电保护动作和无功电压调整提供判断依据。因此电压互感器是否正常运行与配电网安全运行紧密相关。在 10kV 和 35kV 配电网中，使用的是电磁型电压互感器。

配电网正常运行时，电磁型电压互感器低压侧的负荷很小，接近空载，即高压侧具有很高的励磁阻抗，因此 TV 三相绕组对地阻抗呈容性，系统中性点的位移电压很小。但当系统发生某些扰动，造成 TV 三相绕组电感发生不同程度饱和时，此时电源侧中性点会产生较高的工频位移过电压，并可能引起谐波谐振过电压。这种电压升高的现象称为电网中性点的位移过电压。

在发生单相接地故障时：如为稳定性的接地，则使电网产生稳定的、不对称的三相对地电压和中性点对地电压的偏移，使得电压互感器的三相绕组电压产生不平衡，使得某相绕组产生工频过电压；如为不稳定的接地，即存在间歇性电弧接地，在接地点出现不稳定的电弧燃烧，则使电网处于不断地换路过程中。由于电磁型电压互感器的铁芯是非线性电感元件，同时电网对地存在相当大的电容，两个储能元件的共存使得电网中性点产生谐波谐振过电压，导致电压互感器的熔丝熔断，严重的可造成电压互感器爆炸。

此类中性点位移过电压是由零序电压引起的，只决定于零序网络的参数，而导线的相间电容、电容器组以及电网内负载变压器的有功与无功负荷对此类过电压都不起作用，因为它们都是接于相间的，而线电压是由电源电动势所固定不变的，其接线图如图 6-8 所示。

由于零序网络参数不同，外界激发条件不同，TV 饱和可以引起工频位移过电压和谐波谐振过电压。

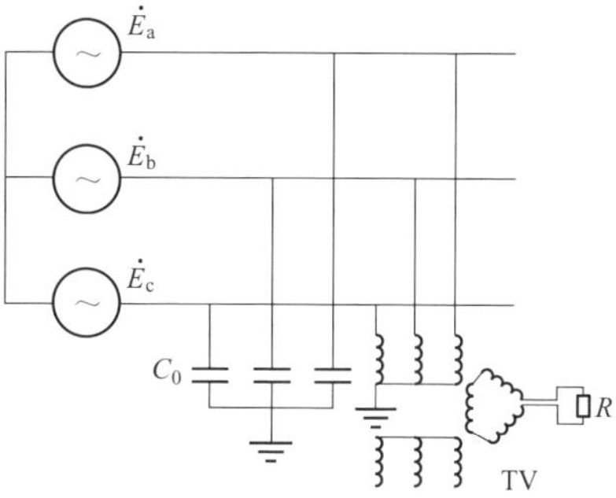

图 6-8 电磁型电压互感器接线图

1. 工频位移过电压

以 10kV 中性点不接地方式为例，10kV 母线上设有三个单相星形连接的电磁式 TV，作为母线电压的测量，其等值电路如图 6-9 所示。图中 $\dot{E}_a$、$\dot{E}_b$、$\dot{E}_c$ 为母线三相对称电源电动势，L_A、L_B、L_C 分别为 TV 的各相等值的励磁电感，C_0 为各相出线及母线上的对地电容。

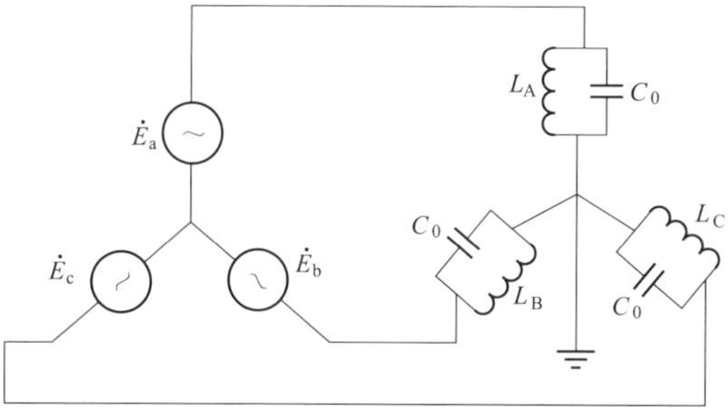

图 6-9 中性点不接地系统的 TV 及三相等值电路

令 C_0 与各相励磁电感并联后的导纳分别为 Y_A、Y_B、Y_C。在系统正常运行时，互感器 TV 的三相参数对称，即 $L_A = L_B = L_C$，$Y_A = Y_B = Y_C$。通常由于 TV 的励磁电感较大，铁芯不饱和时 $X_L > X_C$。两者并联后，互感器每相等值为一电容，故不会产生过电压。

当系统发生单相接地故障或操作等外界扰动，导致 TV 的绕组励过磁激而饱和，又由于三相绕组励磁饱和的程度不同，因此 $Y_A \neq Y_B \neq Y_C$。因而，会在 TV 的中性点产生中性点位移电压，这个电压可以是工频，也可以是分频或者高频。

从上述分析可知，当 TV 由于外界激发导致三相绕组励磁电抗的饱和，通常会出现以下四种情况。

（1）三相虽有不同程度的饱和，但各相仍为容性导纳。

（2）一相因严重饱和而导纳呈感性，其他两相仍为容性。

（3）两相因严重饱和而导纳呈感性，一相仍为容性。

（4）三相均严重饱和呈感性。

根据实际运行经验，出现第三种情况的概率较大。即母线电压表现为两相电压升高，一相（未饱和相）电压降低，这种情况与单相接地时出现的现象类似，但实际上电网并没有发生单相接地故障，通常称为虚幻接地现象。因此，以这种情况进行分析。

假设 A 相为未饱和相，其等值电容为 C，其他两相饱和相的等值电感为 L，如图 6-10 所示，根据克希荷夫定律可求出中性点位移电压 $\dot{E}_0$

$$\dot{E}_0 = -(\dot{E}_a Y_A + \dot{E}_b Y_B + \dot{E}_c Y_C)/(Y_A + Y_B + Y_C) \tag{6-3}$$

分别以 $Y_A = j\omega C$，$L_B = L_C = L$，代入式（6-1），得

$$\dot{E}_0 = -\dot{E}_a \frac{\omega C + \dfrac{1}{\omega L}}{\omega C + \dfrac{2}{\omega L}} \tag{6-4}$$

式中，$\dfrac{\omega C+\dfrac{1}{\omega L}}{\omega C+\dfrac{2}{\omega L}} \geqslant 1$，说明了中性点位移电压大于相电压，这是造成某相电压升高的原因。

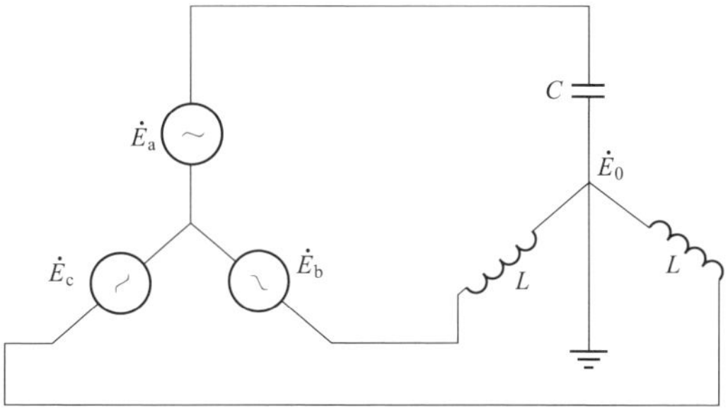

图 6-10　中性点位移工频过电压

2. 中性点谐波谐振过电压

在正常运行中的三相对称电源中，不存在谐波分量，但在过渡过程中，因激发产生分频或高频谐振，此时维持回路谐波谐振的电源是非线性电感元件的非线性效应，将工频电源能量转化为谐波能量供给的。此时，TV 饱和引起的谐振回路如图 6-11 所示。图中 G 为非线性谐波发生器，L 为 TV 的绕组电感，C 为对地电容。

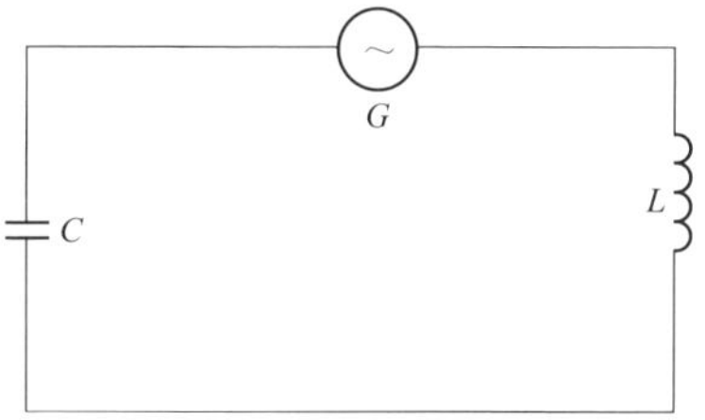

图 6-11　谐波谐振电路图

当线路很长时，C 很大，回路自振角频率 ω_0 很低，则可能出现分频谐振，反之，线路很短时，C 很小，或 TV 铁芯的励磁特性容易饱和，或者系统中有多台 TV，因此电感值 L 很小，则回路 ω_0 很高，就可能出现高频谐振。当然，是否谐振与激发条件有关。

产生谐振时，中性点谐波位移电压有效值 U_0，工频电动势有效值为 E，则三相对地电压的有效值同时升为 $U=\sqrt{U_0^2+E^2}$。所以，三相对地电压同时升高是 TV 饱和引起谐振过电压的特征。

国外学者 H. A. Peterson 等曾进行了专门的模拟实验，得到了不同电感与电容组合条件下，对电感线圈通入不同大小的 U，得到的分频、工频、高频三个不同频率的谐振区域，如图 6-12 所示。

从图 6-12 中可以看出，无论对于工频、分频和高频谐波，只有在一定的

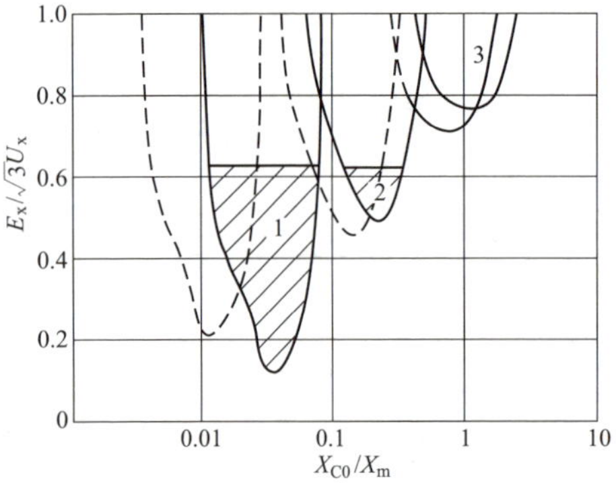

图 6-12 彼得逊铁芯电感谐振区域

1—1/2 分频谐波；2—基频谐波；3—倍频谐振

参数范围和电源电压下才会产生过电压和谐振现象。从上述的实验曲线可以得出如下结论。

（1）分频谐波谐振所要求的电源电压最低，高次谐波最高。从产生谐振条件而言，在实际运行条件下，只要满足一定参数范围，分次谐波的谐振现象最容易产生。

（2）在两条曲线的边界区，两者谐振现象都可能产生，也可以从一种状态过渡到另一种状态。

（3）改变电网的零序电容时，回路可能由一种状态变为另一种谐振状态。

（4）如果零序电容过大或过小可以脱离谐振区域不发生谐振现象。

无论中性点位移电压是基波还是谐波电压，均为零序电压，一般可通过 TV 的开口三角侧绕组能测出其大小和频率。各种谐波谐振频率具备以下不同的特点：

（1）分频谐振：过电压倍数较低，一般不超过 2.5 倍的相电压；三相对地电压表的指示值同时有周期性的摆动，线电压指示正常，过电流很大，经常导致 TV 熔丝熔断，甚至烧毁 TV。

（2）高频谐波：过电压倍数较高，三相对地电压示数同时升高，最大幅值达到 4~5 倍相电压，线电压基本正常，过电流较小。

（3）工频谐振：三相对地电压表式为两相高，一相低，线电压正常，过电压倍数在 3.2 倍相电压以内，伴有接地信号，即虚假接地现象。

运行证明，在 10kV 母线上 TV 熔断器熔断主要是分频谐振造成的。从上述分析可知，工频位移和高频过电压很少超过 3 倍相电压，故一般不会引起绝缘故障。分频过电压幅值不高，通常不大于 2 倍相电压，但因频率低，互感器的电感急速下降，使 TV 的励磁电流大大增加，可高达额定电流的 100 倍以上，易烧断 TV 的高压熔丝，并使 TV 严重过热，甚至冒油、爆炸，所以危害较大。

当系统发生单相接地时，故障点会流过电容电流，未接地相的电压升至线电压，其对地电容上充以在线电压下的相应电荷。在接地故障时，此电荷产生的电容电流以接地点为通路。由于 TV 的励磁阻抗较大，负载又较轻，TV 高压侧流过的电流很小。一旦接地故障消失，接地的通路被切断，而非故障相在接地期间被充电至线电压下的电荷，唯一的通道是 TV 的高压绕组，经其中性点流入大地。在这一瞬间过程，系统侧 TV 的高压绕组中将流过一个幅值很高的低频饱和电流，导致系统侧 TV 铁芯严重饱和。从而使 TV 的励磁阻抗急剧下降，与系统对地电容形成参数匹配，引发铁磁谐振过电压。

以上分析的结论都是配电网采用中性点不接地方式，而对于消弧线圈接地，一般采用自动跟踪补偿消弧装置的系统，其中性点位移过电压不超过系统标称相电压的 15%，远小于不接地系统时中性点工频位移电压（其值最大为相电压），因此消弧线圈接地方式下，此类过电压产生的可能性较低。同理，小电阻接地方式下，由于电源侧中性点与 TV 中性点通过小电阻相连，电位差较小，中性点位移电压相比消弧线圈接地方式更小。

3. 案例分析

某 35kV 变电站，10kV 为中性点不接地系统，统计了近些年间 10kV 母线 TV 发生故障的情况，见表 6-3。

表 6-3　中性点不接地系统中的 10kV TV 故障情况统计

序号	设备名称	故障类型	TV 受损情况
1	10kV Ⅰ段 TV	10kV 线路发生 C 相接地	一次保险熔断 三相 TV 均炸裂
2	10kV Ⅰ段 TV	10kV 线路发生 B 相接地	一次保险熔断 A、B 两相 TV 均炸裂
3	10kV Ⅱ段 TV	10kV 出线电缆发生接地	TV 柜爆炸
4	10kV Ⅱ段 TV	10kV 线路发生 C 相接地	C 相 TV 严重炸裂，三相熔断器均已熔断。 C 相熔断器炸裂，A、B 相外壳完好，未炸裂

续表

序号	设备名称	故障类型	TV 受损情况
5	10kV Ⅰ段 TV	10kV 线路相间故障跳闸	三相 TV 二次接线盒外盖熔化

根据其中一个故障案例来进行分析，当时的运行方式见图 6-13。35kV 变电站内 10kV 两端母线分列运行，分段开关在分位，站内 10kV 出线 2 线路检修，10kV 开关站内分段开关合闸。当时 10kV 出线 1 发生 C 相接地，根据当时检测到接地电容电流大小 0.8A，$I_C=3U_{ph}\omega C_0$，可推导出 X_{C0} 为 21.65kΩ。站内所使用的 JDZX10-10C1 型电压互感器，其励磁电抗为 1.2MΩ，当时的运行方式下，35kV 站内 10kV Ⅰ段 TV 与开关站内两台 TV 励磁电抗并联，则其等值电抗为 400kΩ。根据图 6-12，$X_{C0}/X_m=21.65/400=0.054$，其值正落在分频谐振范围内，如图 6-13 所示。分频谐振产生的巨大电流，导致了电压互感器的烧毁。

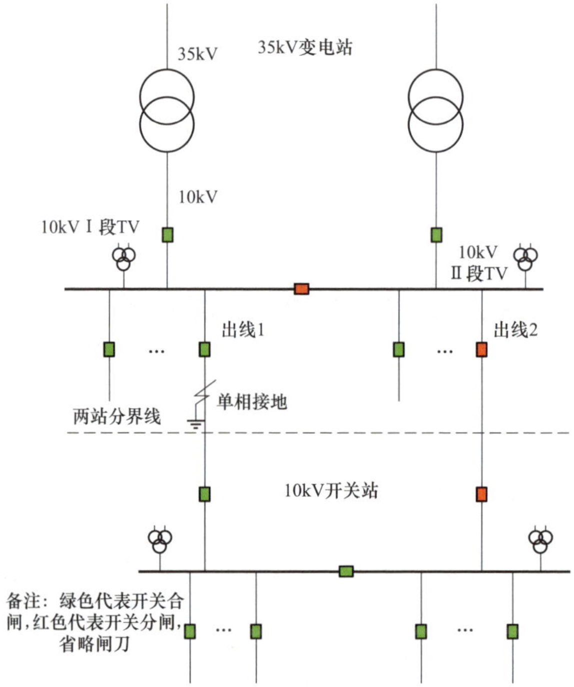

图 6-13 某 35kV 变电站运行方式图

6.1.4 真空断路器操作引起的过电压

真空断路器具有优良的灭弧性能、高电气恢复强度、优异的频繁操作特性、体积小、防火、防爆、无污染，无需维修等优点，在国内外已成为中压系统的主要断路器，得到广泛应用。上海中压配电网（10、35kV）也基本采用真空断路器。真空断路器灭弧室有十分强的开断负荷电流和故障电流的能力。真空断路器灭弧室真空度高达 10^{-2}Pa，使动静触头之间开距仅为十几至几十毫米（远小于灭弧室内气体分子自由行程的十几至几十厘米），形成了高强度的内绝缘。同时灭弧室中的真空电弧是金属蒸汽维持的，阴极弧斑的电流密度高达 10^6A/mm^2，并且不稳定的阴极电弧斑点以几兆赫以上的频率在阴极表明上跳跃，从而导致真空灭弧室有很强的截流能力。截流水平的大小与阴极材料的成分紧密相关。在开断感性负载时，截流值越高，则操作过电压也越高。

真空断路器有许多突出的优点，但真空断路器也存在着一个潜在的隐患，就是在操作时，若回路参数配置不当，有可能产生危及系统和电气设备的过电压。其操作过电压主要有截流过电压、重燃过电压、重击穿过电压、弹跳过电压等。截流过电压和重燃过电压一般在开合感性负荷时产生；重击穿过电压和弹跳过电压一般在开合容性负荷时产生。

1. 操作并联电抗器过电压

（1）截流过电压。真空断路器在开断交流电流时，由于其极强的灭弧能力，在电流尚未达到自然零点时，电弧熄灭，电流被强迫截断。这种截流现象可能导致回路中发生电感、电容相互充放电的高频振荡，形成截流过电压。开断并联电抗器单相截流过电压可按式（6-5）计算

$$U_j = I_j\sqrt{\frac{L}{C}} \tag{6-5}$$

式中：I_j 为截流电流；L 为开断回路中的电感值；C 为开断回路中的电容值。

【例 6-2】 型号为 BKS-108/10 的 10kV 电抗器，其主要参数为：额定电流 6.351A、额定电抗 909.1Ω、额定电感 2.894H、每相对地电容为 0.02μF。真

空断路器至电抗器的连接电缆参数为：截面 35mm^2，长 200m，每相电容为 0.0004μF/m，计算真空断路器截流电流分别为 25A 和 5A 时的过电压。

解：1）不计电缆电容时，当截流电流为 25A 时，截流过电压为

$$U_{\mathrm{j}}=I_{\mathrm{j}}\sqrt{\frac{L}{C}}=25\times\sqrt{\frac{2.894}{0.02\times10^{-6}}}=30.07\mathrm{kV}$$

若计及电缆电容时，则截流过电压为

$$U_{\mathrm{j}}=I_{\mathrm{j}}\sqrt{\frac{L}{C}}=25\times\sqrt{\frac{2.894}{0.02\times10^{-6}+0.0004\times10^{-6}\times200}}=13.44\mathrm{kV}$$

2）不计电缆电容时，当截流电流为 5A 时，截流过电压为

$$U_{\mathrm{j}}=I_{\mathrm{j}}\sqrt{\frac{L}{C}}=5\times\sqrt{\frac{2.894}{0.02\times10^{-6}}}=6.01\mathrm{kV}$$

若计及电缆电容时，则截流过电压为

$$U_{\mathrm{j}}=I_{\mathrm{j}}\sqrt{\frac{L}{C}}=5\times\sqrt{\frac{2.894}{0.02\times10^{-6}+0.003\times10^{-3}}}=2.69\mathrm{kV}$$

由计算结果可知，降低真空断路器的截流电流水平可以显著降低过电压，同时，真空断路器与电抗器之间的电缆（电容）也可以有效抑制截流过电压。只要电缆长度超过 200m（总对地电容约 0.1μF 以上），则开断配电变压器的各类负荷均不会产生超过设备和系统允许的过电压水平。同样在负荷侧相对加装并联电容器，并联电容值越大，降低截流过电压的效果就越明显。

以上分析的是单相截流过电压，对于两相、三相同时发生截流过电压，通过真空断路器开断电感器的实测试验来分析。真空断路器开断三相电抗器试验原理如图 6-14 所示。在 10kV 母线上用真空断路器（QF）操作三相电抗器（L），用暂态电压监测装置（EPO）监测电抗器相间及相对地电压。

通过试验，得到了真空断路器开断电抗器分别发生单相、两相、三相截流时的实测过电压数据，见表 6-4。

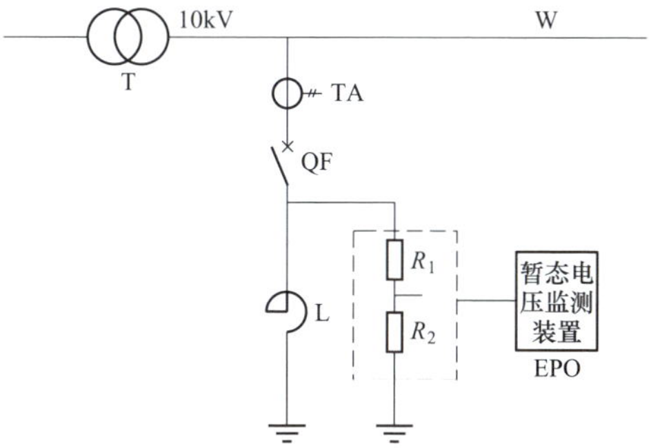

图 6-14　真空断路器操作三相电抗器试验原理

表 6-4　　真空断路器操作三相电抗器试验数据

截流相	L 相对地电压（kV）	L 相间电压（kV）
单相	37.5	49.5
两相	47	55.5
三相	56	82.5

从表 6-4 中可得，真空断路器三相同时发生截流造成的过电压最高，而且电抗器相间过电压要大于相对地过电压。对于按相间绝缘水平和相对地绝缘水平一致设计的干式电抗器，三相截流过电压会对相间绝缘造成威胁，其过电压波形如图 6-15 所示。

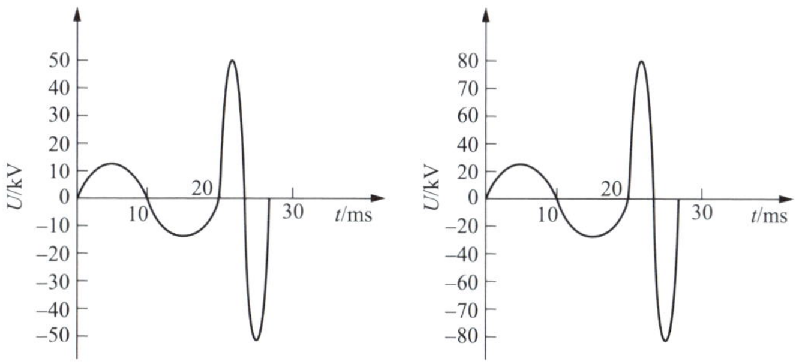

(a) 电抗器相对地过电压　　(b) 电抗器相间过电压

图 6-15　电抗器相对地及相间过电压波形

（2）重燃情况下的高频过电压。上述讨论的截流过电压是没有考虑真空断路器重燃影响的。如果在动静触头刚分离不久就发生截流现象，截流产生的高频振荡过程，在真空断路器触头间的恢复电压将以很快的速度上升，由于此时触头间距很小，因而容易被击穿，即发生重燃。重燃时在负荷侧和电源侧发生高频振荡过程，在间隙中将流过较大的高频电流，高频电流过零灭弧后，如果负荷上储存的能量足够大，它又转化为过电压，使触头间隙再次击穿。如此反复多次，直到触头间的介质恢复强度已足够高，产生的过电压不可能再使间隙击穿为止，电路才最终被切断。因此，决定此种情况的过电压特性将不再完全是截流值，还包括了真空间隙的介质恢复强度特性。一般来说，由于重燃作用使得储存在负荷电感上的能量有一部分回到电源侧。从而使得截流过电压有所降低。这是因为一方面触头重燃相当于限压间隙动作；另一方面，在多次重燃过程中，由于振荡回路中的能量不断减少，使过电压幅值降低。

重燃虽然可以使得截流过电压的幅值有所降低，但是在真空断路器重燃的过程中将产生高达 $10^5 \sim 10^6$Hz 高频振荡，导致产生高频过电压。重燃产生的高频过电压频率在电缆长度较短时是很高的。这样的高频过电压即使其幅值不大，对变压器、电动机的纵绝缘危害还是很大的。因此对于绝缘比较薄弱的主变压器，需要限制其重燃过电压的频率。计算分析表明，加长连接电缆的长度可以有效地降低重燃过电压的频率。在负荷侧并联电容器的效果和延长电缆长度是一致的，它将减缓过电压的前沿陡度。因此，对于绝缘比较薄弱的变压器，在连接电缆较短时，应在变压器的高压端并联电容器来降低重燃过电压的频率。尤其注意的是 MOA 对于限制截流过电压的幅值是很有效的，但起不到限制重燃过电压产生高频率的作用。

为了简化起见，仅考虑首开相（三相断路器第一个完成开断的相别）的三次重燃的过程。图 6-16 中描述了真空断路器在切断并联电抗器时，触头间暂态恢复电压上升到绝缘恢复强度处即发生一次重燃，重燃后在电流 i 过零时灭弧，U_S 再次达到 R 时再次重燃。由于绝缘恢复强度随时间和触头间距增大而提高，从而导致电抗器端电压逐次升高。电源 e 在暂态过程中当作常数，

U_L 在灭弧后变化频率取决于电抗器和并联电容值，等于 $1/(2\pi\sqrt{LC})$，重燃后变化频率取决于系统参数。从图 6-16 中可以看出，重燃过电压的幅值与重燃次数有关。一般来说，重燃次数越多，过电压倍数越大。

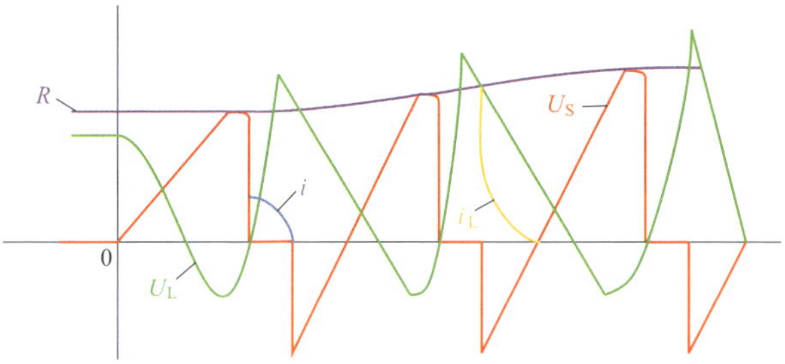

图 6-16　真空断路器开断电抗器时的电压波形

U_L—电抗器端电压；U_S—断中器断口电压；R—介质恢复曲线；i—回路电流；i_L—电抗器电流

（3）案例分析。并联电抗器按系统无功平衡的要求需要投切，具有优良频繁操作特性的真空断路器正好满足此要求。电抗器是纯电感负荷，其对地电容一般均很小，真空断路器到电抗器的电缆一般也很短。所以断口处电弧在真空断路器初期开断时难以熄灭，容易产生重燃，并可能产生高幅值的高频重燃过电压，从而损坏并联电抗器和站内主变压器。

某 220kV 变电站在投运初期，曾发生过 35kV 侧电抗器多次绝缘击穿，故障现象均为电抗器投切完成后数秒内，引起主变压器过流 I 段保护动作，导致主变压器 35kV 侧短路事故，如图 6-17 所示。

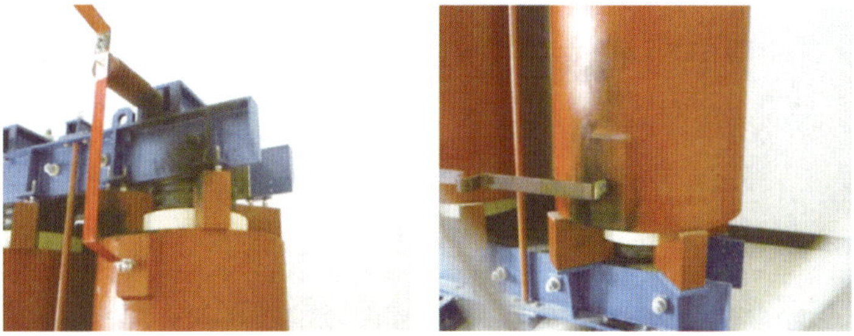

(a) 甲组电抗器首段绝缘击穿　　(b) 甲组电抗器末段绝缘击穿

图 6-17　重燃高频过电压造成的绝缘击穿（一）

(c) 乙组电抗器首段绝缘击穿

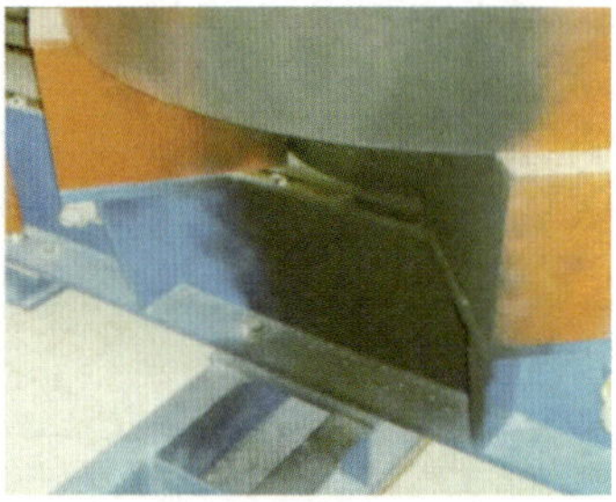
(d) 乙组电抗器末段绝缘击穿

图 6-17 重燃高频过电压造成的绝缘击穿（二）

其原因就是35kV侧进口的真空断路器开断电抗器时的重燃引起了很高的过电压，在真空断路器两侧都有氧化锌避雷器保护、并联电抗器带有阻容吸收回路的情况下，相间过电压仍然高达120kV（峰值）。

该站并联电抗器接线参数为：电缆长20m，对地电容为4pF；电抗器电感量为0.15H，对地电容约为1000pF。经计算，则真空断路器切除并联电抗器时在断口间的暂态恢复电压频率为5.8kHz，因而极易引起重燃，产生重燃高频过电压。

通过现场试验结果和理论分析表明，真空断路器开断电缆连接的并联电抗器时，工频电流首先过零相的预期暂态恢复电压很高，容易导致电弧重燃，重燃产生的高频电流经电缆的相间耦合导致其他相发生强制灭弧。强制灭弧相初始相预期恢复电压的幅值上升率都极高，继而导致多次重燃。三相的重燃过程既相互影响又相互独立。多次重燃过程中TRV的极性可能发生改变，两个强制灭弧相的相间过电压水平最高可达相对地过电压的2倍，开断时相间过电压水平高于相对地是断路器绝缘的主要威胁，会造成断路器爆炸，导致事故扩大。一般装有RC阻容吸收器，其重燃次数一般为3次及以下，其相对地过电压倍数为1.7p.u.，考虑上述关系，相间过电压倍数可以达到3.4p.u.。根据GB 311.1《高压输变电设备的绝缘配合》中规定：对于范围Ⅰ的各种高压开关设备，其相间绝缘与相对地绝缘的耐受电压是一样的。对于40.5kV断路器来说，按照规程规定的对地、相间和断路器断口的额定短时耐受电压为95kV（2.9p.u.）。因此在有RC阻容器的情况下，仍然存在多次重燃造成断路器的相间绝缘破坏的可能。

为了降低重燃高频过电压的频率，在电抗器加装MOA和RC阻容装置都是必不可少的。MOA用于限制过电压的幅值，RC阻容装置用于降低恢复电压的频率，降低重燃发生的可能性，并在重燃发生后对暂态过程起到有效的阻尼作用。以典型的0.3μF/20Ω阻容装置为例，在前述电抗器侧加装后，暂态恢复电压的频率降到了750Hz，从而极大地降低了重燃发生的可能性。对于母线停役的操作可以先切除并联电抗器，再切除其他线路，以防止如果最后切除并联电抗器，仅靠并联电抗器侧的MOA和RC阻容器限制作用将降低。改用截流水平较低的SF_6断路器也可以大大降低投切电抗器产生的过电压。

2. 操作并联电容器过电压

根据电压稳定的逆调压原则，并联电容器需要实时根据电网无功平衡及电压稳定情况进行频繁投切，真空断路器因其优良频繁操作特性是当下基于AVC系统投切并联电容器的主要开关设备。但是，运行经验表明，真空断路器在电容器组开断上的应用也带来了过电压问题。造成了大量电容器的损坏。图6-18为真空断路器操作过电压导致的电容器故障。

(a) 电容器内熔丝熔断

(b) 电容器元件击穿点

图6-18　真空断路器操作过电压导致电容器故障

真空断路器操作并联电容器组的过电压有两种：一种是分闸重击穿过电压，包括单相重击穿过电压和两相重击穿过电压；另一种是合闸弹跳过电压。

重击穿过电压就是由真空断路器在切除并联电容器组时，当电容电流被快速切断后，电容器组上的残存电荷在短时间内无法释放，电容器组上将会有残留的直流电压。这样，在真空断路器的触头上将出现 TRV，经过 1/4 工频周期将出现最大 TRV，如果真空断路器的电气恢复强度不能承受加于其上的 TRV，就将发生重击穿，引起电磁振荡，产生操作过电压。10kV 和 35kV 系统中开断并联电容器组，发生单相重击穿时，电容器高压端对地过电压可能超过 4. 0p. u. 。发生单相重击穿后由于中性点的电压传递作用，非重击穿相断口电压将升高，从而可能引多相重击穿。多相重击穿后相对地电压虽然不高，但电容器极间过电压可能高达 $2.5\sqrt{2}$ p. u. ，从而危及电容器组的极间绝缘。真空断路器开断 10kV 电容器出现一次重击穿的过电压波形如图 6-16 所示，图中 U_A、U_B、U_C 分别为断路器电源侧三相电压，I_a、I_b、I_c 分别为电容器三相电流，U_{ca}、U_{cb}、U_{cc} 分别为电容器三相对地电压，U_{fa}、U_{fb}、U_{fc} 分别为断路器断口三相的 TRV。在真空断路器开断过程中：B 相首先开断，50ms 后 A、C 电流过零后开断，三相开断后 91ms 时，B 相发生重击穿，电容器 A 相过电压最高达 3. 9p. u. ，C 相过电压为 2. 47p. u. ，断路器 A、C 相断口 TRV 均为 3. 9p. u. ，如此高的过电压可能会危及真空断路器断口及电容器的绝缘，其波形如图 6-19 所示。

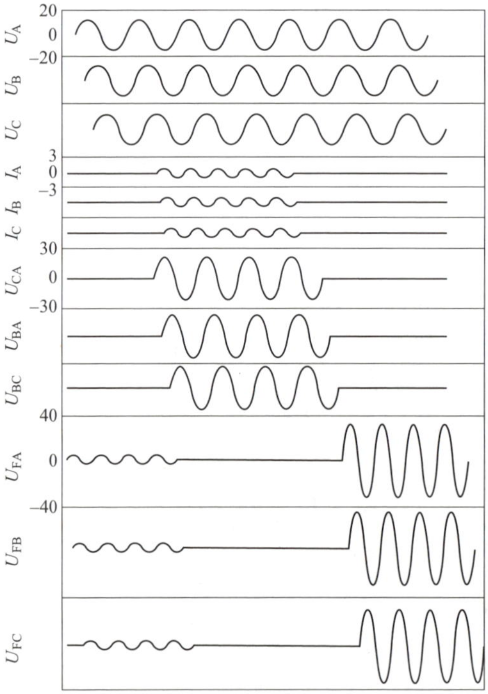

图 6-19　开断电容器过电压示波

合闸弹跳过电压由于真空断路器的触头是平面接触的，因此在合闸时难以完全避免弹跳现象。这样就将出现电弧断开又接通的重复过程，与电容器充电状态下的重新合闸的状态相近似，实测合闸弹跳过电压幅值高达3.2p.u.。同时在电容器极间也会产生较大的过电压。虽然合闸弹跳过电压要比重击穿过电压来要低，但因电容器组需频繁投切，尤其在AVC系统中，操作更加频繁。在这样的过电压的冲击下，电容器组的绝缘裂化速度将加快，从而影响电容器组的运行寿命。IEC规定，一年内电容器组操作过电压倍数高于3.54的不允许超过4次，高于2.83的不允许超过40次。过电压发生的概率是随着电容器组中电抗率的增加而增加，因此，对于合闸弹跳过电压也是需要加以限制。

操作需频繁投切的并联电容补偿装置时，限制单相重击穿的过电压，可以按图6-20（a）所示在电容器相对地或电容器组中性点安装MOA（F1或F2）。如果电源侧发生单相接地故障时，闭锁电容器投切的可以采用F2。对于需频繁投切并且开断时可能两相重击穿或合闸过程中有触头弹跳现象时，应在电容器组两端或者其串联电抗器上并联MOA（F3或F4），见图6-20（b）。当并联电容器补偿装置电抗器的电抗率不低于12%时，可采用F4。其

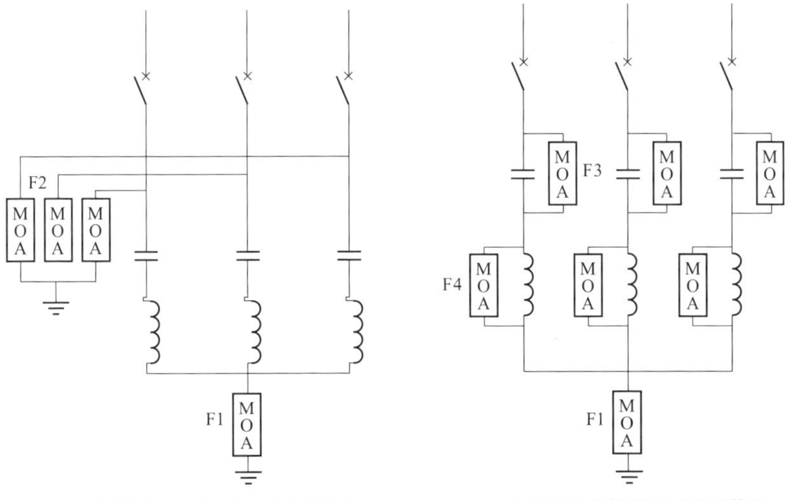

(a) 单相重击穿过电压的保护接线　　(b) 两相重击穿过电压的保护接线

图6-20　并联电容器补偿装置的避雷器保护接线

中 F4 是由线性电阻和 MOA 组成的电阻性阻尼装置。正常运行时，由于 MOA 的作用，该阻尼装置相当于开路，不影响电容器组的正常运行；一旦有操作或故障发生时，该阻尼装置投入，起到衰减各种暂态过程的作用，从而可以限制各种操作过电压。其原理接线如图 6-21 所示。

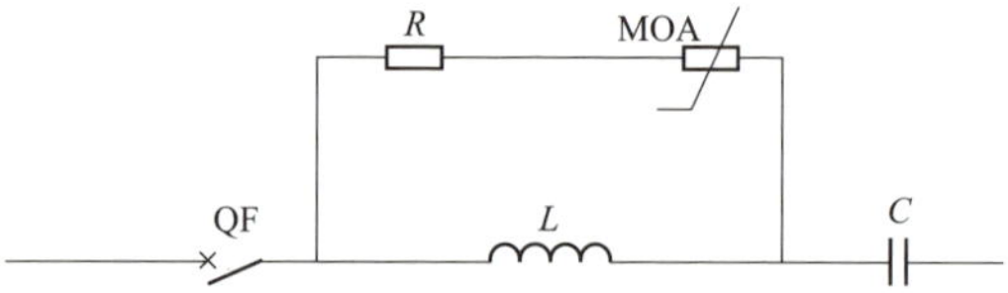

图 6-21 电容器组过电压限制器原理图

6.2 输电网中典型过电压

输电网相对于配电网的中性点接地方式有很大差异，发生故障须立即跳闸，因此不存在间歇性电弧接地过电压。但由于电压等级相比于配电网要高很多，输电线路较长，工频过电压较高，在此基础上的线路合闸过电压成为输电网中的典型操作过电压。输电网中常见的谐振回路有：高压并联电抗器的等值电感与线路的相间电容、母线电磁型 TV 非线性电感与断路器断口均压电容。为了限制单相短路电流，500kV 自耦变压器中性点经小电抗接地后，其中性点过电压水平也是不容忽视的。由于输电网中大量存在 GIS 设备，GIS 中隔离开关（DS）操作引起的 VFTO 成为影响 GIS 可靠运行的重要因素。

6.2.1 典型谐振过电压

1. 非全相运行谐振过电压

在输电网中，当空载线路末端接有并联电抗器，且其零序电抗小于线路容抗时（即 $L_{23} < C_{23}$），如发生非全相运行状态（分相操作的断路器故障或采用单相重合闸时），由于线路相间电容的影响，断开相（a 相）上可能发生非线性谐振过电压。上述条件下，由于并联电抗器铁芯的磁饱和特性，有时在断路器操作产生的过渡过程激发下，可能引起以工频铁磁谐振过电压，在 ac 相间电容与 ac 相间电感之间发生工频谐振，如图 6-22 所示。

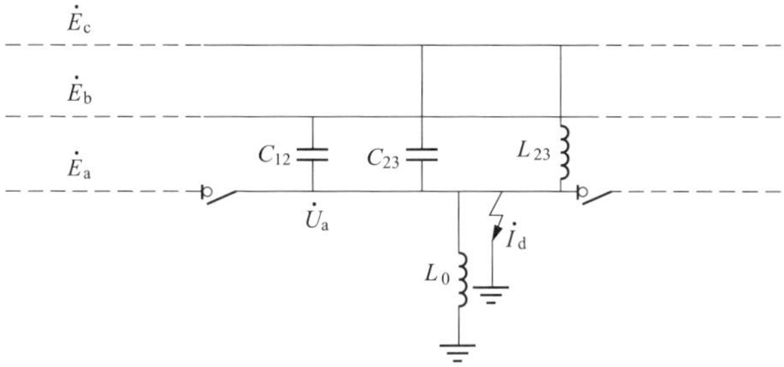

图 6-22　并联电抗器中性点经小电抗接地

通过在并联电抗器的中性点与大地之间串联小电抗接地，这样就破坏了原有的谐振回路，可有效防止此类过电压。该接地电抗器的电抗值按补偿并联电抗器所接线路的相间电容选择，同时考虑限制潜供电流的要求和连接接地电抗器的并联电抗器中性点绝缘水平。

2. 母线谐振过电压

在中性点直接接地的系统中，110 以及 220kV 变电站内也经常发生因电磁型电压互感器引起的谐振现象。如图 6-23（a）所示，对于 220kV 环网供电的中间变电站，线路断路器 QF_1 和 QF_2 已被切除，但隔离开关仍未拉开，由于断路器的端口两端装有均压电容 $C \approx 400$pF，从而会形成如图 6-23（b）所示的谐振回路，图中 L_k 为母线上的电磁型互感器的等值电抗，C_0 为母线上等值对地电容，E 为 220kV 母线电压电动势；由于母线对地电容 C_0 远小于断路器的端口电容 C，所以可以认为 C_0 为开路，显然此等值电路就是断路器均压电容与电磁型电压互感器等值电抗的串联谐振回路。在某些特殊操作中，曾出现接在母线上的电压互感器二次绕组内的电压表显示为 300kV，即出现了 1.4 倍的过电压倍数，造成压变漏油，乃至爆炸。

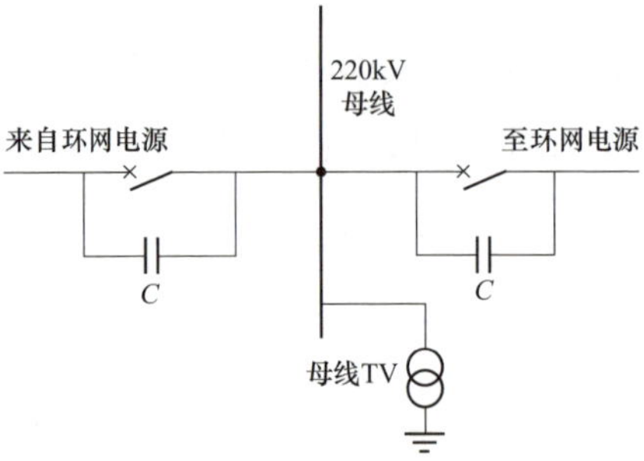

(a)电压互感器谐振原理图

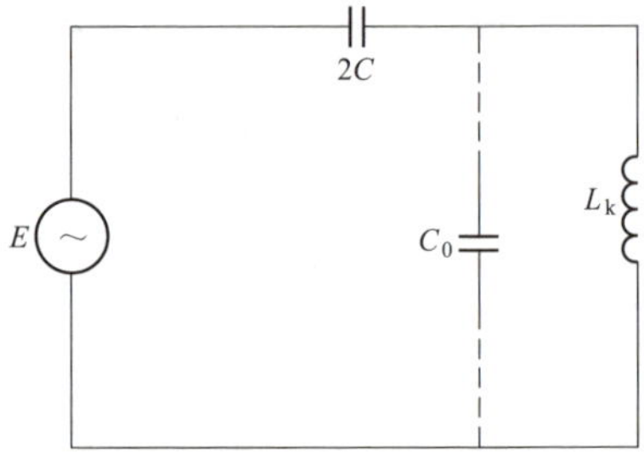

(b)装有均压电容的断路器谐振原理图

图 6-23 电压互感器等值电抗与断路器均匀电容组成的谐振原理图

3. 案例分析

220kV 某变电站在启动过程中，现场运行方式如图 6-24 所示，站内为 220kV 双母单分段，母联 2500、2530、2550 开关，6 时 30 分，开始空出 220kVⅢ段母线，即将Ⅲ段母线所有出线开关热倒至Ⅱ段母线，然后将 2500、2550 母联开关转为冷备用。7 时 04 分，操作到将 2500 开关拉开（开关两侧闸刀未拉开），又将 2550 开关拉开后，发现 220kVⅢ段母线电压互感器发生异响，现场人员立即停止操作。经判断，可能是电压互感器发生铁磁谐振，调度发令合上 2550 开关，目的是破坏谐振条件，从而消除谐振。8 时 03 分，合上 2550 开关，随即，220kVⅢ母线压变爆炸，造成Ⅱ段、Ⅲ段母差保护动作，跳开Ⅱ段、Ⅲ段母线所有开关。这次事故的主要原因是母线电源加在 2500、2550 开关的断口电容与Ⅲ断母线电压互感器形成的 *LC* 串联谐振回路，造成电压互感器铁磁谐振，使压变产生过电压，很大的一次电流使压变线圈绝缘损坏，引起匝间短路，压变由于短路热效应而故障，造成事故扩大。事故后分析，现场对 2500、2550 开关断口电容进行测量，$C=1250\text{pF}$，则 $X_c=1/\omega C=1/314\times1250=2.548\text{M}\Omega$，两台断路器断口电容并联的等值容抗为 $1.274\text{M}\Omega$，由制造厂提供的压变励磁电抗为 $1.047\text{M}\Omega$，可以计算得到：$X_c/X_L=1.274/1.047=1.22$，此值正好落在彼得逊谐振曲线的高频区域内。

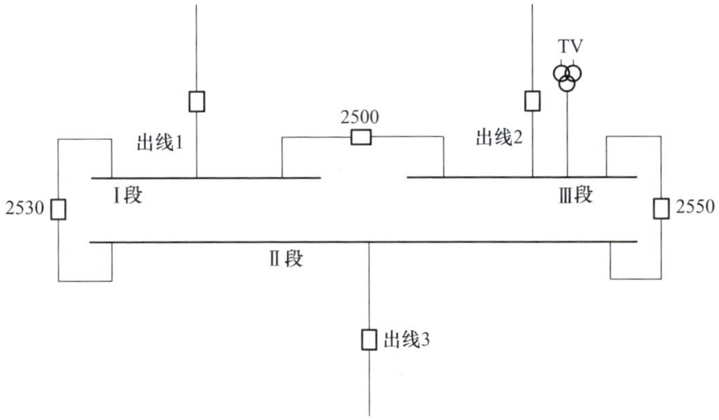

图 6-24　事故时运行方式

可以通过以下限制措施来消除母线谐振过电压。

(1) 改变操作顺序，先将2500改为冷备用，Ⅲ段出线热倒向Ⅱ母后（空出Ⅲ段母线），再将2550从运行改为冷备用。

(2) 选择220kV断路器合适的断口电容，可采用小于1000pF的断口电容，或选择励磁电抗小于0.8MΩ的电压互感器，使得 $X_c/X_L \geqslant 2.8$，即可避开谐振区域。

(3) 将目前使用的电磁电压互感器更换为电容式电压互感器。

(4) 在电压互感器的开口三角形绕组的两侧并接一只电阻或消谐器，可达到消谐的目的。

6.2.2　超高压线路合闸过电压

超高压电网常见的操作过电压有切合空载线路和切合空载变压器等。由于超高压断路器有很强的灭弧性能，基本上制止了电弧的重燃；而且超高压变压器铁芯材料为冷轧硅钢片，绕组为纠结式绕组，这两方面因素导致切除超高压空载变压器时过电压倍数较低，可用MOA防护。切空载线产生的过电压因并联电抗器的应用和断路器性能的改善，使切空载线过电压幅值及出现的概率大大减少，所以在超高压电网中合空载线路（或重合闸）与空载变压器的过电压就成为典型的操作过电压。220kV 及以下电网通常不需采取特殊的保护措施，但对于 500kV 及以上的超高压电网必须采取专门措施限制此种过电压。目前，空载线路合闸过电压在确定超高压电网的绝缘水平起着决定性作用。

1. 空载线路合闸过电压

（1）计划性合闸过电压。正常线路有计划地合闸操作，比如线路计划检修后复役和新线路投运。合闸前，线路不存在接地故障和残余电荷。合闸后，线路各点电压由零值过渡到考虑长电容效应后的工频稳态电压值，在此暂态过渡过程中会出现合闸过电压。若考虑线路分布参数特性，振荡引起的过电压将由工频稳态分量和无限多个逐渐衰减的谐波分量登加组成。计及线路损耗，线路空载合闸过电压倍数小于 2，通常为 1.75~1.90。同时，过电压最大值的分布和线路工频稳态电压分布一致，即线路末端过电压最大；线路首段过电压最小。

（2）三相重合闸过电压。当运行线路发生单相接地故障，由继电保护动作启动断路器跳闸后，经一定延时，断路器自动再次合闸的操作，即自动重合闸操作。如图 6-25（a）所示，线路发生单相接地，假定为三相重合闸且断路器 QF_2 先跳闸，线路成为带接地故障的空载线路。如图 6-25（b）所示，当断路器 QF_1 跳闸时，非故障相的电流过零时电弧断开，非故障相线路上将留有残余电压（直流电压），假定为反向电压最大幅值。经一定延时后，QF_1 自动重合，并在电源电动势正极性最大值时重合（与残余电压极性相反），于是非故障相线路上各点电压要从反向电压最大幅值过渡到考虑电容效应后的

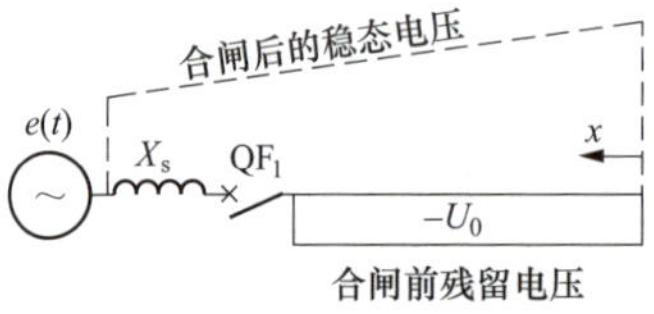

(a) 线路发生单相接地故障

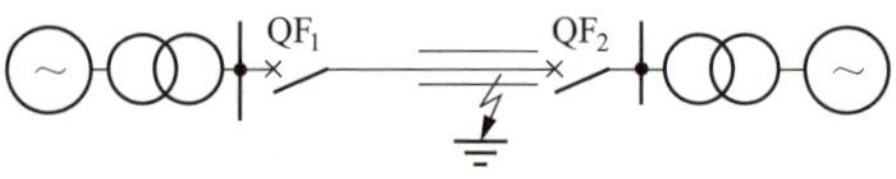

(b) 重合闸后线路上的稳态电压分布

图 6-25　线路三相重合闸过电压

工频稳态电压，在此振荡过程中会出现接近3倍工频稳态值的暂态电压。由此可见，三相重合闸过电压要比计划性合闸过电压严重得多。

（3）单相重合闸过电压。线路单相重合时，如果发生的是单相永久性接地故障，线路电容对地可靠地放电，可以近似认为故障线路上不存在电容效应积累的残压，所以这种情况下，不会产生幅值很高的过电压；如果发生的是单相瞬时性接地故障，在故障点熄弧后，对于无并联电抗器补偿的线路，此时，断开相的恢复电压包括健全相对故障相的工频静电耦合分量和电磁互感耦合分量。由前面分析可以，其中静电耦合分量起重要作用，如图6-26所示。当高压线路长度为L的某线段，由于单相（a相）接地被保护单相切断后，b、c两相健全相仍然处于原来的工作电压。这样，通过耦合电容C_{12}和互感M，健全相对a相的故障导线产生静电感应和电磁感应，使得故障相被切除后仍将通过一定的接地电流I_j（潜供电流），而故障点在瞬间熄弧后产生恢复电压$\dot{U}_a$（电容传递电压）。很明显，线路越长，电网的负载电流越大和线路额定电压越高，则潜供电流和传递电压也越大，接地故障点的熄弧越困难，甚至使得自动重合闸失败。

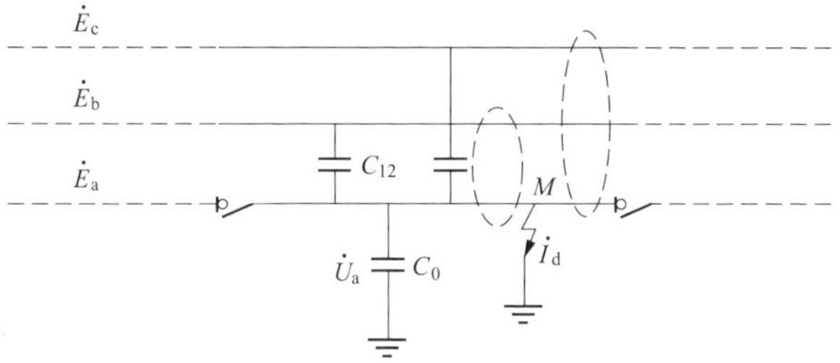

图6-26　线路的电容耦合传递电压

由健全的b、c相负载电流通过互感M传递过来的电磁感应电压为纵向的，即串接在形成开路的a相故障导线内，接地电弧熄灭后，导线中点的电位为零，正负电荷分别向线路两侧逐渐聚集，二侧开路端的电压最高。在忽略导线电感的条件下，显然，灭弧后电容传递过电压U_a为常数，它与导线长度无关，并作为线路单相重合闸时线路的初始电压值。根据图6-27（a）单相等值电路求解。

$$\dot{U}_a = \dot{E}\left(\frac{C_0}{2C_{12} + C_0}\right) \tag{6-6}$$

式中：$\dot{E}$ 为接地故障切除后故障导线的对地电压，见图 6-27（b）。

令 $\dot{E} = \frac{\dot{E}_b + \dot{E}_c}{2} = \frac{\dot{E}_a}{2}$，代入式（6-6）得 $\dot{U}_a = \dot{E}_a\left[\frac{1}{2\left(\frac{C_{12}}{C_0}\right)+1}\right]$，由于导线的相间电容远小于导线对地电容，所以 $\dot{U}_a > \frac{1}{3}\dot{E}_a$，取 $\dot{U}_a = \frac{1}{3}\dot{E}_a$，根据过电压幅值估算式（5-3），得出单相重合闸过电压最大可能幅值为 $2\dot{E}_a - \frac{1}{3}\dot{E}_a = \frac{4}{3}\dot{E}_a$，明显要小于三相重合闸的过电压幅值。

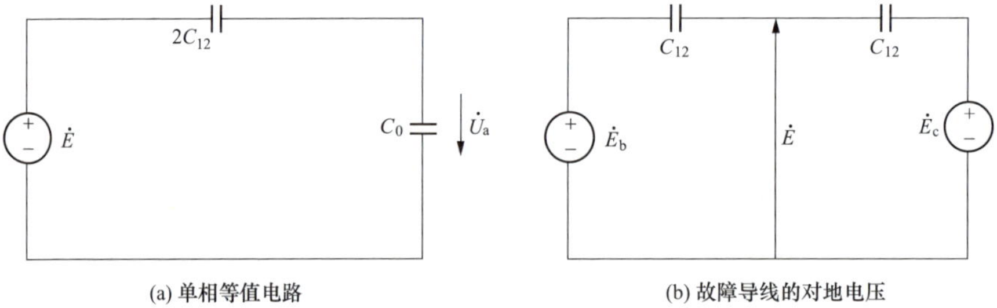

图 6-27 单相接地故障等值电路和对地电压

在上海电输电网中，500kV 线路则使用单相重合闸，相比于使用三相重合闸，可以减轻断路器的工作压力。

2. 影响合闸过电压的因素

（1）合闸时的电源电压的相位角。合闸过电压的幅值在很大程度取决于合闸时的电源电压的初相位。考虑最严重的情况：合闸时的电源初相位为 90°，且幅值为最大值，过电压倍数将达到 3 倍。为了限制合闸过电压，选相合闸（也称同步合闸）是一种可以采用的措施。所谓选相合闸，就是通过专门的装置进行控制，使断路器在两触头间电位极性相同或电位差接近于零时完成合操作，从而将合闸过电压降至尽可能低的程度。

（2）线路长度和电源容量。在其他参数一定时，过电压的倍数将随线路的增长（稳态分量电压迅速上升）而明显增大。对既定长度的线路，系统电源容量愈小，等值漏抗 X 越大，线路电容效应越显著，稳态电压和过电压倍数会急剧上升。故在确定线路最大可能的合闸过电压时，应以系统最小运行方式（电源容量最小）为依据。

（3）三相断路器非同期合闸。通常断路器合闸时，总存在一定程度的三相不同期，因而形成三相电路瞬时的不对称，这种不对称的程度会因为中性点非直接接地或中性点绝缘而更加严重。此外，由于三相之间存在互感及电容的耦合作用，在未合闸相上感应出与已合闸相极性相同的电压，待该相合闸时可能出现极性相反的情况，以至产生高幅值的过电压。模拟试验表明，三相断路器非同期合闸会使过电压幅值增高10%～30%。

（4）线路残压的极性和大小。在自动重合间的过程中（约0.5s），由于线路残余电荷的泄放，实际上线路残压是下降的。超高压线路上常接有并联电抗器，所不同的是，并联电抗器的电阻较小，逐渐使线路上的残余电荷经电抗器呈现弱阻尼的振荡放电，降低断路器断口间的过电压。

（5）线路损耗。实际输电线路的能量损耗会引起自由分量的衰减，使过电压幅值降低。能量的损耗主要来自两方面：一是输电线路存在电阻；二是当过电压较高时，线路上将出现冲击电晕放电现象，而且过电压倍数越高，冲击电晕现象越强烈，电晕损失也越大。显然，无论哪一种形式的能量损耗，能量的损耗越大对过电压的限制作用也越明显。

（6）采用单相自动重合闸。若线路存在永久性故障，一般情况下三相自动重合闸，特别是在非故障相上的工频稳态电压要比接地消失后的高。因此，不成功的三相自动重合闸过电压比成功的三相自动重合闸过电压要严重。这主要是由于不对称效应使健全相残压高于相电压、空载长线路的电容效应以及相间耦合等原因所致。因此，为了降低重合闸过电压，超高压系统中多采用单相自动重合。采用一组中性点经小电抗接地的并联电抗器，可减小非故障相对故障相导线的感应电压，降低潜供电流，提高单相重合闸的成功率。

（7）变电站母线上接有其他出线。如图 6-28（a）所示。母线上接有其他一定长度的线路，当断路器 QF 向线路合闸时，首先，已合闸线路通过寄生电感与被合间线路之间有较高频率的电荷重新分配过程，见图 6-28(b)；其次，是电源对接于母线上的所有线路的低频率的充电过程。分析可知。无论被合闸线路上电压初始值和合闸相位如何，经电荷重新分配后，总会使合闸过渡过程的起始值与稳态值更接近，降低了过电压。再是，母线上的其他线路越长，合时吸收被合线路的振荡能量越多，降压作用也越大。

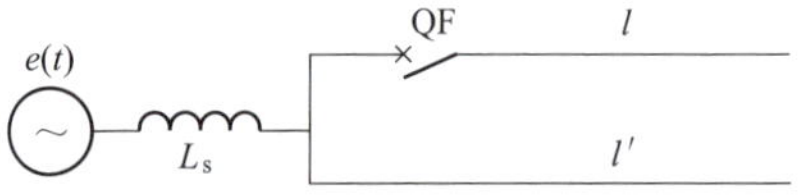

(a) 接线图

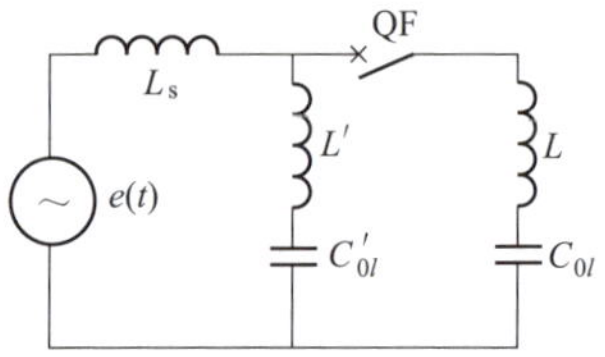

(b) 等值电路图

图 6-28　线路合闸时母线上有其他出线

3. 限制措施

针对此类过电压的形成及其影响因素，限制合闸过电压的主要措施如下。

（1）采用带合闸电阻的断路器。合闸电阻在断路器中的位置与分闸电阻相同，但断路器在完成合闸过程时主、辅触头动作次序和对电阻的要求与分闸电阻是不同的。带并联合闸电阻的断路器，合闸线路也分两个阶段：先合辅助触头，接入电阻 R，经过 8~15ms，再合主触头，短接电阻 R，完成断路器的合闸动作。开断时则相反。经分析可知，在要求限制的过电压值下，合闸并联电阻 R 值决定于线路长度、线路波阻、电源容量等参数。当其他条件相同时，R 值与线路长度成正比。通常 500kV 断路器的合闸并联电阻 R 取为 400Ω。

（2）同步合闸。借助于专门装置控制断路器在两端电位同极性时合，甚至要求在触头间电位差接近零时完成合闸动作，使合闸瞬态过程降至最微弱的程度。某500kV变电站引进ABB公司断路器同步合闸装置（CAT），对消除合闸过电压，改善绝缘配合、优化SF_6断路器的工作条件延长其使用寿命有较大益处。

（3）降低工频稳态电压。合理装置并联电抗器是降低工频稳态电压的有效的措施。在建的超高压电网初期，由于电源容量小，线路长，合闸过电压严重，但随着电网的发展，系统容量的增大，出线增多，过电压会明显地下降。

（4）消除和泄放线路残余电荷。采用单相自动重合，能避免在线路上形成残余电荷，再者，由于零序电阻和其阻尼作用比正序电阻要大，因而成功的单相自动重合闸过电压可能低于计划性合闸过电压。如果在断路器侧装有电磁式电压互感器时，利用电压互感器绕组的直流电阻较大，在泄放线路残余电荷时不会产生振荡，既削减了残压电压又使重合闸过电压明显下降。

（5）采用氧化锌避雷器（MOA）。在线路首末端安装性能良好的MOA或复合式避雷器，可限制线路合闸过电压。当线路并联电抗器失灵或其他意外情况出现较高幅值的过电压时，MOA能可靠地动作，将过电压限制在允许范围内，即MOA是作为后备保护配置的。在超高压系统中，线路较长，大多数是两端供电，因此需在线首、线末同时安装避雷器。

（6）选用无重燃的断路器。断路器分闸时发生重燃后产生的操作过电压比较高，某发电厂500kV切空线试验时采用进口的3AS550/3150型SF_6断路器，B相发生了重燃，相对地过电压达2.6倍致使500kV母线放电。

（7）线路并联电抗器。并联电抗器是可将超高压线路工频过电压升高限制在线路绝缘可接受范围之内的一种有效的措施。适当选择电抗器容量、数量和安装位置，可将工频电压升高倍数降低。分析表明，线路末端接入并联电抗器，由于并联电抗器的感性无功功率可以抵消线路充电的容性无功功率，相当于减少了线路的实际长度，降低了末端电压升高。如仍以上述400km线路为例，线路末端装设电抗器后，可将空载线路的过电压水平从 1.32 倍下降至 1.05 倍。

并联电抗器的容量通常以补偿度表式，补偿度即并联电抗器的容量 Q_L 与线路充电功率 Q_C 之比，一般补偿度选在 60% 左右。

并联电抗器限制工频过电压的同时，对于单相故障线路断路器单相重合闸过程中，在健全相与故障相（a 相和 c 相）之间并联了等效电抗，如图 6-29 所示。

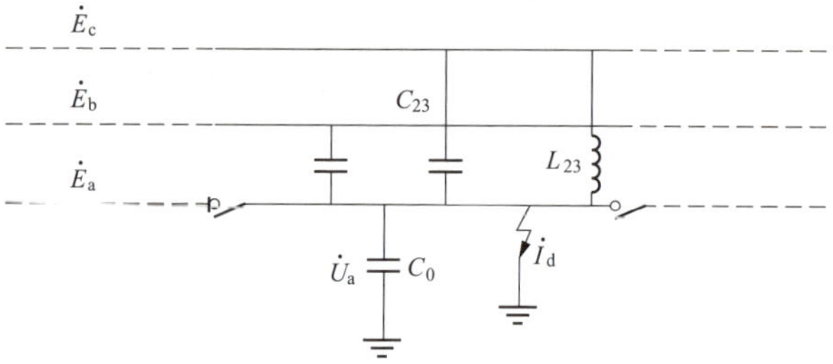

图 6-29 并联电抗器限制潜供电流

4. 案例分析

500kV 线路投运前需要做投切空载线路试验，以确保断路器对投切空载线路过电压幅值不超过系统绝缘配合的设计允许值（2.0p.u.），以及合闸操作时线路避雷器能否正常动作。利用 500kV 的 5902 线及 5912 线启动测试报告结果来验证实际系统中线路投切过电压水平。

（1）主要启动设备见表 6-4。

表 6-4 主要启动设备参数

5902/5912	线路参数	A 站/B 站	断路器参数
长度（km）	85.324/85.653	额定电压	550kV
型号	LGJ/NRLH60GJ-400 * 4	额定电流	6000A/4000A
		合闸电阻	400Ω/不带合闸电阻

（2）主要测试设备。A 站和 B 站均采用高速瞬态录波仪，采样频率 200kHz，采样长度 1s。线路暂态电压测量利用相关 CVT 二次引出进行分压取

信。暂态电流通过钳型电流传感器对相应开关TA二次侧电流进行测量。稳态电压和电流分别从相关监测系统读取电气信号的传输均采用屏蔽同轴电缆，并配接首端匹配电阻。

（3）试验项目。根据试验方案要求，对投运开关进行空载线路的投切例行试验，A站5052、5053、5071开关为3个单分单合循环，3个分-0.3s-合-60ms-分循环。B站5012、5013、5022、5023开关为3个单分单合循环，3个分-0.3s-合-60ms-分循环。空载线路实验项目具体内容见表6-5。

表6-5　　空载线路投切试验汇总

序号	项　目
1	A站5071开关投切5902线
2	A站5052、5053开关投切5912线
3	B站5012、5013开关投切5902线
4	B站5022、5023开关投切5912线

（4）试验结果。为了能对数据进行比较分析，选取5912线两端厂站的试验结果数据，见表6-6和表6-7，表中过电压倍数指操作过电压的峰值与合（分）闸后稳态电压（相对地）峰值的比值。

表6-6　　A站5052、5053开关投切5912线过电压倍数

操作方式		A站侧（首端）过电压倍数（p.u.）			B站侧（末端）过电压倍数（p.u.）		
		A	B	C	A	B	C
5052开关	第1次单合	1.11	1.18	1.22	1.11	1.20	1.24
	第2次单合	1.16	1.17	1.09	1.17	1.24	1.10
	第3次单合	1.05	1.13	1.10	1.05	1.15	1.12
	第1次O-C-O	1.24	1.15	1.25	1.25	1.17	1.26
5053开关	第1次单合	1.22	1.21	1.19	1.23	1.21	1.20
	第2次单合	1.08	1.22	1.05	1.13	1.23	1.05
	第3次单合	1.04	1.10	1.04	1.07	1.11	1.10
	第1次O-C-O	1.29	1.19	1.21	1.30	1.19	1.22

表 6-7　　B 站 5022、5023 开关投切 5912 线过电压倍数

操作方式		A 站侧（首端）过电压倍数（p. u. ）			B 站侧（末端）过电压倍数（p. u. ）		
		A	B	C	A	B	C
5022 开关	第 1 次单合	1. 09	1. 13	1. 16	1. 50	1. 46	1. 63
	第 2 次单合	1. 15	1. 26	1. 07	1. 63	1. 62	1. 26
	第 3 次单合	1. 10	1. 11	1. 04	1. 18	1. 25	1. 41
	第 1 次 O-C-O	1. 17	1. 39	1. 28	1. 53	1. 87	1. 39
5023 开关	第 1 次单合	1. 10	1. 21	1. 07	1. 32	1. 33	1. 73
	第 2 次单合	1. 19	1. 04	1. 18	1. 20	1. 37	1. 66
	第 3 次单合	1. 10	1. 14	1. 29	1. 28	1. 29	1. 35
	第 1 次 O-C-O	1. 22	1. 25	1. 32	1. 71	1. 85	1. 48

由表 6-6 和表 6-7 中数据可知：

1）无论是 A 站侧还是 B 站侧空载线路合闸过电压倍数总是末端高于首端；而且重合闸过电压倍数均高于单次合闸过电压倍数。

2）A 站侧作为上海侧线路末端时的过电压倍数要比作为浙江侧线路末端的小，这是因为线路两端，上海电网的等值阻抗要比浙江电网的等值阻抗要大。

3）从两侧变电站线路首端过电压倍数可以看出，安装有合闸电阻的断路器在线路长度小于 400km 时限制过电压的效果不是很明显。

4）最高过电压倍数为 1. 85p. u. ，小于 500kV 规程要求的 2. 0p. u. ，说明 MOA 对此类操作过电压保护效果比较理想。

6.2.3　500kV 自耦变中性点经小电抗接地过电压

上海 500kV 主变压器多为自耦变，由于中性点绝缘的要求，需直接接地，造成上海电网 500kV 的整体短路容量明显上升，在某些 500kV 主变压器安装中性点小电抗，来提高 500kV 零序电抗，以解决单相短路电流大于三相短路电流的

现况，同时也可以明显降低 220kV 母线的单相短路电流。

1. 中性点小电抗阻值对过电压的影响

某 500kV 变电站主变压器参数为额定电压：500/230/36kV；额定容量：750MVA；中性点额定电压为 36kV，其工频耐受（1min）电压为 72kV。故障形式分别考虑三相短路、两相短路接地、单相短路接地；中性点电抗分别取值 0、8、10、12Ω 时 220kV 侧母线短路电流和主变压器中性点电压见表 6-8。其中 0Ω 相当于直接接地。

表 6-8　某 500kV 变电站 220kV 母线短路电流和主变中性点电压

故障形式	电抗器阻值（Ω）	0	8	10	12
三相短路	短路电流（kA）	40.76	40.76	40.76	40.76
单相短路接地	短路电流（kA）	50.74	45.93	45.33	44.83
	中性点电流（kA）	7.34	3.73	3.35	3.04
	中性点电压（kV）	0	29.84	33.51	36.42
两相短路接地	短路电流（kA）	49.15	44.40	43.94	43.58
	中性点电流（kA）	9.70	4.28	3.78	3.38
	中性点电压（kV）	0	34.22	37.76	40.57

如果选取额定电压 63kV 中性点 12Ω 的小电抗（1min 工频耐压为 140kV），不仅可以满足中性点绝缘水平的要求，而且还可以显著降低 220kV 母线单相短路电流水平。而且中性点电抗的绝缘水平（63kV）大于自耦变中性点绝缘水平（36kV），也给自耦变中性点绝缘留有了裕度。

2. 影响自耦变中性点操作过电压的因素

由于 500kV 自耦变高压侧和中压侧，除了有电磁联系还有电的直接联系，这一特殊性就导致了在不同运行工况下自耦变采用小电抗接地后，其中性点操作过电压水平也和普通变压器经小电抗接地的过电压情况有本质的区别。主要影响过电压水平的因素如下。

（1）单相接地短路发生的位置。当 220kV 线路发生单相接地故障，主变压器中性点操作过电压幅值为 143.3kV，已经超过工频耐压 140kV 的绝缘水平，如果是500kV线路发生单相接地故障，操作过电压幅值更高，高达197.5kV，需要安装MOA进行保护。并且过电压水平和单相故障发生在线路不同位置有关，一般在故障发生在线路中间位置时候最高，接地点离此位置越远，过电压水平会降低。

（2）出线回路数。当500kV线路发生单相接地故障时（500kV变电站中1台主变压器运行，500kV一条线路发生故障），220kV侧出线回路数对主变压器中性点操作过电压幅值的影响见表6-9。

表6-9　　220kV出线回路数的影响

220kV出线回路数	6	4	2	无出线
主变压器中性点过电压幅值（kV）	90.8	105.7	122.9	267.1

从表6-9可以得出，220kV线路出线回路越少，主变压器中性点操作过电压水平越高。当无出线时，即220kV线路全部停运时，相当于500kV自耦变220kV侧为空载运行，主变压器中性点过电压幅值高达最危险值267.1kV，此时过电压相当于在切除空载变压器的操作过电压在叠加上单相接地故障的工频过电压。

当500kV线路发生单相接地故障（500kV变电站中1台主变压器运行，220kV侧无出线），500kV侧出线回路数对主变压器中性点操作过电压幅值的影响见表6-10。

表6-10　　500kV出线回路数的影响

550kV出线回路数	7	4	3	1
主变压器中性点过电压幅值（kV）	179.6	187.4	202.5	267.1

从表6-10中可以看出，500kV线路出线回路越少，主变压器中性点操作过电压水平越高。且都超过中性点小电抗的工频耐压140kV的绝缘水平。

（3）主变压器运行台数。当220kV侧无出线，500kV侧一条出线发生单相接地故障时，自耦变运行台数对主变压器中性点操作过电压幅值的影响，见表6-11。

表 6-11　　自耦变运行台数的影响

自耦变运行台数	1	2	3
主变压器中性点过电压幅值（kV）	267.1	220.2	203.2

从表 6-11 中可以看出，自耦变运行台数越少，主变压器中性点操作过电压水平越高。仅有一台运行时，过电压幅值水平最高，为 267.1kV。

（4）不同故障情况。除了线路发生单相接地故障外，仍需考虑其他类似故障对主变压器中性点操作过电压水平的影响。在单相接地短路或者发生非全相运行，在自耦变中性点会产生暂时过电压，其幅值有两部分组成：分别为暂态部分周期（2ms）很短的操作过电压和稳态部分的工频过电压。以中性点经 15Ω 小电抗为例，在各种故障情况下的过电压幅值见表 6-12。

表 6-12　　自耦变运行台数的影响

不同故障情况	中性点操作过电压幅值（kV）	中性点工频过电压幅值（kV）	中性点过电压幅值（kV）
单相接地短路	267.1	37.4	304.5
一相断线	79.8	7.2	87
两相断线	82.3	4.8	87.1
一相断线后短路接地	151.3	18.95	170.25

从表 6-12 可以看出，非全新运行时（一相断线、两相断线），主变压器中性点过电压幅值都不高，小于中性点电抗 140kV 的绝缘水平。但接地短路幅值较高，尤其单相接地短路时，幅值最高，为 304.5kV。此时，必须在主变压器中性点安装 MOA 加以防护。

6.2.4　GIS 中的快速暂态过电压（VFTO）

由于 GIS 设备具有结构紧凑、占地省、易于维护等优点，上海 500kV 变电站的 220kV 配电装置主要为 GIS 设备，220kV 联络变电站绝大部分也为 GIS 设备。在日常调度电气操作中，尤其是隔离开关的倒母线操作会产生快速暂态过电压，VFTO 具有幅值高、波前陡、频率高和连续多次脉冲等特点。此类操作过电压随着电压等级的上升而提高，对于500kV及以上的电压等级的GIS设备，不仅会对GIS中的隔离开关、套管等元件造成损害，还会对GIS相连接的设备（如主变压器）的绝缘造成伤害。同时，它也会在GIS外壳与外部引线处产生瞬态壳体电压（transient enclosure voltage，TEV），引起二次设备绝缘及人身安全问题，严重的话，会对二次测控及保护设备造成电磁干扰，引起二次设备的误动作。

1. 隔离开关操作引起VFTO的机理

GIS中的隔离开关和断路器的操作会产生特快速瞬态现象，其中隔离开关操作尤为常见。GIS中所有元器件工作于稍不均匀电场，隔离开关两极为插入式的同轴圆柱体，操作过程中触头速度较慢，断口在SF_6气体中会发生多次预击穿和重击穿。在每一个电压跳变处将产生波前很抖（一般为3~20ns）的阶跃电压波，比标准雷电波的波前还要陡，并向断口两侧快速传播。

GIS中SF_6的绝缘性能和灭弧性能都远优于空气，故相邻电气设备的间距和母线长度都比同类型的空气绝缘敞开式变电站小得多，阶跃电压波会在GIS内不断地产生，来回地传递，并且发生复杂的折射、反射和叠加，最终瞬态振荡的频率剧增，可高达数百兆赫，如图6-30所示。

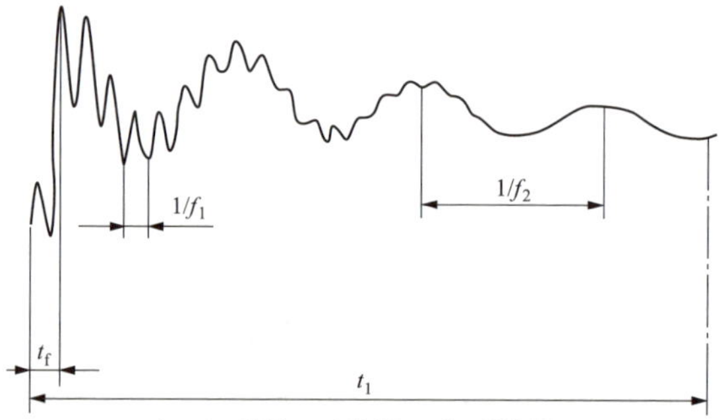

$3ns < t_f \leq 100ns$；$0.3MHz < f_1 < 100MHz$；
$30kHz < f_2 < 300kHz$

图6-30 标准中的典型VFTO波形

2. VFTO 的特性

GIS 中开关操作产生的 VFTO 幅值一般低于 2.0（p. u.），也有可能超过 2.5（p. u.）。隔离开关、断路器操作均会产生 VFTO，前者幅值较高。隔离开关产生的 VFTO 幅值虽然可能比设备耐受标准雷电冲击电压要低，但其陡度很高，在实际运行中应该引起重视。

在隔离开关断口击穿的过程中，火花导电通道会在几个纳秒建立起来，在均匀或稍不均匀电场中，通道形成冲击波的上升时间 T_r 由式（6-7）给出

$$T_r = 13.3K_t/(\Delta u/s) \tag{6-7}$$

式中：Δu 为击穿之前的电压，kV；K_t 为 Toepler 火花常数（K_t = 50kV · ns/cm)；s 为火花长度，cm。对于正常设计的 GIS，电压上升时间 T_r 可为 3～20ns，随电场的非均匀度而异。

3. VFTO 的影响因素

（1）残余电荷。当隔离开关开断带电的 GIS 母线时，母线上可能存在的残余电荷会影响到 VFTO 的幅值。电源侧、母线侧以及支撑绝缘子上的过电压幅值与残余电荷近似呈线性关系，残余电荷越多幅值越高。一般地，不同残余电荷（X_1，X_2）与所对应的电压幅值（V_{x1}，V_{x2}）之间有下列关系（均已标幺值表示），见式（6-8）

$$V_{x2} = [(1 + x_2)V_{x1} + x_1 - x_2]/(1 + x_1) \tag{6-8}$$

实验表明，在不同残余电荷下，同一节点的过电压波形相同，但幅值不同；VFTO 幅值较大的节点和操作支路上受残余电荷的影响大于 GIS 内其余节点。

残余电荷电压与负载侧电容电流大小、开关速度、重燃时刻及母线上的泄漏有关。其中，电容电流影响最大。开断前电容电流越大，母线上储存的电荷越多，残余电荷电压就越高。其极限情况是最后一次重燃前负荷侧母线残留电压为相电压峰值，而最后一次重燃又正好发生在电源侧电压相反极性峰值处，但这种概率较低。

（2）变压器的入口电容 C_r。在分析变电站的防雷保护时，因雷电波作用时间很短，可以忽略变压器绕组中的电感电流，将变压器用归算至首端的对地电容来代替，通常称为入口电容 C_r。

GIS 中的 VFTO 频率很高，用 C_r 等效变压器不失去准确性。变压器的入口电容和它的结构、电压等级、容量有关。一般来说，电压等级越高、变压器额定功率越大，C_r 也相对越大。

VFTO 的幅值随入口电容的增加而增加。计算表明，C_r 每增加 1000pF，VFTO 幅值约增加 0.2（p. u.）。主要原因是在断口电弧重燃前，变压器的等值电容储存了一定的能量，触头击穿后的放电所致。C_r 越大储存的能量就越多，VFTO 的幅值自然越大，但进一步研究表明，随着入口电容的增加，VFTO 的幅值不一定始终增加，这决定于 GIS 的结构，特别是所操作母线的尺寸，以及操作的方式。

（3）电压上升时间 T_r。GIS 中冲击电压的上升时间 T_r 在 3~20ns 之间，T_r 增加使 VFTO 幅值下降，因为此时会表现出一种阻尼作用，使那些 T_r 较小时出现的暂态电压的极高频分量消失。对于末端开路的 GIS 相同的上升时间增量，从零增加（0~4ns）比从较大值增加（4~8ns）对过电压的幅值影响大得多。

（4）GIS 的支路长度。GIS 的支路长度对 VFTO 的影响没有明显的规律，支路长度对 GIS 内不同节点的过电压影响程度不同；主干支路的长度变化比分支支路的长度变化对 VFTO 幅值影响大。

（5）隔离开关弧道电阻 R_{arc} 的影响。隔离开关起弧时弧道电阻 R_{arc} 为一个时变电阻，对过电压有阻尼作用。电弧电阻的数学表达式见式（6-9）

$$R_{arc} = R_0 e^{-\left(\frac{1}{T}\right)} + r \tag{6-9}$$

式中：R_0 取 $1\times10^{12}\Omega$；r 取 0.5Ω；T 取 1ns。

此式给出了一个在 30ns 内阻值从几兆欧迅速降低到 0.5Ω 的时变电阻，其值直接受隔离开关分闸性能的影响。过电压的大小随 R_{arc} 的增加而呈现下降趋势，因而隔离开关触头间串联合适电阻可降低VFTO幅值。虽然串联电阻会让隔离开关结构复杂，但在超高压、特高压GIS中的隔离开关中已经得到广泛应用。

4. VFTO对设备的危害

图6-31为某变电站实测的VFTO的波形及频谱图，从图中可以看出VFTO的波头时间在0.1μs，幅值在2.25p.u.，相比标准雷电过电压波头时间1.2μs要短很多，由于范围Ⅰ的220kV最大相对地操作过电压幅值为3.0p.u.，因此对于220kV GIS设备不构成威胁，但是对于500kV及以上的特高压电压等级，其最大相对地操作过电压幅值为2.18p.u.，将对其设备绝缘造成损坏。

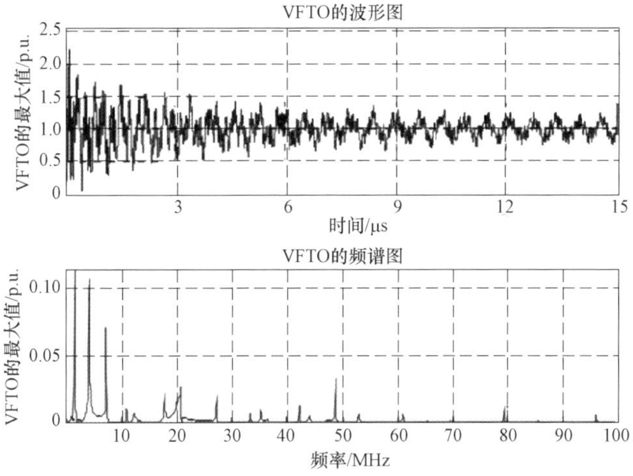

图6-31 VFTO实测波形及频谱图

（1）危害变压器绕组绝缘。当GIS内部产生的VFTO以行波的方式通过母线传播到套管时，一部分耦合到架空线上并沿线传播，危及外接设备的绝缘。系统中主变压器直接和GIS相连，受VFTO影响最大。例如，我国某核电站的500kV GIS中，曾发生两次VFTO导致变压器绝缘损坏和线饼烧损的严重事故。VFTO陡度在变压器处可达0.49MV/μs，沿变压器绕组近似于指数分布，其作用甚至超过截波，因此首端绝缘承受较高的电压；VFTO所含的谐波分量会在变压器绕组的局部引起共振，尤其当变压器通过气体绝缘管道 GIL 与 GIS 连接时更严重；加上累计效应使变压器绝缘发生击穿。

（2）暂态地电位升高 TGPR（transient ground potential rise，TGPR）。VFTO 向断口两侧传播时，由于集肤效应，电流波仅沿母线的外表层及外壳的内表层流动。当遇到终端套管、互感器等波阻抗发生变化的节点时，外表面流过电流，造成地电位升高。尽管 TGPR 衰减很快，但若不加限制，会产生火花放电，甚至外壳击穿，危及人身安全。CIGRE 调查表明，有半数以上的变电站曾发生过 TGPR 引起的事故。

（3）对二次设备的影响。VFTO 可以通过电压互感器或者电流互感器内部的杂散电容串入与其相连的二次电缆，进而侵入二次设备中；另外，还可以通过接地网进入二次电缆的屏蔽层，进而感应到二次电缆的芯线。这样，GIS 的二次电缆处于电磁污染严重的环境中，影响了 GIS 控制和继电保护设备的正常运行。二次设备的微型化、数字化和智能化也增加了二次设备对瞬态干扰的敏感性和脆弱性。

5. VFTO 的限制措施

（1）隔离开关并联电阻。目前，超（特）高压采用在隔离开关、断路器断口并联合闸电阻的方法限制操作过电压。在开关操作的过程中先串入电阻，阻尼作用使行波上升时间下降、幅值降低。对一个 1100kV GIS 进行了仿真计算及实测，发现 200Ω 的隔离开关合闸电阻可以将过电压幅值降低到 1.5p.u. 以下，当合闸电阻为 1000Ω 时，幅值降低为 1.25p.u.。

但当合闸电阻增大的同时，会增大潜供电流，使得单相对地闪络电弧燃弧时间增加，增加了开断单相接地故障的时间。

（2）快速动作隔离开关。由 VFTO 的产生机理可以看出，使用快速动作隔离开关缩短切合时间，可以减少重击穿的次数，降低 VFTO 出现的概率。一般电动操动机构的分合速度不能满足这一要求。快速动作隔离开关采用弹簧储能的操动机构，在需要操作时弹簧脱扣，所储能量迅速释放，带动接地基本单元的动导电管高速射向开关的静触头，使开关瞬间合闸。但是快速动作隔离开关尚不能完全解决由 VFTO 带来的问题。

（3）铁氧体磁环。相关文献提出了采用铁氧体磁环抑制 VFTO 的设想，并通过实验室模拟验证了方法的可行性。铁氧体是高频导磁材料，将铁氧体磁环套在 GIS 隔离开关两端的导电杆上，能够改变导电杆局部的高频电路参数，相当于在开关断口和空载母线间串入了一个阻抗，使 VFTO 的幅值和陡度降低，同时也减弱了行波反射的叠加。但目前这项技术尚需要解决很多实际工程问题。

（4）提高主变压器耐受 VFTO 的能力。与 GIS 相连的主变压器，可在设计中采取如下措施来提高其绕组绝缘耐受 VFTO 的能力：采用电容分区的绕组结构型式；提高靠近变压器线端若干段的匝绝缘厚度；增加靠近变压器线端局部线圈的匝间垫层或加小角环；合理选择变压器入口电容和变压器出口装设避雷器等。

（5）改进调度操作顺序。华东电网调度为了在电系倒闸操作中避免 GIS 隔离开关拉合带电母线引发 VFTO，提出了断路器的“带电冷备用”状态，并制定了相应的操作管理规定，其基本原则是减少 QS 拉合带电母线的操作。

此种状态介于“热备用”和“冷备用”状态之间，相对应的一次设备状态为：断路器分闸，有电侧的隔离开关合闸，无电侧隔离开关分闸。如图 6-32（a）所示为 500kV 线路停役后的一次设备最终状态，由于线路停役不带电，此时断路器 QF_2 和 QF_3 分闸，与之相连的隔离开关 QS_4 和 QS_5 分闸，但与带电母线相连的 QS_3 和 QS_6 保持合闸状态，对于断路器 QF_2 和 QF_3 的状态即为“带电冷备用”。同样，对于 B 站 500kV 右侧母线停役时，需要断路器 QF_3 和 QF_6 操作到“带电冷备用”，即断路器 QF_3 和 QF_6 分闸，与右侧停电母线相连的隔离开关 QS_6 和 QS_{12} 分闸，但与 B 站左侧带电母线相连的隔离开关 QS_5 和 QS_{11} 保持合闸状态，如图 6-32（b）所示。

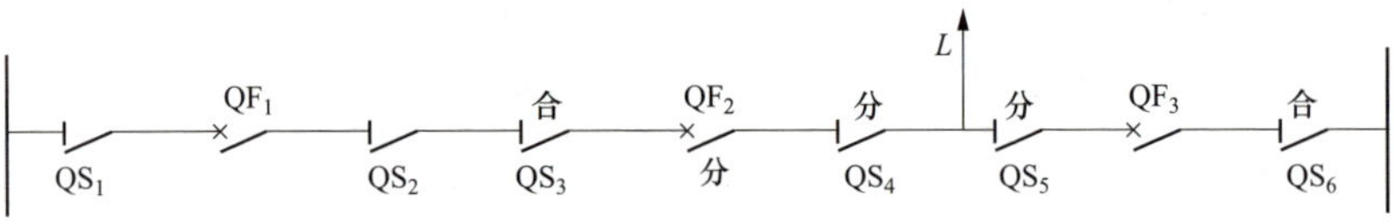

(a) 线路停役

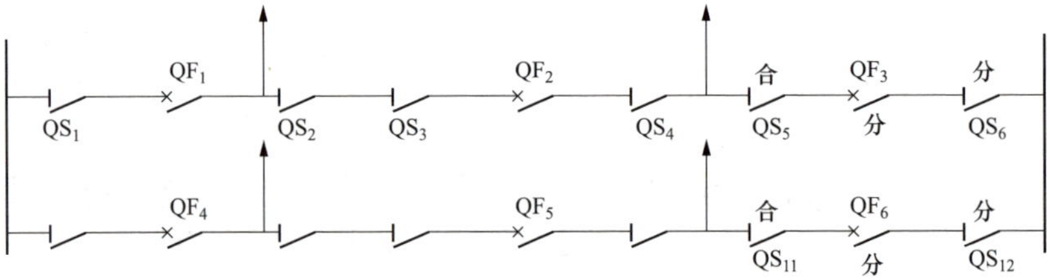

(b) 右侧母线停役

图 6-32 500kV 母线 3/2 接线的断路器带电冷备用状态

小结

配电网中典型的操作过电压是间歇性电弧接地过电压，此类过电压不仅与系统对地电容有关，也和中性点接地方式密切相关。对于配电网，在配电网建设初期，为了限制间歇性电弧接地过电压对电网设备绝缘的影响，减少单相接地故障时的电容电流，中性点不接地系统发展成了中性点经消弧线圈接地系统。但随着配电网自动化程度不断地提高、网架的优化和电缆化率的提高，仅靠消弧线圈补偿电容电流的方式也显露弊端。小电阻接地系统开始了大范围的普及，它可以减少非有效接地系统中的间歇性电弧接地过电压的产生，但也无法完全避免。由于配电网中，大量存在着电磁型电压互感器，谐振过电压的防止也是需要考虑的问题。随着上海现代化大都市建设的开展，配电网架空线路走廊十分紧张，同杆高低压线路合杆不可避免，这也带来了高低压线路之间传递过电压的问题，而且此类过电压可能会激发低压线圈类设备的谐振过电压。

对于输电网，由于上海电网的特点是“大受端”电网，外来特高压交直流通道的线路都装有高压并联电抗器限制工频过电压。当断路器非全相运行或单相重合闸时，可能造成断开相上的谐振过电压。对于某些 220kV 变电站尚存有电磁型电压互感器的厂站，在热倒母线的操作时，也有可能造成 220kV 断路器断口电容与电磁电压互感器励磁电抗之间的谐振过电压。随着断路器灭弧性能的提高和并联电抗器的存在，使得断路器切空线产生的过电压幅值和出现的概率大大减少，合空线的过电压水平（尤其重合闸过电压）成为确定设备绝缘的操作耐受电压值的重要因素。上海电网 500kV 采取了单相一次重合闸的措施，有效地限制了此类过电压的幅值。由于上海电网电气距离较近，为了控制 500kV 短路电流，某些 500kV 变电站中的主变压器（自耦变）中性点加装小电抗，当发生非对称故障时，为了保护自耦变的中性点绝缘，应安装 MOA。上海 220kV 变电站的配电装置大多为 GIS 布置，由于 GIS 本体波阻抗较小，连接管线较短，当隔离开关操作时，可能会发生快速暂态过电压（VFTO）。除了文中提到的限制措施，更需要 GIS 设备厂家优化设计，避免此类过电压的产生。

习题与思考题

6-1 简述上海10kV配电网中性点接地方式、分布情况以及发展趋势。

6-2 简述上海220kV主变压器及500kV主变压器中性点接地方式。

6-3 上海电网中分级绝缘的220kV主变压器中性点对于工频过电压和雷电过电压是如何防护的?

6-4 假设某35kV变电站有两台10kV主变压器，每台主变压器中性点均装有消弧线圈。某日应消弧线圈检修工作，其中一台10kV主变压器中性点接地方式为不接地运行。当出现10kV母线电压表现为两相电压升高，一相电压降低。调度安排检修人员去现场巡视检查，检修人员汇报10kV母线压变（电磁型电压互感器）三相熔丝均无熔断，试分析故障原因及临时处理措施。

6-5 配电网中的中压真空断路器在操作无功设备（并联电抗器和并联电容器）时，可能会产生何种过电压及危害?限制此类过电压的措施分别是哪些?

6-6 简述影响超高压线路合闸过电压的因素。

6-7　简述影响 500kV 自耦变中性点经小电抗接地操作过电压的因素。

6-8　简述影响 GIS 设备中产生 VFTO 的因素。

6-9　简述限制 GIS 设备中产生 VFTO 的措施。

参考文献

[1] 严璋．朱德恒．高电压绝缘技术［M］．北京：中国电力出版社，2001.

[2] 马爱清．高电压工程［M］．北京：机械工业出版社，2020.

[3] 李卫国，屠志健．电气设备绝缘试验与检测［M］．北京：中国电力出版社，2006.

[4] 刘其昶．电气绝缘结构设计原理　中册：电气绝缘结构设计原理［M］．北京：机械工业出版社，1985.

[5] 刘其昶．电气绝缘结构设计原理　下册：电力电容器、绝缘子和套管、电力变压器绝缘、电机绝缘［M］．北京：机械工业出版社，1985.

[6] 沈阳变压器研究所编．变压器线圈制造［M］．北京：机械工业出版社，1983.

[7] 路长柏．电力变压器绝缘技术［M］．哈尔滨：哈尔滨工业大学出版社，1997.

[8] 刘传彝．电力变压器设计计算方法与实践［M］．沈阳：辽宁科学技术出版社，2002.

[9] 谢毓城．电力变压器手册［M］．北京：机械工业出版社，2003.

[10] 保定天威保变电气股份有限公司组编．变压器制造工艺［M］．北京：中国电力出版社，2009.

[11] 尹克宁．变压器设计原理［M］．北京：中国电力出版社，2003.

[12] 米尔萨德·卡普塔塔诺维克．高压断路器理论、设计与试验方法［M］．北京：机械工业出版社，2015.

[13] 勒内·斯梅茨，等．输配电系统电力开关技术［M］．北京：机械工业出版社，2019.

[14] 日本电气学通信教育会．绝缘子［M］．北京：机械工业出版社，1990.

[15] 林修勇．硅橡胶在电气绝缘方面的应用进展．特种橡胶制品［J］．2003（10）：Vol. 24，No. 5.

[16] 徐国政，等．高压断路器原理和应用［M］．北京：清华大学出版社，2000.

[17] 黎斌．SF_6 高压电器设计［M］．北京：机械工业出版社，2007.

[18] 广东电网公司电力科学研究院．1000MW 超超临界火电机组技术丛书　电气设备及系统［M］．北京：中国电力出版社，2014.

[19] 刘兆林，任思国．防污伞裙套的研制及其应用［J］．中国电力，1993.

[20] 张书琴，等．交流 550kV SF_6 高压套管的绝缘设计研究［J］．高压电器，2015.

[21] 蔡继勇．电容器［M］．西安：电子科技大学出版社，1999.

[22] 机械工程手册，电机工程手册编辑委员会．电机工程手册　第 28 篇　避雷器［M］．北京：机械工业出版社，1978.

[23] 机械工程手册，电机工程手册编辑委员会．电机工程手册　第 29 篇　电力电容器［M］．北京：机械工业出版社，1982.

[24] 中国电力百科全书（第三版）　输电与变电卷［M］．北京：中国电力出版社，2014.

[25] 中国电力百科全书（第三版）　配电与用电卷［M］．北京：中国电力出版社，2014.

[26] 凌子恕．高压互感器技术手册［M］．北京：中国电力出版

社，2005.

［27］赵修民．电压互感器［M］．山西：山西科学教育出版社出版，1987.

［28］互感器制造技术编审委员会．互感器制造技术［M］．北京：机械工业出版社，1998.4.

［29］Hyeong-Ho Lee etc. Dielectric strength of SF_6 insulation in EHV disconnectors［J］．IEEE Transactions on Dielectrics and Electrical Insulation，1997（4）：1.

［30］中科院上海硅酸盐研究所五室．陶瓷的力学性质［M］．上海：上海科学技术文献出版社，1981.

［31］Gill Bernard，etc. Study of electromagnetic transients due to disconnector switching in metal enclosed substations［J］．1983（11）：83.

［32］林福昌．高电压工程（第三版）［M］．北京：中国电力出版社，2016.

［33］解广润．电力系统过电压（第二版）［M］．北京：中国电力出版社，2018.

［34］平邵勋，周玉芳．电力系统中性点接地方式及运行方式［M］．北京：中国电力出版社，2015.

［35］张龙钦．现代配电网单相弧光接地过电压［M］．北京：中国电力出版社，2017.

［36］司文荣，傅晨钊，等．2003—2011 年上海地区雷电活动规律及落雷参数分析［J］．华东电力，2012（10）：1734-1738.

［37］王卫斌，张俊敏，周小波．上海市南 10kV 电网中性点接地方式分析［J］．华东电力，2007（12）：82-85.

［38］吴文军，赵美霞，等．奉贤中压配电网中性点接地方式研究［J］．华东电力，2014（8）：1617-1621.

［39］滕乐天．再论上海 10kV 电网中性点不接地的危害性和应采取的措

施［J］. 上海电力，2004（3）：210-211.

［40］曹小玲，蒋多晖．中性点经小电阻接地方式在电力系统中的应用［J］. 华东电力，2013（11）：2305-2306.

［41］高亚栋，杜斌，等．中性点经小电阻接地配电网中弧光接地过电压的研究［J］. 高压电器，2004（10）：345-348.

［42］李红斌，刘延冰，等．电容式电压互感器铁磁谐振的数值仿真［J］. 高压电器，2004（2）：124-128.

［43］范子林．对电容耦合传递电压的技术分析［J］. 高压电器，2004（10）：345-348.

［44］林耀州，陈秀娟，等．110kV 和 220kV 不接地运行变压器中性点保护方式［J］. 电网技术，2012（4）：256-259.

［45］王磊，徐丙华．华东电网 500kV 自耦变压器中性点小电抗接地应用的研究［J］. 变压器，2010（5）：53-56.

［46］杨凌辉，马仁明．上海电网 35kV 真空断路器的选用及保护方式［J］. 上海电力，2003（5）：331-336.

［47］陈嵩，杨庆，等．真空断路器开断并联电抗器过电压抑制措施［J］. 电网技术，2019（4）：1301-1307.

［48］吴士普，李睿，等．550kV GIS 站 VFTO 计算及抑制方法研究［J］. 高压电器，2018（1）：90-96.